普通高等院校工程材料及机械制造基础创新人才培养系列教材

工程材料

主　编　徐自立

陈慧敏

吴修德

副主编　骆　莉

华中科技大学出版社

中国·武汉

内 容 简 介

　　本书根据教育部高教司颁布的高等学校工科本科《工程材料及机械制造基础教学基本要求》而编写,内容力求简明扼要,强化实际应用。本书以金属材料为重点,着重介绍了金属材料及热处理的基础知识、一些常用的非金属材料和新型材料及其新工艺、新进展,以及机械零件选材与失效分析方面的知识和方法。全书共分十一章,主要内容有:材料的性能;金属的结构与塑性变形;金属的结晶与二元合金相图;铁碳合金;金属热处理;合金钢;铸铁;非铁金属及其合金;非金属材料及其应用;现代新型材料及其应用;机械零件的选材与失效分析。

　　本书可作为高等院校机类、近机类专业的技术基础课教材,也可供有关工程技术人员学习和参考。

图书在版编目(CIP)数据

工程材料/徐自立　陈慧敏　吴修德　主编. —武汉:华中科技大学出版社,2012.6
ISBN 978-7-5609-7461-3

Ⅰ.工…　Ⅱ.①徐…　②陈…　③吴…　Ⅲ.工程材料　Ⅳ.TB3

中国版本图书馆 CIP 数据核字(2011)第 229917 号

工程材料　　　　　　　　　　　　　　　徐自立　陈慧敏　吴修德　主编

策划编辑:徐正达
责任编辑:姚同梅
封面设计:刘　卉
责任校对:周　娟
责任监印:张正林
出版发行:华中科技大学出版社(中国·武汉)
　　　　　武昌喻家山　　邮编:430074　　电话:(027)87557437
录　　排:武汉佳年华科技有限公司
印　　刷:华中科技大学印刷厂
开　　本:710mm×1000mm　1/16
印　　张:20
字　　数:426千字
版　　次:2012年6月第1版第1次印刷
定　　价:32.00元

普通高等学校工程材料及机械制造基础
创新人才培养系列教材

编审委员会

序　言

　　党的十七大提出,要把"提高自主创新能力、建设创新型国家"作为国家发展战略的核心和提高综合国力的关键。这是时代对我们提出的迫切要求。

　　改革开放以来,我国的经济建设取得了举世瞩目的成就,科学技术发展步入了一个重要跃升期。然而,与世界先进国家相比,我国科技缺乏原创性和可持续的动力,缺乏跨学科、跨领域重大继承创新的能力,缺乏引领世界科技发展的影响力。同时,我国科技人员的知识结构、业务能力、综合素质显得不足。多年以来形成的学校教育与社会教育的隔阂、智力教育与能力教育的隔阂、自然科学与社会科学的隔阂,造成了几代人科技创新能力的缺陷。时代呼唤各种类型的创新人才,知识的创新、传播和应用将成为社会发展的决定性因素。

　　担负着培养创新人才重任的高等学校,如何培养创新人才呢? 我以为有两点非常重要:创新教育和创新实践。湖北省金属工艺学教学专业委员会近年来完成了省级教学改革项目"工程材料及机械制造基础系列课程教学内容和课程体系改革的研究与实践",获得湖北省教学成果二等奖,并在全省十几所大学中推广应用,取得了良好的教学效果,由此带动了一批新的教学研究课题的开展。这是在创新教育和创新实践方面的有益尝试。

　　进行创新教育,应当站在巨人的肩膀上,而这位巨人就是各门科学的重点基础课。只有打下了牢固的基础,才能自如地实现向新领域的转变,才能具有可靠的应变能力和坚实的后劲。没有良好的理论基础和知识结构,创新与创造就将成为无源之水、无本之木。然而,传统教育重传习、重因袭,缺乏对学生探究问题的鼓励,这极大地制约了学生智力的培养和独创性的发挥。因此,亟须在基本教育理念方面进行变革,在教学活动的实施中加强创新意识,在教材的编写中注入大量创新元素。在有效提升学生的创新品质方面,学校和教师有着不可替代的影响力和感召力。因此,重新理清"工程材料及机械制造基础系列课程"教学改革和教材编写的发展思路,探索该教学课程体系的内容与教学方法,是一项迫在眉睫而又意义深远的工作。

科学的目的在于认识，而技术与工程的目的则在于实践，创造性思维基于实践，始于问题。正如杨叔子院士所说："创新之根在实践。"对培养高素质创新人才而言，加强实践性教学环节具有重要的基础性作用和现实意义。工科教学的特征是实用性强，专业性强，方法性强，必须让学生从书本和课堂中适度解放出来，通过接触实践，接触实际问题，来增强学生对课堂书本知识的理解和掌握，以减少传习教学色彩，使学生获取宽广的工程感性知识。

近年来"工程材料及机械制造基础系列课程"教学改革实践表明，按照教学体系的总体方案和学生认知水平的发展，创新实践教育的内容似可划分为三个层次。第一层次，针对低年级学生的知识背景，着重让学生建立起工程系统概念，初步学会选用材料和选择制作工艺，了解制作对象的结构工艺性及常用的技术装备。第二层次，着手训练学生的动手能力与创新意识。首先通过基础科学原理的实验训练，养成科学、规范的研究习惯与方法；其次通过技术基础课程实验训练，了解工程技术创新的方法和过程；最后，也是最重要的一点，通过验证基础科学原理和技术科学原理的动手过程，切身体验科学发现与工程创新的方法与历程。第三层次，通过专业课程实验、课程设计、生产实习和毕业论文研究等综合实践环节，着重培养学生分析问题、解决问题的能力，让学生体会如何在工程上应用与发挥自身知识和能力，进行学以致用的过渡。

湖北省金属工艺学教学专业委员会在组织实施"工程材料及机械制造基础系列课程"教学改革实践基础上，提出了"以工业系统认知为基础，以工艺实验分析能力为根本，以工艺设计为主线，加强工程实践，注重工艺创新"的教学新思路，打破了原有四门课程（金工实习、工程材料、材料成形工艺基础和机械制造基础）相对隔离的现状，改善了课程结构体系，努力实现整体优化，体现基于问题的学习、基于项目的学习、基于案例的学习以及探究式学习的创新教育思想，并在此基础上建立起新型的工业培训中心教学基地，大大推动了本系列课程的发展。

呈献给大家的"普通高等学校工程材料及机械制造基础创新人才培养系列教材"，是湖北省金属工艺学教学专业委员会获得省优秀教学成果二等奖后，与华中科技大学出版社经过进一步探索和实践取得的新成果，拟由《工程系统认识实践》（理工科通识）、《工程材料》、《材料成形工艺基础》、《机械制造基础》、《工程材料及其成形工艺》、《材料成形及机械制造工艺基础》、《机械制造工艺基础》、《制造工艺综合实验》、《基于项目的工程实践》(机械及近机械类)、《工程实践教程》(非机械类)、《工程实践报告》等组成。期望通过构建新的课程体系,改革教学内容、教学方法与教学手段,达到整体优化,促进学生的知识、能力和素质的均衡发展,特别是培养学生的工程素质、创新思维能力和独立获取知识的能力。殷切希望该系列教材能够得到广大读者和全国同仁的关注和支持。相信在湖北省金属工艺学教学专业委员会的统一规划和各高校师生的团结协作下,汲取国内同行课程改革的成功经验,遵循"解放思想、实事求是"的原则,我们能够进一步转变教育观念,在教学改革上更上一层楼。

面对科学技术的飞速发展,面对全球信息化浪潮的挑战,我们必须贯彻落实科学发展观,坚持与时俱进的精神品质,讲求竞争,倡导无私无畏的开拓精神,为全面提高全民族的创新能力,建设创新型国家培养更多的创新人才。

谨此为序。

教育部高等学校机械学科教学指导委员会委员

材料成型与控制工程专业教学指导分委员会副主任

湖北省金属工艺学教学专业委员会理事长

华中科技大学常务副校长,教授

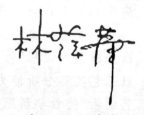

2010 年 8 月于喻家山

前　言

工程材料是高等院校机类和近机类学生的一门重要的技术基础课。随着科学技术的发展，新材料和新技术不断问世及应用，这就对工程材料的教学提出了新的要求。

根据教育部颁布的高等学校工科本科《工程材料及机械制造基础教学基本要求》，结合高等学校工科教学的实际，湖北省金属工艺学教学专业委员会和华中科技大学出版社组织国内部分本科院校编写出版了这本《工程材料》，作为系列教材之一供各大专院校使用。

与以往同类教材相比，本书具有以下几方面的特点。

(1) 精简理论叙述，注重实践应用。在阐述基础知识的同时紧密联系生产实际，对材料处理和选用进行了介绍。

(2) 精炼了传统的内容，并同时进行了内容的更新和章节的调整，例如适当拓展了关于相图方面的知识，专门介绍了非金属材料和新型材料知识。

(3) 适当增加了关于新材料、新技术、新工艺的内容，反映了工程材料的发展趋势。

(4) 本书适应性强，有较大的选择余地，可根据不同专业的需要及课时要求选择适当内容进行讲授。

本书由武汉纺织大学徐自立、湖北工业大学陈慧敏、长江大学吴修德任主编，武汉纺织大学骆莉任副主编。编写分工如下：徐自立编写绪论和第 1、3、6、7、11 章，陈慧敏编写第 5 章和附录 D，吴修德编写第 8 章和附录 A、B、C，骆莉编写第 2 章，三峡大学孙晓华编写第 9 章，湖北工业大学夏露编写第 4 章，江汉大学文理学院曹俊编写第 10 章。全书由徐自立统稿。

在编写本书的过程中参考了已出版的各类工程材料、《机械工程材料》、《工程材料及热加工基础》、《金属学及热处理》等教材，并注意吸收了各院校教学改革的经验及科研成果，在此，谨向以上相关单位和个人表示衷心的感谢。

由于编者水平有限，书中难免有错误和不妥之处，恳请读者批评指正。

编　者

2011 年 5 月

目　　录

绪 论

材料是人类生产和生活所必需的物质基础。人类的衣食住行都离不开材料；未来新型产业的发展，也无不依赖于材料的进步。机械制造、交通运输、国防及科研大量使用钢铁、非铁金属、粉末冶金材料及各种非金属材料，固体电子器件缺不了锗、硅等半导体材料，光电子技术器件需要具备一定特性的功能材料，医学上制造人工脏器、人造骨骼、人造血管等要用各种具有特殊功能且与人体相容的新材料，海洋探测设备及各种海底设施需要耐压、耐蚀的新型结构材料，航空航天及相关武器装备必须用到一些轻质高强的尖端材料，等等。

材料的发展经历了从低级到高级、从简单到复杂、从天然到合成的发展历程。半个世纪以来，材料的研究和生产以及材料科学理论都得到了迅速的发展。1863 年第一台金相光学显微镜的问世，促进了金相学的研究，使人们步入材料的微观世界。1912 年人们发现了 X 射线，由此开始了晶体微观结构的研究。1932 年电子显微镜以及后来出现的各种先进分析工具的发明，又把人们带到了微观世界的更深层次。一些与材料有关的基础学科（如固体物理、量子力学、化学等）的发展，又有力地推动了材料研究的深化。在不久的将来，人工合成材料将得到较大的发展，进入金属、高分子、陶瓷及复合材料共存的时代。

材料按用途可分为工程材料和功能材料。工程材料按用途又可分为建筑工程材料、机械工程材料、电工材料等；按原子聚集状态又可分为单晶体材料、多晶体材料和非晶体材料等；按材料的化学成分和结构特点又可分为金属材料、非金属材料和复合材料三大类。

材料科学就是一门研究材料成分、微观组织与结构、加工工艺、性能与应用之间内在联系及其变化规律的学科。它以化学、固体物理、力学等为基础，是一门多学科交叉的边缘学科。材料科学理论与实验是材料发展与创新的基础与前提。

由于材料在人类社会中的重要作用，许多国家都把材料科学作为重点发展的学科，而材料的品种、数量和质量也成了衡量一个国家科学技术和国民经济水平以及国防力量的重要标志之一。

1. 工程材料的应用与发展趋势

工程材料主要指应用于工程构件、机械零件、工具等领域的结构材料，包括金属、高分子、陶瓷及复合材料，其中最基本的是金属材料。工程材料学作为一门材料学科，它主要研究的是材料学科的实用部分，重点是上述结构材料的性能、结构、工艺、应用之间的关系。

金属材料工业已形成了庞大的生产能力，而且产品质量稳定，在性价比方面具有一定优势，所以金属材料仍是目前应用最广泛的工程材料。金属材料包括纯金属及其合金。在工业上，把金属材料分为两类：一类是钢铁金属，它是指以铁为基的合金

（钢和铸铁）应用最广；另一类是非铁金属，它是指钢铁金属以外的所有金属及其合金。按照特性的不同，非铁金属又分为轻金属、重金属、贵金属、稀有金属和放射性金属等多种。

非金属材料是近几十年来发展很快的工程材料，预料今后还会有更大的发展。非金属材料包括有机高分子材料和无机材料两大类。有机高分子材料的主要成分是碳和氢，按其应用可分为塑料、橡胶、合成纤维；无机材料是指不含碳、氢的化合物，其中以陶瓷应用最广。

复合材料是一种新型的、具有很大发展前途的工程材料，它是把两种或两种以上的不同性质或不同组织结构的材料以微观或宏观的形式组合在一起而构成的。它不仅保留了组成材料各自的优点，而且具有单一材料所没有的优异性能。复合材料能取代某些金属材料，作为未来最有希望的材料已日益受到人们的重视。

原子能、航空航天、电子、海洋开发等现代工业的发展，对材料提出了更为严格的要求，今后将会出现相对密度更小、强度更高、加工性更好、能满足特殊性能要求的新材料。

2. 材料和机械工程

机械工程是一个含义非常广泛的概念，它几乎涉及国民经济各个领域中所有的机械产品，这些机械产品都是由采用多种不同性能的材料加工成的零件组装而成的。显然，正确选择和合理使用材料十分重要。

现代机械工程正朝着大型、高速、耐高温、耐高压、耐低温、耐受恶劣环境影响等方向发展。苛刻的工作条件，要求各种机械装备技术功能优异，产品质量高而稳定、寿命长而可靠，能安全地运行。一台机器要真正发挥这些优异的技术功能，除合理的设计及正确的使用（操作和维护）外，合理的选材和加工也是十分关键的。如果选材和加工不当，轻则使机械的技术功能下降，重则使装备失效甚至酿成事故。大量事实说明，机械产品在设计、加工和使用中的材料和工艺问题是我国机械产品质量差、寿命低的主要原因之一。

工程技术人员设计机械产品时，应根据零件的使用工况选用合适的材料，确定材料的加工工艺，限定使用状态下零件内部的显微组织，校核零件能否在规定的寿命期限内正常服役等等。但不少工程技术人员照抄别人的用材方案，或者在设计零件时，大量选用所谓"万能"的材料，例如45钢。如此选材将对产品的质量和寿命造成不良影响，甚至带来危险，这已为许多质量事故所证实。在材料选用和处理中，零件材料使用状态的组织是决定机器质量和寿命的主要因素。这一重要问题常常被忽视。如我国20世纪80年代初某厂生产的电冰箱，产品设计合理，各项性能指标都不低于甚至超过日本名牌电冰箱，但寿命却比后者低得多。把两种电冰箱制冷泵中的柱塞用金相显微镜和电子显微镜检查分析后发现：日本冰箱制冷泵的柱塞是用优质耐磨铸铁制成，其显微组织是在珠光体基体上分布着极细的片状石墨和一些磷共晶，而我们的柱塞却使用了未经任何处理的普通碳素钢，其组织为耐磨性能较差的铁素体和珠光体。合理地选材不但会使零件服役寿命提高,而且还可能带来机械效率的提高和运行成本的降低。例如,要提高热机效率势必会提高工作温度,所以要求制造热机的材料在高温下具有足够的强度、韧度和耐热性,这是一般钢铁材料无法达到的。而用新型陶瓷材料来制造高温结构陶瓷柴油机,可节油 30%,将热机效率提高 50%。目前甚至还研制出了在 1400 ℃下工作的涡轮发动机陶瓷叶片,大大提高了发动机工作效率。类似的例子不胜枚举。材料内部组织的设计,往往由于设计者材料知识的不足而被草率处理,其后果往往不容易被察觉。有些选材不当的问题,其性质就像用呢料缝制了一件贴身内衣一样。常常有这样的情况:图样上某一个公差带确定不当很容易就被发现了,而某些近似荒唐的选材方案却得以顺利通过。

从这里不难看出,选择材料和加工工艺实质上是一个极重要的关于零件内部组织结构设计的问题。它的任务是通过选定适当化学成分的材料,经合理的加工工艺过程来获得满足使用要求的零件内部显微组织。可见,从微观本质上去认识材料,并且掌握它们与外界条件之间的规律性联系,进而合理地使用材料,乃是工程材料学的根本任务。

3. 工程材料课程的目的和基本要求

工程材料是材料学中的重要部分,作为机械制造基础系列课程之一,是高等学校机械类及近机类专业必修的技术基础课。学习本课程的目的是为了获得有关工程材料的基础理论和必要的工艺知识,培养工艺分析的初步能力,熟悉常用工程材料的种类、成分、组织、性能和改进方法,理解和掌握材料的性能、结构、工艺、使用之间的关系规律,并能合理使用材料和正确选择加工工艺。

金属学及热处理是本课程的核心内容。学习本课程的基本要求是:了解工程材料尤其是金属材料的性能、纯金属及合金的结构和性能、二元合金相图的建立和含义、铁碳合金相图;熟悉热处理组织转变规律,掌握普通热处理和表面热处理的特点和应用;掌握常用钢铁材料和其他金属材料的特点及应用;熟悉非金属材料的特性及应用;了解一些新型材料的发展和应用;了解零件的主要失效形式,熟悉选材原则并学会合理选用材料和相应的热处理工艺。

第1章 材料的性能

材料的性能总体上可分为使用性能和工艺性能两种。使用性能是指材料为保证零件能正常工作和有一定工作寿命而应具备的性能,它包括力学性能、物理性能和化学性能。工艺性能是指材料为保证零件的加工过程能顺利进行而应具备的性能,它包括铸造性能、锻造性能、焊接性能、切削加工性能和热处理工艺性能等。

材料的使用性能是进行机械零件选材时的首要考虑因素。通常机械零件和工具所涉及的使用性能一般指力学性能,即材料抵抗外力作用时所显示的性能,包括强度、刚度、塑性、硬度、冲击韧度、疲劳强度等,它们是通过标准试验来测定的。

1.1 静态力学性能

1.1.1 强度、刚度和塑性

测定材料强度与塑性,最常用的方法是拉伸试验。试验在拉伸试验机上进行,试验过程中必须保证试样上所施加的载荷是静态的,且应使试样内部的应力均匀分布。按国家标准《金属材料 室温拉伸试验方法》(GB/T 228—2002)制作标准拉伸试样,在试验机上缓慢地从试样两端由零开始加载,使之承受轴向拉力 F,并引起试样沿轴向伸长 $\Delta L(=L_1-L_0)$,直至试样断裂。为消除试样尺寸大小的影响,将拉力 F 除以试样原始截面积 S_0,即得拉应力 R,单位 MPa;将伸长量 ΔL 除以试样原始标距 L_0,即得伸长率,又称应变 ε。以 R 为纵坐标,ε 为横坐标,则可画出应力-应变图(R-ε 曲线),如图 1-1 所示。从 R-ε 曲线中可获取被测材料的一些性能信息,如弹性、强度、塑性等。

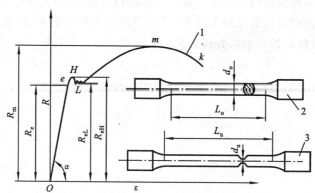

图 1-1 拉伸试样及低碳钢的 R-ε 曲线

1. 强度

(1) 规定非比例延伸强度 拉伸试验中,在任一给定的非比例延伸(去除弹性延伸因素)与试样标距之比的百分率称为**非比例延伸率**。非比例延伸率等于规定的百分率时对应的应力称为**规定非比例延伸强度**(*proof strength, non-proportional extension*),以 R_p 表示,规定的百分率在脚注中标示。例如 $R_{p0.2}$ 表示规定非比例延伸率为 0.2% 时的应力。

(2) 屈服强度   如图 1-1 所示,当载荷增加到点 H 时曲线略下降而转为一近似水平段,即应力不增加而变形继续增加,这种现象称为"屈服"。此时若卸载,试样不能恢复原状而是保留一部分残余的变形,这种不能恢复的残余变形称为塑性变形。当金属材料呈现屈服,在试验期间发生塑性变形而力不增加时的应力称为**屈服强度**(*yield strength*)。屈服强度包括下屈服强度和上屈服强度。下屈服强度是指在屈服期间,不计初始瞬时效应时的最低应力值,以 R_{eL} 表示。上屈服强度是指试样发生屈服而力首次下降前的最高应力值,以 R_{eH} 表示。对大多数零件而言,发生塑性变形就意味着零件脱离了设计尺寸和公差的要求。

有许多金属材料没有明显的屈服现象,此时可以把规定非比例延伸强度 $R_{p0.2}$ 作为该材料的条件屈服强度。

机械零件在工作状态一般不允许产生明显的塑性变形,因此屈服强度或 $R_{p0.2}$ 是机械零件设计和选材的主要依据,以此来确定材料的许用应力。

(3) 抗拉强度   应力超过屈服点时,整个试样发生均匀而显著的塑性变形。当达到点 m 时,试样开始局部变细,出现"颈缩"现象。此后由于试样截面积显著减小而不足以抵抗外力的作用,在点 k 发生断裂。断裂前的最大应力称为**抗拉强度**(*tensile strength*),以 R_m 表示。它反映了材料产生最大均匀变形的抗力。R_m 可用下式计算:

$$R_m = \frac{F_m}{S_o} \quad (MPa)$$

式中 F_m——试样在断裂前承受的最大载力(N);

S_o——试样标距内原始横截面积(mm^2)。

2. 弹性和刚度

R-ε 曲线中开始一段为直线。在该段的加载过程中若中途卸除载荷,则试样即恢复原状,这种不产生永久变形的能力称为**弹性**(elasticity),弹性段对应的最大应力称为**弹性极限**(elastic limit)。R-ε 曲线中直线部分的斜率 E 称为**弹性模量**,其数值为单位 MPa。此值仅与材料有关,反映了材料抵抗弹性变形能力的大小,即**刚度**(rigidity)。E 愈大,则弹性愈小,刚度愈大;反之,E 愈小,则弹性愈大,刚度愈小。材料在使用中,如刚度不足,则会由于发生过大的弹性变形而失效。

3. 塑性

材料在外力作用下产生塑性变形而不断裂的能力称为**塑性**(plasticity)。塑性大小用断后伸长率 A 和断面收缩率 Z 来表示,即

$$A = \frac{L_u - L_o}{L_o} \times 100\%, \quad Z = \frac{S_o - S_u}{S_o} \times 100\%$$

式中　L_0——试样原始标距；

　　　L_u——试样断后标距；

　　　S_0——试样标距内原始横截面积；

　　　S_u——试样拉断后断口处的横截面积。

A、Z 愈大，材料塑性愈好。

试样标距一般为 $L_0 = k \sqrt{S_0}$（k 为比例系数，通常取 5.65），且 $L_0 \geqslant 15$ mm，称为比例试样。当试样横截面积太小时，可取 $k = 11.3$，此时断后伸长率以 $A_{11.3}$ 表示。自由选取 L_0 值的非比例试样，断后伸长率应加脚注说明标距，如 $A_{200\,mm}$。

金属材料具有一定的塑性才能进行各种变形加工；同时，材料具有一定塑性，可以提高零件使用的可靠性，防止其突然断裂。

图 1-1 所示只是低碳钢的 R-ε 曲线，并非所有材料都有类似的曲线形状。塑性好的材料，曲线塑性变形阶段较长，而脆性材料则几乎没有塑性变形。图 1-2 所示分别为铜和铸铁的 R-ε 曲线。铜是塑性材料，曲线阶段较长，且没有明显的屈服阶段。铸铁属脆性材料，其没有明显的塑性变形阶段。

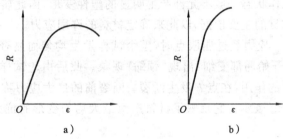

图 1-2　铜和铸铁的 R-ε 曲线

a) 铜　b) 铸铁

1.1.2　硬度

材料抵抗其他更硬物体压入其表面的能力称为**硬度**（hardness）。它反映了材料抵抗局部塑性变形的能力，是检验毛坯或成品件、热处理件的重要性能指标。

一般而言，硬度越高，越有利于耐磨性的提高。生产中常用硬度值来估测材料耐磨性的好坏。

测量硬度通常应用静负荷压入法进行，其中常用的有布氏法、洛氏法和维氏法。

1. 布氏硬度

布氏硬度试验原理如图 1-3 所示。按照国家标准《金属材料　布氏硬度试验　第 1 部分：试验方法》（GB/T 231.1—2009）的规定，它是用一定直径的硬质合金球以压力 F 压入被测材料的表面，保持一定时间后卸去载荷，此时被测表面将出现直径为 d 的压痕。在读数显微镜下测量压痕直径，并根据所测直径查表，即可得硬度值。显然，材料愈软，压痕直径愈大，布氏硬度值愈低；反之，则布氏硬度愈高。

布氏硬度用 HBW 表示，适用于测量硬度值在 650 以下的材料。标注硬度值时，代表其硬度值的数字置于 HBW 前面。旧国标规定:布氏硬度试验压头有两种,即硬质合金球和淬火钢球,压头为淬火钢球时,布氏硬度用符号 HBS 表示,压头为硬质合金球时,布氏硬度用 HBW 表示。因新旧标准的交替存在一定的过渡期,本书中涉及 HBS 硬度值时仍沿用原表示方法和数值。

布氏法优点是测定结果较准确,缺点是压痕大,不适于成品检验。

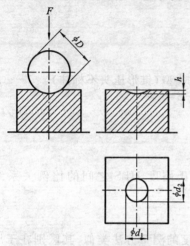

图 1-3 布氏硬度试验原理示意图

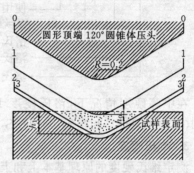

图 1-4 洛氏硬度试验原理示意图

2. 洛氏硬度

洛氏硬度实验原理和布氏硬度类似,它是以锥角为 120°、顶部曲率半径为 0.2 mm 的金刚石圆锥体(见图 1-4)或直径为 1.5875 mm(或 3.175 mm)的硬质合金球作为压头,以一定的压力压入材料表面。与布氏硬度不同的是,洛氏硬度是通过测量压痕深度来确定材料硬度的。压缩愈深,材料愈软,硬度值愈低;反之,硬度值愈高。被测材料硬度,可直接由硬度计刻度盘读出。

国家标准《金属材料 洛氏硬度试验 第 1 部分、试验方法》(GB/T 230.1—2009)规定,根据所加载荷和压头的不同,洛氏硬度有十五种标尺,其中以 HRA、HRB、HBC 三种最为常用,如表 1-1 所示。以上三种洛氏硬度中,又以 HRC 应用最多,一般经淬火处理的钢或工具都用 HRC 标尺测量。

表 1-1 洛氏硬度符号、试验条件和应用举例

硬度符号	压印头类型	总压力/N(kgf)	硬度值有效范围	应 用
HRA	120°金刚石圆锥	558.4(60)	70 HRA 以上 (相当 350 HBS 以上)	硬质合金、表面淬火钢
HRB	ϕ1.588 淬火钢球	980.7(100)	25~100 HRB (相当于 60~230 HBS)	软钢、退火钢、铜合金
HRC	120°金刚石圆锥	1471(150)	20~67 HRC (相当于 225 HBS 以上)	淬火钢件

洛氏硬度的表示方法如下。

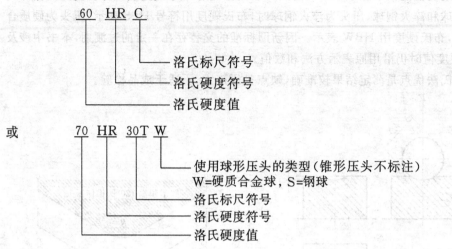

在中等硬度情况下,洛氏硬度 HRC 与布氏硬度 HBS 之间的比例关系约为 1∶10,如 40 HRC 相当于 400 HBS 左右。

3. 维氏硬度

测定维氏硬度的原理基本上和上述两种硬度的测量方法类似,其区别在于压头采用锥面夹角为 136°的金刚石正四棱锥体(见图 1-5a),压痕被视为具有正方形基面并与压头角度相同的理想形状(见图 1-5b),以压痕对角线长度来衡量硬度值的大小。维氏硬度用 HV 表示,符号之前为硬度值,符号之后按如下顺序排列:

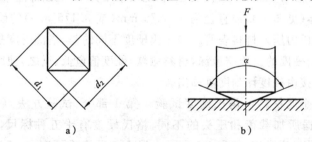

a)　　　　　　　　　　　b)

图 1-5　维氏硬度试验原理示意图

a) 维氏偶压压痕　b) 压头(金刚石锥体)

α—金刚石压头顶部两相对面夹角(136°);　F—试验力大小;　d—两压痕对角线长度 d_1 和 d_2 的算术平均值

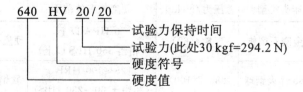

维氏法所用载荷小,压痕深度浅,适用于测量零件薄的表面硬化层、金属镀层及薄片金属的硬度,这是布氏和洛氏法所不及的。此外,因压头是金刚石角锥,载荷可

调范围大,故对软、硬材料均适用,测定范围为 0~1000 HV。

应当指出,用各硬度试验法测得硬度值不能直接进行比较,必须通过硬度换算表换算成同一种硬度值后,方可比较其大小。

4. 硬度与抗拉强度的近似换算

硬度试验是机械性能试验中最简单的一种试验方法。生产上往往希望根据硬度值来判断某些机械性能指标的数量水平。实践证明,金属材料的硬度与强度之间具有近似的对应关系。因为硬度值是由起始塑性变形抗力和继续变形塑性抗力决定的,材料的强度越高,塑性变形抗力越高,硬度值也就越高。工程上,通过实践,对不同材料的布氏硬度 HBS 与 R_m 的数值得出了如下一系列经验公式:

对于低碳钢,$R_m \approx 3.53$ HBS   对于高碳钢,$R_m \approx 3.33$ HBS

对于合金调质钢,$R_m \approx 3.19$ HBS   对于灰铸铁,$R_m \approx 0.98$ HBS

对于退火铝合金,$R_m \approx 4.70$ HBS

1.2 动态力学性能

1. 冲击韧度

在生产实践中,许多机械零件和工具在冲击载荷下工作,如锻锤锤杆、冲床冲头、飞机起落架、汽车齿轮等。由于冲击载荷的加载速度大,作用时间短,机件常常因受局部载荷而产生变形甚至断裂。因此,对于承受冲击载荷的机件,仅具有高强度是不够的,还必须具备足够的抵抗冲击载荷的能力。

金属材料在冲击载荷下抵抗破坏的能力称为**冲击韧度**(impact toughness)。冲击韧度一般以在冲击力作用下材料破坏时单位面积所吸收的能量来表示。测定冲击韧度常用的方法是夏比摆锤冲击试验法,即将一个带有 V 形或 U 形缺口的标准试样(GB/T 229—2007)置于摆锤冲击试验机两支座之间,缺口背向打击而放置,用摆锤一次打击试样,测定试样的吸收能量,如图 1-6 所示。

试验时,把试样 2 放在试验机的两个支承 3 上,试样缺口背向摆锤冲击方向,将重量为 W(N)的摆锤 1 放至一定高度 H(m),释放摆锤,击断试样后向另一方向升起至高度 h(m)。根据摆锤重量和冲击前、后摆锤的高度,可算出试样所吸收的能量 K,即

$$K = W(H - h) \quad (J)$$

冲击吸收能量应标明缺口形状和摆锤刃半径。用字母 V 和 U 表示几何缺口的形状,用下标数字 2 或 8 表示摆锤刃半径为 2 mm 或 8 mm,例如 KU_2。K 值可由刻度盘直接读出。冲击韧度为

$$a_k = \frac{K}{S} \quad (J/cm^2)$$

式中   S——试样缺口处截面积(cm^2)。

2. 疲劳强度

许多机械零件(如齿轮、轴、弹簧等)都是在重复或交变应力(见图 1-7)的作用下

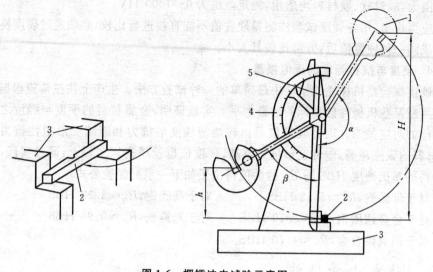

图 1-6 摆锤冲击试验示意图

1—摆锤 2—试样 3—试验机支承 4—刻度盘 5—指针

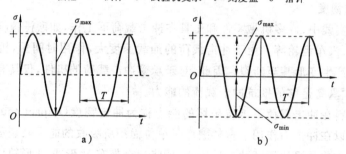

a)   b)

图 1-7 重复应力与交变应力曲线示意图

a) 重复应力 b) 交变应力

工作的。承受重复或交变应力的零件,工作中往往在工作应力低于其屈服强度的情况下发生断裂,这种断裂称为疲劳断裂。疲劳断裂与静载荷作用下的断裂不同。无论是脆性材料还是韧性材料,疲劳断裂都是突然发生的,事先没有明显的塑性变形,很难事先观察到,因此具有很大的危险性。

疲劳破坏是一个裂纹发生和发展的过程。由于材料质量问题和零件在加工过程中出现的缺陷,在零件局部区域造成应力集中,从而在重复或交变应力的反复作用下产生疲劳裂纹,随着应力循环周次的增加,疲劳裂纹不断扩展,使材料承受载荷的有效面积不断减小,当减小到不能承受外加载荷作用时,材料产生瞬时断裂。

大量试验表明,金属材料所受的最大交变应力越大,则断裂前所受应力的循环次数 N_f(定义为疲劳寿命)越少。这种交变应力与疲劳寿命 N_f 的关系曲线称为疲劳曲线,如图 1-8 所示。

从曲线上可以看出,循环应力 R 越低,则断裂前的循环次数 N_f 越多。当应力降到某一定值后,曲线趋于水平,这说明当应力低于此值时,材料可经无限次应力循环而不断裂。被测试样能承受无限次的应力周期变化时应力振幅的极限值称为疲劳极限。在指定寿命下使试样失效的应力水平称为**疲劳强度**,用 S 表示。一般钢铁材料取循环次数为 10^7 次时,能承受的最大循环应力振幅作为其疲劳强度。一般非铁金属、高强度钢及腐蚀介质作用下的钢铁材料,其疲劳曲线如图 1-8 中曲线 2 所示,其特征是循环次数 N

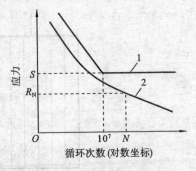

图 1-8　疲劳曲线示意图

随所受应力的增大而减少,但不存在水平线段。因此,对具有如曲线 2 所示特征的金属,以在规定的应力比下,使试样的寿命为 N 次循环的应力振幅值为疲劳强度,称为 N 次循环后的疲劳强度,用 R_N 表示。一般规定:对于非铁金属,N 取 10^6 次;对于腐蚀介质作用下的钢铁材料,N 取 10^8 次。

金属的疲劳强度与抗拉强度之间存在近似的比例关系:

对于碳素钢,　　　　　　$S \approx (0.4 \sim 0.55) R_m$

对于灰铸铁,　　　　　　$S \approx 0.4 R_m$

对于非铁金属,　　　　　$S \approx (0.3 \sim 0.4) R_m$

1.3　其他性能

1. 断裂韧度

一般认为零件在许用应力下工作不会发生塑性变形,更不会发生断裂。然而事实并非如此,工程中曾多次出现过在应力低于许用应力情况下发生突然断裂的事故。试验研究表明,工程上实际使用的材料,其内部不可避免地存在一定的缺陷,如夹杂物、气孔、微裂纹等。这些缺陷破坏了材料的连续性,如同材料中存在裂纹一样。当材料受到外力作用时,这些裂纹的尖端附近便出现应力集中,如图 1-9 所示。由于应力线不能中断在试样的内部,而被迫绕过裂纹尖端上下相连,使裂纹尖端处的应力线增多,产生应力集中,乃至局部应力大大超过材料的允许应力值,使裂纹失稳扩展,直到材料最终断裂。根据断裂力学的观点,只要裂纹很尖锐,顶端前沿各点的应力就按一定形状分布,亦即外加应力增大时,各点的应力按相应比例增大。这个比例系数称为应力强度因子 K_1,表示为

$$K_1 = YR\sqrt{a} \quad (\text{MN/m}^{3/2})$$

式中:Y——与裂纹形状、加载方式及试样几何尺寸有关的无量纲系数;

　　　R——外加应力(MPa);

　　　a——裂纹半长(m)。

当外力增大或裂纹增长时,裂纹尖端的应力强度因子也增大,当 K_1 达到某临界值时,裂纹突然失稳扩展,发生快速脆断,这一临界值称为材料的**断裂韧度**(fracture

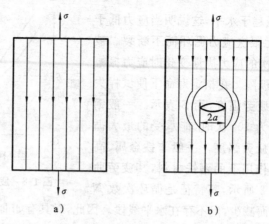

图 1-9　无裂纹试样和有裂纹试样的应力线
a) 无裂纹试样　b) 有裂纹试样

toughness)，用 K_{IC} 表示。K_{IC} 可依据《金属材料·平面应变断裂韧度 K_{IC} 试验方法》(GB/T 4161—2007)通过试验测定，它反映了材料抵抗裂纹扩展的能力，是材料本身的一种力学性能指标。同其他力学性能一样，材料的断裂韧度主要取决于材料的成分、组织结构及各种缺陷，并与生产工艺过程有关。

可见，只要工作应力小于临界断裂应力 $R_C(=K_{IC}/Y\sqrt{a})$，就可以安全使用带有长度小于 $2a$ 裂纹的构件。例如，通常使用的中、低强度钢，其 K_{IC} 往往高达 50 $\mathrm{MN/m^{3/2}}$ 以上，而其工作应力常小于 200 MPa，此时，即使存在几厘米甚至更长的裂纹构件也不会脆断。但对高强度材料来说，其 K_{IC} 常小于 30 $\mathrm{MN/m^{3/2}}$，而工作应力却很高，此时若有几毫米长的裂纹就很危险了。可见，理想的材料是强而韧，在二者不可兼得时，则可以略为降低强度要求而保证足够的韧度，这样较为安全。

2. 高温性能

在高压蒸汽锅炉、汽轮机、化工炼油设备及航空发动机中，很多机件长期在高温下运转，对这类机件仅考虑常温性能显然不行，因为高温下的机件易发生蠕变失效。材料在长时间的恒温、恒应力作用下，即使应力小于屈服强度，也会缓慢地发生塑性变形的现象称为**蠕变**(creep)。一般温度越高，工作应力越大，则蠕变的发展越快，而产生断裂的时间就越短。因此在高温下使用的金属材料，应具有足够的抗蠕变能力。

工程塑料在室温下受到应力作用就可能发生蠕变，这在应用塑料受力件时应予以注意。蠕变的另一种不良结果是导致应力松弛。所谓应力松弛是指承受弹性变形的零件，在工作过程中总变形量保持不变，但随时间的延长发生蠕变，从而导致工作应力自行逐渐衰减的现象。如高温紧固件，若出现应力松弛，将会使紧固失效。

高温下，金属的强度可用蠕变极限和持久强度极限来表示。其试验方法依据《金属拉伸蠕变及持久试验方法》(GB/T 2039—1997)。蠕变极限是指金属在一定温度下，一定时间内产生一定变形量所能承受的最大应力，例如 $R_{0.1/1000}^{600}=88$ MPa，表示在 600 ℃下,1000 h 内,引起 0.1%变形量时金属所能承受的最大应力值为 88 MPa。
而持久强度极限是指金属在一定温度下,一定时间内所能承受的最大断裂应力,例如
$R_{100}^{800}=186$ MPa,表示工作温度为 800 ℃,约 100 h 内金属所能承受的最大断裂应力
为 186 MPa。

3. 低温性能

随着温度的下降,多数材料会出现脆性增加的现象,严重时甚至会发生脆断。通
过在不同温度下对材料进行一系列冲击试
验,可得材料的冲击韧度与温度的关系曲
线。图 1-10 所示为两种钢的温度-冲击吸
收功关系曲线。由图可知,材料的冲击吸收
功 K 的值随温度下降而减小。当温度降到
某一值时,K 值会急剧减小,使材料呈脆性
状态。材料由韧性状态变为脆性状态的温
度 T_k 称为冷脆转化温度。材料的 T_k 低,表
明其低温韧度好,图中虚线表示的钢的 T_k

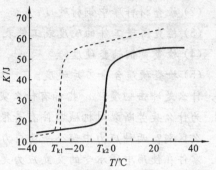

图 1-10 两种钢材的 T-K 关系曲线

低于实线表示的钢的 T_k,故前者低温韧度好。低温韧度对于在低温条件下使用材料
是很重要的。

4. 工艺性能

现代工业所用的机械设备,大多是由金属零件装配而成。金属零件的加工是机
器制造中的重要步骤。**工艺性能**(shop characteristic)一般是指材料在成形过程中实
施冷、热加工的难易程度,主要包含以下内容。

(1) 铸造性能　它主要是指液体金属的流动性和凝固过程中的收缩及偏析倾向。

(2) 锻造性能　它主要是指金属进行锻造时,其塑性的好坏和变形抗力的大小。
塑性高、变形抗力(即屈服强度)小,则其锻造性好。

(3) 焊接性能　它主要是指在一定焊接工艺条件下,获得优质焊接接头的难易
程度。它受材料本身特性和工艺条件的影响。

(4) 切削加工性能　工件材料接受切削加工的难易程度称为材料的切削加工
性。材料切削性能的好坏与材料的物理、力学性能有关。

(5) 热处理工艺性能　它包括淬透性、热应力倾向、加热和冷却过程中裂纹形成
倾向等。热处理工艺性能对于钢是非常重要的。

思考与练习

1. 什么是金属材料的力学性能? 金属材料的力学性能包含哪些方面?

2. 什么是强度? 在拉伸试验中衡量金属强度的主要指标有哪些? 它们在工程应用
上有什么意义?

3. 什么是塑性? 在拉伸试验中衡量金属塑性的指标有哪些?

4. 什么是硬度？指出测定金属硬度的常用方法和各自的优缺点。

5. 现有标准圆形截面的长、短试样各一个，原始直径 $d_0 = 10$ mm，经拉伸试验测得其断后伸长率 A、$A_{11.3}$ 均为 25%，求两试样拉断时的标距长度。这两个试样中哪一个塑性较好？为什么？

6. 在下面几种情况下该用什么方法来检测硬度？写出硬度符号。

   (1) 检查锉刀、钻头成品硬度；

   (2) 检查材料库中钢材硬度；

   (3) 检查薄壁工件的硬度或工件表面很薄的硬化层的硬度；

   (4) 检查黄铜轴套硬度；

   (5) 检查硬质合金刀片硬度。

7. 什么是冲击韧度？a_k 指标有什么实用意义？

8. 为什么疲劳断裂对机械零件有着很大的潜在危险性？疲劳应力与重复应力有什么区别？两种应力中哪个平均应力大？

9. 零件在使用中所承受的交变应力是否一定要低于疲劳极限？有无零件交变应力高于疲劳极限的情况？

第2章　金属的结构与塑性变形

2.1　纯金属的晶体结构

2.1.1　晶体结构的基本概念

1. 晶体与非晶体

固态物质可分为晶体与非晶体两大类。原子或分子在空间呈长程有序、周期性规则排列的物质称为**晶体**(crystal)，如金刚石、石墨和一切固态金属及其合金等。晶体一般具有规则的外形，有固定的熔点，且具有各向异性。原子或分子呈无规则排列或短程有序排列的物质称为**非晶体**(amorphous solid)，如塑料、玻璃、沥青等。非晶体没有固定的熔点，热导率和热膨胀性均较小，组成的变化范围大，在各个方向上原子的聚集密度大致相同，具有各向同性。

2. 晶格和晶胞

为了便于研究晶体中原子的排列情况，把组成晶体的原子(离子、分子或原子团)抽象成质点，这些质点在三维空间内呈有规则的、重复排列的阵式就形成了空间点阵。用一些假想的空间直线将这些质点连起来所构成的空间格架，称为**晶格**(lattice)。从晶格中取出一个反映点阵几何特征的最小的空间几何单元，称为**晶胞**(cell)，如图 2-1 所示。

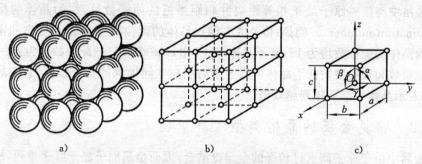

图 2-1　简单立方晶格与晶胞示意图

a) 模型　b) 晶格　c) 晶胞

表征晶胞特征的参数有六个：棱边长度 a、b、c，棱边夹角 α、β、γ。通常又把晶格棱边长度 a、b、c 称为晶格常数。当晶格常数 $a=b=c$，棱边夹角 $\alpha=\beta=\gamma=90°$时，这种晶胞称为简单立方晶胞。

根据晶胞六个参数的不同，晶体分属不同的空间点阵和晶系。

3. 晶面与晶向

在晶格中由一系列原子组成的平面称为**晶面**(crystal plane)，它由一行行的原子列组成。晶格中各原子列的位向称为**晶向**(crystal orientation)。为了便于对各种晶面和晶向进行研究,了解其在形变、相变以及断裂等过程中所起的不同作用,按照一定规则为晶格任意一个晶面或晶向确定出特定的表征符号,表示出它们的方位或方向,这就是晶面指数和晶向指数。

图 2-2 所示晶面(010)、(110)、(111)是立方晶格中具有重要意义的三种晶面。图 2-3 所示的晶向[100]、[110]、[111]是立方晶格中具有重要意义的三种晶向。

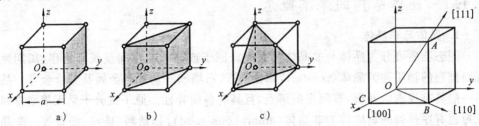

图 2-2　立方晶格中的三个重要晶面
a)(010)面　b)(110)面　c)(111)面

**图 2-3　立方晶格中的
三个重要晶向**

各种晶体由于其晶格类型和晶格常数的不同,则呈现出不同的物理、化学及力学性能。

4. 配位数和致密度

晶胞中所包含的原子总体积与晶胞体积(V)的比值,称为**晶体致密度**(compactness)。若晶胞中原子数为 n、原子半径为 r,则致密度

$$K = n \cdot 4\pi r^3 / 3V$$

晶格中与任一原子处于相等距离并相距最近的原子数目,称为晶体的**配位数**(coordination number)。例如:体心立方结构晶体的配位数为 8;面心立方和密排六方结构晶体的配位数均为 12;离子晶体 NaCl 中,Na^+ 和 Cl^- 的配位数各为 6。

配位数和致密度表征了晶体中原子或离子在空间堆垛的紧密程度,它们的数值越大,表示晶体中原子排列越紧密。

2.1.2　常见金属的晶格类型

金属中由于原子间通过较强的金属键结合,因而金属原子趋于紧密排列,构成少数几种高对称性的简单晶体结构。在金属元素中,有 90% 以上的金属晶体结构都属于如下三种密排的晶格形式。

1. 体心立方晶格

体心立方晶格(BCC, body centered cubic)的晶胞是一个立方体,如图 2-4 所示。在立方体的八个角上各有一个与相邻晶胞共有的原子,且在立方体中心有一个原子。

属于体心立方晶格的金属有 α-Fe(912 ℃ 以下的纯铁)、Cr、Mo、W、V、Nb、β-Ti、Na、K 等。

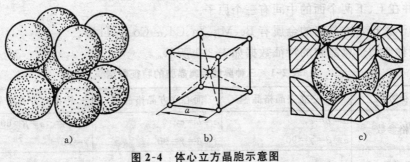

图 2-4　体心立方晶胞示意图

a) 模型　b) 晶胞　c) 晶胞原子数

2. 面心立方晶格

面心立方晶格(FCC,face centered cubic)的晶胞如图 2-5 所示,在立方体的八个角的顶点和六个面的中心各有一个与相邻晶胞共有的原子。

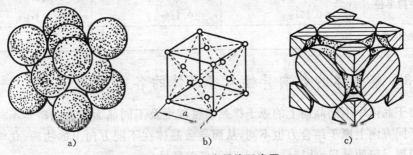

图 2-5　面心立方晶胞示意图

a) 模型　b) 晶胞　c) 晶胞原子数

属于面心立方晶格的金属有 γ-Fe(912～1394 ℃的纯铁)、Cu、Al、Ni、Au、Ag、Pt、β-Co 等。

3. 密排六方晶格

密排六方晶格(HCP,hexagonal close-packed)的晶胞是一个正六面柱体,如图 2-6 所示。由图可见,在上、下两个面的角点和中心上,各有一个与相邻晶胞共有的

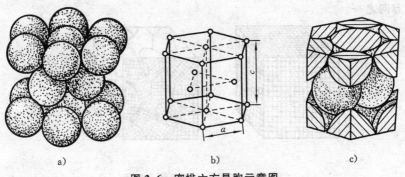

图 2-6　密排六方晶胞示意图

a) 模型　b) 晶胞　c) 晶胞原子数

原子,并在上、下两个面的中间有三个原子。

属于密排六方晶格的金属有 Be、Mg、Zn、Cd、α-Co、α-Ti 等。

三种典型金属晶胞的特征数据如表 2-1 所示。

表 2-1　三种典型金属晶胞的特征数据

特征数据	体心立方晶格晶胞	面心立方晶格晶胞	密排六方晶格晶胞
晶格参数	$a=b=c$, $\alpha=\beta=\gamma=90°$	$a=b=c$, $\alpha=\beta=\gamma=90°$	$a=b\neq c$,$\alpha=\beta=60°$ $\gamma=90°$
晶胞原子数(个)	$\dfrac{1}{8}\times8+1=2$	$\dfrac{1}{8}\times8+\dfrac{1}{2}\times6=4$	$\dfrac{1}{6}\times12+\dfrac{1}{2}\times2+3=6$
原子半径	$r_{原子}=\dfrac{\sqrt{3}}{4}a$	$r_{原子}=\dfrac{\sqrt{2}}{4}a$	$r_{原子}=\dfrac{1}{2}a$
致密度	0.68(68%)	0.74(74%)	0.74(74%)
空隙半径	$r_{四}=0.29r_{原子}$ $r_{八}=0.15r_{原子}$	$r_{四}=0.225r_{原子}$ $r_{八}=0.414r_{原子}$	$r_{四}=0.225r_{原子}$ $r_{八}=0.414r_{原子}$
配位数	8	12	12

2.1.3　单晶体的各向异性与多晶体的各向同性

由于晶体中不同晶向上的原子排列紧密程度及不同晶面的面间距是不相同的,所以不同方向上原子结合力也不同,从而导致晶体在不同方向上的物理、化学、力学性能出现一定的差异,此特性称为晶体的**各向异性**(anisotropy)。

一块晶体内部的晶格位向完全一致的晶体称为单晶体,如图 2-7a 所示。单晶体具有各向异性。例如 α-Fe 单晶体的弹性模量 E 在体对角线方向([111]方向)为290 000 MPa,而在边长方向([100]方向)为 135 000 MPa,两者相差一倍多。单晶体可采取特殊的方法制取。单晶体除具有各向异性以外,它还有较高的强度、耐蚀性、导电性和其他特性,因此日益受到人们的重视。目前在半导体元件、磁性材料、高温合金材料等方面,单晶体材料已得到开发和应用。单晶体金属材料是今后金属材料的发展方向之一。

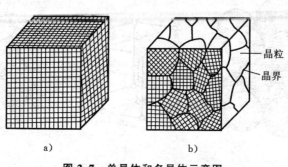

图 2-7　单晶体和多晶体示意图

a) 单晶体　b) 多晶体

　　实际金属并非单晶体,而是由许多位向不同的微小晶体组成的多晶体,如图2-7b所示。这些呈多面体颗粒状的小晶体颗粒称为晶粒,晶粒与晶粒间的边界称为晶界。晶粒的大小与金属的制造及处理方法有关,其直径一般在 0.001~1 mm 之间。

　　测定实际金属的性能时,在各个方向上的数值却基本一致,即具有**各向同性**(isotropy)。这是因为构成实际金属的众多各向异性的晶粒由于各自随机取向的不同而在晶粒之间互相抵消和补充,从而在宏观上表现出各向同性。例如工业纯铁(α-Fe)的弹性模量 E 在任何方向上测定大致都为 250 000 MPa。

2.1.4　实际金属的结构

　　实际金属不但由多晶体组成,而且对于每个晶粒也并非是理想结构。应用电子显微镜等现代的检测仪器发现,在金属晶体的内部存在多种缺陷。按照几何特征,晶体缺陷主要可分为面缺陷、线缺陷和点缺陷。这些缺陷对金属的物理、化学和力学性能有显著的影响。

1. 点缺陷

　　点缺陷(point defects)是指在三维尺度上都很小的,不超过几个原子直径的缺陷。点缺陷主要有空位和间隙原子两种,如图 2-8 所示。

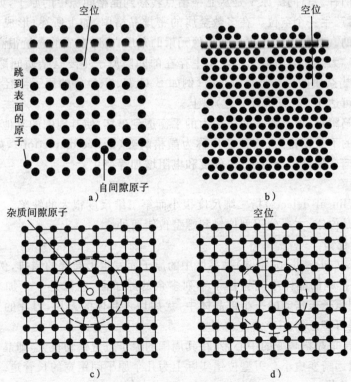

图 2-8　晶体中的点缺陷

a) 空位和自间隙原子　b) 热空位　c) 杂质间隙原子和晶格畸变　d) 空位和晶格畸变

1) 空位

晶格中某个原子脱离了平衡位置形成的空结点称为**空位**（vacancy），如图 2-8a、b 所示。空位是一种热平衡缺陷。温度升高，则原子的振动能量升高，振幅增大。当某些原子振动的能量高到足以克服周围原子的束缚时，它们便有可能脱离原来的平衡位置，跳到晶体的表面（包括晶界面、孔洞、裂纹等内表面），甚至从金属表面蒸发，使其原来的位置或其所经历的路径的某个结点空着，于是在晶体内部形成了空位。也有少量空位是结点原子进入晶格间隙后形成的，但这种形成方式要求能量高，形成空位比较困难。随着温度的升高，原子的动能增大，空位的数量也增大。在接近于熔点时，空位的数量可达到整个晶体原子数的 1‰ 的数量级。通过快速冷却可以将空位保留到室温。在纯金属中，空位是其主要的点缺陷。例如，铜在 1000 ℃时，空位数量约为间隙原子数量的 10^{35} 倍。

在晶体中不仅可产生单空位，还可以产生双空位、三空位和多空位，如图 2-8b 所示。

空位的存在为金属中进行与原子迁移有关的过程创造了方便的条件。

2) 间隙原子

间隙原子（interstitial atoms）就是位于晶格间隙之中的原子，有自间隙原子和杂质间隙原子两种。自间隙原子是从晶格结点转移到晶格间隙中的原子，如图 2-8a 所示，与此同时产生一个空位。在多数金属的密排晶格中，如上所述，形成自间隙原子是非常困难的。材料中总存在一些其他元素的杂质，有时杂质的含量很高，它们形成的间隙原子称为杂质间隙原子。金属中存在的间隙原子主要是杂质间隙原子，如图 2-8c 所示。当杂质的原子半径较小时（例如 B、C、H、N、O 等的原子半径），间隙原子的浓度甚至可达 10％（原子百分数）以上。

在点缺陷附近，由于原子间作用力的平衡遭到破坏，使其周围的其他原子出现靠拢或者撑开的不规则排列，这种变化称为**晶格畸变**（lattice distortion），如图 2-8c、d 所示。晶格畸变使晶体产生强度、硬度和电阻增加等变化。

2. 线缺陷

线缺陷（linear defects）指二维尺度很小而第三维尺度很大的缺陷。金属晶体中的线缺陷就是位错，主要分刃型位错和螺型位错两种。

1) 刃型位错

刃型位错（edge dislocation）是晶体中的原子面发生了局部的错排，例如在图2-9a、b 中，规则排列的晶体中间错排了半列多余的原子面，它像是一个加塞的半原子面，不延伸到原子未错动的下半部晶体中，犹如切入晶体的刀片，刀片的刃口线为位错线，这就是刃型位错。

刃型位错是晶格畸变的中心带，在其周围的原子位置错动很大，即晶格的畸变很大，且距它愈远畸变愈小。刃型位错实际上为几个原子间距宽的长管道。

2) 螺型位错

如图 2-9c 所示，右前部晶体的原子逐步地向下位移一个原子间距，并与左部晶

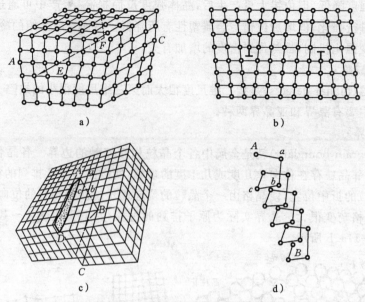

图 2-9　刃型位错和螺型位错示意图

a)、b) 刃型位错　c)、d) 螺型位错

体形成几个原子宽的过渡区(图中的暗影区),使它们的正常位置发生错动,具有螺旋形特征,故称为**螺型位错**(screw dislocation)。

过渡区顶端在晶体中的连线为位错线。但原子错动最大或晶格畸变最大的地方是过渡区螺旋面的中心线,这才是真正的螺型位错线。所以螺型位错在空间实际上为一个螺旋状的晶格畸变管道(见图 2-9d),宽仅为几个原子大小,长则可穿透晶体。

晶体中位错线周围造成的晶格畸变随离位错线距离的增大而逐渐减小,直到为零。严重晶格畸变的范围实际约为几个原子间距。

金属中的位错线数量很多,呈空间曲线分布,有时会连接成网,甚至缠结成团。位错可在金属凝固时形成,更容易在塑性变形中产生。它在温度和外力作用下还能够不断地运动,数量随外界作用发生变化。评定金属位错数量的多少常用位错密度 ρ(单位为 cm/cm^3)表示。金属中位错密度一般为 $10^4 \sim 10^{12}$ cm/cm^3,在退火时为 10^6 cm/cm^3,在冷变形金属中可达 10^{12} cm/cm^3。

位错引起的晶格畸变对金属性能的影响很大。图 2-10 表示位错密度与屈服强度的关系。没有缺陷的晶体屈服强度很高,但这样理想的晶体很难得到,工业上生产的金属晶须只是理想晶体的近似。位错的存在

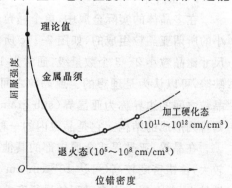

图 2-10　金属位错密度与屈服强度的关系

会使晶体强度降低,但位错大量产生后,晶体强度反而提高,生产中可通过增加位错来对金属进行强化,但增加位错后金属塑性有所降低。后面章节介绍的冷变形强化、马氏体相变强化机制,都与位错密度的增加有关。

3. 面缺陷

面缺陷(planar defects)是指二维尺度很大而第三维尺度很小的缺陷。金属晶体的面缺陷主要有晶界和亚晶界两种。

1）晶界

晶界(grain boundary)就是金属中各个晶粒相互接触的边界。各晶粒的位向不同,因为相邻晶粒存在位向差几度或几十度的现象,所以晶界原子排列的特点是采取相邻两晶粒的折中位置,使晶格由一个晶粒的位向逐步过渡为相邻的位向,这里规则性较差,晶格畸变很大。晶界实际为原子排列的过渡带,其宽度为 5～10 个原子间距,如图 2-11a、b 所示。

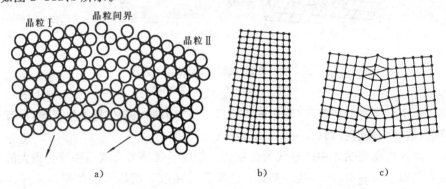

晶粒Ⅰ　晶粒间界　晶粒Ⅱ

a) 　　　　　b) 　　　　　c)

图 2-11　晶界及亚晶界示意图
a）晶界原子排列　b）晶界晶格　c）亚晶界晶格

晶界上一般积累有较多的位错,位错的分布有时候是规则的。晶界也是杂质原子聚集的地方。杂质原子的存在加剧了晶界结构的不规则性,并使结构复杂化。

2）亚晶界

在多晶体的实际金属中,单个晶粒也不是完全理想的晶体,而是由许多位向差很小的所谓亚晶粒组成的,如图 2-11c 所示。晶粒内的亚晶粒又称晶块(或嵌镶块),其尺寸比晶粒小 2～3 个数量级,通常为 10^{-6}～10^{-4} cm。亚晶粒的结构如果不考虑点缺陷,可以认为是理想的。亚晶粒之间的位向差只有几秒、几分,最多为 1°～2°。亚晶粒之间的边界称为**亚晶界**(sub-grain boundary)。亚晶界是由一系列刃型位错规则排列形成的结构。它是晶粒内的一种面缺陷,对金属的性能也有一定的影响。

在晶界、亚晶界或金属内部的其他界面上,原子的排列偏离平衡位置,晶格畸变较大,位错密度较高(可达 10^{12} cm/cm³ 以上),原子处于较高的能量状态,原子的活性较大,对金属中许多过程的进行有着重要的影响。

实际金属中除了上述点、线、面缺陷外,还存在着一些其他的晶体缺陷。这些缺陷的存在,影响了晶体的完整性,对晶体材料的性能有重要影响,特别是对金属的塑性变形、固态相变以及扩散等过程都起着重要的作用。例如前面所述,缺陷的形成将导致晶格畸变,使晶体材料强度、硬度升高,塑性降低。当需要提升材料强度和硬度时,缺陷是有益的,人们往往人为制造出一些晶格缺陷,这也是强化材料的主要途径之一。可见,缺陷并非一定是没有用的缺点。但是必须指出,晶粒中原子排列出现的缺陷之绝对数目很巨大,但与规则排列的原子数目相比又是很小的,缺陷的存在并不会改变金属原子规则排列的主流状况,也即不会改变金属晶体的性质。

　　在实际晶体结构中,上述晶体缺陷并不是静止不变的,而是将随着一定的温度和加工过程等各种条件的改变而不断变化。它们可以产生、发展、运动和交互作用,而且能合并和消失。

2.2　合金的晶体结构

2.2.1　合金概述

　　纯金属因强度很低而很少得到使用,工程中使用的金属材料主要是**合金**(alloy)。合金是由两种或两种以上的金属元素,或金属与非金属元素组成的具有金属特性的物质。例如钢和铁是主要由 Fe 和 C 组成的合金,黄铜是主要由 Cu 和 Zn 组成的合金等。

　　下面就有关合金的几个概念术语作一说明。

　　(1) 组元　组成合金最简单、最基本的独立物质称为**组元**(constituent)。在合金中组元一般都是元素,如铁碳合金中的 Fe 和 C。但在一定条件下较稳定的化合物也可以作为组元看待,如铁碳合金中的 Fe_3C 等。合金中有几种组元就称为几元合金,例如碳素钢是二元合金,铅黄铜是三元合金。

　　(2) 合金系　由两个或两个以上组元按不同比例配制而成的一系列不同成分的合金称为**合金系**(alloy system),简称系,如 Pb-Sn 系、Fe-C-Si 系等。

　　(3) 相　**相**(phase)是指在合金中具有相同的物理和化学性能并与该系统的其余部分以界面分开的物质部分,例如液固共存系统中的液相和固相。可以把“相”释义为“物质形态”。合金的一个相中可以有多个晶粒,但一个晶粒只能是一个相。

　　(4) 显微组织　**显微组织**(microstructure)是指在金相显微镜下所观察到的金属及合金内部之相和晶粒的形态、大小、分布状况等组成的微观构造。

　　合金的显微组织中,最小组成单元是相。从本质上来说,合金的显微组织是由各个相所组成的,这些相就是组成合金的**相组成物**。有些合金的显微组织中存在由两个或两个以上的相按一定的比例组成的固定“小团体”,称为机械混合物,例如共析体、共晶体等。如把这些机械混合物看做合金显微组织的组成单元,则这些机械混合物和其余单独存在的相称为组成合金的**组织组成物**。

　　一种合金的力学性能取决于它的化学成分,更取决于它的显微组织。通过对金属的热处理可以在不改变其化学成分的前提下而改变其显微组织,从而达到调整金属材料力学性能的目的。

　　由于合金各组元之间的相互作用不同,固态合金可形成两种基本相结构:固溶体相结构和金属间化合物相结构。

2.2.2　固溶体

　　合金组元通过相互溶解形成一种成分和性能均匀且结构与组元之一相同的固相称为**固溶体**。与固溶体晶格相同的组元为溶剂,一般在合金中含量较多;其他组元为溶质,含量较少。可见固溶体可理解为是一种"固态液体",其溶解度称为固溶度。

1. 固溶体的分类

　　根据溶质原子在溶剂晶格中所占据的位置,可将固溶体区分为置换固溶体和间隙固溶体两种。

　　(1)置换固溶体　若溶质原子代替一部分溶剂原子而占据溶剂晶格中的某些结点位置,称为**置换固溶体**(substitutional solid solution)。如图 2-12 所示。一般来说,当溶剂和溶质的原子半径较接近时容易形成置换固溶体。在合金中,如 Mn、Cr、Si、Ni、Mo 等元素都能与 Fe 元素形成置换固溶体。

图 2-12　置换固溶体中的原子

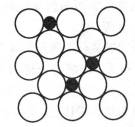

图 2-13　间隙固溶体中的原子

　　(2)间隙固溶体　溶质原子在溶剂晶格中并不占据晶格结点的位置,而是嵌入各结点间的空隙中,此时形成的固溶体称为**间隙固溶体**(interstitial solid solution),如图 2-13 所示。实验证明,当溶质元素与溶剂元素的原子半径的比值 $R_{质}/R_{剂} <0.59$ 时,才可能形成间隙固溶体。一般过渡族元素(溶剂),与尺寸较小的 C、N、H、B、O 等元素易于形成间隙固溶体。凡是间隙固溶体必然是有限固溶体,这是因为溶剂晶格中的间隙总是有一定限度的。

2. 固溶体中的晶格畸变

　　固溶体的溶剂组元中,溶质原子的介入局部地破坏了原子排列的规律性,使晶格发生一些扭曲变形,即导致晶格畸变。如图 2-14a 所示,间隙固溶体中,溶质原子溶入溶剂晶格的空隙后,将使溶剂晶格常数增大而发生晶格畸变。固溶度越高,晶格畸变越严重。置换固溶体虽然保持了溶剂的晶体结构,但由于各组元间的原子半径不可能完全相同,从而也形成晶格畸变,如图 2-14b、c 所示。组元间原子半径差别越

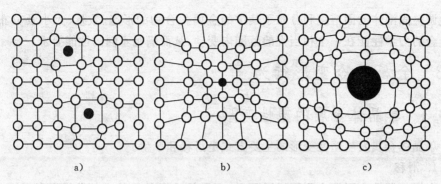

图 2-14　固溶体中的晶格畸变

a) 间隙固溶体　b) 置换固溶体(溶质原子小于溶剂原子)　c) 置换固溶体(溶质原子大于溶剂原子)

○—溶剂原子　●—溶质原子

大,晶格畸变的程度就越大。

3. 固溶体的性能

溶质原子的溶入,使固溶体的晶格发生畸变,变形抗力增大,结果使金属的强度、硬度升高,这种现象称为**固溶强化**。它是强化金属材料的重要途径之一。实践表明,固溶体的强度和塑性、韧度之间有较好的配合,适当控制固溶体中的溶质含量,可以在显著提高金属材料的强度、硬度的同时,使其保持较好的塑性和韧度。例如,在低合金钢中可利用 Mn、Si 等元素来强化铁素体,同时能使低合金钢保持很好的塑性和韧度。实际使用的金属材料,大多数是单相固溶体合金或以固溶体为基体的多相合金。

2.2.3　金属间化合物

合金中溶质含量超过溶剂的溶解度后,将出现新相。这个新相可能是另一种固溶体,也可能是一种晶格类型和性能完全不同于任一合金组元的化合物。这种化合物可以用分子式表示,它除离子键和共价键外,金属键也在不同程度上参与作用,使这种化合物具有一定程度的金属性质(例如导电性),据此而把这种化合物称为**金属间化合物**(intermetallic compound),或称中间相。例如,碳素钢中的 Fe_3C(渗碳体)、黄铜中的 CuZn、铜铝合金中的 $CuAl_2$ 等。

金属间化合物一般熔点较高,硬度高,脆性大。合金中含有金属化合物时,强度、硬和耐磨性提高,而塑性和韧度降低。金属间化合物是各类合金钢、硬质合金及许多非铁金属的重要组成相。例如,铁碳合金中的 Fe_3C 就是钢铁材料的重要强化相,它具有复杂的斜方晶格,其中铁原子可以部分地被 Mn、Cr、Mo、W 等金属原子所置换,形成以金属化合物为基的一种固溶体,如$(Fe、Mn)_3C$、$(Fe、Cr)_3C$ 等,在钢中也起到强化的作用。

在工程材料的应用中,虽然金属间化合物具有很高的硬度,但其脆性太大,无法单独应用。同时,仅由一种固溶体组成的合金,则往往因强度不够高而难以满足工业应用上的要求。因此,多数工业合金均为固溶体和少量化合物所构成的多相混合物。

通过调整固溶体的固溶度和分布于其中的金属化合物的形态、数量、大小及分布，可使合金的力学性能在一个相当大的范围内变动，从而满足不同的性能要求。

2.3　金属的冷变形行为

2.3.1　单晶体金属的塑性变形

单晶体金属发生塑性变形的主要方式是滑移和孪生。

1. 滑移

金属的塑性变形深入到原子层面上，实质是金属晶体的一部分沿着某些晶面和

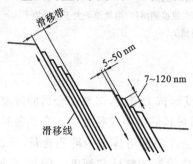

图 2-15　滑移带结构示意图

晶向相对于另一部分发生相对滑动的结果，这种变形方式称为**滑移**（slip）。产生滑移的晶面和晶向，分别称为滑移面和滑移方向。滑移的结果会在晶体的表面上造成阶梯状不均匀的滑移带（见图 2-15）。抛光后的金属试样经拉伸变形后，可在显微镜下观察到滑移线和滑移带。滑移线是滑移面和晶体表面相交而形成的，许多滑移线在一起组成滑移带。

晶体的滑移具有下述特征：① 滑移在切应力的作用下发生；② 滑移距离是滑移方向原子间距的整数倍，滑移后并不破坏晶体排列的完整性；③ 滑移总是沿着一定的晶面和晶向进行。

　　一般来说，滑移并非沿任意晶面和晶向发生，而总是沿着该晶体中原子排列最紧密的晶面和晶向发生。因为密排面的面间距较大，面与面之间的结合力最弱，晶体沿密排方向滑动时的阻力最小。图 2-16 所示为密排六方晶格的金属锌单晶的滑移，由

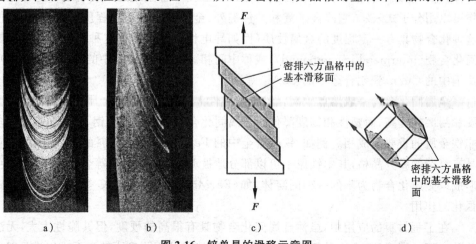

a)　　　　　　b)　　　　　　c)　　　　　　　　d)

图 2-16　锌单晶的滑移示意图

a) 滑移带正面　b) 滑移带侧面　c) 密排六方晶格中的基本滑移面　d) 基本滑移面在密排六方晶格中的表示

于六方晶格的上、下底面的原子排列最紧密,原子间距最小,但晶面间距却最大,因而结合力也最弱,故这个面最易成为滑移面。同理,沿原子排列最紧密的晶向滑移阻力最小,容易成为滑移方向。对于具有多组滑移面的立方结构金属,理论计算和实验证明,位向趋于45°方向的滑移面将首先发生滑移。

滑移的同时必然伴随着晶体的转动,这是正应力组成一力偶所作用的结果。晶体的转动如图 2-17 所示,拉伸使滑移面和滑移方向逐渐趋于平行于拉伸轴线,压缩则使滑移面逐渐转到与应力轴垂直的方向。

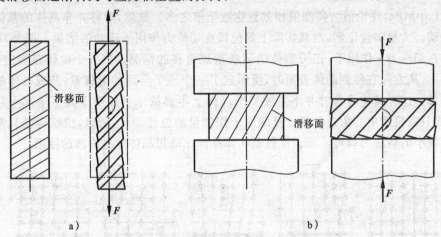

图 2-17 晶体滑移时的转动示意图

a) 拉伸时 b) 压缩时

通常每一种晶格都可能有几个滑移面,每个滑移面上又可能同时存在几个滑移方向。一个滑移面和其上一个滑移方向构成一个滑移系。三种典型金属晶格的主要滑移系如表 2-2 所示。

表 2-2 三种典型金属晶格的主要滑移系

晶格	体心立方	面心立方	密排六方
滑移面	包含两相交体对角线的晶面 (6个)	包含三邻面对角线相交的晶面 (4个)	六方底面 (1个)
滑移方向	体对角线方向(2个)	面对角线方向(3个)	底面对角线(3个)
简图			
滑移系	6×2=12	4×3=12	1×3=3

金属晶体中的滑移系越多,则滑移时可能采取的空间位向越多,金属的塑性变形

能力就越好。滑移方向对塑性变形的影响大于滑移面的影响,在滑移系相同时,滑移方向越多的金属,其塑性就越好。因此,金属的塑性,以面心立方晶格的最好,体心立方晶格的次之,密排六方晶格的最差。对钢进行压力加工时,要加热到一定高温,其目的之一是使体心立方晶格转变为面心立方晶格,提高钢的塑性。

需要说明的是,滑移并非是晶体的一部分相对于另一部分的刚性滑移,或者说是一层原子相对于另一层原子的错动。比如:Ni 按刚性滑移模型计算的临界切应力 τ_K =11000 MPa,而实测值 τ_K =5.8 MPa;Cu 的理论计算值 τ_K =6400 MPa,而实测值 τ_K =1.0 MPa,理论值与实测值相差竟达数千倍之多。显然,滑移并非晶体的整体刚性移动。大量实验证明,滑移实际上是位错在切应力作用下运动的结果。图 2-18 所示为在切应力 τ 作用下,正刃型位错运动造成滑移的情况。当一个位错在切应力 τ 作用下,从左向右移到晶体表面时,便形成了一个原子间距的滑移量,造成晶体的塑性变形。这样晶体滑移时并不需要整个晶体上半部的原子相对于其下半部一起位移,而只需位错中心附近的极少量的原子作微量的位移即可,所以,位错运动只需加一个很小的切应力就可实现。这就是实际晶体比理想晶体容易滑移的原因。

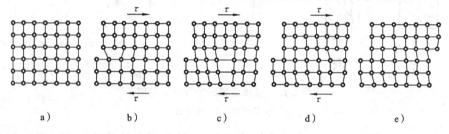

a)　　　　　b)　　　　　c)　　　　　d)　　　　　e)

图 2-18　晶体通过位错运动形成滑移

a) 理想晶体　b) 位错晶体受切应力作用　c) 位错移动　d) 位错移到晶体表面　e) 产生滑移

2. 孪生

晶体在切应力作用下,其一部分沿一定的晶面(孪晶面)产生一定角度的切变,其晶体学特征是晶体相对孪晶面而成镜面对称,这就是**孪生**(twin),如图 2-19 所示。以孪晶面为对称面的两部分晶体称为孪晶。发生孪生变形的部分称为孪晶带。

孪生与滑移不同,它只在一个方向上产生切变,是一个突变过程,孪晶的位向也可能在切变过程中发生变化。孪生所产生的形变量很小,一般为原子间距的分数级,

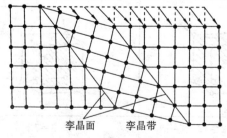

孪晶面　　　孪晶带

图 2-19　晶体的孪生

不一定是原子间距的整数倍。孪生萌发于局部应力集中的地方,且孪生变形较滑移变形一次移动的原子较多,故其临界切应力远高于滑移所需的切应力。例如 Mg 的孪生临界切应力为 5～35 MPa,而滑移临界切应力仅为 0.5 MPa。因此,只有在滑移变形难以进行时,才产生孪生变形。一些具有密排六方晶格结构的金属,由于滑移系少,特别是在不利于滑移取向时,塑性变形常以孪生的方式进行。而具有面心立方与体心立方晶格的金属则很少发生孪生变形,只有在低温或冲击载荷下才发生。

2.3.2 实际金属的塑性变形

实际金属绝大多数为多晶体。多晶体中单个晶粒的基本变形方式与单晶体相似。但由于在多晶体中各个晶粒的位向不同,并有晶界存在,使得各个晶粒的塑性变形互相受到阻碍和制约,其塑性变形要比单晶体复杂得多。

1. 晶界在变形中作用

图 2-20 为一根只由两个晶粒组成的试样在拉伸变形时的情况。其变形特点是:远离晶界的地方变形很明显,而靠近晶界处则变形很小,即出现所谓的"竹节"现象(两端变形也很小,是受夹头的影响)。多晶体的拉伸曲线也比单晶体要高,如图2-21所示。由此可见,晶界对塑性变形有较大的阻碍作用,这是由于晶界附近相邻晶体晶格位向的过渡区域原子排列紊乱,是缺陷和杂质集中的地方,因而在该处滑移时,位错运动受到的阻力较大,难以发生变形。此外,由于多晶体中各晶粒位向不同,当任一晶粒滑移时,都将受到它周围不同位向晶粒的约束和阻碍,各晶粒必须相互协调、相互适应,才能发生变形。

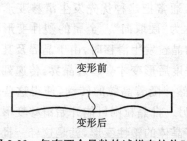

图 2-20 仅有两个晶粒的试样在拉伸时的变形

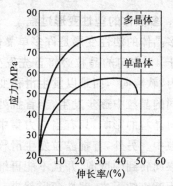

图 2-21 单晶体纯铝与多晶体纯铝的拉伸曲线

2. 晶粒大小的影响及细晶强化效应

金属的晶粒愈细,单个晶粒周围不同取向的晶粒数便愈多,晶界总面积愈大,对塑性变形的抗力也就愈大,从而金属的强度愈高。通过细化晶粒而使金属强度、硬度升高的方法称为**细晶强化**。细晶粒金属不仅强度较高,而且塑性和韧度也好。因为晶粒愈细,金属单位体积内的晶粒数便愈多,同样的变形量下,变形可分散在更多的晶粒内进行,因而在断裂之前就能承受较大的变形量。此外,晶粒较细时,晶粒内部和晶界附近的变形量差较小,晶粒的变形较为均匀,应力集中少,从而推迟了裂纹的形成和发展,使金属表现出良好的塑性和韧度。因此,在工业生产中总是设法获得细小而均匀的晶粒组织,使材料具有较好的综合力学性能。实验表明,晶粒平均直径与屈服强度有如下关系:

$$R_{eH} = R_0 + Kd^{-1/2}$$

式中　R_0、K——与材料有关的常数,前者表示晶内变形抗力,后者反映晶界对变形的影响。

图 2-22 所示为纯铁强度与晶粒大小的关系曲线。

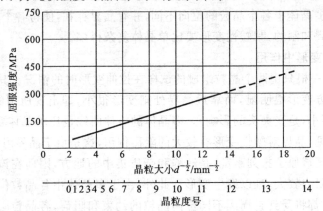

图 2-22　纯铁的屈服强度与晶粒大小的关系曲线

3. 多晶体的塑性变形过程

多晶体的塑性变形是许多单晶体变形的综合。如前所述,凡滑移面和滑移方向接近于 45°方向的晶粒必将首先发生滑移变形,通常把这种优先发生滑移变形的位向称为“软取向”,而难以发生滑移变形的位向称为“硬取向”。金属的塑性变形将会在不同的晶粒中逐步发生,当首批处于软取向的晶粒发生滑移时,由于晶界及其周围硬取向晶粒的影响,只有当应力集中达到一定程度后形变才会越过晶界,传递到另一批晶粒中。另外,首批晶粒发生滑移变形时,必然伴随着晶粒的转动,使得这些晶粒从软取向转到硬取向,并且不能再继续滑移,而另一批晶粒则可能开始滑移变形。此过程不断继续下去,塑性变形就进一步发展。多晶体的塑性变形,就是这样一批一批晶粒逐步发生,从少量晶粒开始逐步扩大到大量的晶粒,从不均匀逐步发展到较为均匀的变形。

2.4　冷变形金属对金属组织和性能的影响

塑性变形不但可以改变金属材料的外形和尺寸,而且可以使金属的组织和性能发生明显的变化,其表现为出现纤维组织和织构现象,强度、硬度提高,塑性、韧度下降,同时也使物理、化学性能发生变化。

2.4.1　塑性变形对金属组织结构的影响

1. 纤维组织

在拉应力作用下的塑性变形中,随着变形量的增加,其内部各晶粒的形状将沿受力方向伸长,由等轴晶粒变为扁平形或长条形。当变形量较大时,晶粒被拉成纤维状,此时的组织称为"纤维组织"(fibre microstructure),如图 2-23 所示。

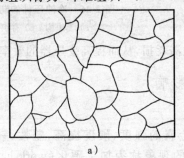 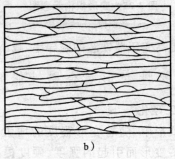

a)　　　　　　　　　　b)

图 2-23　拉伸变形前后晶粒形状的变化

a) 变形前　b) 变形后

2. 亚结构

如前所述,在未变形的晶粒内经常存在有大量的位错,构成位错壁(亚晶界)。金属经较大的塑性变形后,由于位错密度的增大并发生交互作用,大量位错堆积在局部地区,并相互缠结,形成不均匀分布,使晶粒再次分化成许多位向略有不同的小晶块,晶粒内原来的亚晶粒分化为更细的亚晶粒,即形成**亚结构**(sub-structure),如图 2-24 所示。亚结构的出现,阻止了滑移面的进一步滑移,提高了金属的强度及硬度。

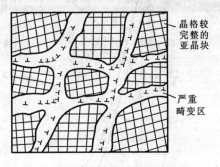

晶格较完整的亚晶块

严重畸变区

图 2-24　金属变形后的亚结构

3. 织构现象

由于多晶体在滑移变形的同时伴随着晶粒的转动,故在变形量达到一定程度(70%~90%)时,多晶体中原来晶格位向不同的各个晶粒在空间的位向大体趋于一致。这种位向一致的结构称为"织构"(texture),如图 2-25 所示。由变形造成的织构,称为变形织构。变形织构随加工变形不同主要有两种类型:拉拔引起的织构称为丝织构,轧制引起的织构称为板织构。

织构的形成使金属材料在宏观上表现出明显的各向异性,对材料的使用和加工产生很大影响。织构有时会使材料的加工成形性能恶化。例如,用于深冲成形的板材,因织构的存在而造成不同方向变形能力的不均匀性,使冲压件边缘出现所谓"制耳"缺陷,使产品的边缘凸凹不平,如图 2-26 所示。但在某些情况下,对织构又可以加以利用。如制造变压器铁芯的硅钢片时,有意地使特定的晶面和晶向平行于磁力

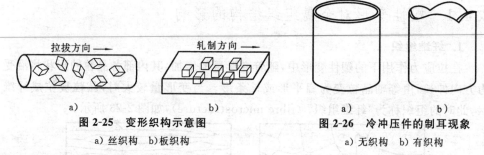

图 2-25　变形织构示意图　　　　　　　图 2-26　冷冲压件的制耳现象
a) 丝织构　b)板织构　　　　　　　　　a) 无织构　b) 有织构

线方向以提高变压器铁芯的磁导率,减小磁滞耗损,从而提高变压器的效率。

2.4.2　塑性变形对金属性能的影响

1. 加工硬化

塑性变形中,随着变形程度的增大,金属的强度、硬度提高,塑性、韧度下降。这种由于冷变形而引起的强度、硬度提高的现象称为**加工硬化**(work hardening),也称**冷变形强化**。图 2-27 为工业纯铜、45 钢的变形程度与强度、硬度、塑性之间的关系。

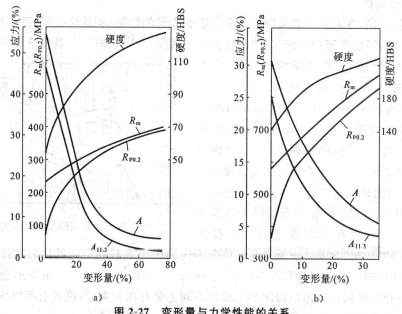

图 2-27　变形量与力学性能的关系
a) 工业纯铜　b) 45 钢

加工硬化产生的原因主要是位错密度增大。如前所述,塑性变形导致亚结构细化,位错密度大大增加,从而位错与位错之间的距离越来越小,晶格畸变程度也急剧增大,加之位错的交互作用加剧,从而使位错运动的阻力增大,引起变形抗力增加,而表现为强度的提高。

加工硬化是强化金属材料的重要手段之一,尤其对用热处理不能强化的材料来说,显得尤为重要。但是,冷变形强化会给金属的进一步加工带来困难。例如钢板在冷轧过程中会愈轧愈硬,乃至完全不能产生变形。为此,需安排中间退火工序,通过退火来消除加工硬化,恢复材料的塑性变性能力,使轧制得以继续进行。

2. 物理、化学性能

经塑性变形后的金属,由于晶格畸变、位错与空位等晶体缺陷的增加,其物理性能和化学性能会发生一定的变化。如电阻率增大,电阻温度系数降低,磁滞与矫顽力略有增加而磁导率下降。此外,由于原子活动能力增大使扩散加速,耐腐蚀性减弱。

3. 残余内应力

塑性变形是外界对金属做功而产生的,其所做的功大部分在变形过程中以热的方式消耗掉,还有一小部分(小于 10%)则转化为内应力而残留于金属中。这类在塑性变形后残存在内部的应力称为**残余内应力**。残余内应力是由于金属内部各区域的变形不均匀以及相互间有牵制作用而产生的。残余内应力是一种弹性应力,在金属中处于自相平衡状态。残余内应力的存在可能会引起金属的变形与开裂,如冷轧钢板的翘曲、零件切削加工后的变形等。

一般情况下不希望工件中存在残余内应力,往往通过去应力退火消除残余内应力。但有时可以利用残余内应力来提高工件的某些性能,如采用表面滚压或喷丸处理使工件表面产生一压应力层,可有效地提高承受交变载荷零件(如钢板、弹簧、齿轮等)的疲劳寿命。

2.5　冷变形金属在加热时组织和性能的变化

金属在塑性变形后,晶体缺陷密度增大,晶粒破碎拉长,产生加工硬化和残余内应力,使其内能升高。这种能量的升高在热力学上是一种亚稳定状态,具有自发恢复到稳定状态的倾向。如果将变形金属加热到某一温度,使原子具有足够的能量,则金属的组织和性能将发生一系列的变化,如图2-28所示,其变化过程可分为回复、再结晶和晶粒长大三个部分。

2.5.1　回复

当冷变形金属的加热温度较低时,在$(0.1\sim0.3)T_{熔}$($T_{熔}$为金属的熔点)的温度范围内,原子的活动能力较低,主要发生晶格缺陷的运动。点缺陷运动中空位与间隙原子相结合,使点缺陷数目明显减少。位

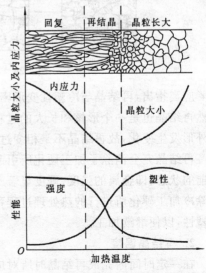

图 2-28　变形金属受热时组织和性能的变化

错运动使得原来在变形晶粒中杂乱分布的位错逐渐集中并重新排列,从而晶格畸变得到减弱。但此时的显微组织(晶粒的外形)尚无变化。经过冷变形的金属受热时,在显微组织发生变化前所发生的一些亚结构的改变过程称为**回复**(recovery)。

冷变形金属在回复后残余内应力明显下降,电阻降低,耐蚀性得到改善。但由于晶粒外形未变,位错密度也并未降低很多,因而回复后,力学性能变化不大,冷变形强化状态基本保留。工业上"消除内应力退火"就是利用回复现象,以稳定变形后的组织,而保留冷变形强化状态。例如,用冷拉钢丝卷制的弹簧在卷成之后,要进行一次250~300 ℃的低温退火,以消除内应力,促其定型。

2.5.2　再结晶

1. 再结晶过程

将变形金属加热到较高温度时,由于原子的活动能力增加,在晶格畸变较严重处重新形核和长大,晶粒中位错密度降低,产生一些位向与变形晶粒不同、内部缺陷较少的等轴小晶粒。这些小晶粒不断向外扩展长大,原先破碎、被拉长的晶粒全部被新的无畸变的等轴小晶粒所取代,这一过程称为金属的**再结晶**(recrystallization),如图2-29所示。

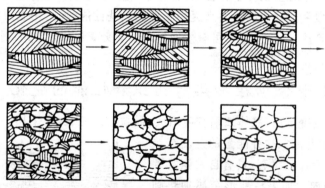

图 2-29　再结晶过程示意图

应当指出,再结晶与冷塑性变形密切相关。如果没有变形,再结晶就无从谈起。虽然再结晶也是一个形核和长大的过程,但新、旧晶粒的晶格类型并未改变,只是晶粒外形发生变化,故再结晶不是相变过程。

再结晶完全消除了加工硬化所引起的后果,使金属的组织和性能恢复到未加工之前的状态,即金属的强度、硬度显著下降,塑性、韧度大大提高。在实际生产中,把消除冷加工硬化所进行的热处理过程称为**再结晶退火**,目的是使金属再次获得良好的塑性,以便继续加工。

2. 再结晶温度

在一定时间内完成再结晶时所对应的最低温度称为再结晶温度。工业上通常把经过大变形(变形量大于70%)后的金属,在 1 h 的保温时间内全部完成再结晶所需要的最低温度,定为再结晶温度。应当指出,再结晶温度并非一个恒定值,会因加工变形程度等因素的影响在很宽的温度范围内变化。它与金属的变形量、纯度、成分以及保温时间等因素有关。

1)冷变形量

冷变形程度越大,产生的位错等晶体缺陷便越多,则组织越不稳定,再结晶温度就越低,如图 2-30 所示。由图可见,当变形量达一定程度后,再结晶温度将趋于某一最低极限值,称为"最低再结晶温度"。统计结果表明,各种纯金属的最低再结晶温度 $t_{再}$ 与其熔点 $t_{熔}$ 之间存在以下关系:

$$t_{再} \approx (0.35 \sim 0.4)(t_{熔} + 273) - 273$$

式中的 $t_{再}$ 及 $t_{熔}$ 为摄氏温度。

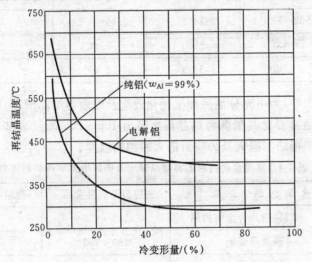

图 2-30　冷变形量对再结晶温度的影响

2)金属的纯度

表 2-3 列出了工业纯金属在大变形量、保温 1 h 的条件下的再结晶温度。表中列出的工业纯金属实用再结晶退火温度比理论最低再结晶温度要高,这是因为当金属中含有少量杂质或合金元素时,异类原子常会阻碍基体金属原子的扩散或晶界的迁移。实验表明,各种工业纯金属的实用最低再结晶温度为

$$t_{再} \approx (0.5 \sim 0.7)(t_{熔} + 273) - 273$$

例如纯铁的 $t_{再}$ 为 450 ℃,而钢的 $t_{再}$ 超过 650 ℃;纯度为 99.999% 的铝的 $t_{再}$ 为 80 ℃,而纯度为 99.0% 的铝的 $t_{再}$ 为 290 ℃。但当杂质或合金较多时,再结晶温度往往不再继续提高,有时反而会降低。

3)加热速度和保温时间

因为再结晶过程需要有一定时间才能完成,故提高加热速度会使再结晶温度提高。加热时保温时间长,原子的扩散移动就能充分进行,再结晶温度便较低。

表 2-3　常用工业纯金属的再结晶温度

金属名称	$t_{再}/℃$	$t_{熔}/℃$	$t_{再}/t_{熔}$	实用再结晶退火温度/℃
铅	～3	327	0.45	—
锡	—7～25	232	0.54	
锌	7～75	419	0.4～0.5	50～100
镁	～150	651	0.45	—
铝	150～240	660	0.4～0.55	370～400
铜	～230	1083	0.37	500～700
铁	～450	1535	0.40	650～700
镍	530～660	1455	0.46～0.54	700～800
钼	～900	2500	0.42	—
钨	～1200	3399	0.40	—

在实际生产中,为了充分消除加工硬化效应及缩短再结晶周期,所选择的合金再结晶退火温度通常要比其最低再结晶温度高出 100～200 ℃。表 2-4 列出了几种常见的金属材料的再结晶退火及去应力退火的加热温度。

表 2-4　常用金属材料的再结晶退火及去应力退火的加热温度

金 属 材 料		去应力退火温度/℃	再结晶退火温度/℃
钢	碳钢及合金结构钢	500～650	680～720
	碳素弹簧钢	280～300	—
铝及铝合金	工业纯铝	～100	350～420
	普通硬铝合金	～100	350～370
黄　铜		270～300	600～700

3. 再结晶退火后的晶粒度

由于晶粒大小对金属的强度、塑性和韧度影响很大,所以生产上非常重视控制再结晶后的晶粒度,特别是对那些无相变的钢和合金。影响晶粒度的主要因素有冷塑性变形程度、原始晶粒的大小及加热温度、保温时间等。

(1) 冷塑性变形度的影响　金属的冷塑性变形度,是影响再结晶晶粒度最重要的因素之一。在其他条件相同时,再结晶晶粒度与冷塑性变形度之间的关系如图 2-31 所示。变形度在 2% 以下时,由于晶格畸变很小,不足以引起再结晶,所以晶粒大小保持原样。在 2%～10% 范围内,金属发生再结晶所必需的最小冷变形度,称临界变形度。在临界变形度下的再结晶晶粒特别粗大,原因是由于变形度较小,变形极不均匀,能形成再结晶的核心数目少,从而长成粗大晶粒。当变形度超过临界变形度后,随着变形度的增加,再结晶晶粒反而变细。这是由于变形度的增加使再结晶核心数目增多的缘故。当变形度不小于90％时,在某些金属中,又会出现晶粒长得异常粗大的情况,一般认为这与织构的形成有关,因为晶粒取向大致相同,给晶粒沿一定方向迅速长大提供了条件。

（2）原始晶粒大小的影响　　其他条件相同的情况下,原始晶粒越细,再结晶后的晶粒也越细。

（3）加热温度与保温时间　　再结晶的温度越高,保温时间越长,晶粒便长得越大,如图2-32所示。

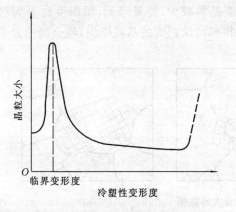

图 2-31　冷塑性变形度对金属再结晶
　　　　　晶粒大小的影响

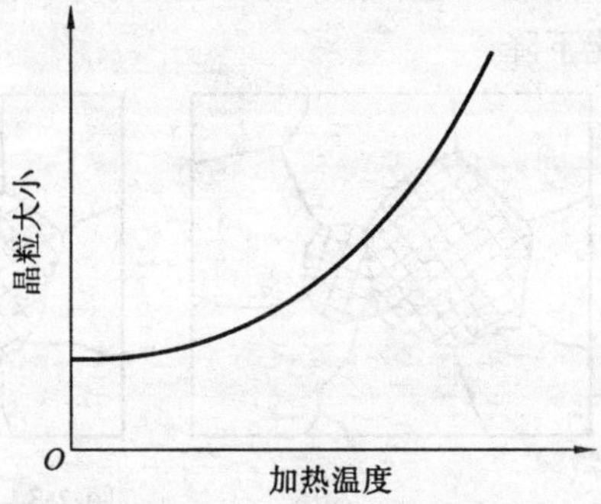

图 2-32　加热温度与再结晶晶粒大小的关系

　　为综合考虑加热温度和冷塑性变形度这两个主要因素对再结晶晶粒度的影响,常将三者的关系绘在一张立体图上,如图2-33所示,称之为**再结晶全图**。根据各种

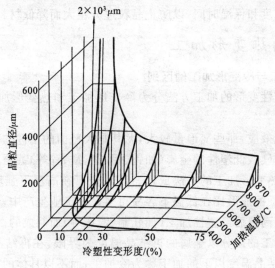

图 2-33　纯铁的再结晶全图

金属的再结晶全图,可以方便地确定适宜的冷塑性变形度和加热温度。

2.5.3　晶粒长大

再结晶过程完成之后,一般都能得到细小均匀的等轴晶粒。尽管晶粒内部的缺陷已明显减少了,但畸变能并未降低到最低。随着加热温度的升高或保温时间的延长,这些等轴晶粒将通过相互吞并而继续长大。晶粒长大是个自发过程,它通过晶界的迁移来实现,如图 2-34 所示,即通过一个晶粒的边界向另一晶粒迁移,把另一晶粒中的晶格位向逐步地改变为与这个晶粒相同的晶格位向,于是另一晶粒便逐步地被这一晶粒"吞并",二者合并成一个大晶粒,使晶界减少,能量降低,组织变得更为稳定。晶粒的这种长大称为正常长大,由此将得到均匀粗大的晶粒组织,使金属的力学性能下降。

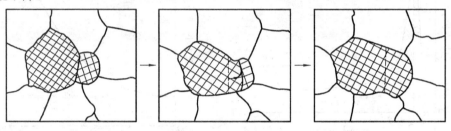

图 2-34　晶粒长大示意图

晶粒的另一种长大类型称为异常长大(又称二次再结晶),即在晶粒长大过程中,少数晶粒长大速度很快,从而使晶粒之间的尺寸差异显著增大,致使粗大晶粒逐步吞食掉周围的小晶粒,形成异常粗大的晶粒。晶粒的异常长大将使材料的强度、塑性及韧度显著降低。在零件使用中,往往会导致零件的破坏。因此,在再结晶退火时,必须严格控制加热温度和保温时间,以防止晶粒过分粗大而降低材料的力学性能。

2.6　金属的热变形加工

1. 热变形加工与冷变形加工的区别

通常将利用塑性变形的加工方法分为冷变形加工和热变形加工两种,统称为压力加工。

由于加工硬化效应,那些变形量较大,尤其是大截面的工件的冷变形加工变得十分困难。而那些较硬或低塑性的金属(如钨、钼、铬、镁、锌等)甚至不可能进行冷变形加工,而只有采用热变形加工的方法成形。因为金属在高温下强度、硬度将降低,塑性将提高,在高温下的成形比在低温下容易得多。在工业生产中,钢材和许多零件的毛坯都是在加热至高温后经塑性加工(如轧制、锻造等)而制成的。

热加工与冷加工的区分以金属的再结晶温度为界限,在再结晶温度以上的加工称为热加工,在再结晶温度以下的加工称为冷加工,而不以具体的加工温度高低来划分。如:铅的再结晶温度低于室温(见表 2-3),在室温下对铅进行的加工仍属热加工;钨的再结晶温度约为 1200 ℃,即便在 1000 ℃拉制钨丝仍属于冷加工;铁的再结晶温度约为 450 ℃,对铁在低于 450 ℃以下进行的加工均属于冷加工。

2. 热变形加工对金属组织和性能的影响

热变形加工是在再结晶温度以上进行的,因冷塑性变形引起的加工硬化,可立即被再结晶过程所消除,从而使得热变形加工后的金属具有再结晶组织而无加工硬化的痕迹,金属的组织和性能将发生显著的变化。在一般情况下,正确的热加工可以改善金属材料的组织和性能。

(1)改善钢锭和钢坯的组织和性能　通过热变形加工,铸态金属中的气孔、缩松及微小裂纹被压实或焊合,材料的致密度增加。热加工可使铸态金属中的粗大晶粒破碎,使晶粒细化,组织均匀。由于在温度和压力作用下扩散速度快,因而钢锭中的偏析可以部分地被消除,使成分比较均匀。这些变化都使金属材料的性能有明显提高(见表 2-5)。

表 2-5　30 钢锻态和铸态时的力学性能比较

状态	R_m/MPa	R_{eL}/MPa	$A/(\%)$	$Z/(\%)$	$a_k/(J/cm^2)$
锻态	530	310	20	45	70
铸态	500	280	15	27	35

(2)形成锻造流线　在锻造时,金属的脆性杂质被打碎,顺着金属主要伸长方向呈碎粒状或链状分布;塑性杂质随着金属变形沿主要伸长方向呈带状分布(回复和再结晶不能改变这种分布特点)。这种热锻后的金属组织称为锻造流线,也称流线。流线使金属材料的性能呈现明显的各向异性,拉伸时沿流线方向(纵向)具有较高的力学性能,垂直于流线方向拉伸性能稍逊,但抗剪和抗冲击性能较高(见表 2-6)。

表 2-6　45 钢力学性能与测定方向的关系

取样方向	R_m/MPa	$R_{r0.2}/MPa$	$A/(\%)$	$Z/(\%)$	$a_k/(J/cm^2)$
纵向	715	470	17.5	62.8	62(横向冲击)
横向	672	440	10	31	30(纵向冲击)

为充分发挥材料纵向具有较高性能的特点,在热加工时应力求使流线有正确的分布,即使流线与零件工作时的最大正应力方向一致,而与冲击应力或切应力的方向垂直。图 2-35a 所示的锻钢曲轴流线沿曲轴轮廓分布,工作时最大拉应力将与其流线平行,流线分布合理。而图 2-35b 所示是经切削加工而形成的曲轴流线,其纤维大部分被切断,工作时极易沿轴肩处发生断裂。

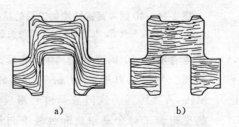

a)　　　　　b)

图 2-35　锻钢曲轴中流线分布情况
a)流线分布合理　b)流线分布不合理

思考与练习

1. 名词解释：晶体、晶格、晶胞、致密度、晶格畸变、相组成物、组织组成物、固溶体、金属间化合物。

2. 已知铁和铜在室温下的晶格常数分别为 2.86×10^{-10} m 和 3.607×10^{-10} m，求 1 cm³ 铁和铜中的原子数。

3. 单晶体与多晶体有何差别？为什么单晶体具有各向异性，而多晶体则无各向异性？

4. 什么是刃型位错？说明位错密度对材料力学性能的影响。

5. 什么是晶界？说明晶粒大小对材料强度的影响。

6. 什么是合金？固态合金的组元可能有哪些基本物质形态？

7. 为什么合金的性能通常比纯金属高？

8. 什么是加工硬化？其产生原因是什么？加工硬化在工程上会带来哪些利弊？

9. 冷拔铜丝制作导线，冷拔之后应如何处理？为什么？

10. 未经冷加工黄铜圆柱形试棒原始直径为 6.4 mm，现要冷拔至直径 5.1 mm，并要求冷拔后的抗拉强度 $R_m \geqslant 420$ MPa，断后伸长率 $A \geqslant 20\%$，应如何进行冷拔加工？（参见图 2-36）

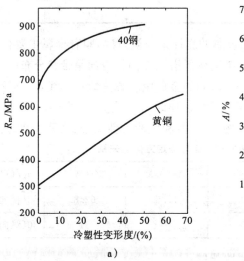
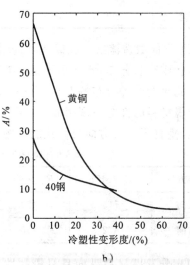

图 2-36　40 钢和黄铜经冷加工后的抗拉强度、断后伸长率与冷塑性变形度的关系
a) 抗拉强度 R_m 与冷塑性变形度的关系　b) 断后伸长率 A 与冷塑性变形度的关系

11. 现库存有一 40 钢圆柱形棒材，直径为 7.94 mm，且经冷拉加工而成，冷变形度为 20%。要获取以直径为 6.0 mm 的 40 钢圆柱形截面的棒材，要求 $R_m \geqslant 865$ MPa，$A \geqslant 10\%$。试问应如何利用现有库存材料进行加工？（见图 2-36）

12. 热变形加工对金属组织和性能有何影响？钢材在热变形加工时为什么不出现硬化现象？

13. 金属塑性变形造成的残余应力对机械零件可能产生哪些影响？

第3章 金属的结晶与二元合金相图

3.1 金属的结晶及其控制

3.1.1 结晶概述

物质从液态转变为固态的过程称为**凝固**(solidify)。凝固的产物可以是晶体也可以是非晶体。物质从液态转变为晶体的过程称为**结晶**(crystallize)。

自然界中的物质通常具有三种状态,即气态、液态和固态,它们在一定条件下可以相互转换。固态晶体的原子是有规则周期排列的,呈长程有序状态。而液态原子则是无规则排列的,但不是完全毫无规则的混乱排列,在其内部的短距离小范围内,原子呈近似于固态结构的规则排列,即存在近程有序的原子集团,如图 3-1 所示。这类原子集团是不稳定的,它们只是在若干个原子间距范围内规则排列,且可瞬时出现、瞬时消失。结晶实质上是原子由近程有序状态转变为长程有序状态的过程。从广义上讲,物质从一种原子排列状态(晶态或非晶态)过渡为另一种原子规则排列状态(晶态)的转变过程称为结晶。因此,有时把液态转变成固体晶态称为一次结晶,而把固态转变成另一种固体晶态称为二次结晶。

图 3-1 液态金属近程有序的原子集团

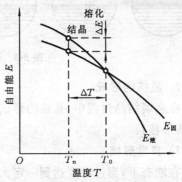

图 3-2 金属在不同状态下的自由能随温度变化的曲线

T_0—理论结晶温度 T_n—实际结晶温度

结晶是一个自发过程,但必须具备一定条件,即需要一个驱动力。自然界的一切自发转变过程,总是由一种较高能量状态趋向于能量较低的状态,就像水总是自动地流向低处,降低自己的势能一样。结晶过程的情况也是如此。图 3-2 所示的是液态金属和固态金属的自由能与温度的关系曲线,图中自由能 E 是金属中能够自动向外界释放出其中多余或者能够对外做功的这一部分能量。从图中可看出,液态自由能变化曲线比固态的陡,液、固曲线相交点的对应温度为 T_0,此时液态和固态的能量状态相等,处于动态平衡,可长期共存,T_0 称为理论结晶温度或熔点。显然,在 T_0 温度以上,金属的稳定状态为液态,而在 T_0 以下,金属的稳定状态为固态。因此,液态金属要结晶,就必须冷却到 T_0 以下,即必须冷却到低于 T_0 的某一个温度 T_n 才能结晶,这种现象称为过冷。理论结晶温度 T_0 与实际结晶温度 T_n 之差称为**过冷度**(degree of undercooling),即 $\Delta T = T_0 - T_n$。过冷度愈大,液态和固态之间的能量状态差就愈大,促使液体结晶的驱动力就愈大。只有当驱动力达到一定程度时液态金属才开始结晶。可见,结晶的充分必要条件是液态金属具有一定的过冷度。

3.1.2 金属的结晶过程

当液态金属过冷到一定温度时,一些尺寸较大的原子集团开始变得稳定,而成为结晶核心,又称为晶核。形成的晶核都按各自方向吸附周围原子自由长大,在长大的同时又有新晶核出现和长大。当相邻晶体彼此接触时,长大被迫停止,而只能向尚未凝固的液体部分伸展,直到全部结晶完毕。因此,一般情况下,金属是由许多外形不规则、位向不同、大小不一的晶粒组成的多晶体。就每一个晶体的结晶过程来说,它在时间上可划分为先形核和后长大两个阶段;就金属整体来说,形核和长大在整个结晶期间是同时进行的。图 3-3 所示为纯金属结晶过程的示意图。

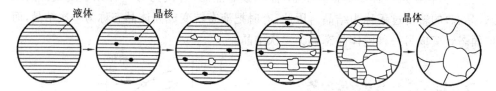

图 3-3　纯金属结晶过程示意图

1. 晶核的形成

在金属结晶过程中,晶核的形成有两种方式:自发形核(均质形核)和非自发形核(异质形核)。

1) 自发形核

在液态下,当过冷度达到一定大小之后,液体进行结晶的条件具备了,液体中那些超过一定大小(大于临界晶核尺寸)的短程有序原子集团便由不稳定开始变得稳定,不再消失,而成为结晶核心。这种从液体结构内部自发长出的结晶核心称为**自发晶核**(homogeneous nucleation),也称均质核心。

温度愈低,即过冷度愈大时,金属由液态向固态转变的动力愈大,能稳定存在的短程有序原子集团的尺寸可以愈小,所生成的自发晶核愈多。但是过冷度过大或温度过低时,由于生成晶核所需要的原子的扩散能力下降,形核的速率反而减小。

2) 非自发形核

实际金属往往是不纯净的,内部总含有这样或那样的外来杂质。杂质的存在常常能够促进晶核在其表面上的形成。这种依附于杂质而生成的晶核称为**非自发晶核**

（heterogeneous nucleation），或称**异质核心**。

按照形核时能量有利的条件分析，能起非自发形核作用的杂质，必须符合"结构相似、尺寸相当"的原则。只有当杂质的晶体结构和晶格参数与金属的相似或相当时，它才能成为非自发核心的基底，才容易在其上生长出晶核来。但是，有一些难熔杂质，虽然其晶体结构与金属的相结构差距甚远，由于表面的微细凹孔和裂缝中有时能残留未熔金属，故也能强烈地促进非自发核心的生成。

自发形核和非自发形核是同时存在的，在实际金属和合金中，非自发形核比自发形核更重要，且往往起优先、主导的作用。

2. 晶核的长大

晶核通常是呈树枝状长大，即以枝晶长大，如图 3-4 所示。首先在晶核的棱角处以较快的生长速度形成枝晶主干，在主干的生长过程中，又不断地生长出分枝，从而形成枝晶；枝晶各自又可能形成本身的分枝晶，直至各枝晶相互接触，消耗完液体为止。晶核之所以能够以枝晶生长，主要是因为晶核的棱角具有较好的散热条件，而且缺陷多，易于固定转移来的原子，同时枝晶状结构有最大的表面积，便于从液体中沉积、生长出所需的原子。图 3-5 所示为合金凝固初期的枝晶形态照片。

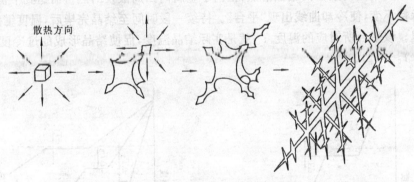

图 3-4　晶体树枝状长大过程示意图

同形核速率与过冷度的关系类似，随着过冷度的增大，晶核的长大速度也将增大。过冷度很大时，温度降到很低，原子扩散移动困难，长大速度急剧减小。

3. 纯金属结晶的冷却曲线

在液态金属的冷却过程中，可以用热分析法来测定其温度的变化规律。如图 3-6 所示为一热分析测试装置。液态金属浇注入安放有热电偶的样杯中后开始冷却，与之相连的热分析测试仪同时绘制出样杯中金属温度

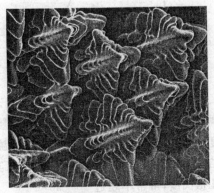

图 3-5　合金凝固初期的枝晶形态

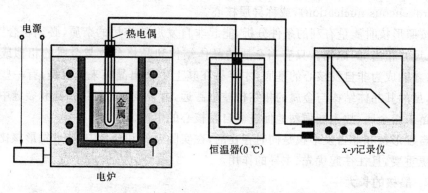

图 3-6　热分析测试装置示意图

随时间变化的曲线,这就是**冷却曲线**(cooling curve,或称热分析曲线)。液态纯金属的冷却曲线如图 3-7 所示。从图中可以看出,液态纯金属从高温开始冷却并向环境散热,温度均匀下降。纯金属都有一定的凝固点 T_0,也就是理论结晶温度。从理论上讲,在以相当缓慢的冷却速度冷却至 T_0 温度时液体会结晶出固体,但在实际上很难实现,这只是一种理想状态。必须把温度降至 T_0 温度以下,冷却至 T_n 后金属才开始结晶。结晶时放出的结晶潜热,抵消了金属向四周散发的热量而达到平衡,系统温度保持不变,使冷却曲线出现"平台"。持续一段时间至结晶完毕后,温度继续下降至室温。该平台所对应的温度 T_n 就是实际结晶温度,促使结晶形成的过冷度为 ΔT ($\Delta T = T_0 - T_n$)。

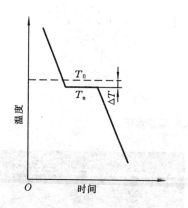

图 3-7　液态纯金属的冷却曲线

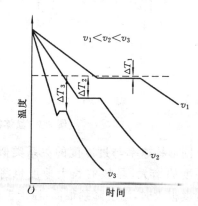

图 3-8　金属不同冷却速度下的冷却曲线

　　过冷度的大小与金属的本性和液态金属的冷却速度有关。冷却速度愈大,则金属的实际结晶温度愈低,因而过冷度愈大,如图 3-8 所示。液态金属以极其缓慢的速度冷却时,金属将在接近于理论结晶温度时结晶,这时的过冷度趋于零。金属的晶体结构比较简单,并且总含有杂质,所以实际金属的过冷能力并不大,过冷度一般只有几摄氏度,常常不超过 10～30 ℃。

3.1.3　晶粒的大小及控制

1. 晶粒度

实际金属结晶之后,获得由大量晶粒组成的多晶体。对于纯金属,决定其性能的主要结构因素是晶粒大小。晶粒是由一个晶核长成的晶体,实际金属的晶粒在显微镜下呈颗粒状。在一般情况下,晶粒愈小,则金属的强度、塑性和韧度愈好,这就是细晶强化效应。前一章中图 2-22 及表 3-1 显示出了纯铁的细晶强化效果。所以,在工程上,细晶强化是提高金属力学性能的最重要途径之一。

表 3-1　晶粒大小 d 对纯铁力学性能的影响

d/mm	R_m/MPa	R_{eH}/MPa	A/(%)
9.70	165	40	28.8
7.00	180	38	30.6
2.50	211	44	39.5
0.20	263	57	48.8
0.16	264	65	50.7
0.10	278	116	50.0

表示晶粒大小的程度称为晶粒度,用单位面积(一般为 1 mm^2)上的晶粒数目或晶粒的平均线长度(或直径)表示。金属结晶形成的晶粒度与形核速率 N 和长大速度 G 有关。形核速率愈大,则结晶后的晶粒愈多,晶粒也愈细小;相反,若形核速率不变,晶核的长大速度愈小,则结晶的时间愈长,生成的晶核愈多,因而单位体积中的晶粒数愈多。金属单位体积中晶粒的总数目 C_V 与形核速率和长大速度之间存在以下关系:

$$C_V = 0.9(N/G)^{3/4}$$

而单位面积中的晶粒数目 C_S 与形核速率和长大速度之间的关系为

$$C_S = 1.1(N/G)^{1/2}$$

2. 晶粒度的控制

细化晶粒是提高金属性能的重要途径之一。根据结晶过程的基本概念,为了获得细晶组织,主要采用以下两种方法。

1) 提高金属的过冷度

过冷度越大,生成的非自发晶核数目越多,因而晶粒数目越多,晶粒越细。

增大过冷度的主要措施是提高液体金属的冷却速度。在铸造生产中,为了提高铸件的冷却速度,可以用金属型代替砂型,或增大金属型的厚度,或降低金属型的预热温度,或减少涂料层的厚度,等等。

近二十年来,随着超高速(达 $10^5 \sim 10^{11}$ K/s)激冷技术的发展,已成功地研制出超细晶金属、非晶态金属等具有一系列优良力学性能和特殊物理化学性能的新材料。

2）进行变质处理

凝固中的金属液体容积较大时，难以获得大的过冷度。对于形状复杂的铸件，常常还不允许过大地提高冷却速度。生产上为了得到细晶粒铸件，多采用变质处理的方法。

所谓变质处理，就是在液体金属中加入孕育剂或变质剂，以增加非自发晶核的数量，从而细化晶粒和改善组织。某些物质或它们的化合物，符合作为非自发晶核的条件，当将其作为变质剂加入液体金属中时，可以大大增加非自发晶核的数目。例如，在铅合金液体中加入 Ti、Zr，钢液中加入 Ti、V、Al 等，都可使晶粒细化。在铁液中加入 Si-Fe、Si-Ca 合金时，能使组织中的石墨变细。另外一些物质，虽不能提供晶核，但能阻止晶粒长大。有的则能附着在晶体的结晶前缘，强烈地阻碍晶粒长大。例如，在铝硅合金中加入钠盐，钠能富集在硅的表面，降低硅的长大速度，阻碍粗大的硅晶体的形成，使合金的组织细化。

3.1.4　铸锭的凝固组织

1. 铸锭结构的形成

金属冶炼炉中冶炼出的合格金属液，往往先被倒入锭模中浇注成铸锭，在后续的加工环节中再把铸锭通过压力加工制成各种型材或将铸锭重熔后浇注成铸件。金属铸锭凝固时，由于表面和中心的结晶条件不同，其结构是不均匀的，整个体积中明显地分为三种晶粒状态区域，如图 3-9 所示。

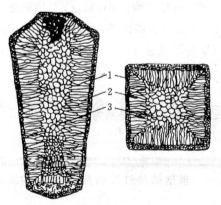

图 3-9　铸锭结构示意图

1—细晶区　2—柱状晶区　3—等轴晶区

（1）表面细晶粒　将液体金属注入锭模时，由于锭模温度不高，传热快，外层金属受到激冷，过冷度大，生成大量的晶核。同时模壁也能起到非自发晶核的作用。结果，在金属的表层形成一层厚度不大、晶粒很细的细晶区。

（2）中间柱状晶粒　在细晶区形成的同时，锭模温度升高，液体金属的冷却速度降低，过冷度减小，形核速度降低，但此时晶粒长大速度受到的影响较小。结晶过程进行的方式主要是，优先长大方向（即一次晶轴方向）与散热最快方向（一般为垂直于模壁向外的方向）的反方向一致的晶核，向液体内部平行长大，结果形成柱状晶区。

（3）中心等轴晶粒　结晶进行到铸锭中心时，液相内部与外部温度差减小，锭模已成为高温外壳，加上结晶潜热的放出，使液体金属的冷却速度很快降低，过冷度大大减小，内部温度趋于均匀，散热逐渐失去方向性，进入过冷状态后，液态金属凝固，形成等轴的粗晶粒。

铸锭作为一种形状简单的厚大铸件，具有上述最典型的铸态晶粒结构。事实上，所有铸件的凝固都或多或少存在上述的晶粒大小分布特征。

2. 铸锭结构的特性

柱状晶是由外往里顺序结晶的，晶质较致密。柱状晶的性能具有明显的方向性，沿柱状晶轴方向的强度较高。对于那些主要受单向载荷的机器零件，例如汽轮机叶片等，柱状晶结构是非常理想的。但柱状晶的接触面由于常有非金属夹杂或低熔点杂质而成为弱面，在热轧、锻造时容易开裂，所以对于熔点高和杂质多的金属，例如铁、镍及其合金，不希望形成柱状晶，但对于熔点低、不含易熔杂质、塑性较好的金属，即使全部为柱状晶也能顺利地进行热轧、热锻，所以对铝、铜等非铁金属及合金，考虑其性能提高的需要，反而希望铸锭能得到柱状晶结构。

等轴晶没有弱面，其晶枝彼此嵌入，结合较牢，性能均匀，无方向性，是一般情况下的金属特别是钢铁铸件所希望的结构。

具有加热温度高、冷却速度大、铸造温度高和浇注速度大等特性的金属，在铸锭或铸件的截面上将保持较大的温度梯度，易于获得较发达的柱状晶。相反，铸造温度低、冷却速度小时，截面温度趋向均匀，有利于等轴晶的形成。

3.1.5　晶体的同素异构现象

绝大多数纯金属的晶体结构都属于体心立方、面心立方、密排六方三种晶格类型中的一种。但有些晶体固体并不只有一种晶体结构，而是随着外界条件（如温度、压力等）的变化而具有不同类型的晶体结构，这种现象称为**同素异构转变**（allotropical transformation）。常见的元素如 Fe、Ti、Co、Mn、Sn、C 等都可发生同素异构转变。例如纯铁：从液态经 1538 ℃结晶后是体心立方晶格，称为 δ-Fe；在 1394 ℃以下转变为面心立方晶格，称为 γ-Fe；冷却到 912℃又转变为体心立方晶格，称为 α-Fe。如图 3-10 所示。

同素异构转变的过程，也就是原子重新排列的过程，实质上也是一种广义的结晶过程，它遵循着形核与长大的基本规律，与液-固结晶过程不同之处在于晶体结构的转变是在固态下进行的。因为是在固态下进行，需要比一次结晶更大的结晶推动力，所以要有更大的过冷度。同时，晶型的

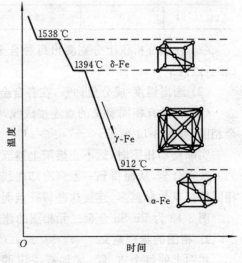

图 3-10　纯铁的同素异构转变

转变造成致密度的差异而引起体积的变化,将产生组织应力。铁的同素异构转变,是钢铁能够进行热处理的内因和依据,也是钢铁材料性能多种多样、用途广泛的主要原因之一。

3.2　二元合金相图的建立及其意义

合金中的各元素相互作用,可形成一种或几种相。合金的性能就是由组成合金的这些相及其组合情况所决定的。处于平衡状态时,在同一种二元合金系中,同一温度下由不同质量分数的溶质组元所构成的合金,或者同成分合金在不同的温度条件下,合金中各相的质量比是不同的,甚至还可能形成不同的相。所谓**平衡状态**(equilibrium)是指在合金中参与结晶或相变过程的各相之间的相对重量和相的浓度不再改变时的状态。**相图**(equilibrium diagram)就是表达温度、成分和相之间的关系,表明合金系中不同成分合金在不同温度下,由哪些相组成以及这些相之间平衡关系的图形。相图又称**平衡图**或**状态图**。

1. 二元合金相图的建立

二元合金相图的建立和绘制,一般可采用热分析法、热膨胀法、电阻法及 X 射线结构分析法等各种实验方法进行,其中最常用的方法是热分析法,测定的关键是准确地找到合金的熔点和固态转变温度——临界点或称特征点。

下面以 Cu-Ni 合金和 Pb-Sn 合金为例,简单介绍用热分析法建立相图的过程。

(1)熔配不同成分的一系列 Cu-Ni 合金(见表 3-2),供热分析实验之用。

表 3-2　Cu-Ni 合金成分

编号	1	2	3	4	5
w_{Cu}/(%)	100	75	50	25	0
w_{Ni}/(%)	0	25	50	75	100

(2)在热分析仪上分别测出每种合金的冷却曲线,找出各冷却曲线上的临界点(转折点或平台)的温度。

(3)画出温度-成分坐标系,在各合金成分垂线上标出临界点温度。

(4)将具有相同意义的点连接成线,标明各区域内所存在的相,即得到 Cu-Ni 合金相图,如图 3-11 所示。

实际绘制相图时,远不止熔配上述五种合金,而是熔配出许多相邻成分相差不大的一系列合金,从而得到一系列冷却曲线,从冷却曲线上得到一系列的相同特征点。相同特征点数量越多,连接这些特征点而形成的相图就越准确。

图 3-12 为 Pb-Sn 合金二元相图的建立过程示意图。

2. 相图的物理意义

相图上的每个点、线、区均有一定的物理意义。图 3-13 中,横坐标左端 $w_{Cu}=100\%$,右端 $w_{Ni}=100\%$,从左至右代表 Ni 含量的变化。a、b 两点分别为铜和镍的熔

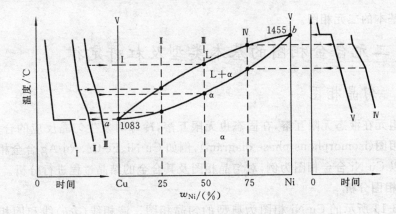

图 3-11　Cu-Ni 合金相图的建立过程示意图

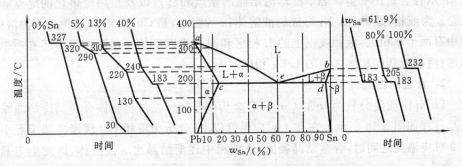

图 3-12　Pb-Sn 合金二元相图的建立过程示意图

点。由特征点连接起来的曲线将相图划分为三个相区。acb 线为液相线,该线以上为液相区,adb 线为固相线,该线以下为固相区,液相线与固相线所围成的区域为液、固两相共存区。图中的每一点表示一定成分的合金在一定温度时的稳定状态。例如,点 m 表示 $w_{Ni}=30\%$ 的 Cu-Ni 合金在 1200 ℃时处于液相(L)+固相(α)的两相状态;点 n 表示 $w_{Ni}=60\%$ 的 Cu-Ni 合金在 1000 ℃时处于单相的 α 固相状态。

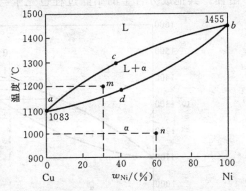

图 3-13　Cu-Ni 合金相图

两相区的存在说明,Cu-Ni 合金的结晶是在一个温度范围内进行的。

液、固相线具有另一个重要意义,即还表示合金在缓慢冷却条件下液、固两相平衡共存时,液(固)相化学成分随温度的变化规律:液相成分沿液相线变化,固相成分沿固相线变化。这将在以下相图分析内容中进一步讨论。

上述 Cu-Ni 合金和 Pb-Sn 合金的相图是比较简单的相图,而多数合金的相图是较为复杂的。但是,任何复杂的相图都是由几类最简单的基本相图组成的。下面介绍几种基本的二元相图。

3.3 二元合金相图的基本类型及杠杆定律

3.3.1 匀晶相图

两组元在液态无限互溶,在固态也无限互溶,冷却时发生匀晶反应的合金系,构成匀晶相图(isomorphous phase diagram),例如 Cu-Ni、Fe-Cr、Au-Ag 合金相图等。

现以 Cu-Ni 合金相图为例,对匀晶相图及其合金的结晶过程进行分析。

1. 相图分析

图 3-13 所示的 Cu-Ni 相图为典型的匀晶相图。液相线(acb)线和固相线(adb线)表示合金系在平衡状态下冷却时结晶的始点和终点以及加热时熔化的终点和始点。L 为液相,是 Cu 和 Ni 形成的液溶体;α 为固相,是 Cu 和 Ni 组成的无限固溶体。图中有两个单相区:液相线以上的 L 相区和固相线以下的 α 相区。图中还有一个双相区:液相线和固相线之间的 L+α 相区。

2. 合金的结晶过程

以 Ni 的质量分数为 w 的 Cu-Ni 合金为例分析结晶过程。该合金的冷却曲线和结晶过程如图 3-14 所示。在点 1 对应温度以上,合金为液相 L。缓慢冷却至点 1 与点 2 对应温度之间时,合金结晶凝固,从液相中逐渐结晶出 α 固溶体,即发生匀晶反应,合金处于液、固两相平衡共存状态。在点 2 对应温度以下,合金全部结晶为 α 固溶体。其他成分合金的结晶过程也完全与此类似。

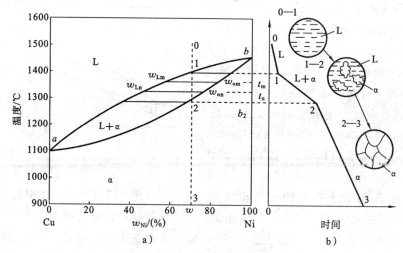

图 3-14　Cu-Ni 合金相图和结晶过程

a) 相图　b) 结晶过程

可以看出,合金的凝固过程与纯金属的凝固有所不同,归纳为以下三点:

(1) 合金开始凝固的温度与成分有关;

（2）纯金属的结晶过程是一个恒温过程，即有固定熔点，而合金的凝固是在一个温度区间内进行的，是一个变温结晶过程；

（3）与纯金属一样，α固溶体从液相中结晶，也包括形核与长大两个过程，但固溶体更趋于呈树枝状长大。

在金属液体凝固结晶过程中，随着凝固结晶的进行，系统将发生相的转变（例如由液态转变为固态），在一定温度下存在的各相，它们有着不同的成分。在平衡转变中，随着温度的降低，原子的不断扩散，各相的成分也随之变化。但在整个结晶过程中，系统的平均成分恒为 w，如图 3-14 所示。确定不同温度下各相成分的方法是：过指定温度 t_m 作水平线，分别交液相线和固相线于点 w_{Lm} 和点 w_{am}，则点 w_{Lm} 和 w_{am} 在成分轴上的投影点即相应为 L 相和 α 相的成分。随着温度的下降，液相成分沿液相线变化，固相成分沿固相线变化。到温度 t_n 时，L 相成分及 α 相成分分别为点 w_{Ln} 和 w_{an} 在成分轴上的投影。

3. 杠杆定律

在两相平衡共存的阶段，温度一定时，不但两相各自的成分是确定的，而且两相的质量比也是确定的。随着体系温度的变化，成分改变的同时，两相的相对质量也随着相变的进行而改变。下面讨论两相平衡共存时的相对质量的比例问题。

设在图 3-15a 中成分为 w 的合金的总质量为 m，在温度 t_k 时的液相成分为 w_L，对应的质量为 m_L，固相成分为 w_a，对应的质量为 m_a，则有

$$\begin{cases} m_L + m_a = m \\ m_L w_L + m_a w_a = mw \end{cases}$$

解此方程组，可得

$$\frac{m_L}{m_a} = \frac{w_a - w}{w - w_L} = \frac{\overline{bc}}{\overline{ab}}$$

由此得出结论，某合金两相的质量比等于这两相成分点到合金成分点距离的反比。这与力学中的杠杆定律非常相似，所以称之为**杠杆定律**（lever law），如图 3-15b

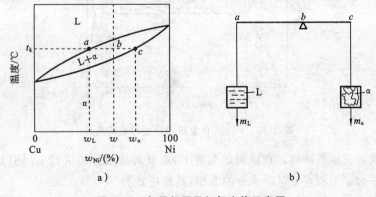

图 3-15　匀晶相图及杠杆定律示意图

a）匀晶相图　b）杠杆定律示意图

所示。

需要注意的是,杠杆定律只适用于相图的两相区,并且只能在平衡状态下使用。杠杆的两个端点为给定温度时两相的成分点,而支点为合金的成分点。

4. 枝晶偏析

固溶体结晶时成分是变化的。缓慢冷却时由于原子的扩散能充分进行,所形成的是成分均匀的固溶体。如果冷却较快,原子扩散不能充分进行,则形成成分不均匀的固溶体。先结晶的树枝晶轴含高熔点组元较多,后结晶的树枝晶枝干含低熔点组元较多,结果造成在一个晶粒内化学成分分布不均。这种现象称为**枝晶偏析**(dendritical segregation)。枝晶偏析对材料的力学性能、耐蚀性能、工艺性能都不利。生产上为了消除其影响,常通过扩散退火的方法,即把合金加热到高温(低于固相线100 ℃左右),并进行长时间保温,促使原子从高浓度晶区向低浓度晶区充分扩散,从而获得成分均匀的固溶体。

3.3.2 共晶相图

两组元在液态无限互溶,在固态有限互溶,冷却时发生共晶反应的合金系,构成**共晶相图**(eutectic phase diagram),例如 Pb-Sn、Al-Si、Ag-Cu 合金相图等。

1. 相图分析

如图 3-16 所示,Pb-Sn 合金相图中,adb 为液相线,$acdeb$ 为固相线。合金系有三种相:Pb 与 Sn 形成的液体 L 相,Sn 溶于 Pb 中形成的有限固溶体 α 相,Pb 溶于 Sn 形成的有限固溶体 β 相。相图中有三个单相区(L、α、β 相区),三个双相区(L+α、L+β、α+β 相区),一条 L+α+β 的三相平衡(共存)线(水平线 cde)。

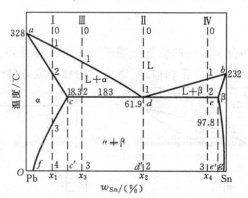

图 3-16　Pb-Sn 合金相图及所讨论的成分

cde 线为三相平衡线。在该恒定温度下,点 d 对应成分的液相 L_d 同时结晶出点 c 对应成分的 α 相和点 e 对应成分的 β 相,其反应式为

$$L_d \rightleftharpoons \alpha_c + \beta_e$$

这种由一种液相在恒温下同时结晶出两种固相的反应称为**共晶反应**。共晶反应

所生成的两固相的机械混合物称为**共晶体**。发生共晶反应时三相共存,它们各自的成分是确定的,反应在恒温下平衡地进行着。

点 d 为共晶点,对应于共晶点成分的合金称为**共晶合金**。共晶点左边,对应于点 c 和点 d 之间成分的合金称为**亚共晶合金**;共晶点右边,对应于点 d 和点 e 之间成分的合金称为**过共晶合金**。共晶点对应的温度称为共晶温度。水平线 cde 为共晶反应线,成分在点 c 和点 e 之间的合金平衡结晶时都发生共晶反应。

cf 线为 Sn 在 Pb 中的溶解度线(α 相的固溶线)。温度降低,固溶体的溶解度下降。Sn 的含量大于点 f 对应含量的合金从高温冷却,超过固溶线而冷却到室温的过程中,由于溶解度降低的原因,将从 α 相中析出富 Sn 的相——β 相,以降低其 Sn 的含量。从固态 α 相中析出的 β 相称为二次相,常写作 $β_{II}$。

eg 线为 Pb 在 Sn 中的溶解度线(或 β 相的固溶线)。Sn 的含量小于点 g 对应含量的合金,在冷却过程中同样发生二次结晶,析出二次 α,表示为 $α_{II}$。

成分在点 c 以左或点 e 以右的合金冷却结晶时不发生共晶反应,平衡结晶后依不同成分、不同温度水平,或以单项固溶体存在,或在一种主要固溶体的基础上析出第二相。

2. 典型合金的结晶过程

1) 合金 I

图 3-16 中的合金 I 的平衡结晶过程如图 3-17 所示。液态合金冷却到点 1 对应温度以后,发生匀晶结晶过程,至点 2 对应温度合金完全结晶成 α 固溶体,随后的冷却过程(点 2 至点 3 之间对应的温度)中,α 相不变。从点 3 对应温度开始,由于 Sn 在 α 中的溶解度沿 cf 线降低,从 α 中析出 $β_{II}$,到室温时 α 中 Sn 的含量逐渐变为与点 f 对应含量,最后合金得到的组织为 α+$β_{II}$。其组成相是点 f 对应成分的 α 相和点 g 对应成分的 β 相。运用杠杆定律,两相的相对质量为

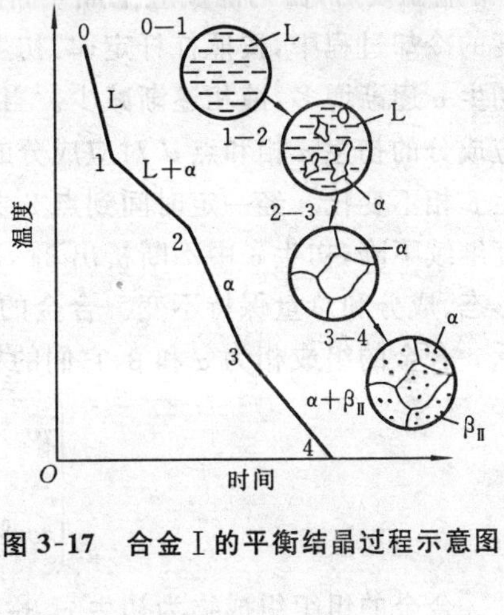

图 3-17　合金 I 的平衡结晶过程示意图

$$\begin{cases} m_α\% = \dfrac{\overline{x_1 g}}{\overline{fg}} \times 100\% \\ \\ m_β\% = \dfrac{\overline{fx_1}}{\overline{fg}} \times 100\% \quad (\text{或 } m_β\% = 1 - m_α\%) \end{cases}$$

合金 I 的室温组织由 α 和 $β_{II}$ 组成。但与 α 相比,$β_{II}$ 少得多。

2) 合金 II

图 3-16 中的合金 II 为共晶合金,其结晶过程如图 3-18 所示。合金从液态冷却到点 1 对应温度后,发生共晶反应 $L_d →(α_c+β_e)$,经一定时间到点 1′ 时反应结束,全部转变为共晶体$(α_c+β_e)$。从共晶温度冷却至室温时,共晶体中的 $α_c$ 和 $β_e$ 均发生二

次结晶,从 α 中析出 $β_{II}$,从 β 中析出 $α_{II}$。α 的成分相应由点 c 变到点 f,β 的成分相应由点 e 变到点 g,两种相的相对质量依杠杆定律变化。由于析出的 $α_{II}$ 和 $β_{II}$ 较少,且都相应地同 α 和 β 相连在一起,故共晶体的形态基本不发生变化。合金的室温组织全部为共晶体,即只含一种组织组成物(共晶体),而其组成相仍为 α 和 β 相。图 3-19 为 Pb-Sn 合金的共晶组织。

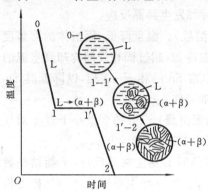

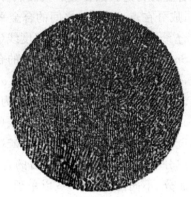

图 3-18　合金 II 的结晶过程示意图　　　　　　**图 3-19　Pb-Sn 合金共晶组织**

3)合金 III

图 3-16 中的合金 III 是亚共晶合金,其结晶过程如图 3-20 所示。合金冷却到点 1 对应温度后,由匀晶反应生成 α 固溶体,此乃初生 α 固溶体。从点 1 到点 2 对应温度的冷却过程中,按照杠杆定律,初生 α 的成分沿 ac 线变化,液相成分沿 ad 线变化;初生 α 逐渐增多,液相逐渐减少。当刚刚冷却到点 2 对应温度时,合金恰恰由点 c 对应成分的初生 α 相和点 d 对应成分的液相组成,液相又立即恒温发生共晶反应,但初生 α 相不变化。经一定时间到点 2′ 共晶反应结束时,合金转变为 $α_c+(α_c+β_e)$。温度继续下降,初生 α 中不断析出 $β_{II}$,成分相应由点 c 降至点 f,此时共晶体如前所述,形态、成分和总量保持不变。合金的室温组织为初生 $α+β_{II}+(α+β)$,如图 3-21 所示。合金的组成相为 α 和 β,它们的相对质量为

$$\begin{cases} w_α\% = \dfrac{\overline{x_3g}}{fg} \times 100\% \\[3mm] w_β\% = \dfrac{\overline{fx_3}}{fg} \times 100\% \end{cases}$$

合金的组织组成物为初生 α、$β_{II}$ 和共晶体 $(α+β)$。它们的相对质量可两次应用杠杆定律求得。根据结晶过程分析,合金在刚刚达到点 2 对应温度而尚未发生共晶反应时,由 $α_c$ 和 L_d 两相组成,它们的相对质量为

$$\begin{cases} m_{α_c}\% = \dfrac{\overline{2d}}{cd} \times 100\% \\[3mm] m_{L_d}\% = \dfrac{\overline{c2}}{cd} \times 100\% \end{cases}$$

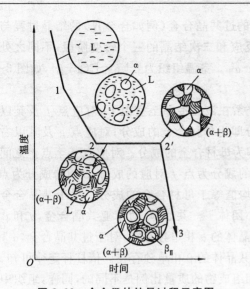

图 3-20　合金Ⅲ的结晶过程示意图　　　　图 3-21　Pb-Sn 合金亚共晶组织

其中,液相在共晶反应后全部转变为共晶体($\alpha+\beta$),这部分液相的质量就是室温组织中共晶体($\alpha+\beta$)的质量,即

$$m_{(\alpha+\beta)}\% = L_d\% = \frac{\overline{c2}}{\overline{cd}} \times 100\%$$

初生 α_c 冷却时不断析出 β_{II},到室温后转变为 α_f 和 β_{II}。按照杠杆定律,β_{II} 占 $\alpha_f+\beta_{II}$ 的质量分数为 $\frac{\overline{fc'}}{\overline{fg}} \times 100\%$(注意,杠杆支点为点 c');α_f 的质量分数为 $\frac{\overline{c'g}}{\overline{fg}} \times 100\%$。由于 $\alpha_f+\beta_{II}$ 的质量等于 α_c 的质量,即 $\alpha_f+\beta_{II}$ 在整个合金中的质量分数为 $\frac{\overline{2d}}{\overline{cd}} \times 100\%$,所以在合金室温组织中,$\beta_{II}$ 和 α_f 的相对质量分别为

$$\begin{cases} m_{\beta_{II}}\% = \dfrac{\overline{fc'}}{\overline{fg}} \cdot \dfrac{\overline{2d}}{\overline{cd}} \times 100\% \\[3mm] m_{\alpha_f}\% = \dfrac{\overline{c'g}}{\overline{fg}} \cdot \dfrac{\overline{2d}}{\overline{cd}} \times 100\% \end{cases}$$

这样,合金Ⅲ在室温下的三种组织组成物的相对质量分别为

$$\begin{cases} m_{\alpha}\% = \dfrac{\overline{c'g}}{\overline{fg}} \cdot \dfrac{\overline{2d}}{\overline{cd}} \times 100\% \\[3mm] m_{\beta_{II}}\% = \dfrac{\overline{fc'}}{\overline{fg}} \cdot \dfrac{\overline{2c}}{\overline{cd}} \times 100\% \\[3mm] m_{(\alpha+\beta)}\% = \dfrac{\overline{c2}}{\overline{cd}} \times 100\% \end{cases}$$

成分在点 c 和点 d 之间的所有亚共晶合金的结晶过程均与合金Ⅲ相同,仅组织组成物和组成相的相对质量不同。成分越靠近共晶点,合金中共晶体的含量越多。

图 3-16 中成分在点 d 和点 e 之间的过共晶合金(例如合金Ⅳ)的结晶过程与亚共晶合金相似,也包括匀晶反应、共晶反应和二次结晶的三个转变阶段,不同之处是初生相为 β 固溶体,二次结晶过程为 $\beta \rightarrow \alpha_{II}$。室温组织为 $\beta+\alpha_{II}+(\alpha+\beta)$,如图 3-22 所示。

综上所述(参见图 3-16)可知,合金系在液态冷却至室温下,对应点 f 及其以左成分的合金的组织为单相 α,α 相的成分即为母材合金的成分;对应点 g 及其以右成分的合金的组织为单相 β,β 相的成分即为母材合金的成分。对应点 f 至点 g 之间成分的合金组织由 α 和 β 两相组成,α 相的成分为点 f 对应的成分,β 相的成分为点 g 对应的成分,α 和 β 两相的成分算术平均值等于母材合金的成分。对于共晶合金,α 和 β 两相恰好组成了一种机械混合物小团体——共晶体;对于亚共晶合金,α 和 β 两相除组成共晶体外,尚有未参与组成共晶体的 α 相单独存在;对于过共晶合金,α 和 β 两相除组成共晶体外,尚有未参与组成共晶体的 β 相单独存在。依杠杆定律可知,不同成分的母材合金组织中 α 与 β 相的相组成物的质量比例是不同的,同样,组织中的共晶体与单独存在相的组织组成物的质量比例也是不同的。根据以上分析可知,在相图中,室温组织依合金成分变化自左至右相继为 α、$\alpha+\beta_{II}$、$\alpha+\beta_{II}+(\alpha+\beta)$、$(\alpha+\beta)$、$\beta+\alpha_{II}+(\alpha+\beta)$、$\beta+\alpha_{II}$、β。

合金中存在的组织对其性能有直接影响,所以为了使相图更清楚地反映其实际意义,往往在相图的各个区域中标注相应的组织组成物,如图 3-23 所示。利用这种相图,可以很容易地知道成分和温度确定时合金的室温组织,从而估计合金的大致性能。

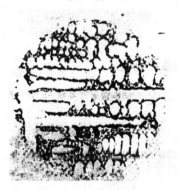

图 3-22　Pb-Sn 合金过共晶组织

a
L
b
L+α
L+β
α
β
c
e
d
α+βⅡ+(α+β)
(α+β)
β+αⅡ+(α+β)
α+βⅡ
β+αⅡ
f
g
Pb
Sn
温度/℃
w_Sn/(%)

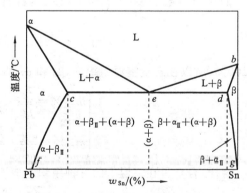

图 3-23　标注组织组成物的相图

3.3.3　包晶相图

两组元在液态无限互溶,在固态有限溶解并发生包晶反应时,所构成的相图称为**包晶相图**(peritectic phase diagram)。

具有这种相图的合金系主要有 Pt-Ag、Ag-Sn、Cd-Hg、Sn-Sb 等。Cu-Zn、Cu-Sn、Fe-C 等合金系中也具有这种类型的相图。

现以 Fe-Fe₃C 相图中的包晶部分(见图 3-24)为例,讨论包晶相图的特征及典型合金的结晶过程。

图中:点 a 为纯铁的熔点;abc 线为液相线;$ahje$ 线为固相线;hn 线和 jn 线分别为冷却时 δ→A 转变的开始线和终了线;hjb 水平线为包晶线,其中点 j 是包晶点。图中标示出的三个单相区分别为 L、δ 和 A 相区,三个两相区分别为 L+δ、L+A 和 δ+A 相区。

现以包晶点成分的合金 I 为例,分析其结晶过程。当合金 I 冷至点 1 时开始从液相

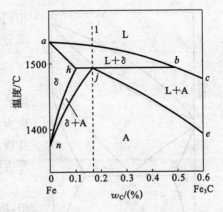

图 3-24　Fe-Fe₃C 相图中的包晶部分

中析出 δ 固溶体,继续冷却,δ 相数量不断增加,液相数量不断减少。δ 相成分沿 ah 线变化,液相成分沿 ab 线变化。此阶段为匀晶结晶过程。

当合金冷至包晶反应温度时,先析出的 δ 相与剩下的液相作用生成 A 相。A 相在原有 δ 相表面形核并长大。如图 3-24 所示,结晶过程在恒温下进行,其反应式为

$$L_b + \delta_h \rightarrow A_j$$

由于三相的浓度各不相同,含碳量以 δ 相最低,A 相较高,L 相最高。通过 Fe 原子和 C 原子的扩散,A 相一方面不断消耗液相,向液体中长大,同时也不断吞并 δ 固溶体向内生长,直至把液体和 δ 固溶体全部消耗完毕,最后形成单相 A,包晶转变即告完成,如图 3-25 所示。

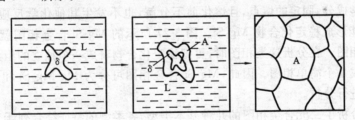

图 3-25　包晶转变示意图

当合金成分位于点 h 和点 j 之间时,包晶反应终了时 δ_h 有剩余,在随后的冷却过程中,将发生 δ→A 的转变。当冷至 jn 线时,δ 相全部转变为 A。

而成分位于点 j 和点 b 之间的合金,包晶反应终了时液相有剩余。在以后的冷却过程中,继续发生匀晶反应,直至得到单相 A 为止。

3.3.4　其他相图

1. 共析相图

在二元合金相图中,经常会遇到这样的反应,即在高温时通过匀晶反应、包晶反应所形成的单相固溶体,在冷至某一温度处时又发生分解而形成两个与母相成分不

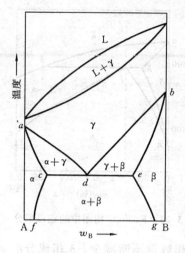

图 3-26 共析相图

相同的固相,如图3-26所示。当 γ 相具有点 d 对应成分且冷至共析线温度时,则发生如下反应:

$$\gamma_d \leftrightarrow \alpha_c + \beta_e$$

这种在固态下由一种固相同时析出两种新固相的反应,称为**共析反应**,或称共析转变。其相图称为**共析相图**(eutectoid diagram)。相图中点 d 为共析点,成分处于 c、e 点之间的合金或多或少都要发生共析转变,cde 线称为共析线。

与共晶反应相比,由于母相是固相而不是液相,所以共析反应具有以下特点。

(1) 由于共析反应在固态下进行,反应过程中原子需大量扩散。但在固态下原子的扩散过程较在液态下困难得多,故共析反应较共晶反应具有较大的过冷倾向。

(2) 由于共析反应易于过冷,因而形核率较高,得到的两相机械混合物(共析体)比共晶体更为细小和弥散,主要有片状和粒状两种形态。

(3) 共析反应常因母相与子相的比容不同而发生容积的变化,从而引起较大的内应力。此现象将在热处理时表现出来。

2. 含有稳定化合物的相图

某些组元构成的二元合金,可以形成一种或几种稳定化合物。这些化合物具有一定的化学成分、固定的熔点,且熔化前不分解,也不发生其他化学反应。例如 Mg-Si 合金就能形成稳定化合物 Mg_2Si。图 3-27 所示的 Mg-Si 合金相图就是含有稳定化合物的相图。在分析这类相图时,可把稳定化合物看成一个独立的组元,并将整个相图分割成几个简单相图。因此,Mg-Si 合金相图可分为 $Mg-Mg_2Si$ 和 Mg_2Si-Si 两个相图来进行分析。

以上分析了二元合金相图的几种基本类型,各类型的特征综合列于表3-3。

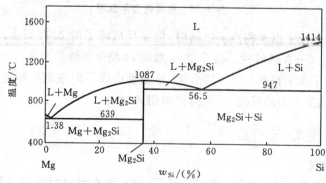

图 3-27 Mg-Si 合金相图

表 3-3　二元合金相图的分类及其特征

图形特征	转变特征	转变名称	相图形式	转变式	说　明
（图形：I / I+II / II）	I ⇌ I+II	匀晶转变	（相图：L，L+α，α）	L ⇌ α	一个液相 L 经过一个温度范围转变为同成分的固相 α
		固溶体同素异晶转变	（相图：L，L+γ，γ，α+γ，α）	γ ⇌ α	一个固相 γ 经过一个温度范围转变为成分相同的另一个固相 α
（图形：II I III）	I ⇌ II+III	共晶转变	（相图：α　L　β）	L ⇌ α+β	恒温下由一个液相 L 同时转变为两个成分不同的固相 α 及 β
		共析转变	（相图：γ　α　β）	γ ⇌ α+β	恒温下由一个固相同时转变为另两个固相 α 及 β
（图形：I II III）	I+II ⇌ III	包晶转变	（相图：β　α　L）	L+β ⇌ α	恒温下由液相 L 和一个固相 β 相互作用生成一个新的固相 α
		包析转变	（相图：γ　α　β）	γ+β ⇌ α	恒温下两个固相 γ 及 β 相互作用生成另一个固相 α

3.3.5　合金的性能与相图的关系

相图反映出不同成分的合金结晶特点及其在室温时的平衡组织,而合金的使用性能取决于它们的成分和组织,某些工艺性能则取决于其结晶特点。因此,具有平衡组织的合金的性能与相图之间存在着一定的对应关系。

1. 合金的使用性能与相图的关系

图 3-28 所示为具有各类相图的合金力学性能和物理性能随成分而变化的一般规律。当形成机械混合物时,若其两相的晶粒较粗,而且均匀分布时,其性能是组成相性能的平均值,即性能与成分成直线关系。在共析或共晶型的成分点附近的合金,由于过冷和扩散速度等原因,反应后极易形成细小分散的组织,此时合金力学性能将偏离直线关系而出现高峰。固溶体合金的物理性能和力学性能与合金成分间成曲线关系。固溶体合金与作为溶剂的纯金属相比,其强度、硬度较高,电导率较低,并在某一成分下达到最大值或最小值。但因固溶强化对硬度的提高有限,不能满足工程结构对材料性能的要求,所以工程上经常将固溶体作为合金的基体。

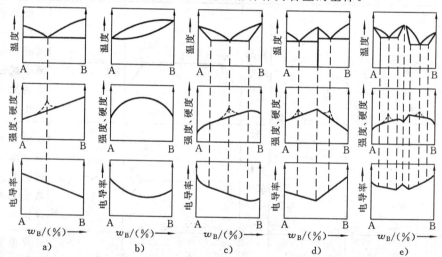

图 3-28　相图与合金硬度、强度及电导率的关系

a) 形成混合物的相图　b) 形成无限固溶体的相图　c) 形成有限固溶体的相图
d) 形成稳定化合物的相图　e) 具有以化合物为基的固溶体的相图

2. 合金的工艺性能与相图的关系

图 3-29 所示为合金的铸造性能与相图的关系。相图中液相线和固相线之间距离越小,液体合金结晶的温度范围越窄,对浇注和铸造质量越有利。合金的液、固相线温度间隔大时,形成枝晶偏析的倾向性大,同时先结晶出的树枝晶会阻碍未结晶液体的流动,而降低其流动性,增多分散缩孔。纯组元和共晶成分的合金的流动性最好,缩孔集中,铸造性能好。但结构材料一般不使用纯组元金属,所以铸造结构材料常选取共晶或接近共晶成分的合金。

合金为单相固溶体时变形抗力小,变形均匀,不易开裂,具有良好的锻造性能,但切削加工时不易断屑,加工表面比较粗糙。双相组织的合金变形能力差些,特别是组织中存在较多的化合物相时,不利于锻造加工,而切削加工性能好于固溶体合金。

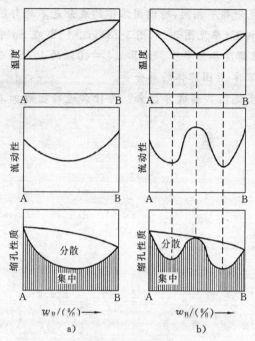

图 3-29　两种合金的铸造性能与相图的关系
a) 匀晶型　b) 共晶型

思考与练习

1. 名词解释:过冷度、非自发形核、同素异构、同分异构、平衡、相图。
2. 为什么液态金属结晶时必须过冷?
3. 为什么金属结晶时常以枝晶方式长大?
4. 试分析过冷度对形核速率和长大速度的影响。
5. 为什么材料一般希望获得细晶粒? 细化晶粒的方法有哪些?
6. 已知二组元 A(熔点 650 ℃)与 B(熔点 560 ℃)在液态时无限互溶;320 ℃时,A 溶于 B 的最大溶解度为 31%,室温时为 12%,但 B 不溶于 A;在 320 ℃时,w_B＝42% 的液态合金发生共晶反应,要求:

   (1) 作 A-B 合金相图;

   (2) 分析 w_A＝25% 的合金的结晶过程。
7. 有两组元 A、B,其熔点 $T_{熔B}＞T_{熔A}$,组成二组元匀晶相图,试分析以下说法是否正确,为什么?

   (1) 两组元 A、B 的晶格类型可以不同,但原子大小一定相等。

(2) 其中任一合金 K,在结晶过程中由于固相成分沿固相线变化,故结晶出来的固溶体中 B 的含量始终高于原液相中 B 的含量。

(3) 固溶体合金按匀晶相图平衡结晶时,由于不同温度下结晶出来的固溶体成分和剩余液相成分都不相同,所以固溶体的成分是不均匀的。

8. 对照 Pb-Sn 合金相图(参见图 3-16、图 3-23),说明 Pb 在 Sn 中的最大溶解度及 Sn 在 Pb 中的最大溶解度各为多少。计算 $w_{Sn}=40\%$ 的 Pb-Sn 合金中的共晶体的质量分数以及 α 固溶体、β 固溶体的总含量。

9. 为什么铸造合金多选用共晶成分合金?为什么进行塑性加工的合金常选用单相固溶体成分合金?

第4章 铁碳合金

4.1 铁碳合金相图及其分析和应用

由 Fe 和 C 两种元素组成的合金称为**铁碳合金**(iron carbon alloy)。碳素钢和铸铁含其他合金元素不多,都可以看做铁碳合金。铁碳合金相图如图 4-1 所示。在铁碳合金中,C 一般以碳化物 Fe_3C(又称渗碳体)的形式存在,因此 Fe 和 Fe_3C 就成为铁碳合金中的两个基本组成相,它们是相图的两个"组元",因此,一般所说的铁碳合金相图实际就是 $Fe-Fe_3C$ 相图。当 C 的质量分数超过 6.69% 时,整个铁碳合金成为单相碳化物,其硬度高(800 HBS)、强度低(仅 30 MPa 左右)、脆性极大(塑性为零),没有使用价值,所以具有实用意义并被深入研究的只是 $w_C<6.69\%$ 的部分。

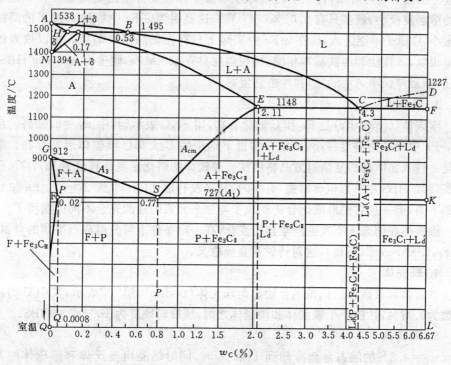

图 4-1　$Fe-Fe_3C$ 合金相图

Fe_3C 是亚稳定相,在一定条件下将分解出石墨,这就是石墨化铸铁形成的基础。因此,实际生产中描述铁碳合金组织转变的相图有两种,即 $Fe-Fe_3C$ 相图和 Fe-C 相图。本章重点介绍 $Fe-Fe_3C$ 相图,Fe-C 相图将在第 7 章讨论。

从相图 $Fe-Fe_3C$ 上可以了解不同含碳量的钢铁材料在不同温度下所存在的状态(即组织),是研究钢铁成分、组织和性能之间关系的理论基础,也是制订各种热加工工艺的依据。

4.1.1　铁碳合金中的基本相

1. 奥氏体

奥氏体(austenite)是 C 在 γ-Fe 中的固溶体,用"A"表示。C 填塞在面心立方晶格的间隙中,其容纳 C 原子的最大间隙在晶胞中心,各棱上也有同样的空位。C 在 γ-Fe 中的溶解度较大,最大可达 2.11%(1148 ℃)。因为 γ-Fe 只存在于 912 ℃以上的高温范围内,因此,加热到高温时可以得到单一的奥氏体组织。由于奥氏体是容易产生滑移的面心立方晶格,故塑性较好,所以钢在锻造前须加热到高温,使之呈单一奥氏体状态,以易于进行塑性变形。

2. 铁素体

C 在 α-Fe 中的固溶体称为**铁素体**(ferrite),用"F"表示。α-Fe 是溶剂,它保持体心立方晶格。C 是溶质,直径小的 C 原子填塞于体心立方晶格的间隙处。C 在 α-Fe 中的溶解度极小,最多只有 0.02%(727 ℃),这是因为 α-Fe 中容纳 C 原子的间隙半径很小,C 原子不能进入,C 在 α-Fe 中实际上只存在于晶格缺陷处。所以铁素体含碳量很低,其性能和纯铁基本相同,抗拉强度只有 250 MPa,硬度为 80～100 HBS,但塑性(断后伸长率 $A=50\%$)和冲击韧度好。

3. 渗碳体

渗碳体(cementite)是 Fe 和 C 的化合物,用 Fe_3C 表示,其中 $w_C=6.69\%$。由于在 α-Fe 中 C 的溶解度很小,所以在常温下钢中的 C 大都以渗碳体形态存在。渗碳体是一种八面体型的复杂斜方晶格结构。渗碳体的熔化温度计算值为 1277 ℃,硬度很高(800 HBS 左右),但非常脆($a_k\approx0$),几乎没有延性($A\approx0$ 或 $Z\approx0$)。Fe 和 C 硬度都不高,但一旦它们形成化合物就成了与原来元素的性能完全不同的物质了。

渗碳体在固态下不发生同素异构变化,在一定条件下可分解成石墨状的自由碳,即 $Fe_3C\rightarrow3Fe+C$(石墨),这对铸铁有重要意义。

4. 珠光体

铁素体和渗碳体的机械混合物称为**珠光体**(perlite),用"P"表示,其中 C 的质量分数为0.77%,性能介于铁素体和渗碳体之间,缓冷时硬度为 180～200 HBS。

5. 莱氏体

$w_C=4.3\%$ 的液态合金冷却到 1148 ℃时,同时结晶出奥氏体和渗碳体的共晶体,该共晶体称为**莱氏体**(ledeburite),用"L_d"表示。L_d 又称为**高温莱氏体**,而在 727 ℃以下由珠光体和渗碳体所组成的莱氏体称为**低温莱氏体**,用"L_d'"表示。莱氏体硬而脆,是白口铸铁的基本组织。

4.1.2　Fe-Fe_3C 相图分析

图 4-1 中的实线是由一系列不同成分的铁碳合金状态变化的温度所对应的点(即临界点)连接而成的。许多线条所分割的部分代表状态相同的区域。例如 AB-

CD 线以上为液体,就表示各种含碳量的铁碳合金,只要加热到这条线所表示的温度上就呈完全熔化状态。$NJESG$ 区域为奥氏体,表示各种不同含碳量的钢只要加热到这个区域就都要变成奥氏体。

下面就 Fe-Fe₃C 相图中的主要特性点和特性线加以分析。

1. 特性点

Fe-Fe₃C 相图中各特性点的符号、温度、含碳量及物理意义列于表 4-1。

表 4-1　Fe-Fe₃C 相图中各特性点的符号、温度、含碳量及物理意义

点的符号	温度/℃	C 的质量分数/(%)	物 理 意 义
A	1538	0	纯铁的熔点
B	1495	0.53	包晶反应时液态合金的浓度
C	1148	4.30	共晶点,$L_C \rightleftharpoons A_E + Fe_3C$
D	1227	6.69	渗碳体熔点
E	1148	2.11	碳在 γ-Fe 中的最大溶解度
F	1148	6.69	共晶渗碳体
G	912	0	α-Fe $\rightleftharpoons$ γ-Fe 同素异构转变点
H	1495	0.09	碳在 δ-Fe 中的最大溶解度
J	1495	0.17	包晶点,$L_B + \delta_H \rightleftharpoons A_J$
K	727	6.69	共析渗碳体
N	1394	0	γ-Fe $\rightleftharpoons$ α-Fe 同素异构转变点
P	727	0.02	C 在 α-Fe 中的最大溶解度
S	727	0.77	共析点,$A_S \rightleftharpoons F_P + Fe_3C$
Q	室温	0.0008	C 在 α-Fe 中的溶解度

2. 特性线

(1) $ABCD$ 线,即液相线,在此线以上是液相区。液相用符号"L"表示。合金冷却到此线开始结晶。

(2) $AHJECF$ 线,即固相线,所有合金在此线以下均是固体状态。

(3) GS 线,又称 A_3 线,表示 $w_C < 0.77\%$ 的钢受热时,铁素体转变为奥氏体的终了温度。反之,则表示缓慢冷却时由奥氏体中开始析出铁素体的温度。

(4) ES 线,又称 A_{cm} 线,表示 C 在奥氏体中溶解度曲线。奥氏体在 1148 ℃时的溶解度最大是 2.11%。当温度下降时,含碳量逐渐减少,到 727 ℃时,w_C 降到 0.77%。$w_C > 0.77\%$ 的钢冷却到 ES 线所对应的温度时,开始把溶解不了的 C 析出,形成**二次渗碳体**,以 Fe₃C_Ⅱ 表示。Fe₃C_Ⅱ 常常在奥氏体的晶界上呈网状分布,故又称为**网状渗碳体**(network cementite)。

GS 线与 ES 线的交点 S 称为共析点。它表示 C 的质量分数为 0.77% 的钢冷却至 727 ℃时奥氏体同时析出铁素体与渗碳体的机械混合物,发生共析转变,即 A(w_C = 0.77%)→(F+Fe₃C)。共析转变产物就是珠光体,因其试样经抛光腐蚀后发珠宝光,故而得名。通常把 C 的质量分数为 0.77％的钢称为共析钢。

在显微镜下观察珠光体,它是一片铁素体和一片渗碳体相间地排列着。其硬度为 190～230 HBS(片状),抗拉强度 R_m＝850 MPa,断后伸长率 A＝20％～30％,强度比铁素体高,脆性比渗碳体差,是钢的基本组织之一。

(5) PSK 线,又称 A_1 线,其对应的温度为 727 ℃,它表示所有碳钢在缓慢加热时开始转变为奥氏体的温度,或者缓慢冷却时,奥氏体完全转变为常温组织的温度。因为在这条线上的所有合金或多或少都要发生共析转变,故为共析线。

(6) ECF 线,其对应的温度为 1148 ℃,其中点 C 对应成分的合金将发生共晶反应,即 L(w_C＝4.3％)→A(w_C＝2.11％)＋Fe_3C,即从 w_C＝4.3％的液体中同时结晶出 w_C＝2.11％的奥氏体与 w_C＝6.69％的渗碳体,这种共晶转变的产物就是莱氏体。在 ECF 线上的所有合金或多或少都要发生共晶反应,故为共晶线。

4.1.3　典型合金结晶过程分析

根据铁碳合金中 C 的质量分数的不同,可把铁碳合金分为钢和铸铁。w_C＜2.11％的铁碳合金称为钢;w_C＞2.11％的铁碳合金称为铸铁。根据其组织特点又把钢分成三类:w_C＝0.77％的钢称为共析钢(eutectoid steel),w_C＜0.77％的钢称为亚共析钢(hypoeutectoid steel),w_C＞0.77％的钢称为过共析钢(hypereutectoid steel)。

铸铁也可分为三类:w_C＝4.3％的铸铁称为共晶铸铁(eutectic cast iron),w_C＜4.3％的铸铁称为亚共晶铸铁(hypoeutectic cast iron),w_C＞4.3％的铸铁称为过共晶铸铁(hypereutectic cast iron)。铸铁实际 w_C 最高不超过 5％,否则材料很脆,没有实用价值。

1. 共析钢

共析钢是 C 的质量分数为 0.77％的铁碳合金(图 4-2 中合金①)。在高温时合

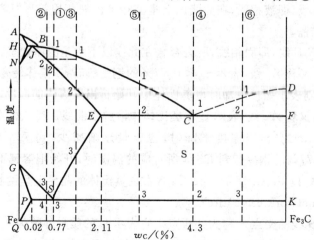

图 4-2　典型的铁碳合金结晶过程分析

金①处于液态,当冷却到与液相线 BC 相交于点 1 时,液体 L 开始结晶析出 A,此时 A 的相对质量小,含碳量低(具体数值可用杠杆定律求出)。随着温度下降,液体中不断析出 A 晶体,其成分不断沿固相线变化,而液相的成分不断沿液相线变化,当温度下降到点 2 时,液体结晶为 A 的过程结束,其组织全部由均匀的 A 晶粒构成。继续冷却到点 3 即点 S 时,发生共析反应 $A \rightarrow P(F+Fe_3C)$,得到珠光体。在随后的冷却过程中,铁素体中含碳量沿 PQ 线变化,于是从珠光体的铁素体相中析出三次渗碳体。在缓慢冷却条件下,三次渗碳体在铁素体与渗碳体的相界上形成,与共析渗碳体连在一起,在显微镜下难以分辨,同时其数量也很少,对珠光体的组织和性能没有明显影响,故共析钢的室温组织为珠光体。合金①在冷却过程中的组织变化如图 4-3 所示,其金相显微组织如图 4-4 所示。

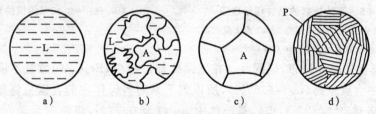

图 4-3 共析钢结晶过程示意图

a)点 1 以上 b)点 1 至点 2 c)点 2 至点 3 d)点 3 以下(虚线为原奥氏体晶界)

2. 亚共析钢

以 $w_C=0.45\%$ 的合金(图 4-2 中的合金②)为例。点 3 以上与前述的合金①类似,通过 1—2 阶段后结晶为奥氏体,在 2—3 阶段处于均匀状态。当冷却到点 3 时,开始析出少量的铁素体。随着温度的下降,铁素体越来越多,其成分沿 GP 线不断变化。奥氏体成分沿 GS 线变化,由于铁素体内几乎不能溶 C,则在铁素体不断增多的同时,剩下的越来越少的奥氏体中含碳量将不断增大。当温度下降到点 4 处时,组织中除铁素体外还有未转变的奥氏

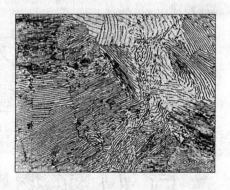

图 4-4 $w_C=0.77\%$ 的钢的显微组织

体,奥氏体中 w_C 已增加到了 0.77%,此时,这部分奥氏体将转变成珠光体。故在 3—4 阶段,合金由奥氏体+铁素体构成,在略低于点 4 对应的温度时,合金由铁素体+珠光体构成。再往下冷却,铁素体中要析出三次渗碳体,但因其数量很少,一般情况下作用很小,常被忽略。故亚共析钢的室温组织为铁素体+珠光体,其结晶过程与组织变化如图 4-5 所示,其金相显微组织如图 4-6 所示。

3. 过共析钢

以 $w_C=1.2\%$ 的合金(图 4-2 中的合金③)为例。这种合金通过 1—2 阶段后的结晶为奥氏体,在 2—3 阶段合金处于均匀状态,冷却到点 3 时,从奥氏体中析出 Fe_3C_{II}。

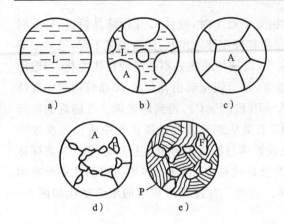

图 4-5　亚共析钢结晶过程示意图
a) 点1以上　b) 点1至点2　c) 点2至点3
d) 点3至点4　e) 点4以下

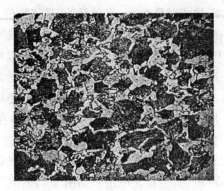

图 4-6　$w_C = 0.45\%$ 的钢的显微组织

Fe_3C_{II} 沿奥氏体晶界分布,呈网状。在继续冷却过程中,Fe_3C_{II} 的数量不断增多,由于 Fe_3C_{II} 中含碳量高($w_C = 6.69\%$),所以剩下来的奥氏体中的含碳量将逐渐减少。当温度下降到点 4(727 ℃)时,奥氏体中 w_C 降至 0.77%,将转变为珠光体。故在3—4 阶段,合金由奥氏体+Fe_3C 组成;在略低于点 4 对应温度至室温范围内,其组织为珠光体+Fe_3C_{II}。这类合金在冷却过程中的组织变化如图 4-7 所示。其金相显微组织如图 4-8 所示。

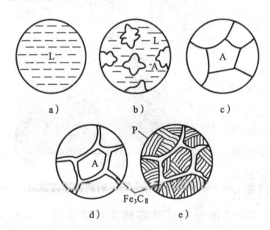

图 4-7　过共析钢结晶过程示意图
a) 点1以上　b) 点1至点2　c) 点2至点3
d) 点3至点4　e) 点4以下

图 4-8　$w_C = 1.2\%$ 的钢的显微组织

4. 共晶白口铸铁

$w_C = 4.3\%$ 的合金(图 4-2 中合金④)在高温时处于液态,冷却到点 C(点 1)处时将发生共晶转变,从 L 中析出高温莱氏体 $L_d(A+Fe_3C)$。再往下冷却,莱氏体还要发生一系列变化,即在1—2 阶段要从莱氏体中的奥氏体内析出 Fe_3C_{II}(与莱氏体中

的渗碳体混在一起),继续冷却到点 2(727 ℃)时,剩余的奥氏体(C 的质量分数达
0.77%)发生共析转变,转变为珠光体。合金④在室温时的组织为低温莱氏体 L'_d(P
$+Fe_3C$),在冷却过程中的组织变化如图 4-9 所示。

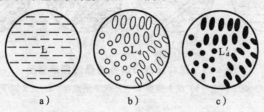

图 4-9　共晶白口铸铁结晶过程示意图

a)点 1 以上　b)点 1 至点 2　c)点 2 以下

5. 亚共晶白口铸铁

以 w_C=3.0%的合金(图 4-2 中的合金⑤)为例。合金溶液在 1—2 阶段结晶出
奥氏体,此时液相成分按 BC 线变化,而奥氏体成分沿 JE 线变化。温度降到点 2 时
剩余的液相成分达到共晶成分,发生共晶转变,生成 L。在点 2 以下,先析出的奥氏
体和共晶奥氏体中都析出 Fe_3C_{II}。随着 Fe_3C_{II} 的析出,奥氏体中的含碳量沿 ES 线
降低。当温度到达点 3 处时,所有奥氏体都发生共析转变而成为珠光体。亚共晶白
口铸铁结晶过程如图 4-10 所示。图 4-11 所示为该合金的室温组织,图中树枝状的
大块黑色组成体是由先析出的奥氏体转变来的珠光体,其余部分为 L,由于先析出的
奥氏体中析出的 Fe_3C_{II} 也依附在共晶渗碳体上,使组织难以分辨。

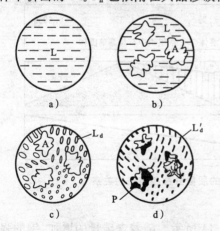

图 4-10　亚共晶白口铸铁结晶过程示意图

a)点 1 以上　b)点 1 至点 2　c)点 2 至点 3　d)点 3 以下

图 4-11　w_C=3.0%的铸铁的显微组织

6. 过共晶白口铸铁

此合金在相图中的位置如图 4-2 中合金⑥所示,结晶过程如图 4-12 所示。先析
出相是粗大的一次渗碳体(Fe_3C_I),随后的转变同共晶白口铸铁。

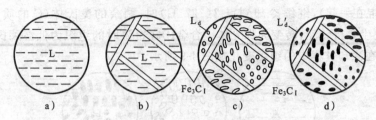

图 4-12　过共晶白口铸铁结晶过程示意图
a) 点 1 以上　b) 点 1 至点 2　c) 点 2 至点 3　d) 点 2 以下

4.1.4　碳对铁碳合金组织和性能的影响

从铁碳相图可以看出,在常温下各种不同含碳量的钢铁组织,尽管千变万化,但其基本相都是铁素体及渗碳体,所不同的是两相相对质量的多少,而钢铁的性能则取决于其组织。

1. 对组织的影响

在不同成分的铁碳合金室温组织中,相组成物的相对质量或组织组成物的相对质量如图 4-13 表示。随着含碳量的增加,铁素体的数量减少,渗碳体的数量增加。

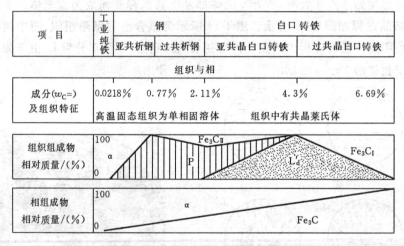

图 4-13　铁碳合金的 C 的质量分数和组织的关系

2. 对性能的影响

含碳量对钢的力学性能的影响如图 4-14 所示。随着含碳量的增加,钢的强度增加,塑性降低。C 为什么能产生这种作用呢?这是因为含碳量的变化改变了钢的内部组织。铁碳合金的室温平衡组织都是由铁素体和渗碳体组成的,其中铁素体因含碳量低是较软的相,渗碳体因含碳量高是硬脆相,钢中绝大部分 C 都是以渗碳体的形态存在的,这种化合物硬度高达 800 HBS 左右,几乎没有塑性。钢中含碳量越大,组织中渗碳体就越多,因此钢的强度较高,塑性较低。

钢中的珠光体对钢的性能有很大的影响。珠光体由铁素体和渗碳体组成,由于渗碳体以细片状分散地分布在软韧的铁素体基体上,起着强化作用,因此珠光体有较高的强度和硬度,但塑性较差。珠光体内的层片越细,强度越高;如果其中的渗碳体球化,则强度下降,但塑性与韧度提高。

亚共析钢随着含碳量提高,珠光体的数量逐渐增加,因而强度、硬度上升,塑性与韧度下降。当 $w_C = 0.77\%$ 时,钢的组织全为珠光体,故此时钢的性能就是珠光体的性能。过共析钢除珠光体外,还出现了二次渗碳体,故其性能要受到二次渗碳体的影响。若 w_C 不超过 1%,由于在晶界上析出的二次渗碳体一般还不连成网状,故对拉伸强度的负面影响不大,少量析出的细小二次渗碳体反而有利于拉伸强度的提高。当 $w_C > 1\%$ 时,因二次渗碳体的数量增多而呈连续网状分布,使钢具有很大的脆性,其塑性很低,强度也有所下降。

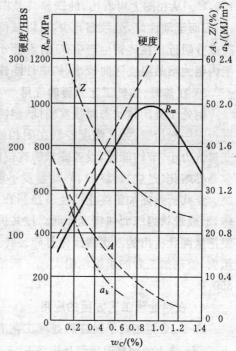

图 4-14　C 的质量分数对钢的
力学性能的影响

4.1.5　Fe-Fe₃C 相图的应用和局限性

1. Fe-Fe₃C 相图的应用

Fe-Fe₃C 相图在生产中具有重要的实际意义,主要应用在钢铁材料的选用和加工工艺的制订两个方面。

1) 在钢铁材料选用方面的应用

Fe-Fe₃C 相图所表明的某些成分-组织-性能的规律,为钢铁材料的选用提供了根据。建筑结构和各种型钢需要塑性、韧度好,因此选用含碳量较低的钢材。各种机械零件需要强度、塑性及韧度都较好的材料,应选用含碳量适中的中碳钢。各种工具要用强度高和耐磨性好的材料,则选用含碳量高的钢种。纯铁的强度低,不宜用做结构材料,但由于其磁导率高,矫顽力低,可作为软磁材料使用,例如做电磁铁的铁芯等。白口铸铁硬度高、脆性大,不能切削加工,也不能锻造,但其耐磨性好,铸造性能优良,适于做要求耐磨、不受冲击、形状复杂的铸件,例如拔丝模、冷轧辊、货车轮、犁铧、球磨机的磨球等。

2) 在铸造工艺方面的应用

根据 Fe-Fe₃C 相图可以确定合金的浇注温度,浇注温度一般在液相线以上 50～

100 ℃。从相图上可看出,纯铁和共晶白口铸造性能最好。它们的凝固温度区间最小,因而流动性好,分散缩孔少,可以获得致密的铸件,所以铸铁在生产上总是选在共晶成分附近。在铸钢生产中,C 的质量分数规定在 0.15%～0.6%之间,因为这个范围内钢的结晶温度区间较小,铸造性能较好。

3) 在热锻、热轧工艺方面的应用

钢处于奥氏体状态时强度较低,塑性较好,因此锻造或轧制选在单相奥氏体区内进行。一般始锻、始轧温度控制在固相线以下 100～200℃范围内。温度高时,钢的变形抗力小,节约能源,设备要求的吨位低,但温度不能过高,防止钢材严重烧损或发生晶界熔化(过烧)。终锻、终轧温度不能过低,以免钢材因塑性差而发生锻裂或轧裂。亚共析钢热加工终止温度多控制在 GS 线以上一点,避免变形时出现大量铁素体,形成带状组织而使韧度降低。过共析钢变形终止温度应控制在 PSK 线以上,以便把呈网状析出的二次渗碳体打碎。终止温度不能太高,否则再结晶后奥氏体晶粒粗大,使热加工后的组织也粗大。一般始锻温度为 1150～1250 ℃,终锻温度为750～850 ℃。

4) 在热处理工艺方面的应用

$Fe\text{-}Fe_3C$ 相图对于制订热处理工艺有着特别重要的意义。一些热处理工艺如退火、正火、淬火的加热温度都是依据 $Fe\text{-}Fe_3C$ 相图确定的,对此将在第 5 章中详细阐述。

2. $Fe\text{-}Fe_3C$ 相图的局限性

铁碳相图的应用很广,为了正确掌握它的应用,必须了解其局限性。

(1) $Fe\text{-}Fe_3C$ 相图反映的是平衡相,而不是组织。相图能给出平衡条件下的相、相的成分、各相的相对质量,但不能给出相的形状、大小和空间相互配置的关系。对于不同成分的铁碳合金的组织,必须分析其动力学规律和结晶过程才能对其有具体了解。

(2) $Fe\text{-}Fe_3C$ 相图只反映铁碳二元合金中相的平衡状态。实际生产中应用的钢和铸铁,除了 Fe 和 C 以外,往往含有或有意加入了其他元素。在被加入元素的含量较高时,相图将发生重大变化。因此严格地说,在这样的条件下 $Fe\text{-}Fe_3C$ 相图已不适用。

(3) $Fe\text{-}Fe_3C$ 相图反映的是平衡条件下铁碳合金中相的状态。相的平衡只有在非常缓慢的冷却和加热,或者在给定温度长期保温的情况下才能达到。就是说,相图没有反映时间的作用。所以钢铁在实际的生产和加工过程中,当冷却和加热速度较快时,常常不能用相图来分析问题。

必须指出,对于普通的钢和铸铁,在基本上不违背平衡的情况下,例如在炉子中冷却,甚至在空气中冷却时,应用铁碳相图都是有足够的可靠性和准确度的。而对于特殊的钢和铸铁,或在距平衡条件较远的情况下,利用 $Fe\text{-}Fe_3C$ 相图来分析问题是不正确的,但它仍然是考虑问题的依据。

4.2　碳钢

碳素钢(简称碳钢)就是 $w_C < 2.11\%$ 的铁碳合金,实际使用的碳钢中 w_C 大多小于 1.6%。碳钢容易冶炼,价格低廉,易于加工,其性能满足一般机械零件的使用要求,广泛应用于工农业生产中。

碳钢主要有以下几种分类方法。

(1) 按钢的含碳量,可分为低碳钢($w_C \leqslant 0.25\%$)、中碳钢($w_C = 0.25\% \sim 0.6\%$)、高碳钢($w_C \geqslant 0.6\%$)三种。

(2) 按钢的质量,可分为普通钢($w_S \leqslant 0.055\%, w_P \leqslant 0.045\%$)、优质钢($w_S \leqslant 0.035\%, w_P \leqslant 0.035\%$)、高级优质钢($w_S \leqslant 0.03\%, w_P \leqslant 0.03\%$)、特级优质钢($w_S \leqslant 0.02\%, w_P \leqslant 0.25\%$)四种。

(3) 按用途,可分为碳素结构钢和碳素工具钢两种。碳素结构钢具有一定的强度、塑性和韧度,用于制造工程结构(如桥梁、船舶、建筑、高压容器等)和机械零件(如齿轮、轴、螺钉、螺母、连杆等),这类钢一般为低、中碳钢。碳素工具钢具有较高的硬度和耐磨性,用于制造各种工具(如刃具、模具、量具等),这类钢一般为高碳钢。

4.2.1　钢中的元素

在实际使用的钢中,除了含有 Fe、C 与合金元素外,在冶炼过程中不可避免地要带入一些杂质,如 Mn、Si、S、P 等元素以及 N、H、O 等少量气体。这些杂质对钢的质量有很大影响。

1. Mn 的影响

Mn 是炼钢时由生铁和锰铁脱氧剂带入钢中的。Mn 有很强的脱氧能力,能清除钢中的 FeO,降低钢的脆性。Mn 还能与 S 化合成 MnS,减轻 S 的有害作用,改善钢的热加工性能。在室温下,Mn 大部分溶于铁素体中,形成置换固溶体(含 Mn 铁素体),对钢有一定的强化作用。因此,一般认为适量时 Mn 对钢而言是一种有益元素。在钢中作为杂质元素时,其质量分数小于 0.8%。

2. Si 的影响

Si 也来源于生铁和脱氧剂。Si 的脱氧能力比 Mn 强,可以有效地消除 FeO,改善钢的品质。在室温下,大部分 Si 溶于铁素体中,使铁素体强化,从而提高钢的强度。适量时 Si 也是有益元素。Si 作为杂质元素时,其质量分数小于 0.4%。当含硅量不大时,对钢的性能影响不显著。

3. S 的影响

S 是由生铁和燃料带进钢中的。在固态下,S 不溶于铁,而是以 FeS 的形式存在。FeS 与 Fe 能形成低熔点的共晶体(Fe+FeS),熔点为 985 ℃,且分布在晶界上,当钢材在 1000~1200 ℃进行热加工时,共晶体熔化,使钢材变脆,这种现象称为**热脆性**。为消除这种热脆性,在炼钢时可加入 Mn。由于 Mn 与 S 能形成熔点为 1620 ℃

的 MnS,MnS 在高温时有一定的塑性,从而避免了热脆性。但 MnS 作为一种非金属夹杂物,在轧制时会形成热加工纤维,使钢的性能具有方向性。因此,通常情况下 S 是有害的杂质元素,应根据钢的质量要求严格控制其含量,我国要求将 S 的质量分数控制在 0.065% 以下。

含 S 较多的钢中可形成较多的 MnS,在切削加工过程中 MnS 能起断屑作用,故可改善钢的切削加工性能,这是 S 有利的一面。

4. P 的影响

P 主要来源于生铁。一般情况下,P 在钢中能全部溶于铁素体,提高了铁素体的强度、硬度,但在室温下却使钢的塑性和韧度急剧降低、变脆,尤其在低温时更为严重,这种现象称为**冷脆性**。通常希望脆性转变温度低于工件的工作温度,以免发生冷脆,而 P 会使脆性转变温度升高,可见 P 是一种有害的杂质元素,要严格控制钢中含磷量。一般钢中 w_P 控制在 0.045% 以下,高级优质钢则控制在 0.035% 以下或更低。

5. N、H、O 的影响

N、H、O 等存在于钢中,会严重影响钢的性能,降低钢材质量。

N 在铁素体中的溶解度很小,并随温度下降而减少。因此,N 的逸出会使钢产生时效而变脆。一般可在炼钢时采用 Al 和 Ti 脱氮,与 N 结合,形成氮化铝和氮化钛,以减少 N 存在于铁素体中的数量,从而减轻钢的时效倾向,这种方法称为"固氮"处理。

H 在钢中既不溶于铁素体,也不与其他元素结合生成化合物,它是以原子状态或分子状态出现的。微量的 H 能使钢的塑性急剧下降,出现所谓的"氢脆"现象。若以分子状态出现,造成局部的显微裂纹,断裂后在显微镜下可观察到白色圆痕,这就是所谓的"白点"。它有可能使钢突然断裂,造成安全事故。在炼钢时进行真空处理是减少含氢量的最有效方法。

O 通常以 FeO、MnO、SiO_2、Al_2O_3 等氧化物夹杂的形式存在于钢中而成为微裂纹的根源,将降低钢的疲劳强度,因此也会对钢的性能产生不良影响。

4.2.2 碳钢的牌号、性能和用途

1. 普通碳素结构钢

普通碳素结构钢(common carbon structure steels)含有害杂质及非金属夹杂物较多,质量和性能不高,但其冶炼方法简单、工艺性好、价格低廉,而且在性能上也能满足一般工程结构件及普通零件的要求,因此用量很大,约占钢材总量的 70%。这类钢一般不经热处理而使用。

按 GB/T 700—2006 的规定,普通碳素结构钢的牌号表示方法是由代表屈服强度的"屈"字的汉语拼音首位字母"Q"开头,后跟最低屈服强度值(MPa),质量等级符号 A、B、C、D(从 A 到 D 依次提高),脱氧方法符号(用脱氧方法等名称的汉语拼音首位字母表示,如沸腾钢 F、镇静钢 Z、特殊镇静钢 TZ)等组成。其中"Z"与"TZ"符号可予以省略。例如,Q235AF 代表碳素结构钢,其屈服强度为 235 MPa,并为 A 级沸腾钢。

这类钢的牌号、化学成分、力学性能及应用举例如表 4-2 和表 4-3 所示。

表 4-2 普通碳素结构钢的牌号和化学成分（摘自 GB/T 700—2006）

牌号	统一数字代号[a]	等级	厚度（或直径）/mm	脱氧方法	化学成分（质量分数）/（%），不大于				
					C	Si	Mn	P	S
Q195	U11952	—	—	F、Z	0.12	0.30	0.50	0.035	0.040
Q215	U12152	A		F、Z	0.15	0.35	1.20	0.045	0.050
	U12155	B							0.045
Q235	U12352	A		F、Z	0.22	0.35	1.40	0.045	0.050
	U12355	B			0.20[b]				0.045
	U12358	C		Z	0.17			0.040	0.040
	U12359	D		TZ				0.035	0.035
Q275	U12752	A	—	F、Z	0.24	0.35	1.50	0.045	0.050
	U12755	B	≤40	Z	0.21			0.045	0.045
			>40		0.22				
	U12758	C	—	Z	0.20			0.040	0.040
	U12759	D		TZ				0.035	0.035

注 [a] 表中为镇静钢、特殊镇静钢牌号的统一数字，沸腾钢牌号的统一数字代号如下：

Q195F——U11950；

Q215AF——U12150，Q215BF——U12153；

Q235AF——U12350，Q235BF——U12353；

Q275AF——U12750。

[b] 经需方同意，Q235B 中碳的质量分数可不大于 0.22%。

2. 优质碳素结构钢

优质碳素结构钢（fine carbon structure steels）含有害杂质 P、S 的量及非金属夹杂物较少，其均匀性及表面质量都比较好，且必须同时保证钢的化学成分和力学性能。这类钢的产量较大，价格便宜，力学性能较好，广泛用于制造各种机械零件和结构件。这些零件通常都要经过热处理才使用。

1）优质碳素结构钢的编号及成分特点

优质碳素结构钢的牌号是用两位数字表示的钢中 C 的平均质量万分数。例如，"40 钢"表示 C 的平均质量分数为 0.40%（40/10000）的优质碳素结构钢。不足两位数时，在数字前面补 0。从 10 钢开始，以数字"5"为变化幅度上升一个钢号。若数字后带"F"（如 08F），则表示其为沸腾钢。优质碳素结构钢按含锰量的不同，分为普通含锰量（Mn 的质量分数 $w_{Mn}=0.35\%\sim0.8\%$）和较高含锰量（$w_{Mn}=0.7\%\sim1.2\%$）两组。较高含锰量的一组，在钢号后加"Mn"，如 15Mn、20Mn 等。

表 4-3　碳素结构钢的力学性能和应用举例

牌号	等级	屈服强度[a] R_{eH}/MPa,不小于						抗拉强度[b] R_m/MPa	断后伸长率 A/(%),不小于					冲击试验(V形缺口)		应用举例
		厚度(或直径)/mm							厚度(或直径)/mm					温度/℃	冲击吸收功(纵向)/J 不小于	
		≤16	>16~40	>40~60	>60~100	>100~150	>150~200		≤40	>40~60	>60~100	>100~150	>150~200			
Q195	—	195	185	—	—	—	—	315~430	33	—	—	—	—	—	—	受力不大的零件,如:螺钉、螺母、垫圈等,焊接件、冲压件及桥梁建筑等金属结构件
Q215	A	215	205	195	185	175	165	335~450	31	30	29	27	26	—	—	
	B													+20	27	
Q235	A	235	225	215	215	195	185	370~500	26	25	24	22	21	—	27	
	B													+20		
	C													0		
	D													−20		
Q275	A	275	265	255	245	225	215	410~540	22	21	20	18	17	—	27	承受中等载荷的零件,如:小轴、销子、连杆、农机零件等
	B													+20		
	C													0		
	D													−20		

注　[a] Q195 的屈服强度值仅供参考,不作为交货条件。

　　[b] 厚度大于 100 mm 的钢材,抗拉强度下限允许降低 20 N/mm²。宽带钢(包括剪切钢板)抗拉强度上限不作交货条件。

　　[c] 厚度小于 25 mm 的 Q235B 级钢材,如供方能保证冲击吸收功值合格,经需方同意,可不检验。

优质碳素结构钢的牌号、化学成分、力学性能及用途如表 4-4 所示。

2）优质碳素结构钢的热处理及应用

按 C 的质量分数划分系列,常用的优质碳素结构钢的性质及应用范围如下。

（1）08 钢、10 钢　这类钢含碳量很小,组织多为铁素体,其强度低而塑性好,具有较好的焊接性能和压延性能,通常轧制成薄板或钢带,主要用于制造冷冲压零件,如各种仪表板、容器及垫圈等零件。

（2）15 钢、20 钢、25 钢　这类钢的组织也是以铁素体居多,塑性较好,具有较好的焊接性和压延性能,常用于制造受力不大、韧度较高的结构件和零件,如焊接容器、制造螺母、螺钉等,以及制造强度要求不太高的表面耐磨零件,如凸轮、齿轮等。用于制作表面耐磨零件时,需进行渗碳处理,故这类钢又称为**渗碳钢**。

（3）35 钢、40 钢、45 钢、50 钢、55 钢　这类钢含有一定量的珠光体,既有很好的韧度又有较高的强度,常用于制造性能要求较高的零件,如齿轮、连杆、轴类等。这类钢用于制造上述性能要求较高的零件时一般要进行调质处理,以得到强度与韧度良好配合的综合力学性能,故称这类钢为**调质钢**。对综合力学性能要求不高或截面尺寸很大、淬火效果差的工件,可采用正火代替调质。

表 4-4 优质碳素结构钢的牌号、化学成分、力学性能及用途

牌号	化学成分（质量分数）/（%）						试样毛坯尺寸/mm	推荐热处理温度/℃			力学性能					钢材交货状态硬度 HBS10/3000，不大于		应用举例
	C	Si	Mn	Cr	Ni	Cu		正火	淬火	回火	R_m/MPa	R_{eH}/MPa	A/%	Z/%	KU_2/J	未热处理钢	退火钢	
				不大于									不小于			不大于		
08F	0.05~0.11	≤0.03	0.25~0.50	0.10	0.30	0.25	25	930			295	175	35	60		131		
10F	0.07~0.13	≤0.07	0.25~0.50	0.15	0.30	0.25	25	930			315	185	33	55		137		受力不大但要求高韧度的冲压件、焊接件、紧固件，如螺母、垫圈等
15F	0.12~0.18	≤0.07	0.25~0.50	0.25	0.30	0.25	25	920			355	205	29	55		143		
08	0.05~0.11	0.17~0.37	0.35~0.65	0.10	0.30	0.25	25	930			325	195	33	60		131		
10	0.07~0.13	0.17~0.37	0.35~0.65	0.15	0.30	0.25	25	930			335	205	31	55		137		
15	0.12~0.18	0.17~0.37	0.35~0.65	0.25	0.30	0.25	25	920			375	225	27	55		143		渗碳淬火后的强度要求不高的受磨零件，如凸轮、滑块、活塞销等
20	0.17~0.23	0.17~0.37	0.35~0.65	0.25	0.30	0.25	25	910			410	245	25	55		156		
25	0.22~0.29	0.17~0.37	0.50~0.80	0.25	0.30	0.25	25	900	870	600	450	275	23	50	71	170		
30	0.27~0.34	0.17~0.37	0.50~0.80	0.25	0.30	0.25	25	880	860	600	490	295	21	50	63	179		
35	0.32~0.39	0.17~0.37	0.50~0.80	0.25	0.30	0.25	25	870	850	600	530	315	20	45	55	197		
40	0.37~0.44	0.17~0.37	0.50~0.80	0.25	0.30	0.25	25	860	840	600	570	335	19	45	47	217	187	负载较大的零件，如连杆、曲轴、主轴、齿轮、销，表面淬火齿轮、凸轮等
45	0.42~0.50	0.17~0.37	0.50~0.80	0.25	0.30	0.25	25	850	840	600	600	355	16	40	39	229	197	
50	0.47~0.55	0.17~0.37	0.50~0.80	0.25	0.30	0.25	25	830	830	600	630	375	14	40	31	241	207	
55	0.52~0.60	0.17~0.37	0.50~0.80	0.25	0.30	0.25	25	820	820	600	645	380	13	35		255	217	
60	0.57~0.65	0.17~0.37	0.50~0.80	0.25	0.30	0.25	25	810			675	400	12	35		255	229	
65	0.62~0.70	0.17~0.37	0.50~0.80	0.25	0.30	0.25	25	810			695	410	10	30		255	229	
70	0.67~0.75	0.17~0.37	0.50~0.80	0.25	0.30	0.25	25	790			715	420	9	30		269	229	弹性极限或强度要求较高的零件，如轧辊、弹簧、钢丝绳、偏心轮等
75	0.72~0.80	0.17~0.37	0.50~0.80	0.25	0.30	0.25	试样		820	480	1080	880	7	30		285	241	
80	0.77~0.85	0.17~0.37	0.50~0.80	0.25	0.30	0.25	试样		820	480	1080	930	6	30		285	241	
85	0.82~0.90	0.17~0.37	0.50~0.80	0.25	0.30	0.25	试样		820	480	1130	980	6	30		302	255	

续表

牌号	化学成分（质量分数）/（%）						试样毛坯尺寸/mm	推荐热处理温度/℃			力学性能					钢材交货状态硬度 HBS10/3000，不大于		应用举例
	C	Si	Mn	Cr	Ni	Cu		正火	淬火	回火	R_m /MPa	R_{eH} /MPa	A /%	Z /%	KU_2 /J	未热处理钢	退火钢	
				不大于							不小于					不大于		
15Mn	0.12~0.18	0.17~0.37	0.70~1.00	0.25	0.30	0.25	25	920			410	245	26	55		163		应用范围和普通含锰量的优质碳素结构钢相同
20Mn	0.17~0.23	0.17~0.37	0.70~1.00	0.25	0.30	0.25	25	910			450	275	24	50		197		
25Mn	0.22~0.29	0.17~0.37	0.70~1.00	0.25	0.30	0.25	25	900	870	600	490	295	22	50	71	207		
30Mn	0.27~0.34	0.17~0.37	0.70~1.00	0.25	0.30	0.25	25	880	860	600	560	315	20	45	63	217	187	
35Mn	0.32~0.39	0.17~0.37	0.70~1.00	0.25	0.30	0.25	25	870	850	600	560	335	18	45	55	229	197	
40Mn	0.37~0.44	0.17~0.37	0.70~1.00	0.25	0.30	0.25	25	860	840	600	590	355	17	45	47	229	207	
45Mn	0.42~0.50	0.17~0.37	0.70~1.00	0.25	0.30	0.25	25	850	840	600	620	375	15	40	39	241	217	
50Mn	0.48~0.56	0.17~0.37	0.70~1.00	0.25	0.30	0.25	25	830	830	600	645	390	13	40	31	255	217	
60Mn	0.57~0.65	0.17~0.37	0.70~1.00	0.25	0.30	0.25	25	810			695	410	11	35		269	229	
65Mn	0.62~0.70	0.17~0.37	0.90~1.20	0.25	0.30	0.25	25	830			735	430	9	30		285	229	
70Mn	0.67~0.75	0.17~0.37	0.90~1.20	0.25	0.30	0.25	25	790			785	450	8	30		285	229	

注1　对于直径或厚度小于 25 mm 的钢材，热处理在与成品截面尺寸相同的试样毛坯上进行。

注2　表中所列正火推荐保温时间不少于 30 min，空冷；淬火推荐保温时间不少于 30 min，70、80 和 85 钢油冷，其余钢水冷，回火推荐保温时间不少于 1 h。

注3　表中力学性能仅适用于截面尺寸不大于 80 mm 的钢材。对于大于 80 mm 的钢材，允许其 A 和 Z 值比表中规定分别降低 2%（绝对值）和 5%（绝对值）。

注4　本表数据摘自 GB/T 699—1999。

（4）60 钢、65 钢、70 钢、75 钢、80 钢、85 钢　这类钢含碳量较大，组织以珠光体居多，经适当热处理后，有较高的弹性极限，可用于制造要求弹性好、强度较高的零件，如弹簧、弹簧垫圈等，故称这类钢为**弹簧钢**。由于硬度较高，故这类钢也可用于制造一些耐磨零件。冷成形弹簧一般只进行低温去应力处理；热成形弹簧一般进行淬火（~850 ℃）及中温回火（350~500 ℃）处理；耐磨件则进行淬火（~850 ℃）及低温回火（200~250 ℃）处理。

3. 碳素工具钢

在机械制造业中，用于制造各种刃具、模具及量具的钢称为**工具钢**（tooling steels）。由于工具要求有高硬度和高耐磨性且多数刃具还要求有红硬性，所以工具钢中 C 的质量分数均较高。工具钢通常采用淬火＋低温回火的热处理工艺，以保证高硬度和耐磨性。

碳素工具钢（plain carbon tool steels）中 C 的质量分数为 0.65%~1.35%。根据其 S、P 的含量不同，碳素工具钢又可分为优质碳素工具钢和高级优质碳素工具钢两类。

1）碳素工具钢的编号及成分特点

碳素工具钢的牌号以"碳"字汉语拼音字头"T"表示，其后面加上顺序数字，数字表示钢中 C 的平均质量千分数，如为高级优质碳素工具钢，则在数字后再加"A"字。如 T8 钢表示 C 的平均质量分数约为 0.8%的优质碳素工具钢。T12A 钢表示 C 的平均质量分数约为 1.2%的高级优质碳素工具钢。含锰量较高者，在钢号后标以"Mn"，如 T8Mn。

碳素工具钢的优点是容易锻造、加工性能良好，而且价格便宜，生产量约占全部工具钢的 60%。其缺点是淬透性低，Si、Mn 含量略有改变，对淬透性就会产生较大的影响。因此，对碳素工具钢中 Si 和 Mn 的限制较严，一般 Si 的质量分数 $w_{Si}<0.35\%$，Mn 的质量分数 $w_{Mn}<0.40\%$，这种钢还容易产生淬火变形和淬裂，尤以形状复杂的工具为甚，同时它的回火抗力也较差。为了提高碳素工具钢的可锻性及减少其淬裂倾向，对其 S、P 的含量应比优质碳素结构钢限制更严格，即 $w_S\leqslant0.030\%$、$w_P\leqslant0.035\%$；在高级优质碳素工具钢中 $w_S\leqslant0.02\%$、$w_P\leqslant0.03\%$。

碳素工具钢的牌号、成分、热处理规范及用途如表 4-5 所示。

2）碳素工具钢的热处理与应用

工具钢的毛坯一般为锻造成形，再由毛坯机加工成工具产品。碳素工具钢锻造后，因硬度高，不易进行切削加工，有较大应力，组织又不符合淬火要求，故应进行球化退火，以改善切削加工性，并为最后淬火作组织准备。退火后的组织应为球状珠光体，其硬度一般小于 217 HBS。

淬火加热温度要根据钢种来确定，同时也要考虑性能要求、工件形状、大小及冷却介质等。淬火冷却时，由于其淬透性较低，为了得到马氏体（C 在 α-Fe 中的过饱和固溶体）组织，除形状复杂、有效厚度或直径小于 5 mm 的小刃具在油中冷却外，一般都选用冷却能力较强的冷却介质（如水、盐水、碱水）。还应指出，由于淬火时，采用

表 4-5　碳素工具钢的牌号、化学成分、热处理规范及用途

牌号	主要化学成分(质量分数)/(%)			热处理规范				应用举例
				交货状态		试样淬火		
	C	Mn	Si	退火	退火后冷却	淬火温度和冷却剂	洛氏硬度,HRC,不小于	
					布氏硬度,HBW,不大于			
T7	0.65~0.74	≤0.40	≤0.35	187	241	800~820℃,水	52	承受冲击、硬度适当的工具,如扁铲、手钳、大锤、旋具以及木工工具
T8	0.75~0.84					780~800℃,水		承受冲击、要求较高硬度的工具,如木工工具、冲头、铆钉、冲模
T8Mn	0.80~0.90	0.40~0.60						与 T8、T8A 相似,但淬透性较大,可制造截面较大的工具
T9	0.85~0.94	≤0.40		192				承受一定冲击、硬度较高的工具,如冲头及木工工具、凿岩工具
T10	0.95~1.04			197				不受剧烈冲击的高硬度耐磨工具,如车刀、刨刀、冲头、丝锥、钻头、手锯条
T11	1.05~1.14			207		760~780℃,水		木工工具、丝锥、刮刀,以及尺寸不大、截面无突变的冲模
T12	1.15~1.24							丝锥、刮刀、板牙、钻头、铰刀、锯条、冷切边模、冲孔模、量规
T13	1.25~1.35			217				锉刀、刻刀、剃刀、拉丝模以及加工坚硬岩石的刃具

注　表中数据摘自 GB/T 1298—2008。

较强的冷却介质,而使淬火应力变大,故易引起较大的变形甚至开裂,这是碳素工具钢的一个显著弱点。

碳素工具钢经热处理后,硬度可达 60~65HBC,其耐磨性和加工性都较好,价格便宜,在生产上得到了广泛应用。碳素工具钢在使用性能上的缺点是红硬性差,当刃部温度大于 200℃时,硬度、耐磨性会显著降低。碳素工具钢大多用于制造刃部受热程度较低的手用工具和低速、小走刀量的机用工具,也可做尺寸较小的模具和量具。

4.2.3 铸钢

一些形状复杂、综合力学性能要求较高的大型零件,由于在工艺上难以用锻造方法成形,在性能上又不能用力学性能低的铸铁制造,因而需采用各种钢材并以铸造方式成形,这类以铸造方式成形的钢就称为铸钢(cast steels)。目前铸钢在重型机械制造、运输机械、国防工业等部门应用较多,如轧钢机机架、水压机横梁与汽缸、机车车架、铁道车辆转向架中的摇枕、汽车与拖拉机齿轮拨叉、起重行车车轮、大型齿轮等。

工程上用的碳素铸钢的化学成分和力学性能与应用分别如表 4-6 和表 4-7 所示。

为提高碳素铸钢的力学性能,可通过加入合金元素,形成相应的合金铸钢。

表 4-6 铸钢的化学成分(摘自 GB/T 7659—2010)

牌 号	质量分数(%)										
	主要元素					残余元素					
	C	Si	Mn	P	S	Ni	Cr	Cu	Mo	V	总和
ZG200-400H	≤0.20	≤0.60	≤0.60	≤0.025	≤0.025						
ZG230-450H	≤0.20	≤0.60	≤1.20	≤0.025	≤0.025						
ZG270-480H	0.17~0.25	≤0.60	0.80~1.20	≤0.025	≤0.025	≤0.40	≤0.35	≤0.40	≤0.15	≤0.05	≤1.0
ZG300-500H	0.17~0.25	≤0.60	1.00~1.60	≤0.025	≤0.025						
ZG340-550H	0.17~0.25	≤0.80	1.00~1.60	≤0.025	≤0.025						

注 1　实际碳的质量分数比表中碳上限每减少 0.01%,就允许实际锰的质量分数超出表中锰上限 0.04%,但总超出量不得大于 0.2%。

注 2　残余元素一般不作分析,如需方有要求时,可作残余元素的分析。

表 4-7 铸钢的力学性能与应用

牌 号	拉伸性能			根据合同选择		应用举例
	上屈服强度 R_{eH}/MPa	抗拉强度 R_m/MPa	断后伸长率 A/(%)	断面收缩率 Z/(%)	冲击吸收功 K/J	
ZG200-400H	200	400	25	40	45	机座、变速箱壳等
ZG230-450H	230	450	22	35	45	砧座、外壳、轴承盖、底板、阀体等
ZG270-480H	270	480	20	35	40	轧钢机机架、轴承座、连杆、箱体、曲轴、缸体、飞轮、蒸汽锤等
ZG300-500H	300	500	20	21	40	大齿轮、缸体、制动轮、辊子等
ZG340-550H	340	550	15	21	35	起重运输机中的齿轮、联轴器等

注　当无明显屈服时,测定规定非比例延伸强度 $R_{p0.2}$。

思考与练习

1. 绘出 Fe-Fe₃C 相图,填出各相区的组织,标明重要点、线、成分及温度。图中组元 C 的质量分数为什么只研究到 6.69%?

2. 什么是共析反应? 什么是共晶反应?

3. 分析 C 的质量分数为 0.45%、0.77%、1.2%、3.0%、5.0%的铁碳合金从液态缓冷至室温的平衡相变过程和室温下的平衡组织,画出显微组织示意图。计算 w_C =1.2%的铁碳合金在室温下相的相对量和组织相对量。

4. 现有两种铁碳合金:一种合金在室温下的显微组织中珠光体的质量分数为 75%, 铁素体的质量分数为 25%;另一种合金在室温下的显微组织中珠光体的质量分数为 92%,二次渗碳体的质量分数为 8%。用杠杆定律求出这两种合金中 C 的质量分数,并指出它们按组织分类的名称。

5. 钢与白口铸铁的成分界限是多少? 碳钢按室温下的组织如何分类? 写出各类碳钢的室温平衡组织。

6. 简述含碳量对铁碳合金组织和性能的影响。

7. 何谓碳素钢? 何谓白口铸铁? 两者的成分、组织和力学性能有何差别?

8. 钢中常存杂质元素有哪些? 它们对钢的性能有何影响?

9. 镇静钢与沸腾钢有何区别?

10. 何谓调质钢? 为什么调质钢为中碳钢?

11. 根据 Fe-Fe₃C 相图,说明下列现象的原因。

　　(1) T10 钢比 10 钢硬度高。

　　(2) 在室温下,T8 钢比 T12 钢的抗拉强度高。

　　(3) 一般要把钢材加热到 1000~1250 ℃的高温下进行热轧或锻造。

　　(4) 加热到 1100 ℃,40 钢可以锻造,而 C 的质量分数为 4.0%的白口铸铁不能锻造。

　　(5) 一般采用低碳钢制造钢铆钉。

　　(6) 绑扎物件一般采用铁丝(镀锌低碳钢丝),而起重机吊重物需采用 60、65 或 70、75 钢制成的钢丝绳。

第 5 章　金属热处理

随着科学技术和生产技术的发展,对钢铁材料的性能也提出了越来越高的要求。改善钢材的性能有两条主要途径:一条是加入合金元素,调整钢的化学成分,即合金化;另一条是通过钢的热处理,调整钢的内部组织。

所谓钢的热处理,就是通过加热、保温和冷却,使钢材内部的组织结构发生变化,从而获得所需性能的一种工艺方法。

在工业生产中,热处理的主要目的有两个:①消除上道工序带来的缺陷,改善金属的加工工艺性,确保后续加工的顺利进行,例如降低钢材硬度的软化处理(退火);②提高零件或工具的使用性能,例如提高各类切削工具硬度的硬化处理(淬火)和提高零件综合力学性能的调质处理等。

在对金属材料从毛坯到零件的整个加工工艺过程中,铸造、锻压、焊接及切削加工等工艺环节,主要是为了赋予零件一定的外形和尺寸,而热处理是在不改变形状和尺寸的前提下,充分发挥钢材的性能潜力,保证零件的内在质量,提高零件的使用性能和延长零件的使用寿命。因此,热处理是一种强化金属材料的重要工艺手段,是产品质量的保障措施,在机械制造业中占有十分重要的地位。许多机器零件,尤其是重要的零件都需要经过热处理后才能使用。

并非所有的金属材料都能进行热处理。在固态下能够发生组织转变,是热处理的一个必要条件。由 Fe-Fe$_3$C 相图可知,钢铁材料具备这个条件,可以通过热处理来改变钢铁的性能。铸铁和钢组织转变的基本规律是相同的,钢的各种热处理方法大多都能用于铸铁,但因铸铁中的石墨对其性能起着决定性作用,而热处理并不能改变石墨的性能,所以对普通灰铸铁一般情况下不进行热处理。

热处理按照工艺特点可以分为两类,即普通热处理和表面热处理。普通热处理主要包括退火、正火、淬火、回火等,表面热处理是针对表面进行的强化。

钢的热处理方法虽然很多,但都需要经过加热与冷却的过程。为了掌握各种热处理方法的特点和作用,就必须研究钢在受热和冷却过程中组织和性能的变化规律。

5.1　钢受热时的转变

加热是热处理中必不可少的一道工序。受热状况将直接影响到随后冷却时所获得的组织与性能。这里首先要对钢在受热时的组织转变情况加以了解。

1. 奥氏体的形成

由 Fe-Fe$_3$C 相图可知,碳素钢在极其缓慢的加热和冷却过程中,其固态组织转变的临界温度可由图中 A_1 线(PSK 线)、A_3 线(GS 线)和 A_{cm} 线(ES 线)来确定。在实际热处理过程中,无论是加热还是冷却,都是在较快的速度下进行的,因此实际发生转变的温度与状态图中所示的临界温度之间有一定偏差,加热时移向高温,而冷却时移向低温,这种现象称为"滞后",并且滞后的量随着加热或冷却速度的增大而增大。通常把实际加热时发生相变的临界温度用 Ac_1、Ac_3、Ac_{cm} 表示,而冷却时的临界温度用 Ar_1、Ar_3 和 Ar_{cm} 表示。

下面以共析钢为例,说明其受热时组织转变情况。在实际加热条件下,当温度达到 Ac_1 或 Ac_1 线以上时,珠光体将转变为奥氏体。奥氏体的形成是通过形核与晶核长大来实现的,其基本过程可分为四步,如图 5-1 所示。

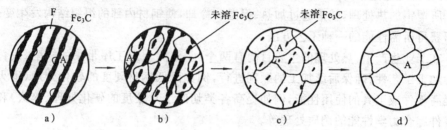

图 5-1 共析钢的奥氏体化过程示意图

a) 奥氏体形核　b) 奥氏体长大　c) 残余渗碳体溶解　d) 奥氏体均匀化

(1) 奥氏体形核。奥氏体晶核首先在铁素体相界面处形成。

(2) 奥氏体长大。形成的奥氏体晶核依靠 Fe、C 原子的扩散,同时向铁素体和渗碳体两个方向长大,直至铁素体消失。

(3) 残余渗碳体溶解。在奥氏体形成过程中,铁素体首先消失,残余的渗碳体随着加热和保温时间的延长,不断溶入奥氏体,直到全部消失为止。

(4) 奥氏体成分的均匀化。刚形成的奥氏体,其中 C 的浓度是不均匀的,在原渗碳体处含碳量较高,而原铁素体处含碳量较低,只有在继续加热保温过程中,通过 C 原子的扩散,才能使奥氏体中的含碳量趋于均匀,形成成分较为均匀的奥氏体。

从上述分析可以看出,对零件加热后再进行适当的保温是很有必要的。其目的有两个:① 使零件在保温过程中彻底完成相变;② 得到成分较为均匀的奥氏体组织。

亚共析钢和过共析钢的奥氏体化过程与共析钢的相似,不同的是,在室温下它们的平衡组织中除珠光体外,还有先共析相存在,当它们被加热到 Ac_1 线以上时,首先是其中的珠光体转变为奥氏体(这一过程与共析钢相同),而此时还有先共析相(铁素体或渗碳体)存在,要得到单一的奥氏体,必须提高加热温度。对亚共析钢来说,加热温度超过 Ac_3 线后,先共析铁素体才逐渐转变为奥氏体;对过共析钢来说,加热温度超过 Ar_{cm} 线后,先共析渗碳体才会全部溶解到奥氏体中去。因此,对亚共析钢和过共析钢在上、下临界点之间加热时,其组织应该是奥氏体和先共析相组成的两相组织,这种加热方法称为两相区加热或"不完全奥氏体化",它常在过共析钢的加热中使用。

2. 奥氏体晶粒的长大及影响因素

珠光体刚转变为奥氏体时,一般情况下其晶粒是细小的,这时的晶粒大小称为起始晶粒度。如果继续升高加热温度或者延长保温时间,奥氏体晶粒将逐渐长大,加热温度愈高,奥氏体晶粒愈粗大。粗大的奥氏体晶粒冷却后得到的组织也是粗大的,粗大的晶粒组织将使钢的力学性能尤其是韧度降低。因此,多数情况下,热处理中不允许加热温度过高,以免引起奥氏体晶粒长大。

加热时,对不同成分的钢来说,奥氏体晶粒长大的倾向是不同的。在一定温度范围内(930 ℃以下),有些钢的奥氏体晶粒随温度的升高很容易长大,人们称它们为"本质粗晶粒钢",有些钢在这个温度范围内加热时,晶粒长大不明显,人们称它们为"本质细晶粒钢"。但要注意,评判钢的本质晶粒度是有条件的,加热温度超过930 ℃以后,本质细晶钢的奥氏体晶粒长大倾向明显增加,甚至超过本质粗晶粒钢,这时得到的奥氏体实际晶粒度比本质粗晶粒钢还要粗大。

钢的本质晶粒度的粗细,主要取决于钢的化学成分和冶炼方法。工业生产中,一般经铝脱氧的钢,大多是本质细晶粒钢,仅用硅、锰脱氧的钢为本质粗晶粒钢。若钢中含有某些可形成难溶于奥氏体的细小化合物的合金元素时,也可使奥氏体晶粒细化,难溶化合物分布在奥氏体晶界上,阻止奥氏体长大,成为本质细晶粒钢。

因为在一般情况下各种热处理的加热温度都在930 ℃以下,故钢的本质晶粒度在热处理生产中有着重要的意义。为保证加热时获得均匀细小的奥氏体晶粒,需要更加严格地控制加热温度。

3. 加热时间

加热时间包括把钢材加热到所需温度并在该温度卜保温,使零件各部分温度一致并完成组织转变的总时间。加热时间虽然可以用公式计算(根据钢材成分、加热炉类型、装炉方法及装炉量等因素),但计算起来比较麻烦。在生产中对气体介质加热炉(一般热处理用电阻炉),可目测升温时间,即工件与炉膛达到同一温度(工件与炉墙达同一颜色)视为升温完毕,然后再按工件尺寸大小保温一定时间,使工件温度均匀并完成组织转变。保温时间可按工件每毫米(直径)约 0.5 min 来计算。例如直径为 50 mm 的工件,当目测工件达到炉温后,一般再保温约 25 min 即可。用盐浴炉加热比用气体介质炉加热速度快一倍左右,因而加热时间可缩短一半。用铅浴炉加热又比用盐浴炉加热快一倍。

4. 加热时常见的缺陷

加热过程中,由于加热不当,常见的缺陷有过热、过烧、氧化和脱碳。

所谓过热(excessive heating)是指钢在加热时,由于加热温度过高或加热时间过长,引起的奥氏体晶粒粗大的现象。过热将使钢的力学性能降低,严重影响钢的冲击韧度,而且还易引起淬火变形和开裂。所谓过烧(burnt)是指钢在加热时,由于加热温度过高,造成的晶界氧化或局部熔化的现象。过热可以通过重新退火或正火来补救,而过烧是无法挽救的缺陷。防止过热或过烧的主要措施是严格控制加热温度和时间,特别是加热温度。

一般在空气中加热时,钢的表面不可避免地会产生氧化(oxidation)和脱碳(decarbonization)现象。氧化是指铁和空气中的氧等化合形成氧化皮,从而使工件表面粗糙不平,影响零件的精度。所谓脱碳就是指钢件表面的碳被烧掉,因而使其含碳量降低。这不仅会影响热处理后工件表面的硬度,还将显著降低工件的疲劳强度,因而切削工具和一些重要的零件是不允许热处理时发生严重脱碳的。

为防止氧化和脱碳,加热时应使工件尽可能不和氧化性介质(如 O_2、CO_2 等)接触,这在以空气为介质的普通加热炉中是难以做到的。要减轻氧化和脱碳程度,可把工件埋入装有木炭或铸铁屑的铁箱中,亦可在工件表面涂上防氧化、脱碳的涂料后进行加热。用盐浴炉加热,即在熔化状态的盐类物质(如 $NaCl$、$BaCl_2$ 等)中加热,能够防止工件在加热时和空气中的氧接触,从而明显减轻氧化和脱碳程度,所以一些工具和重要零件常用盐浴进行热处理。

在大批生产时,多采用向加热炉中通入保护性气氛的办法,并通过一定手段对炉气成分加以控制,所以又称可控气氛加热。常用的气氛有经过处理的天然气、煤气、氨分解气、石油液化气等。通过对炉气成分的有效控制,不仅可使钢件表面不氧化、不脱碳,还可同时根据需要对钢件表面进行渗碳、碳氮共渗等化学热处理,并且对渗层浓度、渗层深度进行控制。近年来,我国在可控气氛热处理方面有了很大的发展,在大批量生产中,它是提高热处理质量的先进工艺。

在光亮热处理方面,除了采用向炉内通入可控气氛的办法外,还有向炉内通入惰性气体或通入中性气体的办法,以及采用真空热处理技术等。真空热处理是一种无氧化加热方法,处理后的零件表面光亮如新,但由于设备昂贵,热处理费用较高,仅在少数质量要求很高的重要零件和部分工、模具的热处理中应用。

5.2　钢在冷却时的转变

钢件奥氏体化的目的是为随后的冷却转变做准备。同一种钢,同样的奥氏体化条件,但冷却速度不同,所获得的组织结构就大不相同,当然力学性能差别也很大,如表 5-1 所示。

表 5-1　不同冷却速度对 45 钢力学性能的影响

冷却方法	抗拉强度 /MPa	屈服强度 /MPa	断后伸长率 /(%)	断面收缩率 /(%)	硬度 /HRC
随炉冷却	519	272	32.5	49	15~18
空气冷却	657~706	333	15~18	45~50	18~24
油冷却	882	608	18~20	48	45~50
水冷却	1078	706	7~8	12~24	52~60

生产中常用的冷却方式有两种:一种是**等温冷却**(isothermal cooling),即把奥氏体化后的钢件迅速冷到临界点以下某个温度并在此温度保温,在保温过程中完成组

织转变；另一种是**连续冷却**（continuous cooling），即将奥氏体化后的钢件以某种冷却速度连续地冷却，一直冷到室温，在连续冷却过程中完成组织转变。两种冷却方式如图 5-2 所示。

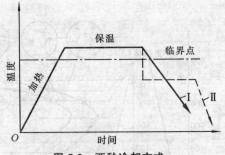

图 5-2　两种冷却方式

Ⅰ—连续冷却　Ⅱ—等温冷却

研究奥氏体在冷却时的组织转变，也按两种冷却方式来进行。在等温冷却条件下研究奥氏体的转变过程，绘出等温冷却转变曲线图；在连续冷却条件下研究奥氏体的转变过程，绘出连续冷却转变曲线图。它们都是选择和制订热处理工艺的重要依据。

5.2.1　过冷奥氏体等温转变曲线

1. 曲线的建立

奥氏体在临界温度以上时是一种稳定的相，能够长期存在而不发生组织转变，如果从高温缓慢冷却下来，它将在 727 ℃ 以下转变为珠光体，这就意味着在 727 ℃ 以下，奥氏体是不稳定的相，必将转变成其他的组织。但如果冷速较快，使之来不及转变，它也可以在低于 727 ℃ 的温度下暂时存在，经过一段时间后才转变为新的组织，这种处于临界温度之下暂时存在的奥氏体，称为**过冷奥氏体**（overcooling austenite）。

以共析钢为例，将奥氏体化后的试样迅速冷却到临界点之下某一温度进行保温，使奥氏体在等温条件下发生相变。过冷奥氏体在等温转变过程中，必将引起金属内部的一系列变化，如相变潜热的释放、比容、磁性及组织结构的改变等，人们可以通过热分析、膨胀分析、磁性分析和金相分析等方法，测出在不同温度下过冷奥氏体发生相变的开始时刻和终了时刻，并把它们标在温度-时间坐标系上，然后将所有转变开始点和转变终了点分别连接起来，便得到该钢种的过冷奥氏体等温转变曲线。图5-3是共析钢的等温转变曲线测定的示意图，由于曲线的形状很像英文字母"C"，故称为C 曲线。过冷奥氏体在不同温度下等温转变经历的时间相差很大，故 C 曲线的横坐标采用对数坐标，用来表示时间。

2. 转变产物的组织和性能

图 5-4 所示为共析钢的 C 曲线，其中：A_1 线是奥氏体向珠光体转变的临界温度线；左边一条"C"形曲线为过冷奥氏体转变开始线；右边一条"C"形曲线为过冷奥氏体转变终了线。M_s 线和 M_f 线分别是过冷奥氏体向马氏体转变的开始线和终了线。马氏体转变不是等温转变，只有在连续冷却条件下才可能获得马氏体。

A_1 线以上是奥氏体稳定区；A_1 线以下，M_s 线以上，过冷奥氏体转变开始线以左，是过冷奥氏体区；过冷奥氏体转变开始线和终了线之间是过冷奥氏体和转变产物的共存区；过冷奥氏体转变终了线以右，是转变产物区；M_s 线以下至 M_f 线，是马氏体与残余奥氏体（A_r）共存区；M_f 线以下，是全马氏体区。

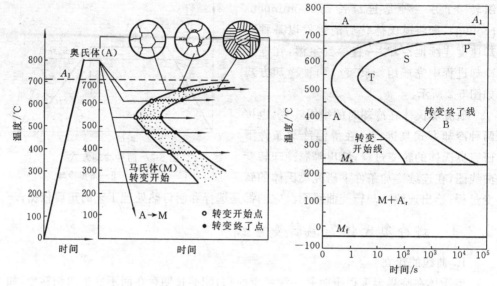

图 5-3　C 曲线的测定示意图　　　　　图 5-4　共析钢的 C 曲线

过冷奥氏体在各个温度等温转变时,都要经过一段孕育期,用从纵坐标到转变开始线之间的距离来表示。孕育期的长短反映了过冷奥氏体稳定性的不同,在不同的等温温度下,孕育期的长短是不同的。在 A_1 线以下,随着过冷度的增大,孕育期逐渐变短。对共析钢来说,大约在 550 ℃时,孕育期最短,说明在这个温度下等温,奥氏体最不稳定,最易发生珠光体转变,此处被称为"C"曲线的"鼻子"。在此温度下,随着等温温度的降低,孕育期又逐渐增大,即过冷奥氏体的稳定性又逐渐增大,等温转变速度变慢。

共析钢的过冷奥氏体在三个不同的温度区间,可以发生三种不同的转变:在 A_1 线至 C 曲线鼻尖区间的高温转变,其转变产物是珠光体(P),故又称为珠光体型转变(包括珠光体 P、索氏体 S 和托氏体 T);在 C 曲线鼻尖至 M_s 线区间的中温转变,其转变产物是贝氏体(B),故又称为贝氏体型转变(包括上贝氏体 $B_上$ 和下贝氏体 B_F);在 M_s 线以下的转变,称低温转变,其转变产物是马氏体(M),故又称为马氏体型转变。

通过 C 曲线,可知在不同的冷却条件下会获得不同的组织,下面讨论各种组织的转变特点及不同组织对钢材性能的影响。

1)珠光体转变

从 A_1 线对应温度至鼻温(共析钢约为 550 ℃)区域为珠光体相变区,珠光体转变是由奥氏体分解为成分相差悬殊、晶格截然不同的铁素体和渗碳体两相混合组织的过程。转变时必须进行碳的重新分配与铁的晶格改组,这两个过程只有通过 C 原子和 Fe 原子的扩散才能完成,所以,珠光体转变是一种扩散型相变。

珠光体转变是以形核与晶核长大方式进行的。首先在奥氏体晶界处形成一个小的片状 Fe_3C 晶核,因为 Fe_3C 的含碳量高于奥氏体的含碳量,它在形成和长大中,必然要从周围奥氏体中吸收 C 原子,从而造成周围奥氏体局部贫碳,而铁素体含碳量低于奥氏体的含碳量,这将促使铁素体晶核在 Fe₃C 两侧形成,即形成珠光体晶核,并逐渐向奥氏体晶粒内部长大。铁素体片长大时又向周围奥氏体供给 C 原子,造成周围的奥氏体富碳,又促使渗碳体在其两侧形核与长大。如此不断地形核、长大,直到转变全部结束,如图 5-5 所示。

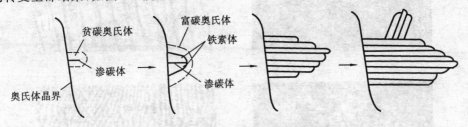

图 5-5　片状珠光体形成过程示意图

对共析钢来说,过冷奥氏体在 A_1 线对应温度至 550 ℃温度范围内,将转变为珠光体类型的组织,其组织特征为层片状,并且随着转变温度的降低,珠光体中的铁素体和渗碳体的层片就越薄。A_1 线对应温度至 650 ℃温度范围内形成的层片组织即为珠光体,而 650~600 ℃温度范围内形成的层片组织称为**索氏体**(sorbite)(放大千倍才能分辨出层片状),600~550 ℃温度范围内形成的层片组织称为**托氏体**(troostite)(只有在电子显微镜下才能分辨出层片状)。不同层片距的珠光体类型组织如图 5-6 所示。

片状珠光体性能主要取决于层片距离。层片间距离越小,则珠光体的塑性变形抗力越大,强度和硬度越高,同时塑性和韧度也有所改善。图 5-7 为共析钢珠光体型转变产物的力学性能与层片间距和转变温度的关系。

需要说明,在一般情况下,过冷奥氏体分解成珠光体类组织,其渗碳体呈片状,但片状组织在 A_1 线附近的温度范围内保温足够长的时间(8~24 h),片状的渗碳体将球化,这时转变产物为球状珠光体,如图 5-8 所示。对于相同成分的钢,球状珠光体比片状珠光体具有较少的界面,因而其硬度、强度较低,但塑性、韧度较高。球状珠光体常常是高碳钢切削加工前所要求的组织状态。

2)贝氏体转变

钢中的贝氏体(bainite)是过冷奥氏体在中温区域分解后所得的产物,一般来说,它是由过饱和铁素体的碳化物组成的非层片状组织。

C 曲线鼻尖至 M_s 线之间区域为贝氏体转变区,贝氏体的形成过程与珠光体的一样,也是形核与长大的过程,但二者有本质的区别。由于转变温度低,原子的活动能力差,贝氏体转变时,只有 C 原子的扩散,而 Fe 原子不发生扩散,只能作小的位移,由面心立方晶格转变为体心立方晶格,所以这种转变属于未扩散型转变。贝氏体的转变特点是:当转变温度稍高时,先形成过饱和的铁素体,铁素体呈密集而平行排列的条状生长,随后铁素体中的部分 C 原子通过扩散迁移到条间的奥氏体中,使奥

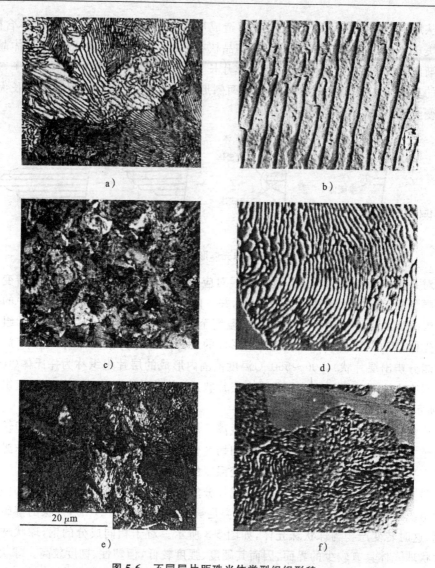

图5-6　不同层片距珠光体类型组织形貌

a）珠光体光学显微镜形貌　　b）珠光体扫描电镜形貌　　c）索氏体光学显微镜形貌

d）索氏体扫描电镜形貌　　e）托氏体光学显微镜形貌　　f）托氏体扫描电镜形貌

氏体析出不连续的短杆状的碳化物，这种组织称为上贝氏体（high bainite），用符号 $B_上$ 表示。当转变温度较低时，先形成过饱和铁素体，呈针片状。由于转变温度低，C 原子扩散很困难，只能在过饱和的铁素体内作短程迁移、聚集，结果形成与铁素体片长轴呈 $55\sim65$ ℃的夹角的碳化物小片，这种组织称为下贝氏体（lower bainite），用符号 $B_下$ 表示。它们的形成过程如图 5-9 所示。

　　共析钢上贝氏体在 $350\sim550$ ℃温度范围内形成。在光学显微镜下可明显见到成束的自晶界向晶粒内部生成的铁素体条，它的分布具有羽毛状特征，如图 5-10a 所示。

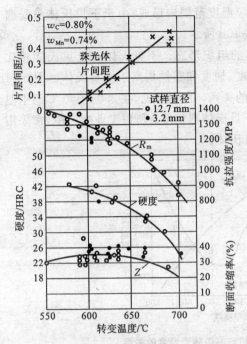

图 5-7　共析钢珠光体型转变产物的力学性能
　　　与层片间距和转变温度的关系

图 5-8　球状珠光体显微组织

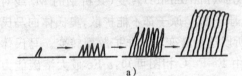
a)

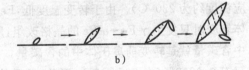
b)

图 5-9　贝氏体形成示意图
a) 上贝氏体　b) 下贝氏体

a)

b)

图 5-10　上贝氏体与下贝氏体的光学显微组织
a) 上贝氏体　b) 下贝氏体

共析钢下贝氏体在 350 ℃ 至 M_s 线对应温度范围内形成：由于下贝氏体易受腐蚀，在光学显微镜下，呈黑色针叶状，如图 5-10b 所示。

贝氏体的力学性能主要取决于贝氏体的组织形态。下贝氏体与上贝氏体相比较，不仅具有较高的硬度和耐磨性，而且强度、韧度和塑性均高于上贝氏体。图 5-11 所示为共析钢的力学性能与等温转变温度的关系。由图可见，在 350～550 ℃ 的中温区，上贝氏体硬度越低，其韧度也越低，而下贝氏体则相反。所以工业生产中，常采用等温淬火来获得下贝氏体，以防止产生上贝氏体。

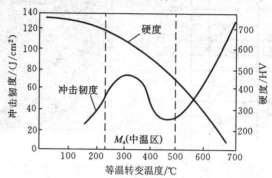

图 5-11　共析钢的力学性能与等温转变温度的关系

3）马氏体转变

过冷奥氏体冷至 M_s 线以下便发生马氏体（martensite）转变（共析钢的 M_s 线对应温度约为 230 ℃）。由于转变温度低，Fe 原子和 C 原子都不能扩散，奥氏体向马氏体转变时只发生 $\gamma\text{-Fe}\rightarrow\alpha\text{-Fe}$ 的晶格改组，所以这种转变属于非扩散型转变。马氏体中含碳量就是转变前奥氏体中的含碳量。由 $Fe\text{-}Fe_3C$ 相图可知，$\alpha\text{-Fe}$ 最大溶碳能力只有 0.0218%（在 727 ℃ 时），因此，马氏体实质上是 C 在 $\alpha\text{-Fe}$ 中的过饱和固溶体。马氏体转变时，体积会发生膨胀，钢中含碳量越高，马氏体中过饱和的 C 也越多，奥氏体转变为马氏体时的体积膨胀也越大，这就是高碳钢淬火时容易变形和开裂的原因之一。

马氏体的转变过程也是一个形核长大的过程，但它有许多不同于珠光体的特点，了解这些特点和转变规律对指导生产实践具有重要意义。马氏体转变除了具有非扩散性外，主要还有以下几个特点。

（1）降温形成　马氏体转变是在 M_s 线至 M_f 线对应温度范围内不断降温的过程中进行的，冷却中断，转变也随即停止，只有继续降温，马氏体转变才能继续进行。

（2）高速形核和长大　当奥氏体过冷至 M_s 线温度以下时，不需要孕育期，马氏体晶核瞬间形成，并以极快的速度迅速长大。例如高碳（片状）马氏体的长大速度为 $(1～1.5)\times10^5$ cm/s。每个马氏体片形成的时间很短，因此通常情况下看不到马氏体片的长大过程。在不断降温过程中，马氏体数量的增加是靠一批批新的马氏体片不断产生，而不是靠已形成的马氏体片的长大，如图 5-12 所示。

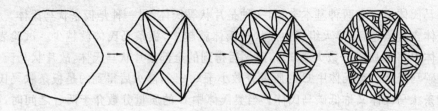

图 5-12　片状马氏体的形成过程示意图

（3）马氏体转变的不完全性　除低碳钢外,许多钢种在常温条件下的马氏体转变往往不能进行彻底,或多或少总有一部分未转变的奥氏体残留下来,这部分奥氏体称为残余奥氏体,用符号 A_r 表示。

残余奥氏体的数量主要取决于钢的 M_s 线和 M_f 线的位置,而 M_s 线和 M_f 线主要由奥氏体的成分决定,基本上不受冷却速度及其他因素的影响。凡是使 M_s 线和 M_f 线位置降低的合金元素都会使残余奥氏体数量增多。图 5-13 和图 5-14 所示分别是奥氏体含碳量对马氏体转变温度的影响及奥氏体含碳量对残余奥氏体量的影响曲线。

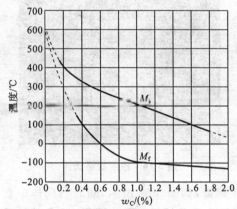

图 5-13　奥氏体含碳量对马氏体转变温度的影响

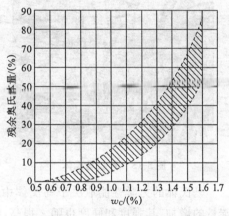

图 5-14　奥氏体含碳量对残余奥氏体量的影响

如图 5-13 所示,钢中含碳量越大,M_s 线和 M_f 线就越低,C 的质量分数超过0.6%的钢,其 M_f 线对应温度就低于 0 ℃。因此一般高碳钢淬火后,组织中都有一些残余奥氏体。钢中含碳量愈大,残余奥氏体也愈多。

残余奥氏体不仅会降低淬火钢的硬度和耐磨性,而且在工件的长期使用过程中由于残余奥氏体会继续转变为马氏体,使工件发生微量胀大,从而将降低工件的尺寸精度。生产中对一些高精度的工件（如精密量具、精密丝杠、精密轴承等）,为了保证它们在使用期间的精度,可将淬火工件冷却到室温后,随即放到零度以下的冷却介质（如干冰）中冷却,以最大限度地消除残余奥氏体,达到增加硬度、耐磨性与稳定尺寸的目的,这种处理方法称为"冷处理"。

马氏体主要有两种基本类型,一种是片状马氏体,另一种是板条状马氏体。钢中奥氏体含碳量越高,淬火组织中片状马氏体就越多,板条马氏体就越少。试验表明,奥氏体中 C 的质量分数大于 1%,淬火后得到的全部是片状马氏体,故片状马氏体又称高碳马氏体。奥氏体中 C 的质量分数小于 0.2%,淬火后得到的是板条状马氏体,故板条状马氏体又称低碳马氏体。当奥氏体中 C 的质量分数介于两者之间时,则得到两种马氏体的混合组织。

片状马氏体立体形态呈双凸透镜状,在显微镜下所看到的是马氏体的截面形状,呈针片状。图 5-15 所示为粗大的片状马氏体形态,这是一种"过热"组织,在正常加热温度下,片状马氏体组织很细小,在光学显微镜下看不清其形态,所以称为"隐晶马氏体"。

板条状马氏体的立体形态是截面为椭圆形的细长条状,它是由一束束长条状晶体所组成的马氏体束。在一个奥氏体晶粒中,可形成几束不同位向的板条状马氏体,如图 5-16 所示。

图 5-15　片状马氏体　　　　　　　　图 5-16　板条状马氏体

马氏体的力学性能取决于马氏体中的含碳量,如图 5-17 所示,随着马氏体中含碳量的增加,其强度和硬度也随之提高,尤其是含碳量较低时更为明显,但 C 的质量分数超过 0.6% 以后,改变就趋于平缓。

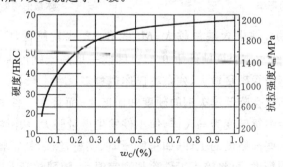

图 5-17　马氏体的强度和硬度与含碳量的关系

造成马氏体强度、硬度提高的主要原因有两个:一是 C 原子的固溶强化作用;二是相变后,在马氏体晶体中存在着大量的微细孪晶和位错结构,它们提高了塑性变形抗力,从而产生了相变强化。一般高碳片状马氏体内部的微细结构以孪晶为主,并且因含碳量大,晶格畸变严重,淬火内应力大等原因,其塑性和韧度都很差,而以位错微细结构为主的低碳板条状马氏体具有较好的塑性和韧度。

片状马氏体的性能特点是硬度高而脆性大,而板条状马氏体不仅具有较高的强度和硬度,而且还具有较好的塑性和韧度,即具有高的强韧度。所以,低碳马氏体组织在结构零件中得到越来越多的应用,并且使用范围逐步扩大。

3. 影响过冷奥氏体等温转变的因素

1）碳的影响

随着奥氏体中溶碳量的提高,奥氏体的稳定性增加,使 C 曲线右移,奥氏体的转变孕育期增长、转变速度减慢。奥氏体中的含碳量不等于钢中的含碳量,过共析钢在 A_1 线至 Ac_m 线对应温度之间加热时,钢中含碳量增加,奥氏体的含碳量不一定增加,而是表现为未溶渗碳体量增加。这种未溶渗碳体能作为冷却转变的晶核,促使奥氏体分解,使 C 曲线左移。所以在一般热处理条件下,共析钢的过冷奥氏体最稳定。

此外,在亚共析和过共析钢的 C 曲线上部,各有一条先析相的开始析出线,如图 5-18 所示。过冷奥氏体冷却至 Ar_3 线(或 Ar_{cm} 线)时将析出先共析铁素体(或二次渗碳体)。

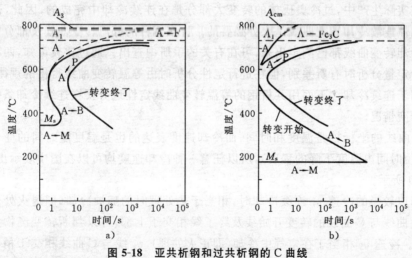

图 5-18　亚共析钢和过共析钢的 C 曲线

a) 45 钢　b) T10 钢

2）合金元素的影响

除 Co 以外,几乎所有溶入奥氏体中的合金元素,都能增加过冷奥氏体的稳定性,使 C 曲线右移。当奥氏体中溶有较多碳化物形成元素(如 Cr、W、V、Ti 等)时,不仅会使 C 曲线右移,而且会使 C 曲线形状发生变化,甚至曲线从鼻尖处(约为 550 ℃)分开,形成上、下两条 C 曲线,如图 5-19 所示。图 5-19b 中,上部曲线为珠光体转变区,下部曲线为贝氏体转变区,在二者之间出现一个奥氏体稳定地带。若合金元素

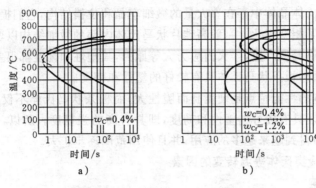

图 5-19　Cr 元素对 C 曲线的影响

a) 不含 Cr 的碳钢　　b) $w_{Cr}=1.2\%$ 的钢

未溶入奥氏体中,而以碳化物的形式存在,将使过冷奥氏体的稳定性降低。

3) 温度和时间的影响

提高奥氏体化温度或延长保温时间,能够促使奥氏体均匀化和促使奥氏体晶粒长大,使晶界面积减少,不利于奥氏体分解,使过冷奥氏体的稳定性增加,C 曲线右移。

5.2.2　过冷奥氏体连续转变曲线

在实际生产中,过冷奥氏体的转变大部分是在连续冷却中完成的,因此,研究过冷奥氏体连续冷却转变曲线是十分必要的。许多钢种的等温转变曲线及部分钢种的连续冷却转变曲线都已测定出来,可在有关的手册中查出。通过比较可知,两种曲线在进行定量分析时有所差别,但在进行定性分析时由等温转变曲线得出的规律,基本上适用于连续冷却。下面用共析钢的等温转变曲线定性地分析在连续冷却条件下的组织转变情况。

C 曲线的坐标轴是温度和时间,而冷却速度表达的也是温度随时间的变化关系(即单位时间内温度下降的程度),所以任意一种冷却速度均可以在图中表示出来,如图 5-20 所示。

当以较慢的冷速 v_1 连续冷却时,相当于热处理时的随炉冷却(即退火处理),冷却速度曲线与 C 曲线的转变开始线及终了线相交于上部,可以判断转变产物为珠光体(P)。冷速 v_2 相当于在空气中冷却(即正火处理),v_2 线与 C 曲线相交于稍低的温度,从图中可判断出转变产物是索氏体。冷速 v_3 相当于在油中冷却(即油中淬火处理),v_3 线与转变开始线相交,但并未与转变终了线相交,可以判断有一部分奥氏体来不及转变就被过冷到 M_s 线以下并转变为马氏体。由此可见,以 v_3 速度冷却后可得到托氏体和马氏体的混合组织(虽然 v_3 也穿过贝氏体区,但在共析钢连续冷却转变 C 曲线中没有贝氏体区,所以共析钢在连续冷却时不会得到贝氏体)。冷速 v_4 相当于在水中冷却(即水中淬火处理),v_4 线不与 C 曲线相交,表明在此冷速下,过冷奥氏体来不及发生分解,便被过冷到 M_s 线之下,转变为马氏体。v_K 恰好与 C 曲线的

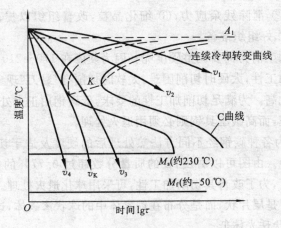

图 5-20　连续冷却转变曲线与 C 曲线

转变开始线相切,是奥氏体不发生分解而全部过冷到 M_s 以下向马氏体转变的最小冷却速度,称为**临界冷却速度**。显然,只要冷速大于 v_K 就能得到马氏体组织,保证钢的组织中没有珠光体。影响临界冷却速度的主要因素是钢的化学成分。碳钢的 v_K 大,合金钢的 v_K 小,这一特性对钢的热处理具有非常重要的意义。

5.3　钢的退火与正火

将钢加热到规定温度以上,奥氏体化保温后随炉缓慢冷却的热处理工艺称为**退火**(anneal);奥氏体化保温后在空气中冷却的热处理工艺称为**正火**(normalizing)。退火与正火是生产中常用的热处理工艺,二者的主要差别在于冷却速度不同。退火和正火都获得珠光体型组织(亚共析钢为 F+P,共析钢为 P,过共析钢为 Fe_3C+P),但由于正火冷速稍快,获得的组织细密,珠光体层片也较薄,因此所得硬度也比用退火处理所获得的硬度稍高。例如中碳钢退火后硬度为 160～180 HBS,而正火后为 190～230 HBS。

5.3.1　退火和正火的目的

生产中退火和正火经常作为预先热处理工序,被安排在铸造和锻造(包括焊接)生产之后、切削加工之前。这样做一方面可以消除毛坯加工中带来的粗大晶粒和残余应力等内部缺陷,另一方面还可以调整钢材硬度,使工件易于切削加工。如果工件最终还需进行淬火、回火等热处理工序,以调整其性能,那么可通过预先退火或正火处理,使晶粒细化、应力消除、组织均匀,以减轻淬火时变形与开裂的倾向,并易于获得良好的淬火组织。退火和正火除作为预先热处理工序外,对于一些普通铸件、焊接件及某些不重要的锻件,还可作为最终热处理工序,即经机加工后不再用其他热处理方法调整性能了。

综上所述,退火和正火的主要目的可大致归纳为:① 降低(或提高)钢件硬度,便

于进行切削加工;② 消除残余应力;③ 细化晶粒,改善组织以提高钢的力学性能;
④ 为最终热处理作好组织准备。

工件在切削加工前为何要调整硬度呢?因为硬度在 170~210 HBS 之间时钢件
具有较好的切削加工性,太硬时切削困难,太软时切削有"黏刀"现象,切屑不易断裂,
工件表面粗糙度也高。为满足切削加工性的要求,低碳钢用正火处理,中碳钢可用退
火也可用正火处理,而高碳工具钢则必须用退火处理。

图 5-21 所示为各种碳钢经不同方法热处理后的硬度及适于切削加工的硬度范
围(图中影线部分)。由图可以看出,C 的质量分数超过 0.77% 的过共析钢,退火后
仍具有较高的硬度,为了改善其切削加工性,可采用球化退火处理。这样处理后得到
的珠光体组织不再是层片状,而是分布在铁素体中的球状渗碳体,这种组织称球状珠
光体,其硬度较片状珠光体低。

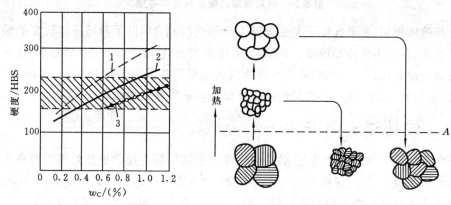

图 5-21　碳钢退火和正火后的大致硬度值
1— 正火　2—退火　3—球化退火

图 5-22　热处理改变晶粒度示意图

为什么退火和正火能够细化晶粒呢?这是因为退火和正火都需要把工件加热至
临界温度以上,使工件内部组织转变为奥氏体。奥氏体形成时首先要产生结晶核心,
然后再逐渐长大。产生的核心愈多,形成的晶粒就愈多、愈小。结晶核心一般是在晶
界处形成的。虽然原来钢的晶粒粗大,但加热至临界温度发生组织转变重新结晶时,各
个晶粒的界面上到处可以产生晶核,因而形成许多细小的奥氏体晶粒。这些细的奥
氏体晶粒冷至室温后,就可以得到细晶粒的常温组织。晶粒细化过程如图 5-22 所示。

5.3.2　退火工艺及其应用

根据钢的成分及退火目的不同,退火工艺可分为完全退火、等温退火、球化退火、
扩散退火、去应力退火和再结晶退火等,各种退火工艺加热温度如图 5-23 所示。

1. 完全退火和等温退火

完全退火又称重结晶退火,一般简称退火。这种退火主要用于亚共析成分的各
种碳钢和合金钢的铸、锻件及热轧型材,有时也用于焊接结构。其目的主要是细化晶

粒、消除应力、均匀组织、改善性能，一般用于一些不重要工件的最终热处理，或作为某些重要零件的预先热处理。

完全退火操作是将亚共析钢工件加热至 Ac_3 线以上 30～50 ℃，保温一定时间后，随炉缓慢冷却（或埋在砂中、石灰中冷却）至 500 ℃ 以下，然后取出在空气中冷却。

完全退火所需的时间很长，特别是那些过冷奥氏体较稳定的合金钢，完全退火时可能需要几十小时。如果在 A_1 线以下珠光体状态下某温度停留，使之进行等温转变，就称为**等温退火**（isostatic annealing）。这样不仅可以缩短退火周期，还可获得更加均匀的组织和性能。

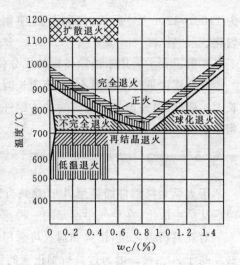

图 5-23　退火和正火的加热温度

2. 球化退火

球化退火（spheroidal annealing）主要用于过共析钢，其主要目的在于降低硬度、改善切削加工性，并为随后的淬火作好组织准备。

一般球化退火的操作是，将过共析钢加热到 Ac_1 线以上 20～40 ℃，经过一段时间保温后，随炉缓慢冷至 500 ℃ 以下再出炉空冷，得到球状珠光体组织。渗碳体的扩散球化需要足够的时间，所以球化退火处理的保温时间较长。实践中，为避免晶粒过于粗大，过共析钢的球化退火一般加热到 A_1 线附近，保温足够的时间（8～24 h），可获得球状组织（见图 5-8）。

需注意的是，过共析钢不能采用完全退火，因为加热温度超过 Ac_{cm} 线后，过共析钢的组织为单一的奥氏体，如果随后再缓慢地冷却，最后得到的组织将是层片状珠光体＋网状渗碳体，出现网状渗碳体将使钢的韧度大为降低。如球化退火前钢中存在较多的网状渗碳体，应先进行正火将其消除，以保证球化退火的质量。

3. 去应力退火

去应力退火又称**低温退火**（low temperature annealing），主要用来消除铸件、锻件、焊接件、热轧件、冷拉件等的残余应力。如果这些应力不予消除，可能使钢件在一定时间后或随后的切削加工过程中产生变形，如果应力过大还可能造成开裂。

去应力退火操作一般是将钢件随炉缓慢加热（100～150 ℃/h）至 500～650 ℃（低于 A_1 线），经一段时间保温后，随炉缓慢冷却（50～100 ℃/h）至 300 ℃ 以下出炉。

由去应力退火温度（低于 A_1 线）可知，钢在去应力退火过程中并无组织变化，残余应力主要是通过钢在 500～650 ℃ 保温后消除的。

4. 扩散退火

扩散退火（diffusion annealing）是指将钢加热到 Ac_3 线以上 150～250 ℃（通常

为 1100~1200 ℃)后长时间保温,使钢中的成分和组织在高温下通过扩散而均匀化。

扩散退火主要用于消除铸钢的成分偏析、晶粒粗大等缺陷,以及消除铸造应力。

对铸钢件进行扩散退火时,因为长时间的高温加热,势必引起奥氏体晶粒的显著长大。因此,对高温扩散退火后的铸钢件,还要进行一次完全退火或正火,以改善其粗晶组织。

5.3.3　正火工艺及其应用

正火就是将钢件加热至 Ac_3(亚共析钢)或 Ac_{cm}(过共析钢)线以上 30~50 ℃,保温后从炉中取出,在空气中冷却的一种操作。

对亚共析钢来说,正火和退火可采用相同的加热温度,而过共析钢正火加热温度必须高于 Ac_{cm} 线。因为过共析钢正火的目的是为了消除网状渗碳体,只有加热温度超过了 Ac_{cm} 线以后,网状渗碳体才能全部溶于奥氏体中,从而获得单一的奥氏体组织,在随后的空冷过程中,由于冷速较快,渗碳体来不及在奥氏体晶粒边界上大量析出,因而就不能形成脆性很大的网状渗碳体。

由于正火的冷却速度稍大于退火,由 C 曲线可知,二者的组织是不一样的,正火后的组织比退火细,因此正火后的力学性能也比退火要好。

正火的主要用途如下:

(1) 因正火后的力学性能较退火高,且处理工艺时间短,可用于不重要结构零件的最终热处理;

(2) 用于低、中碳结构钢,作为预先热处理,可获得合适的硬度,便于切削加工;

(3) 用于过共析钢,可抑制或消除网状二次渗碳体的形成,以便在进一步球化退火中得到良好的球状珠光体组织。

5.4　钢的淬火

5.4.1　淬火的目的

将钢加热到临界点之上,保温后急速冷却(如水冷、油冷等)的热处理操作称为**淬火**(quench)。淬火的目的主要是为了获得马氏体组织,它是强化钢材的最重要的热处理方法。大量重要的机器零件及各类刀具、模具、量具等都离不开淬火处理,就是日常用品如剪刀之类,也要淬火后才能使用。

需要指出的是,淬火得到的马氏体,还不是热处理所要求的最后组织。淬火马氏体只有配以适当的回火后才能使用,因此可以说淬火是为回火作组织准备的。而淬火工艺比较复杂,出现的问题也较多,下面着重讨论淬火温度、淬火冷却、淬火方法及淬火变形与开裂等问题。

5.4.2　淬火的一般工艺

1. 淬火温度的选择

从 C 曲线看出,只有奥氏体才能够转变成马氏体,所以淬火时首先需要把钢加热至临界温度以上,使钢变为奥氏体组织。亚共析钢的淬火温度必须超过临界温度(Ac_3 线以上)30~50 ℃,才能使钢全部转变成奥氏体,淬火后才有可能获得马氏体组织。如果加热温度仅在 Ac_1 线与 Ac_3 线之间,钢的组织除奥氏体外,还有不能变为马氏体的铁素体,使淬火后的组织除马氏体外还将有很软的铁素体,钢的硬度就比较低。当然加热温度也不能超过 Ac_3 线太多,否则将使奥氏体晶粒长大,淬火后成为粗大的马氏体组织,使钢件的力学性能降低。

与亚共析钢不同,过共析钢的淬火温度是在 Ac_1 线以上 30~50℃,而不能超过 Ac_{cm} 线,如图 5-24 所示,这样淬火后的组织是马氏体及少量的渗碳体。高硬度渗碳体的存在,可以增加钢的耐磨性,提高工具(过共析钢一般用于制造工具)的使用寿命。若加热温度超过 Ac_{cm} 线,渗碳体就会全部溶解而变为单一的奥氏体组织,它的含碳量将比加热到 Ac_1 线至 Ac_{cm} 线之间的奥氏体(这时钢中还有渗碳体)含碳量大。如前所述,含碳多的奥氏体淬火后钢中残余奥氏体较多,硬度降低,而且在淬火的快速冷却过程中高硬度渗碳体不能析出,致使钢的硬度不足,耐磨性差,这就是为什么过共析钢的淬火温度不能超过 Ac_{cm} 线的原因。

总的说来,亚共析钢的退火、正火和淬火加热温度基本相同,都要加热至 Ac_3 线(GS 线)以上 30~50 ℃。而过共析钢就不同了,退火和淬火温度只需超过 Ac_1 线 30~50 ℃,只有正火才需加热至 Ac_{cm} 线(SE 线)以上,目的是使奥氏体晶界分布的渗碳体连网状态变为断网甚至是孤立的块粒状态。

合金元素对钢的临界温度是有影响的,同样含碳量的合金钢与碳钢的淬火温度是不相同的。各种钢的具体淬火温度,可以从"金属材料及热处理手册"中查出。图 5-24 所示的只是碳钢的淬火加热温度。

2. 保温时间的确定

所谓的保温时间,通常是指工件装炉后,从炉温回升到淬火温度算起,到出炉为止所需的时间。它包括工件的透热和内部组织充分转变所需的时间。如果工件入炉后炉温不降或下降不明显,则可目测工件表面的颜色,当其与炉膛颜色趋于相同时,就可计算保温时间(或从装炉起就计算保温时间)。

3. 淬火冷却介质

淬火操作难度比较大,主要因为淬火时要求得到马氏体,冷却速度必须大于钢的临界冷却速度(v_K),而快冷总是不可避免地会造成很大的内应力,往往引起钢件的变形与开裂。怎样才能既得到马氏体又最大限度地减小变形与避免开裂呢?可以从两方面着手:其一是寻找一种比较理想的淬火介质,其二是改进淬火冷却方法。

从共析钢等温转变曲线可以看出,欲获得完全的马氏体组织,并不需要在整个冷

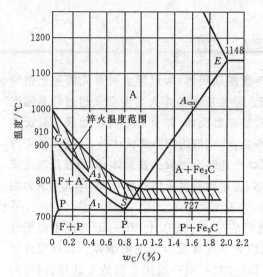

图 5-24　淬火加热温度　　　　　　图 5-25　钢的理想淬火冷却速度

却过程中都进行快冷,关键是在 C 曲线鼻端附近温度范围内(550 ℃左右)必须快速冷却,使冷却速度大于临界冷却速度,以防止奥氏体中途分解成非马氏体产物。在其他温度下都不需要快冷,特别是在 M_s 线(300 ℃以下),尤其不应快冷。这样做的好处是可以减小工件表面和心部的温差,从而使热应力(热胀冷缩造成)和组织转变应力(马氏体转变比容增大造成)减小。钢的理想淬火冷却速度如图 5-25 所示。但是目前尚无一种淬火介质的冷却特性能完全满足这一要求。

常用的淬火介质为水、盐水、碱水、油和熔融盐或碱等。

(1)水　水是最经济的淬火介质,其冷却能力较强,主要用于碳钢淬火,缺点是零件淬火变形及产生裂纹的危险最大。水温对水的冷却能力影响很大,例如当水温由 18 ℃升至 50 ℃时,它在 550～600 ℃的冷却能力将显著下降。水主要用于形状简单、大截面碳钢零件的淬火。

(2)盐、碱水　通常为 5%～10% NaCl 或 NaOH 水溶液,它们的冷却能力比水强,对大截面工件都可淬透,但对减少变形不利,也只能用于形状简单、截面尺寸较大的碳钢工件。

(3)油　油的最大优点是,在马氏体形成的温度(300 ℃)以下冷却能力低,故淬火变形开裂的倾向较水淬小得多,但在 550～650 ℃时冷却能力比水小得多,不利于碳钢的淬火。因此,油主要用于合金钢或小截面尺寸的碳钢零件的淬火。为防止着火,一般控制油温在 40～100 ℃。淬火件油冷后要冲洗。

(4)熔融盐、碱　为了减少零件淬火时的变形开裂,常用盐浴或碱浴作为淬火冷却介质,它们的使用温度范围一般为 150～500 ℃,冷却能力介于水和油之间。其特点是在高温区有较强的冷却能力,而在接近使用温度时冷却能力迅速下降,有利于减少零件的变形和开裂。这种介质适用于现状复杂、尺寸较小和对变形开裂要求严格的零件,常用于分级淬火和等温淬火等工艺。

常用的几种淬火介质在 550~650 ℃(C 曲线鼻部)和 200~300 ℃(马氏体开始形成温度)的冷却能力如表 5-2 所示。常用硝盐浴、碱浴的硝盐、碱的成分、熔点及使用温度如表 5-3 所示。

表 5-2 几种淬火介质的冷却能力

淬火介质	冷却速度/(℃/s)	
	550~650 ℃	200~300 ℃
18 ℃水	600	270
50 ℃水	100	270
18 ℃、10%NaCl 水溶液	1100	300
18 ℃、10%NaOH 水溶液	1200	300
矿物机油	100	20
三硝淬火剂(25%NaNO₃,20%NaNO₂,20%KNO₂,35%H₂O,均为质量分数)	375	70

表 5-3 常用硝盐浴、碱浴的硝盐、碱成分、熔点及使用温度

成分(质量分数)	熔点/℃	使用温度/℃
NaNO₃	317	327~600
KNO₃	337	350~600
NaNO₂	281	300~550
50%NaNO₃+50%KNO₃	226	250~550
50%NaNO₃+50%KNO₂	150	180~550
55%KNO₃+45%NaNO₂	137	150~500
35%NaOH+65%KOH	155	170~300
80%KOH+20%NaOH+~6%H₂O	130	150~300

5.4.3 常用的淬火方法

1. 单液淬火

单液淬火(simple quench)是将加热后的钢件在一种冷却介质中进行淬火的操作方法(其冷却曲线见图 5-26 中 a 线)。通常碳钢用水淬,合金钢用油淬。截面很小(4～5 mm)的碳钢也用油淬。单液淬火应用最普遍,碳钢及合金钢机器零件在绝大多数的情况下均用此法。它操作简单,易于实现机械

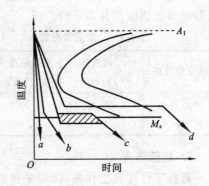

图 5-26 各种淬火方法冷却曲线示意图

化和自动化。但水和油对钢的冷却特性都不够理想,某些钢件(如外形复杂的中、高碳钢工件)水淬易变形、开裂,油淬易造成硬度不足。

2. 双液淬火

碳钢必须用水淬火,但水使钢件在形成马氏体的温度(200～300 ℃)以下冷速过大,容易产生淬火裂纹。油淬时,虽然200～300 ℃以下冷速很慢,但油的冷却能力小(550～650 ℃),不能使碳钢淬硬。在生产中易淬裂的高碳工具钢,常采用**双液淬火**(double quench)法,即先用水淬(或盐水淬),使钢在 C 曲线鼻部的温度快冷,然后再转入油中,使之在形成马氏体的时候慢冷(其冷却曲线见图 5-26 中 b 线)。此法的缺点是:需要正确控制钢件在水中的冷却时间,如时间过短越不过鼻部,淬不硬,时间过长则可能产生裂纹。一般是根据工件截面的大小来决定在水中的停留时间,通常每 3～5 mm 应在水中停留 1 s 左右。

3. 分级淬火

分级淬火(graded hardening)就是把加热形成奥氏体组织的工件,放入温度为 200 ℃左右(M_s 线附近)的热介质(熔化的盐类物质或热油)中冷却,并在该介质中做短时间停留,然后取出空冷至室温(其冷却曲线见图 5-26 中 c 线)。

采用这种方法可以减小工件内、外的温差和减慢马氏体转变时的冷却速度,从而有效地减小内应力,防止产生变形和开裂。

4. 等温淬火

把奥氏体化的钢放入稍高于 M_s 线对应温度的熔融盐或碱中,等温停留适当的时间,使奥氏体转变为贝氏体的工艺操作称为**等温淬火**(isothermal quenching)(其冷却曲线见图 5-26 中 d 线)。它和一般淬火的目的不同,是为了获得下贝氏体组织,故又称**贝氏体淬火**。

等温淬火不仅具有分级淬火的优点,而且所获得的下贝氏体组织综合力学性能较好(见表 5-4)。但此法不能用于大截面零件(因热介质冷却能力小),例如碳钢零件截面厚度在 10 mm 以下才能淬硬。此外,在稍高于 M_s 线的温度,转变为贝氏体所需的时间很长(一般碳钢和低合金钢需 45 min～2 h,高合金钢需要的时间更长),所以等温淬火法应用并不十分广泛。

表 5-4　C 的质量分数为 0.74%的钢等温淬火与淬火回火性能的比较

热处理方法	硬度 /HRC	屈服强度 R_{eH} /MPa	断后伸长率 /(%)	断面收缩率 /(%)	冲击韧度 /(MJ/m²)
等温淬火	50.4	2010	1.9	34.5	0.49
淬火回火	50.2	1750	0.3	0.7	0.041

5. 局部淬火

有些工件按其工作条件,如果只是局部要求高硬度,为了避免工件淬火过程中其他部分产生变形和开裂,可以采用局部加热淬火的方法。

6. 冷处理

将淬火至室温的工件继续冷到零下温度的处理（实际上是淬火过程的继续），称为**冷处理**；对 M_f 线在 0 ℃以下的淬火钢，在冷处理时能使相当一部分残余奥氏体转变为马氏体。由于残余奥氏体的量减少以及留下的未转变的少量残余奥氏体变得更稳定（经冷处理后），所以冷处理主要具有以下作用：

（1）增加钢的硬度，例如，可用于各种工具钢和渗碳钢件，以提高其耐磨性和使用寿命；

（2）增加工件的尺寸稳定性，如用于量规、精密滚珠轴承及其他精密零件，由于可基本消除引起尺寸变化的根源（残余奥氏体），故能使工件尺寸稳定；

（3）利用残余奥氏体向马氏体转变时体积增大的规律，用来挽救因尺寸缩小而面临报废的产品。

5.5　钢的回火

淬火后的钢在临界温度以下加热的热处理操作称为**回火**（temper）。回火有两个显著特点：一是加热温度必须在临界温度以下（前述淬火、退火、正火是在临界温度以上）；二是在淬火后进行，也就是说回火是从属于淬火的操作，有了淬火才有回火。对淬火后的钢一般必须进行回火。

5.5.1　回火目的

经淬火后的钢，在硬度、强度提高的同时，其韧度却大为降低，并且还存在很大的内应力（残余应力）。此外，淬火组织处于亚稳定状态，它有自发向较稳定组织进行转变的趋势，这将影响零件的尺寸精度及性能稳定性。因此，为了提高钢的韧度，消除或减小钢的残余内应力，以及稳定组织，进而稳定零件尺寸，必须进行回火。回火工艺是热处理的最后工序，它看起来很简单，却决定着钢的使用性能，是一个很重要的热处理工序。

5.5.2　淬火钢回火时的组织转变和产物

1. 马氏体的分解（<200 ℃）

淬火组织主要是马氏体，而马氏体是碳在 α-Fe 中的过饱和固溶体。因碳呈过饱和状态，所以就始终存在着从其中分解析出的趋势。这就是回火发生组织变化的内因和根据。在常温下，虽然过饱和的碳有分解出来的趋势，但因温度低，原子活动能力小，分解析出过程难以进行。可是，一旦将淬火钢重新加热（回火），原子活动能力增加，C 原子分解出来的趋势就可变成现实（不过实际上从马氏体中分解出来的不是纯碳，而是 C 的质量分数为 6.69％的渗碳体），所以回火时的加热是外因，是造成组织转变的条件，它是通过淬火钢的组织本来就不够稳定的内因才起作用的。

淬火钢在 100 ℃以下回火时组织不会发生明显变化，此时马氏体中 C 原子发生偏聚,马氏体不分解。当回火温度升至 100～200 ℃时,马氏体开始分解,在 C 原子偏聚处析出 ε 碳化物,它不是一个稳定相,而是向渗碳体转变的一个过渡相。碳化物的析出使马氏体的过饱和度有所降低,但其显微组织仍保持马氏体的形态——片状或板条状;因有大量细小的 ε 碳化物沉淀析出,所以容易被腐蚀成黑色,由此称为**回火马氏体**(tempered martensite),如图 5-27a 所示。

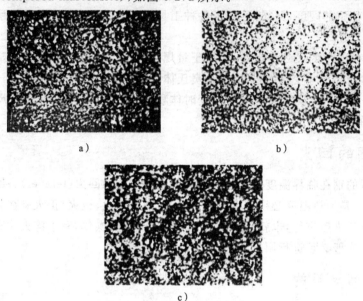

a)　　　　　　　　　　　　　　　b)

c)

图 5-27　回火显微组织

a) 回火马氏体　　b) 回火托氏体　　c) 回火索氏体

2. 残余奥氏体的转变(200～300 ℃)

马氏体分解使 α 固溶体中的过饱和度降低,内应力减少,为残余奥氏体的转变创造了条件。在 200 ℃以上回火时,残余奥氏体开始分解,在析出薄片状的 ε 碳化物的同时,晶格也进行改组,从面心立方晶格的 γ 固溶体转变为体心立方的过饱和 α 固溶体。所获得的组织为回火马氏体。

3. 回火托氏体的形成(260～400 ℃)

低温下析出的 ε 碳化物会自发地向更稳定的渗碳体转变,在 350 ℃左右这种转变进行较快。渗碳体的形态从薄片状逐渐聚集成细粒状,此时,α 固溶体中 C 的质量分数降至平衡值,晶格的正方度接近于 1,组织为铁素体和细小的碳化物所组成的混合物,称**回火托氏体**(tempered troostite),如图 5-27b 所示。

4. 渗碳体的聚集长大及回火索氏体的形成(>400 ℃)

从 400 ℃开始渗碳体显著长大(回火温度越高,渗碳体颗粒长得越大),铁素体发生再结晶,形成等轴晶粒。在 500 ℃左右回火后的组织是在铁素体基体上有粒状均匀分布的渗碳体,称为**回火索氏体**(tempered sorbite),如图 5-27c 所示。

5.5.3　淬火钢回火时的性能变化

马氏体回火时,总的组织变化是碳化物析出并聚集长大,但回火温度不同,析出和聚集的程度也不同。当渗碳体从马氏体中析出时,钢的硬度降低而韧度增加。随着回火温度进一步升高,已析出的极小的渗碳体将逐渐聚集成较大的颗粒。加热温度愈高,这种聚集作用愈大,钢的硬度也就降低得愈多,韧度增加也愈多。但如果回火温度过高,渗碳体颗粒聚集太大,不仅硬度和强度降低而且韧度也下降,所以一般回火温度不超过 650 ℃。

图 5-28、图 5-29、图 5-30 所示为各种不同温度回火后钢的性能变化。

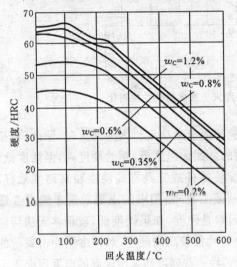
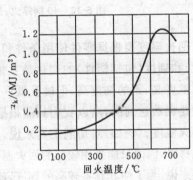

图 5-28　碳钢的硬度与回火温度的关系　　　图 5-29　40 钢的冲击韧度与回火温度的关系

从图 5-28 可以看出,回火温度低于 200 ℃时,淬火钢的硬度降低不多,但从 200 ℃开始,随着回火温度的升高,硬度有明显的下降。

钢的韧度随回火温度的升高而提高。尤其 400 ℃以后韧度升高速度大为加快,650 ℃左右达最大值,如图 5-29 所示。

图 5-30 是退火、淬火及淬火＋回火后 40 钢性能的对比。由图可见:40 钢在淬火后硬度高、强度大,但其塑性(A、Z)很低;退火后具有较高的塑性,但强度较低;淬火＋回火后,则随回火温度的升高,其强度、硬度降低,而塑性升高。

5.5.4　回火的种类及应用

回火温度不能超过临界温度(727 ℃)。如果超过此温度,钢的组织就转变为奥氏体,再继之以快冷就是淬火,慢冷就是退火,这就不是回火处理了。

回火温度不仅不能超过临界温度,而且也不应超过 650 ℃。从图 5-29 可清楚地看到,回火温度如果超过 650 ℃,不但钢的硬度和强度继续下降,而且韧度和塑性也

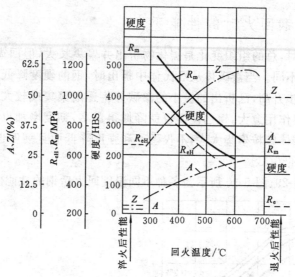

图 5-30　40 钢淬火、退火及淬火＋回火后的性能对比

要下降。

　　回火温度要根据零件使用条件和对性能的要求来决定。因为回火时,硬度(包括强度)和韧度(包括塑性)的变化是互相矛盾的。回火温度低,钢的硬度高,但韧度低;回火温度高,钢的韧度高,但硬度低。如果能使零件或工具有高硬度和高韧度最好,但这是无法达到的,所以我们只能根据零件(或工具)使用中的主要矛盾来选择合适的回火温度。例如:对切削工具来说,重要因素是硬度,如果硬度低,就根本无法切削其他材料,因而只能采用较低的回火温度,使其具备较高的硬度;对许多受冲击载荷的零件来说,为了使其具备较高的韧度,就只能牺牲一些强度而采用较高的温度回火。

　　为了使工件烧透,并保证组织充分转变和消除内应力,需要一定的回火时间。可根据工件大小,装炉量多少,以及回火温度高低不同,来决定回火时间长短,一般情况下为 1～3 h。

　　在生产中,由于对钢件性能的要求不同,回火可分为以下三类。

1. 低温回火

　　低温回火温度一般为 150～200 ℃,有时可达 250 ℃,钢的组织为回火马氏体。这种回火可以使钢件淬火残余内应力得到部分消除,能使韧度提高一些,并仍保持很高的硬度。低温回火用于要求高硬度和高耐磨性的工具和工件,像各种刃具(例如锯条、锉刀)和量具等。高碳钢工具低温回火后,硬度一般在 58～65 HRC 范围内。

2. 中温回火

　　中温回火温度为 350～500 ℃,钢的组织为回火托氏体。中温回火能使钢件具有较高的弹性极限,并且有一定的韧度,适用于各种弹簧、发条和热锻模的热处理。弹簧和热锻模经中温回火后的硬度在 35～45 HRC 范围。

　　从图 5-30 可以看出,与退火比较,淬火后弹性极限有很大提高,但其塑性(以及韧度)较低。经中温回火后,塑性升高的同时,弹性极限也提高了。这就是弹簧必须淬火并中温回火的原因。

3. 高温回火

高温回火温度为 500～650 ℃,钢的组织为回火索氏体。高温回火可以大大提高钢的韧度,其强度比低温及中温回火要相对降低,但比没有经过淬火＋高温回火的钢要高。这就是说,高温回火可以使钢获得高韧度与较高强度的优良综合力学性能,一般都将淬火与高温回火相结合的热处理称为**调质处理**。经调质后(中碳钢)硬度为25～35 HRC。

调质处理广泛用于各种连接及结构零件,如轴、连杆等。

与正火相比,正火后的索氏体组织是层片状的(片状铁素体与渗碳体交错形成),而调质后的回火索氏体组织是粒状的,即细小的渗碳体颗粒均匀分布在铁素体上,这种粒状的组织使调质处理后的钢具有较高的综合力学性能。

因为正火是一个比调质要省事得多的热处理方法,所以对于性能要求不高的一些碳钢零件,有时可用正火代替调质,但重要的零件尤其是合金钢零件必须经过调质处理,这样才能使钢材的优良性能表现出来。

5.5.5　自身回火淬火法

淬火后的钢必须回火,以提高其韧度。通常淬火和回火为两道工序,需要加热两次才能完成。即淬火加热一次,回火还要加热一次。所谓自身回火淬火法就是利用淬火加热的余热,使淬火部位温度自行回升而发生回火作用,也就是说两道工序只需加热一次就可以了。这种方法常用于仅刃口部分需要淬硬的工具,如凿岩石的钎子、钳工用的扁铲等。具体做法是:把包括工具刃口部位的局部加热到淬火温度,然后仅将刃口淬入水中,稍停一会,取出在空中停放,待未淬火的红热部分的热量把刃口回火至所需温度后,又立即把工件整体淬入水中,以免刃口回火温度过高,使硬度达不到要求。回火温度一般不是用温度计,而是根据回火色来判定的。表面光洁的钢材在 200～300 ℃(工具钢回火的温度)范围内加热时,其表面将有氧化膜形成。回火温度不同,氧化膜的厚度不同,呈现的颜色即所谓的回火色也不同。回火色与回火温度的关系列于表 5-5。

表 5-5　回火色与回火温度的关系

回火色	温度/℃	氧化膜厚度/μm
银亮	200 以下	
黄色	220～240	0.045
棕色(橘黄)	240～260	0.050
紫色	260～280	0.065
蓝色	280～300	0.070
灰色	320 以上	

回火温度愈高，钢的硬度愈低，但韧度愈高，如棕色火（即回火至刃口呈棕色）时所得钢的硬度较黄色火时软。

5.6　钢的淬透性

1. 淬透性与淬硬性的概念

所谓钢的**淬透性**（hardness penetration），就是钢在淬火时能够获得马氏体的能力，它是钢材本身固有的一个属性。淬火时，工件截面上各处的冷却速度是不同的。表面的冷却速度最快，越靠心部冷却速度越慢，如果工件表面和心部冷却速度都大于钢的临界冷却速度，则工件的整个截面都能获得马氏体组织，整个工件就被淬透了。如果心部冷却速度低于临界冷却速度，如图 5-31a 所示，则钢的表层获得马氏体，心部则是马氏体与珠光体类的混合组织，如图 5-31b 所示，这时钢未被淬透。所以，也可以这样说，钢在一定条件下淬火后，获得一定深度淬透层的能力，称为钢的淬透性。

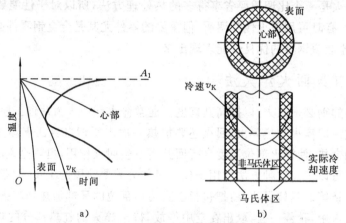

图 5-31　工件淬透层深度与截面上冷却速度的关系

a）零件截面不同冷却速度　b）未淬透区的示意图

从理论上讲，淬透层深度应该是全淬成马氏体的深度。由于马氏体中混有少量非马氏体组织时，无论在显微镜下还是从钢的硬度上都不易测出，而不同成分钢的半马氏体硬度（50%马氏体＋50%托氏体）主要取决于钢的含碳量，如图 5-32 所示，因此淬透层深度通常用从工件表面到半马氏体层的深度来表示，以便于用测硬度的方法来确定层深。需要指出，钢的淬透性和钢的淬硬性是两个完全不同的概念。淬硬性也称可硬性，是指钢在淬火后能达到的最高硬度，它主要取决于马氏体的含碳量。淬透性好的钢，其淬硬性不一定高。如低碳合金钢淬透性很好，但淬硬性却不高，而碳素工具钢的淬透性较差，但它的淬硬性却很高。

2. 淬透性的测定和表示方法

淬透性的测定方法有多种，对于碳素结构钢和一般低、中合金结构钢，通常采用国家标准《钢的淬透性末端淬火试验方法》（GB/T 225—2006）规定的末端淬火法测

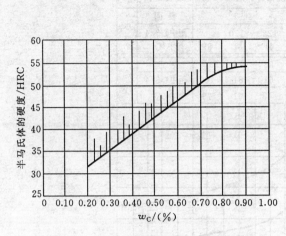

图 5-32　半马氏体的硬度与含碳量的关系

（实线表示碳素钢，阴影线范围表示中、低合金钢）

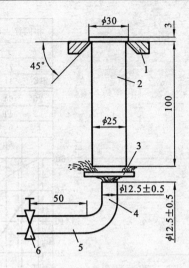

图 5-33　末端淬火法

1—试样定位对中装置　2—试样　3—圆盘

4—喷水管口　5—供水管　6—快速开关阀门

定其淬透性。

末端淬火法的要点是：将 $\phi25$ mm×100 mm 的标准试样置于炉中加热至奥氏体化后，放在末端淬火试验机上，由下端喷水冷却，如图 5-33 所示。水柱射流高度为 65±10 mm，水温为 20±5 ℃。由于末端喷水，冷速最大，试样沿纵向冷却速度逐渐减小，因而硬度也相应地逐渐下降。测量淬火试样纵向硬度值，并将硬度与至水冷端距离的对应关系绘成曲线，如图 5-34 所示，称之为淬透性曲线。由图可见，45 钢的硬度比 40Cr 钢的硬度下降要快得多，显然 40Cr 钢比 45 钢的淬透性要好。图5-35所示为钢的半马氏体区硬度与钢的含碳量关系。由于钢材化学成分的波动等原因，用同种钢材测出的淬透性曲线往往不是一根线，而是一个范围，称为淬透性带，图 5-36 所示为 40Cr 钢的淬透性带。

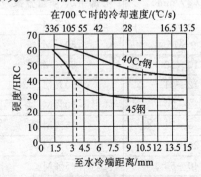

图 5-34　淬透性曲线举例

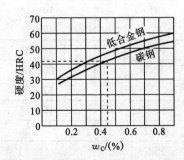

图 5-35　钢的半马氏体区硬度与含碳量的关系

钢的淬透性值可用 J HRC/d 表示，其中 J 表示末端淬透性，d 表示至水冷端的距离，HRC 为该处测得的硬度值。利用淬透性曲线决定淬透性的方法如下：以 45 钢

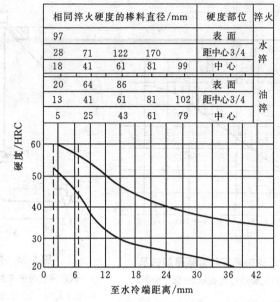

相同淬火硬度的棒料直径/mm					硬度部位	淬火
97					表 面	水淬
28	71	122	170		距中心3/4	
18	41	61	81	99	中 心	
20	64	86			表 面	油淬
13	41	61	81	102	距中心3/4	
5	25	43	61	79	中 心	

图 5-36　40Cr 钢的淬透性带

为例,由图 5-35 查出 45 钢的半马氏体区的硬度为 43 HRC,再由图 5-34 可查出得到 43HRC 硬度位置至水冷端的距离约为 3 mm,此距离及其硬度便可用来衡量 45 钢淬透性的大小,表示为 J 43/3。

生产中也常用所谓的"临界直径"来表示钢的淬透性。临界直径是指圆形钢棒在某种介质中淬火时,所能得到的最大淬透直径(以一般结构钢来说,即心部正好是半马氏体组织时的最大直径),以 D_0 表示。显然在相同冷却条件下,D_0 越大,钢的淬透性也越大。表 5-6 列出了一些钢材在水和油中淬火时的临界直径。

表 5-6　常用钢的临界淬透直径

牌　号	$D_{0水}/mm$	$D_{0油}/mm$	心部组织(质量分数)
45	10~18	6~8	50%M
60	20~25	9~15	50%M
40Mn	18~38	10~18	50%M
40Cr	20~36	12~24	50%M
20CrMnTi	32~50	12~20	50%M
T8~T12	15~18	5~7	95%M
GCr15		30~35	95%M
9SiCr		40~50	95%M
CrWMn		40~50	95%M
Cr12		200	90%M

需要指出,钢的淬透性是钢材本身的一种属性,在相同的加热条件下,同一钢种

的淬透性是相同的,但同一钢种的工件在不同的冷却介质中淬火或外形尺寸不同时,可得到不同的淬硬层深度。如同一种钢在相同的奥氏体化条件下,水淬比油淬的淬硬层深,小件比大件的淬硬层深。绝不能因此就说成,同一钢种水淬比油淬的淬透性好,小件比大件的淬透性好。所以只有在其他条件都相同的情况下,才可以根据淬硬层深度来判定钢的淬透性高低。

3. 影响淬透性的因素

凡能增加过冷奥氏体稳定性的因素,或者说凡是使 C 曲线右移、临界淬火速度减小的因素,都能提高钢的淬透性,反之则会降低其淬透性。因此,奥氏体的化学成分、晶粒大小、均匀化程度以及非金属夹杂物与未溶碳化物的存在等因素,对淬透性均有影响。

在 C 完全固溶于奥氏体的情况下,含碳量愈大,奥氏体愈不易分解,钢的淬透性愈高,但超过共析含量后,其影响则恰好相反。合金元素除 Co 和 Al(质量分数大于2.5%)以外,都可不同程度地增加奥氏体的稳定性,因而均能提高钢的淬透性。其中以 Mn 的影响最强烈,其次是 Mo、Cr、V、Si、Ni 等。微量的 B(百万分之几)即可明显提高钢的淬透性,超过一定量(例如 $w_B = 0.001\%$)以后,影响就不再增加,含量过多反而降低淬透性。

奥氏体晶粒愈粗大,成分愈均匀,则钢的淬透性愈高。反之,晶粒愈细小,成分愈不均匀,尤其带有未溶的碳化物质点等时,其淬透性愈低。

4. 淬透性与机械设计

淬透性直接影响钢的机械性能,因此设计人员在根据工件的性能要求和服役条件选材时,必须充分考虑淬透性问题。

重要的机械零件,如承受较大载荷的连杆、螺栓、拉杆、锤杆等,常常要求其心部和表面力学性能一致,因此应该选用能全部淬透的钢。

只承受弯曲和扭转的轴类零件,对心部力学性能要求不高,不需要一定淬透,因而可选用较低淬透性的钢,只要保证淬透层深度为工件半径的 $1/2 \sim 1/3$ 即可。

对于需要焊接的工件,不宜选用淬透性高的钢,否则可能在焊接热影响区出现淬火组织,造成焊件的变形和开裂。

由于工件的淬透层深度受其本身有效尺寸的影响,一些大尺寸工件往往不能淬透,截面尺寸越大,淬透层深度越小。因此,在机械设计中,不能将小尺寸试样的性能数据用于大尺寸工件的设计计算。

用低淬透性钢制造大尺寸工件时,采用正火代替调质,所得工件性能相差不大,但更为经济。

5.7　钢的表面淬火

在机械制造业中,有许多零件,如齿轮、凸轮、曲轴及销子等,是在动力负载(受冲击)及摩擦的条件下工作的,因而要求这些零件韧度高、耐磨。零件硬度高,耐磨性也高,但硬度高,韧度就要降低。为使工件能在高韧度的情况下耐磨,就必须使零件表面硬度高,而心部韧度高。对此有两种办法可采用:一是表面淬火,改变表层组织,使钢出现耐磨组织层;二是进行化学热处理,改变钢表面的化学成分,使之由亚共析钢变为过共析钢,达到使表面耐磨的目的。

所谓**表面淬火**(face hardening),顾名思义就是仅把零件需耐磨的表层淬硬,而中心仍保持未淬火的高韧度状态。表面淬火必须用高速加热法使零件表面层很快地达到淬火温度,而不等到其热量传至内部就立即迅速冷却而使表面层淬硬。

根据加热方法不同,目前常用的方法有火焰加热表面淬火及感应加热表面淬火两种,其中以感应加热表面淬火应用最为广泛。另外,能量高度集中的激光和电子束加热用于局部选择性表面淬火,可大大提高淬火表面的耐磨性。

5.7.1　感应加热表面淬火

感应加热表面淬火是利用感应电流,使钢表面迅速受热而后淬火的一种方法。因此法具有效率高、工艺易于操作和控制等优点,所以目前在机床、机车、拖拉机以及矿山机器等机械制造工业中得到了广泛的应用。

1. 感应加热原理

若将金属置于通有交流电的线圈里,则该金属内将被感应而产生同频率的感应电流。感应电流沿工件表面形成封闭回路,通常称之为涡流。涡流在工件中的分布由表面到心部呈指数规律衰减,工件心部电流密度几乎为零,这种现象称为电流的"表面效应"或"集肤效应"。

感应加热就是利用电流的表面效应来实现的。把淬火的零件放在特制的感应圈内(见图5-37),和感应圈紧邻的表面部分被感应产生电流,电流在工件内通过就会产生热量(电阻热)而把零件表面迅速加热至高温。

感应电流透入工件表面越深,加热淬火层就越厚。电流透入的深度除了与工件材料的电磁性能(电阻系数与透磁率)有关外,主要还取决于电流频率。频率愈高,电流透入深度愈浅,加热淬火层也就愈薄。

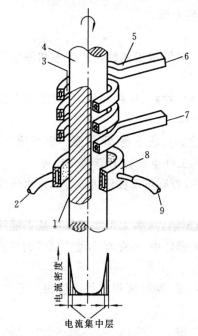

图 5-37　感应加热表面淬火示意图

1—加热淬火层　2,6—进水口

3—间隙　4—工件　5—加热感应圈

7,9—出水口　8—淬火喷水套

2. 感应加热淬火工艺和应用

根据所用频率的不同,感应加热表面淬火可分为三类。

(1)高频感应加热表面淬火　高频感应加

热表面淬火的电流频率为 100～500 kHz,最常用频率为 200～300 kHz,可获得的淬硬层深度为 0.2～2.0 mm,主要适用于中、小模数齿轮及中、小尺寸轴类零件的表面淬火。

(2) 中频感应加热表面淬火　中频感应加热表面淬火的电流频率为 500～10000 Hz,最常用频率为 2.5～8 kHz,可获得的淬硬层深度为 3.0～5.0 mm,主要适用于要求淬硬层较深的较大尺寸的轴类零件及大、中模数齿轮的表面淬火。

(3) 工频感应加热表面淬火　工频感应加热表面淬火的电流频率为 50 Hz,不需要变频设备,可获得淬硬层深度为 10～15 mm,适用于轧辊、火车车轮等大直径零件的表面淬火。

感应加热速度极快,一般不进行加热保温,否则,传热至中心部位,即失去表面淬火的意义。为保证奥氏体化的质量,感应加热表面淬火可采用较高的淬火加热温度,一般可比普通淬火温度高 100～200 ℃。

高频淬火大都用喷水方式冷却,因喷油有燃烧的危险,故不宜采用。对于水淬易形成裂纹的合金钢零件,用 0.05％～0.17％的聚乙烯醇水溶液冷却效果较好。当零件冷至马氏体形成温度、容易产生裂纹的时候,这种淬火剂可以在工件上形成一层塑料薄膜,大大降低其冷却速度,从而防止裂纹的产生。

感应加热表面淬火后,必须进行回火处理,提高其韧度,降低淬火残余应力,通常都采用 160～200 ℃的低温回火。

感应加热表面淬火主要适用于中碳钢和中碳低合金结构钢,如 40、45、40Cr、40MnB 等钢。通常,工件在表面淬火前都要进行一次调质或正火处理,再经表面淬火后,这样既可保证工件表面的硬度、耐磨性和疲劳强度,又可以保证心部的强韧性,即所谓"表硬里韧"。感应加热也可用于高碳工具钢和低合金工具钢的表面淬火。

3. 感应加热表面淬火的优点

(1) 加热速度快,生产率高(小零件几秒一个)。

(2) 因加热快,工件几乎不发生氧化和脱碳。同时由于仅表面加热而心部未被加热,淬火变形小。

(3) 加热时间短、过热度大,使得奥氏体形核多,且不易长大,因此淬火后表面得到细小的隐晶马氏体,硬度比普通淬火高 2～3 HRC,韧度也有明显提高。

(4) 表面淬火后,不仅工件表层强度高,而且由于马氏体转变产生体积膨胀,在工件表层产生有利的残余压应力,从而可有效地提高工件的疲劳强度并降低其缺口敏感性。

(5) 操作易于自动化,便于安装在机械加工流水线上。

由于这些优点,高频淬火在生产上得到了愈来愈广泛的应用。

5.7.2　火焰加热表面淬火

用高温的氧-乙炔焰或氧与其他可燃气(如煤气、天然气等)焰,可将零件表面迅

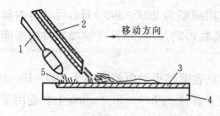

图 5-38　火焰加热表面淬火示意图
1—喷嘴　2—喷水管　3—淬硬层
4—工件　5—加热层

速加热到淬火温度,然后立即喷水冷却。

火焰加热表面淬火如图 5-38 所示。淬火喷嘴以一定速度沿工件表面移动,并将表面层加热到淬火温度,一个喷水设备紧跟在喷嘴后面,将被加热的表面迅速冷却、淬硬。

此法优点是淬火方法简单,不需特殊设备,适用于单件或小批量零件的淬火,如异型模具工作表面的淬火等。但其存在加热温度不易控制、工件表面易过热、淬火质量不够稳定等缺陷,这就限制了它在机械制造业中的广泛应用。

5.7.3　激光加热表面淬火

激光淬火的原理是:利用聚集后的激光束照射到钢铁材料表面,使其温度迅速升高到相变点以上,当激光移开后,由于仍处于低温的内层材料的快速导热作用,使表层快速冷却到马氏体相变点以下,获得淬硬层。

激光淬火原理与感应加热淬火、火焰加热淬火技术类似,只是其所使用的能量密度更高,加热速度更快,不需要淬火介质,工件变形小,加热层深度和加热轨迹易于控制,易于实现自动化,因此在很多工业领域中正逐步取代常规加热淬火和化学热处理等传统工艺。激光淬火可使工件表层 0.1~1.0 mm 范围内的组织结构和性能发生明显变化。

激光淬火时基材含碳量对淬火层硬度的影响和原始组织及扫描速度对淬硬层深度的影响分别如图 5-39、图 5-40 所示。从图中可以看出,随着钢中含碳量的增加,淬火后马氏体的含量也增加,激光淬硬层的显微硬度也就越高。含碳量相同的碳素钢,淬透性越好,相同激光淬火工艺条件下淬硬层的深度越大。原始组织为细片状珠光

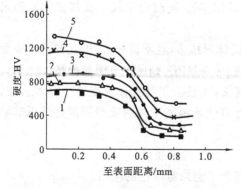

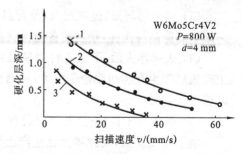

图 5-39　基材中 C 的质量分数与激光淬火层
　　　　　显微硬度的关系

图 5-40　原始组织及扫描速度对激光淬硬层
　　　　　深度的影响

1—20 钢　2—45 钢　3—T8 钢　4—T10 钢　5—T12 钢　　　1—淬火态　2—淬火+回火态　3—退火态

体、回火马氏体或奥氏体的工件,激光淬火后得到的硬化层较深;原始组织为球状珠光体的工件只能得到较浅的硬化层;原始组织为淬火态的基材激光淬火后硬度最高,硬化层也最深。

5.8 钢的化学热处理

化学热处理是通过改变钢件表层化学成分,使热处理后表层和心部组织不同,从而使表面获得与心部不同工艺性能的热处理方法。

化学热处理的方法很多,已用于生产的有渗碳、渗氮、碳氮共渗(提高零件的表面硬度、增加耐磨性和疲劳强度等)以及渗金属,如渗铝(提高零件的耐热、抗氧化性)、渗铬(提高零件的耐蚀、耐磨性能)、渗钒(提高零件的抗磨、抗咬合擦伤性能)、渗硅(提高零件的耐蚀性能)、渗硼(使零件具有高耐磨性)、渗硫(减摩)、磷化(减摩、防锈)等等。发蓝(防锈)也是钢的化学热处理方法中的一种。下面按照加热温度高低分别对其中应用较多的方法进行介绍。

5.8.1 渗碳

1. 渗碳方法

渗碳(cementite)是把低碳钢零件放在可以供给 C 原子的物质中加热,使其表面变成高碳钢而心部仍是低碳钢。经渗碳后的低碳钢零件再经淬火可以达到表面具有高硬度、高耐磨性,而心部仍具有高韧度的效果。渗碳多用于动载(受冲击)条件下表面受摩擦的零件,如齿轮等。

渗碳方法按渗碳介质不同可分为气体、固体和液体渗碳三种,常用的是气体法和固体法。

1) 气体渗碳

气体渗碳是零件在含有气体渗碳介质的密封高温炉罐中进行的渗碳工艺。通常使用的渗碳剂是易分解的有机液体,如煤油、苯、甲醇、丙酮等,其高温下分解产生活性 C 原子,提供渗碳条件:

$$CH_4 \longrightarrow 2H_2 + [C]$$
$$2CO \longrightarrow CO_2 + [C]$$
$$CO + H_2 \longrightarrow H_2O + [C]$$

图 5-41 为气体渗碳装置示意图。气体渗碳的温度一般是 900~950 ℃。渗碳时间随渗碳层的深度要求而定,用煤油做渗碳剂时,使渗碳层深度达到 0.2 mm 约需 1 h。

气体渗碳具有以下优点:渗碳速度快;工

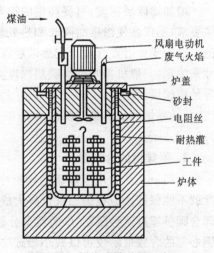

图 5-41 气体渗碳装置示意图

艺过程易于实现机械化和自动化;生产率高、劳动条件好;渗碳后可直接淬火(固体渗碳一般必须重新加热淬火),省去了重复加热的工序,从而可减小零件变形。因此气体渗碳在工业生产中得到了广泛的应用。

2) 固体渗碳

固体渗碳就是把工件埋在用铁箱封闭起来的渗碳剂中,然后加热到高温(900~950 ℃)并保持一定时间,使碳渗入钢件表面。

固体渗碳剂一般是由可产生 C 原子的物质(木炭)和催渗剂(如 Na_2CO_3、$BaCO_3$ 等)组成,其中催渗剂的质量分数为 10%~15%。

在高温下,渗碳箱中的 C 由于空气不足而与 O 结合形成 CO,所产生的 CO 与零件表面接触时就分解出活性 C 原子而渗入钢中。其反应式为

$$2C + O_2 \longrightarrow 2CO$$
$$2CO \longrightarrow CO_2 + [C]$$

渗碳剂中的碳酸盐,可以使 CO 浓度增加,加速渗碳的进行。

固体渗碳是最古老的化学热处理方法,与气体渗碳比较,其生产效率低,劳动条件差,渗碳质量不易控制,故目前较少采用。但因它具有设备简单、操作容易等优点,目前不少中、小型工厂仍在使用。

2. 渗碳层成分和深度

渗碳层的碳浓度对零件使用性能有很大影响,实践表明,渗碳层中 C 的质量分数在 0.8%~1.0%为宜。若含碳量过低,则耐磨性差且疲劳抗力小;含碳量过高,又会使渗碳层变脆,易产生渗碳层剥落,同时因淬火后工件表层残余奥氏体量过多,也会降低耐磨性和疲劳强度。

渗碳层深度取决于保温时间。随着保温时间延长,渗碳层深度加大,但增大的速度越来越慢。

增加渗碳层深度,可提高钢的抗弯强度、耐磨性以及疲劳强度。但是过深的渗碳层要求,不仅会使渗碳时间长和热处理费用增加,而且会使其承受冲击载荷的能力降低。设计零件时要合理选定渗碳层深度。渗碳层深度通常根据零件的工作条件及尺寸来决定,一般机器零件渗碳层深度大都在 0.5~2.0 mm 之间,例如:小齿轮及小轴等的渗碳层深度为 0.5~0.8 mm;大齿轮及大轴等的渗碳层深度为 1.2~1.8 mm;汽缸、活塞销等的渗碳层深度为 0.9~1.3 mm;凸轮轴及球关节等的渗碳层深度为 1.5~2.0 mm。

3. 渗碳钢的含碳量

人们一直认为用于渗碳的钢材中 C 的质量分数不应超过 0.2%,否则零件的韧度就不能保证。但在第二次世界大战中人们发现,有的国家用于坦克的渗碳齿轮,心部含碳量超过这种限制,C 的质量分数达到了 0.3%。经试验看出,适当地提高渗碳钢心部的含碳量不仅可以减小渗碳层的厚度、缩短渗碳时间,而且还可以提高钢的抗弯强度,在零件渗碳层不太厚时,基本上不会降低其冲击韧度。从提高零件力学性能

的目的出发,把渗碳钢中 C 的质量分数提高到 0.2%～0.3%更好些。例如采煤矿机上的大模数渗碳齿轮,因其受力较大,可用 C 的质量分数为 0.24%～0.32%的铬锰钛渗碳钢制造。

渗碳钢材含碳量增加,虽然对零件的力学性能提高有利,但同时会给制造工艺带来新的问题,例如淬火后机械加工就比较困难,因为零件经渗碳淬火后,变形是不可避免的。为了保证尺寸精度,零件某些部位,比如齿轮上的键槽,往往要在渗碳淬火后才能再加工出来。如果是含碳量较低的钢,淬火后尚可进行切削加工,但 C 的质量分数接近或超过 0.3%时,加工就较为困难了。

4. 渗碳后的热处理

渗碳仅能使零件表层变为高碳钢,如不进行热处理,其硬度和耐磨性仍然不理想。因此渗碳后还必须进行淬火和 150～200 ℃的低温回火,使其表面硬度达到58～62 HRC。

渗碳后常用的热处理方法有下列两种。

1) 直接淬火法

这是将工件渗碳后直接放入冷却液中淬火的一种热处理工艺,其工艺过程如图 5-42 所示。直接淬火法的优点是能缩短零件生产周期、降低成本,并因省去了重复加热操作,零件变形较小。但渗碳过程中,钢件在高温(900～950 ℃)长时间停留,晶粒会长大,零件的韧度会降低。不过对晶粒不易长大的“本质细晶粒钢”来说,采用直接淬火法还是合适的。一些合金钢零件进行气体渗碳时,常采用这种方法。

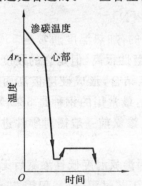

图 5-42　直接淬火工艺示意图

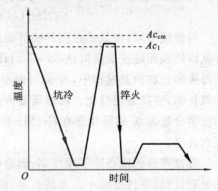

图 5-43　渗碳后一次淬火工艺示意图

2) 一次淬火法

这是渗碳后,空冷或坑冷至室温,再重新加热淬火的一种热处理工艺,如图 5-43 所示。用这种淬火方法可以使渗碳过程中长大的晶粒细化,提高零件的力学性能。确定淬火温度时一般以表层过共析钢成分作为参照。对于心部强度要求不高、而要求表面有较高硬度和耐磨性的零件,淬火温度可选在 Ac_1 线以上 30～50 ℃范围;对于心部性能要求高的零件,淬火温度应略高,可选在 Ac_1 线以上 50～80 ℃范围,但不能超过表层成分的 Ac_{cm} 线。

此外还有二次淬火法,即渗碳后再淬火两次(加热温度不同)。虽然此法能使零件获得较好的力学性能,但它不仅会延长零件的生产周期,而且因多次加热和冷却,使零件变形较大,所以这种方法应用很少。

5. 渗碳与表面淬火的比较

渗碳和表面淬火均能达到使零件既耐磨同时韧度又高的目的。那么,在工程实践中,如何选用它们,就要根据其具体条件和对它们各自的优点加以比较来决定。与表面淬火比较,渗碳处理除了可获得较高的力学性能(包括表面硬度、耐磨性、疲劳强度)以外,还具有一个优点,即零件外形对渗碳工艺影响不大,对形状非常复杂的零件仍可以照样进行渗碳处理。而表面淬火则不然,形状稍为复杂的零件就很难甚至无法采用表面淬火处理,因而有些零件虽然用表面淬火法完全可达到使用要求,但因工艺上不易实现,还必须采用渗碳处理。渗碳最大的缺点是工艺过程较长、生产率低、成本高。

5.8.2　渗氮

1. 气体渗氮

把氮原子渗入钢件表面的过程称为**渗氮**(nitriding)。渗氮可以显著地提高零件表面硬度和耐磨性,并能提高其疲劳强度和耐蚀性。

气体渗氮就是把零件放在储有氨气的密封罐中加热,使氨气分解出 N 原子而被工件表面吸收:

$$2NH_3(氨) \longrightarrow 3H_2 + 2[N]$$

与渗碳不同,渗氮是在钢的临界温度以下进行的,加热温度通常是 550 ℃左右。渗氮以后表面硬度最高可达 65～70 HRC,所以耐磨性很高,但是它的硬度不是靠淬火得来的。在渗氮过程中,N 将与钢中的合金元素结合,形成硬度极高而又极细微的氮化物,使其表层强化。渗氮需要专用的渗氮钢,最常用的钢种是 38CrMoAlA(C 的质量分数为 0.38%并含有 Cr、Mo 和 Al 的钢)。渗氮前一般需对零件进行调质或正火处理。

渗氮零件的优点除了硬度高、耐磨性好以外,因渗氮温度低且渗氮后无须再进行热处理,所以零件变形小。其缺点是,渗氮速度慢,工艺过程长(一般需 20～50 h,50 h 渗氮层深度也只有 0.5 mm 左右),需要专用渗氮钢和专用渗氮设备。这些缺点的存在,限制了气体渗氮工艺的使用范围,目前其一般只用于要求高耐磨性、高精度的零件,如高精度镗床、磨床主轴等。

2. 离子渗氮

普通渗氮周期长,效率低。为了加快渗氮速度,近年来国内外都进行了不少研究工作,并取得了相当大的进展,其中**离子渗氮**(ionitriding)效果最好。离子渗氮是采用含 N 的气体(氨气或氮气)在直流电场作用下,产生辉光放电的作用,使 N 原子离子化而渗入金属表面。它的优点是处理周期短,且表面无脆化层,变形小,表面干净,现已广泛用于齿轮、枪炮管、活塞销、气门、曲轴、汽缸套等零件的热处理中。

离子渗氮是离子化学热处理的一种。离子化学热处理是向真空罐中通入稀薄气体，在高压电场下，引起辉光放电，使气体电离产生正离子轰击工作表面，正离子具有高动能，将工作表面加热并进行扩散渗入。这种方法生产周期短、节省能源和气源、无污染，是一项发展很快的化学热处理工艺。除离子渗氮之外，还有离子渗碳、离子氮碳共渗等。

5.8.3　碳氮共渗

1. 气体碳氮共渗

碳氮共渗（carbonitriding）是使 C、N 原子（以渗碳为主）同时渗入工件表面的一种化学热处理工艺。目前生产中应用较广的是气体碳氮共渗法，其主要目的是提高钢的疲劳强度、表面硬度与耐磨性。气体碳氮共渗的介质实际上就是渗碳和渗氮用的混合气体。最常用的方法是向炉中同时滴煤油和通氨气。也有的工厂采用三乙醇胺、甲酰胺和甲醇＋尿素等作为滴入剂来进行碳氮共渗。

共渗温度一般为 820～860 ℃，共渗表层 C 的质量分数为 0.7%～1.0%，N 的质量分数为 0.15%～0.5%，这时淬火后的组织为增加碳、氮含量的马氏体和残余奥氏体及少量的碳氮化合物。残余奥氏体和碳氮化合物由表面到中心逐渐减少。

与渗碳一样，共渗后需进行淬火及低温回火以提高表面硬度及耐磨性，但共渗温度低，晶粒不易长大，可进行直接淬火。氮原子的渗入，使共渗层淬透性提高，油冷即可淬硬，从而减少了工件的变形与开裂。共渗层比渗碳层具有更高的耐磨性、耐蚀性和疲劳强度，比渗氮层具有更高的抗压强度。目前生产中常用碳氮共渗法来处理低碳及中碳结构钢零件，如汽车和机床上的各类齿轮等。

2. 液体氮碳共渗

氮碳共渗以渗氮为主，在钢件表面渗入 N 原子的同时还有少量的 C 原子渗入。由于氮碳共渗多用氰盐做原料介质，故又称**氰化处理**。液体氮碳共渗与上述一般气体渗氮相比，虽然所获得的硬度较低，但脆性较小，且可使钢件具有很好的耐磨性和耐蚀性，并可显著提高钢件的疲劳强度。例如 15 钢经液体氮碳共渗后疲劳强度可提高一倍左右。

另外，液体氮碳共渗不需要专用的渗氮用钢，而且渗氮时间也大为缩短，通常只需 1～2 h。液体氮碳共渗最初是在氰化钾（KCN）与氰化钠（NaCN）混合熔融的盐槽中进行，温度为 520～580 ℃，渗氮时将干燥空气通入盐槽，加快氰盐产生氰酸根的速度。其反应式为

$$2NaCN + O_2 (空气) \longrightarrow 2NaCNO (产生氰酸根)$$

氰酸根分解产生活性氮原子而被钢件吸收：

$$4NaCNO \longrightarrow Na_2CO_3 + CO + 2[N] + 2NaCN$$

因氰盐是剧毒物质，这就限制了直接用氰盐做原料的氰化处理的使用和推广。

尿素是价格便宜的原料,它与碳酸钾或碳酸钠一起加热时可产生能够用于渗氮的无毒氰酸钾或氰酸钠。我国已研制成功以尿素为主要原料的无毒(严格讲是低毒)液体软氮化渗剂。在使用过程中,熔融盐内的毒性氰根含量已达到甚至低于国外专利产品(如世界有名的 Degussa 公司的 Tufftride 氮化盐)的标准。

氮碳共渗也可用气体法,原料为含有 N 和 C 的气体物质或液体物质(滴入氮化炉后变为气体)。常用的原料有氨气、甲酰胺、甲醇、乙醇、尿素溶液等。

5.8.4　其他化学热处理方法

1. 渗硼

渗硼(boriding)后的工件表面具有很高的硬度(1400~2000 HV)、耐磨性和良好的耐蚀性,日益受到人们的重视。

渗硼根据渗剂的不同,也可分为固体渗硼、液体渗硼和气体渗硼。目前我国以固体渗硼应用较多,渗剂有粉末状的和粒状的两种。常以硼铁、碳化硼为供硼剂,以氟硼酸钾、氟化物为活化剂,加入一定量的氧化铝、碳化硅作为填充剂来制成粉末或另加黏结剂制成粒状的渗剂。渗硼温度为 900~950 ℃,渗硼的保温时间以 4~6 h 为宜,一般情况下,渗硼层深度为 0.05~0.15 mm 较好,过厚时因脆性大,易剥落。

对于一般钢材,渗硼层由化合物层及扩散层所组成。常见的化合物层是单相的 Fe_2B 或复相 $FeB+Fe_2B$,基体与化合物之间为过渡层。由于 B 的渗入而在表面形成化合物层,C 及合金元素被挤到过渡层中,因此过渡层中的 C 和合金元素的含量较基体中高。

2. 渗硫

工件表面**渗硫**(sulfurzing)能够提高零件的抗擦伤性能,渗硫层具有良好的减摩性。目前工业上应用的处理方法有固体法、液体法和气体法。

S 在铁中可以形成 α-Fe、FeS、FeS_2 等相。对渗硫层组织目前研究得还不够。对薄(几微米到几十微米)的渗硫层,还很难用金相法查出。电子探针检查证明,S 在渗硫层中是以硫化铁形式存在的。例如在熔融硫浴中渗硫时:温度在 200 ℃ 以上形成 FeS_2 层;200 ℃ 以下,在形成的 FeS 中混有 FeS_2 的渗硫层;170 ℃ 以下时仅有 FeS 渗层。由于 FeS_2 渗层的硬度很高,在工件过程中容易剥落,故处理温度一般控制在 200 ℃ 以下,以获得混有 FeS_2 的 FeS 渗层。

实践证明,零件在使用过程中,当薄的渗硫层被破坏后,其磨损率急剧增加。因此渗硫主要用于轻负载、低速的情况下,如用于轴瓦、轴套、低速齿轮、缸套等的热处理。

5.9　热处理注意事项

1. 热处理缺陷的预防

前面内容已述及,常见热处理缺陷有氧化、脱碳、过热、过烧、变形、开裂等。有些热处理缺陷可以补救,而有些缺陷则无法补救,将造成报废。报废的零件已经历毛坯制造到热处理的过程,废品徒然增加了零件的制造成本,因此,采取措施预防热处理缺陷是十分重要的。

1) 合理设计零件结构

热处理时零件不可避免地会变形,尤其是淬火零件,变形甚至开裂的倾向较大。为避免零件的变形或开裂,零件结构的合理设计是十分重要的环节。关于结构设计问题,读者还可参阅金属工艺学、机械设计等方面的书籍,此处不再赘述。

2) 设置合理的加工余量

零件在加工过程中必须留有合理的加工余量,这样既可简化热处理操作,又不给随后机械加工(特别是磨削加工)增加过大的工作量。

例如轴类调质件,一般淬火时有氧化、脱碳、变形等,因此无论型材还是锻件,在调质前必须留有加工余量。精加工后的零件在热处理操作中由于热应力与组织应力的影响也必然产生变形。除设法减小淬火变形外,为了能在淬火后磨削到要求尺寸,也必须留出足够的余量。

对于重型机器渗碳淬火零件,渗碳层对总的变形没有多大影响,但在精密的机件上,渗碳层对横截面有影响。例如,对凸轮或齿轮上的齿、丝杠、蜗杆上的螺纹等都要考虑变形问题(由于渗碳层体积长大,使零件的总长度和宽度增大,在螺旋齿轮上斜齿角度变大,螺杆或蜗杆的螺距缩小)。掌握了零件变形规律后,采取冷热加工配合,调整加工尺寸,对大批生产零件而言是一种有效方法。例如,某厂生产汽车变速箱齿轮的键宽要求 $10^{+0.03}_{0}$ mm,热处理变形规律为缩小 0.05 mm,因此冷加工控制在 $10^{+0.12}_{+0.08}$ mm,热处理后一般在 $10^{+0.07}_{+0.03}$ mm,正好在技术要求范围内。

3) 技术条件修正

对于某些容易产生变形、开裂的零件,可修改技术条件,以减小变形、避免开裂。图5-44所示为带槽的轴,材料为 T8A,原设计要求硬度不小于 55 HRC,经整体水淬后,槽口处开裂。实际上,这种零件只需槽部有高的硬度即可。修改技术条件,注明只要求槽部硬度不小于 55 HRC。经硝盐分级淬火后,槽部硬

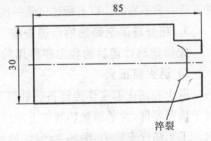

图 5-44 带槽的轴

度不小于 55 HRC,其余部分硬度不小于 40 HRC,符合工作条件要求,没有开裂。

此外,热处理前先进行半精加工,使零件的表面粗糙度变小(减少零件因切削刀痕过深,淬火时造成应力集中而形成的淬火裂纹),采用预备热处理(对形状复杂的零件淬火前进行退火、正火,甚至调质处理)等,均可减少或避免零件的变形、开裂。但必须注意,增加热处理工序要增加成本,并且会增大氧化和脱碳程度。

以上仅简略说明热处理工艺性能与零件设计的关系。生产上还有很多改进热处理质量和防止变形的方法,而且各工业部门和工厂都有自己的经验,可在学习机械设计专业课程及今后的工作中不断加深对热处理的理解。

2. 热处理方案的选择

选择热处理方案时，应根据所选材料，以及国内工业水平和本单位的热处理能力，尽量采用当前比较先进的热处理工艺来改进零件的性能。根据工作条件的不同，选择热处理方案时可以根据不同的要求进行。

（1）要求综合力学性能的零件　这类零件通常对钢采用调质处理，但近代的多次冲击试验证明，经调质零件的多次冲击抗力不如经更低温度回火的多次冲击抗力。因此，在实际生产中，应根据服役条件考虑强度和韧度的合理匹配。

（2）要求弹性的结构　这类零件如果不要求很大的弹性变形量，如各种弹簧，则可选用弹簧钢，并且根据所选材料采用消除应力退火或采用淬火和中温回火的方法处理。如要求大的弹性变形量，如敏感元件，则应选用铜基合金，因为这些材料的弹性模量小。根据所选用材料，热处理可用消除应力退火或淬火后进行时效处理。

弹簧工作时表面层的应力最高，如果表面贫碳或脱碳，会造成早期滑移，形成早期疲劳源，大大降低寿命。因此，热处理中应采取防脱碳的措施，例如涂覆黏土，或采用真空热处理。

（3）要求耐磨的零件　这类零件在选用低碳钢和合金钢时，一般采用渗碳或氰化处理，若选用中碳钢和合金钢，一般采用高频淬火、液体碳氮共渗或渗氮处理。

（4）要求特殊物理性能的零件　这类零件应根据工作环境和对零件提出的性能要求，选用不锈钢、耐热钢等，并根据技术要求进行相应的处理。

必须指出，各种产品使用条件不同，金属材料多种多样且目前仍在不断发展，热处理工艺也在不断进步，新材料、新工艺正不断出现，因而热处理工艺和材料的使用原则并不是一成不变的。以上所述仅是一些基本知识，还必须在实际中不断学习，灵活处置。

3. 热处理工艺路线的合理安排

应根据热处理目的和工序作用的不同，合理安排工序的位置。

1）退火和正火

退火和正火通常作为预备热处理工序，一般安排在毛坯生产之后、切削加工之前。对于精密零件，为了消除切削加工的残余应力，在切削加工工序之间还应安排去应力退火。工艺路线安排为：毛坯生产（如铸、锻、焊、冲压等）→退火或正火→机械加工。

2）调质处理

这种处理既可作为最终热处理工序，又可用于为以后表面淬火和为易变形的精密零件的淬火作好准备。调质工序一般安排在粗加工后，精加工或半精加工之前，一般的工艺路线应为：下料→锻造→正火（退火）→机械粗加工（留余量）→调质→机械精加工。

3）淬火和回火

在生产上，根据回火后的硬度是否便于加工来考虑淬火、回火位置，大致有两种情况。

一种情况是回火后硬度要求高，切削困难，则淬火和回火放在切削加工之后、磨削加工之前，工艺路线为：下料→锻造→退火（正火）→机械粗加工、半精加工→淬火、回火(硬度大于 30 HRC)→磨削。

　　另一种情况是回火后要求硬度较低,切削不困难,则淬火和回火放在精加工之前,工艺路线为:下料→锻造→退火(正火)→机械粗加工、半精加工→淬火、回火(硬度小于 35 HRC)→机械精加工→磨削。

　　淬火产生的变形、氧化、脱碳,应在磨削中除去,故需留磨削余量(直径在 200 mm 以下、长度在 1000 mm 以下的淬火件,磨削余量一般为 0.35~0.75 mm)。对于表面淬火零件,为了提高其心部力学性能及获得细马氏体的表层组织,常需先进行正火或调质处理。由于表面淬火零件变形小,留的磨削余量比整体淬火零件的小。

　　合理安排冷加工工艺路线,还可减小零件的变形。如六孔 45 钢制齿轮(见图 5-45),齿部要进行高频淬火,如果淬火安排在六孔加工之前,则六孔处的节圆部位不会下凹,但若安排在加工之后,则高频淬火后六孔处的节圆部位将下凹,齿部将有严重变形,故六孔的加工应安排在高频淬火之后。

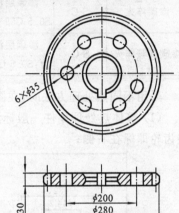

　　对于精密零件,可进行时效处理来消除应力,以稳定尺寸和减小变形。时效处理一般安排在粗磨和精磨之间。对要求精度很高的零件,可进行多次时效处理。

图 5-45　六孔 45 钢制齿轮

4. 技术条件的标注

　　选定热处理方案之后,设计者应根据零件的工作条件,在图样上标明材料牌号,相应注明热处理后的硬度。对于较重要的零件,应根据设计要求,注明热处理名称、热处理后的强度、硬度、塑性和韧度。有些重要的零件还应注明硬化层的深度和硬度。标注的硬度值应有一个允许波动的范围,一般布氏硬度为 30~40 HBS,洛氏硬度为 5 HRC 左右。但必须指出,单一硬度往往不能表征力学性能全貌,不同组织有不同的硬度值,有时候要标注热处理规范,甚至标出热处理的组织。在图样上标注热处理技术条件时,可用文字简要说明,也可按国家标准《金属热处理工艺分类及代号》(GB/T 12603—2008)所规定的热处理工艺代号及标注方法标准来标注。或者按原机械部机床专业标准标注(见表 5-7)。

表 5-7　热处理工艺代号及标注方法

热处理	代表符号	表示方法举例
退　火	Th	退火表示方法为:Th
正　火	Z	正火表示方法为:Z
调　质	T	调质至 220~250 HBS,表示方法为:T235
淬　火	C	淬火回火至 45~50 HRC,表示方法为:C48
油中淬火	Y	油冷淬火后回火至 30~40 HRC,表示方法为:Y35

续表

热处理	代表符号	表 示 方 法 举 例
高频淬火	G	高频淬火后回火至 50～55 HRC，表示方法为：Y52
调质高频淬火	T-G	调质后高频淬火后回火至 52～58 HRC，表示方法为：T-G54
火焰淬火	H	火焰加热淬火后回火至 52～58 HRC，表示方法为：H54
碳氮共渗	Q	氰化淬火后回火至 56～62 HRC，表示方法为：Q59
氮化	D	氮化层深度为 0.3 mm，硬度大于 850 HV，表示方法为：D 0.3-900
渗碳淬火	S-C	渗碳层深度为 0.5 mm，淬火后回火至 56～62 HRC，表示方法为：S0.5-C59
渗碳高频淬火	S-G	渗碳层深度为 0.9 mm，高频淬火后回火至 56～62 HRC，表示方法为：S0.5-G59

采用不同热处理方法时，在图样上的标注方法如下：

（1）整体热处理零件一般标注在图样的右侧或图的右下角，如图 5-46 所示的渗碳齿轮即标在右侧；

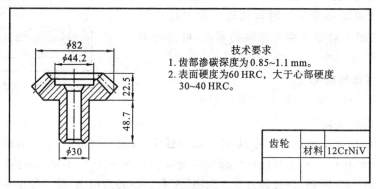

技术要求
1. 齿部渗碳深度为 0.85～1.1 mm。
2. 表面硬度为 60 HRC，大于心部硬度 30～40 HRC。

齿轮	材料	12CrNiV

图 5-46　发动机渗碳齿轮的热处理标注

（2）对零件进行局部热处理时，其部位一般应标明，并在技术要求中注明热处理技术条件（见图 5-47），也可将其注在零件图旁边。

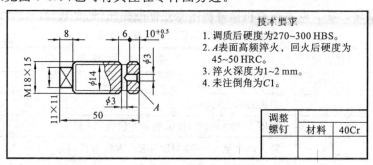

技术要求
1. 调质后硬度为 270～300 HBS。
2. A 表面高频淬火，回火后硬度为 45～50 HRC。
3. 淬火深度为 1～2 mm。
4. 未注倒角为 C1。

调整螺钉	材料	40Cr

图 5-47　汽缸头调整螺钉的热处理标注

思考与练习

1. 简述共析钢加热时奥氏体形成的几个阶段,并说明亚共析钢、过共析钢奥氏体形成的主要特点。

2. 以共析钢为例,说明将其奥氏体化后立即随炉冷却、空冷、油冷和水冷各得到什么组织,力学性能有何差异。

3. 将一组共析钢试样奥氏体化后,分别投入 690 ℃、650 ℃、450 ℃、300 ℃的恒温槽中并长时间保温后冷却,各得到什么组织?

4. 试说明对过共析钢应采用哪种退火工艺。为什么?

5. 45 钢经调质处理硬度为 240 HBS,若再进行 200 ℃回火,是否可使其硬度提高?为什么? 若 45 钢经淬火＋低温回火后硬度为 57 HRC,再进行 560 ℃回火,是否可使其硬度降低? 为什么?

6. 有两个相同化学成分的过共析钢试样,分别加热到 780 ℃和 880 ℃,并保温相同时间,使之达到平衡状态,然后以大于临界冷却速度的冷速冷至室温。试问:

   (1) 哪种加热温度下的马氏体晶粒较粗大?

   (2) 哪种加热温度下的马氏体含碳量较高?

   (3) 哪种加热温度下的残余奥氏体较多?

   (4) 哪种加热温度下的未溶渗碳体较少?

   (5) 试分析哪种温度淬火最合适? 为什么?

7. 指出下列组织转变的热处理工艺方法,说明热处理保温温度和冷却方式:

   (1) 20 钢:$M_回 \longrightarrow F+S$

   (2) 45 钢:$B_上 \longrightarrow S_回$

   (3) T8 钢:$P+Fe_3C_{II} \longrightarrow$ 球状体

   (4) T10 钢:球状体 $\longrightarrow M_回+Fe_3C_{II}$(断网状)

8. 有低碳钢齿轮和中碳钢齿轮各一只,为了使齿轮表面具有高的硬度和耐磨性,应该选择何种热处理方法? 并比较热处理后它们在组织和性能上的差别。

9. 用 38CrMoAl 钢制造某凸轮轴,表面采用渗氮处理,试列出相关的热处理工艺。

10. 淬火应力是怎样产生的? 减小淬火变形的方法有哪些?

11. 热处理缺陷有哪些? 应如何避免?

12. 对用碳素钢制造的表面耐磨零件,应采取什么热处理方案? 假如用 20 钢制造齿轮,请设计包含热处理的加工工序,指出各热处理工序的作用,并说明最终热处理后齿轮表面和心部各是什么组织。

第6章 合 金 钢

合金钢的品种很多,为了便于生产、保管、选材和研究,可将钢按其冶炼方法、化学成分、用途的不同加以分类,如图 6-1 所示。

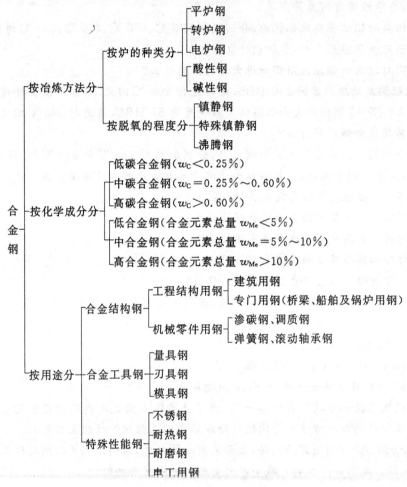

图 6-1 合金钢的分类

6.1 合金钢中的元素

碳钢价格低廉、生产容易、加工性能好,通过改变含碳量和进行适当的热处理,可满足工农业生产中许多场合的需求,至今仍然是工业上应用最广泛的钢铁材料。但是碳钢淬透性差,红硬性差,强度、屈强比、高温强度、耐磨性、耐蚀性、导电性和磁性等强度也都比较低,其应用受到限制。为了改善钢的力学性能或获得某些特殊性能,满足现代工业和科技发展的需要,人们在碳钢的基础上有目的地加入 Mn、Si、Ni、V、

Cr、Mo、W、Ti、B、Al、Cu、O 和稀土元素等合金元素,形成了合金钢。

合金元素的加入,不但对钢中的基本相、Fe-Fe₃C 相图和钢的热处理相变过程有较大影响,同时还将改变钢的组织结构和性能,其作用是一个非常复杂的物理、化学过程。

6.1.1 合金元素在钢中的存在形式和对基本相的影响

合金元素加入钢中,其主要的存在形式有两种:形成碳化物或溶于固溶体。碳钢在平衡状态下的基本相组成是铁素体和渗碳体,合金元素的加入将使这两种基本相发生变化。

1. 形成合金碳化物

合金碳化物包括合金渗碳体和单独形成的特殊碳化物。与 C 亲和力强的碳化物形成元素,如 Mn、Cr、Mo、W、V、Nb、Zr、Ti 等,在元素周期表中都是位于 Fe 以左的过渡族金属,它们形成碳化物的倾向按顺序依次增强。

Mn 作为弱碳化物形成元素,与 C 的亲和力比 Fe 强,溶于渗碳体中,形成合金渗碳体(Fe·Mn)₃C,但难以形成特殊碳化物。Cr、Mo、W 属于中强碳化物形成元素,既能形成合金渗碳体,如(Fe·Cr)₃C 等,又能形成各自的特殊碳化物,如 Cr₇O₃、Cr₂₃C₆、MoC、WC 等。Ti、Nb、V 是强碳化物形成元素,它们在钢中优先形成特殊碳化物,如 TiC、NbC、VC 等。

在碳化物中渗碳体的稳定性是最差的,合金元素的加入会使碳化物的稳定性提高。合金渗碳体的晶体结构与渗碳体相同,但由于溶入合金元素,增加了 Fe 与 C 原子之间的亲和力,从而使其稳定性显著提高。与 C 亲和力强的合金元素形成的特殊碳化物,则稳定性最好,它们都具有高熔点、高稳定性、高硬度、高耐磨性和不易分解等特点。表 6-1 给出了钢中常见碳化物的类型及特性。

表 6-1 钢中常见碳化物的类型及特性

碳化物类型	M₃C		M₂₃C₆	M₇C₃	M₂C		M₆C		MC		
常见碳化物	Fe₃C	(Fe,Me)₃C	Cr₂₃C₆	Cr₇C₃	W₂C	Mo₂C	Fe₃W₃C	Fe₃Mo₃C	VC	NbC	TiC
硬度 /HV	900~1050	稍大于 900~1050	1000~1100	1600~1800	—	—	1200~1300		1800~3200		
溶点 /℃	~165		1550	1665	2750	2700			2830	3500	3200
在钢中溶解的温度范围	Ac₁ 线至 950~1000℃	Ac₁ 线至 1050~1200℃	950~1100℃	大于 950℃,直到熔点	回火时析出,大于 650~700 ℃时转变为 M₆C		1150~1300 ℃		大于 1100~1150 ℃	几乎不溶解	

碳化物类型	M₃C	M₂₃C₆	M₇C₃	M₂C	M₆C	MC
含有此类碳化物的钢种	碳钢	低合金钢	少数高合金工具钢	高合金工具钢，如高速钢Cr12MoV、3Cr2W8V等	同左	含V大于0.3%的所有含V的合金钢	几乎所有含Nb、Ti的钢种

碳化物的稳定性越高，热处理加热时，碳化物的溶解及奥氏体的均匀化越困难。同样，在冷却及回火过程中碳化物的析出及其聚集长大也越困难。

合金碳化物的种类、性能和在钢中的分布状态将直接影响钢的性能及热处理相变。例如当钢中存在弥散分布的特殊碳化物时，将显著提高钢的强度、硬度和耐磨性，而不降低其韧度，这对提高工具的使用性能是十分有利的。

2. 形成合金固溶体

大多数合金元素在常温下都能溶于铁素体。与 C 亲和力弱的非碳化物形成元素，如 Ni、Cu、Al、Co、Si、B 等，则主要溶于铁素体中而难以形成碳化物。凡是溶入铁素体的合金元素均起固溶强化作用，即使钢的强度和硬度提高、韧度降低。固溶强化的效果取决于铁素体点阵畸变的程度。图 6-2a 和图 6-2b 所示分别为几种合金元素对铁素体的硬度和韧度的影响。由图可见，Si、Mn 能显著提高铁素体的硬度，当 w_{Si} <0.6%、w_{Mn} <1.5%时，对韧度的影响不大，超过此值时则韧度有下降的趋势。Cr、Ni 这两个元素，在适当的含量范围内（w_{Cr} <1%、w_{Ni} <3%），不但能提高铁素体的硬度，而且能提高其韧度。为此，在合金结构钢中，为了获得良好的强化效果，常加入一定量的 Cr、Ni、Si、Mn 等合金元素。

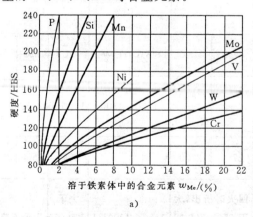
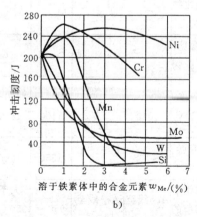

a)　　　　　　　　　　　　　　　b)

图 6-2　几种合金元素对铁素体性能的影响
a) 溶于铁素体的合金元素对硬度的影响　b) 溶于铁素体的合金元素对韧度的影响

由上可见,合金元素的加入,将会不同程度地改变碳钢基本相的性质及其组成,对钢的力学性能和工艺性能都将产生很大影响。

6.1.2 合金元素对铁碳合金相图的影响

合金元素的加入对铁碳合金相图的相区、相变温度、共析成分等都有影响。

1. 对奥氏体和铁素体存在范围的影响

合金元素会使奥氏体的单相区(A 相区)扩大或缩小。Ni、Mn、Co、C、N、Cu 等元素都会使奥氏体相区扩大,是奥氏体稳定化元素,特别以 Ni、Mn 的影响更大。图 6-3 所示为 Mn 对铁碳合金相图 A 相区的影响。Ni 或 Mn 的含量较多时,可使钢在室温下得到单相奥氏体组织,例如 1Cr18Ni9 高镍奥氏体不锈钢和 ZGMn13 高锰耐磨钢等。Cr、Mo、W、Ti、V、Al、Si 等元素可使 A 相区缩小,是铁素体稳定化元素。图 6-4 所示为 Cr 对相图 A 相区的影响。铁素体稳定化元素超过一定含量后,可使钢(如 1Cr17Ti 高铬铁素体不锈钢等)在包括室温在内的宽广温度范围内获得单相铁素体组织。

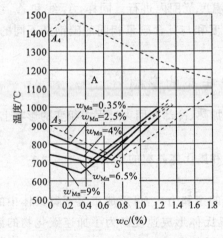

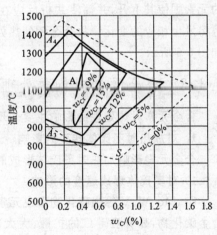

图 6-3 Mn 对 A 相区的影响　　　　　　图 6-4 Cr 对 A 相区的影响

2. 对铁碳相图中点 S、点 E 的影响

所有的合金元素都使点 S 左移,而大部分合金元素可使点 E 左移,因此,C 的质量分数相同的碳钢和合金钢具有不同的显微组织。如 C 的质量分数为 0.4% 的碳钢具有亚共析组织,但当加入质量分数为 4% 的 Cr 之后,点 S 左移,使形成的合金钢具有过共析钢组织;再如 C 的质量分数为 0.3% 的 3Cr2W8V 热作模具钢,由于 Cr、W、V 的加入也成为过共析钢。由于点 E 左移,在某些合金钢中虽然 C 的质量分数远低于 2.11%,也能出现莱氏体组织,这种钢称为莱氏体钢。如 C 的质量分数不超过 1.0% 的 W18Cr4V 高速钢,在铸态下已具有莱氏体组织。几种主要合金元素对共析成分 S 点的影响如图 6-5 所示。

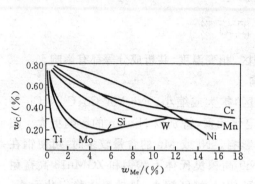

图 6-5   合金元素对共析成分 S 点的影响   图 6-6   合金元素对共析转变温度的影响

3. 对共析转变温度的影响

扩大 A 相区的元素使铁碳合金相图中的共析转变温度 A_1 线下降；缩小 A 相区的元素则使其上升，并都使共析反应在一个温度范围内进行。同样，A_3 线和 A_{cm} 线也将发生相应的变化。故合金钢的热处理温度和与其含碳量相同的碳钢是不同的，如图 6-6 所示。

6.1.3 合金元素对钢热处理组织转变的影响

合金元素对热处理的影响主要表现在对加热、冷却和回火过程中相变的影响上。

1. 对加热时奥氏体转变的影响

合金元素影响加热时奥氏体形成的速度和奥氏体晶粒的大小。

1）对奥氏体形成速度的影响

Cr、Mo、W、V 等强碳化物形成元素与 C 的亲和力大，可形成难溶于奥氏体中的合金碳化物，显著阻碍 C 的扩散，大大减慢奥氏体形成速度。为了加速碳化物的溶解和奥氏体成分的均匀化，必须提高加热温度并保温更长的时间。

Co、Ni 等部分非碳化物形成元素，因能增大 C 的扩散速度，将使奥氏体的形成速度加快。

Al、Si、Mn 等合金元素对奥氏体形成速度影响不大。

2）对奥氏体晶粒大小的影响

大多数合金元素有阻止奥氏体晶粒长大的作用，但影响程度不同。碳化物形成元素的作用最明显，因形成的碳化物在高温下较稳定，不易溶于奥氏体中，能阻碍其晶界外移，显著细化晶粒。根据对晶粒长大的影响程度，可分为以下几类：V、Ti、Nb、Zr、Al 等属强烈阻止晶粒长大的元素；W、Mo、Cr 等属中等阻碍晶粒长大的元素；Si、Ni、Cu 等对晶粒长大影响不大；Mn、P、B 等则是促进晶粒长大的元素。

2. 对过冷奥氏体分解转变的影响

1）对 C 曲线的影响

合金元素对过冷奥氏体分解转变的影响，集中反映在 C 曲线上。过冷奥氏体向珠光体或贝氏体转变，均属于扩散型或半扩散型转变。除 Co 外，几乎所有合金元素溶入奥氏体后都会降低原子扩散速度，增大过冷奥氏体的稳定性，使 C 曲线右移，即提高钢的淬透性，这是钢中加入合金元素的主要目的之一。常用的提高淬透性的元素有 Mo、Mn、W、Cr、Ni、Si、Al，它们对淬透性的作用依次由强到弱。一般情况下，非碳化物形成元素及弱碳化物形成元素使 C 曲线右移，而且 C 曲线形状与碳钢相似，如图 6-7a 所示。碳化物形成元素溶入奥氏体后，由于它们对推迟珠光体型转变与贝氏体型转变的作用有所不同，使 C 曲线形状发生变化，出现两个过冷奥氏体转变区，上部是珠光体转变区，下部是贝氏体转变区，两区之间的过冷奥氏体有很大的稳定性，如图 6-7b 所示。

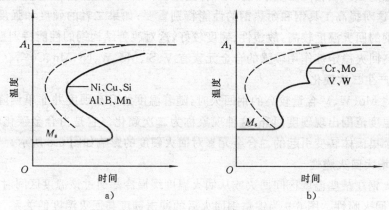

图 6-7　合金元素对 C 曲线的影响

a）非碳化物形成元素对 C 曲线的影响　b）碳化物形成元素对 C 曲线的影响

——碳钢；　——合金钢

需要指出的是，加入的合金元素只有完全溶于奥氏体中时，才能提高淬透性，如果未完全溶解，则碳化物会成为珠光体形成的核心，反而加速奥氏体的分解，使钢的淬透性降低。

实践证明，两种或多种合金元素的同时加入对淬透性的影响，比单一元素的影响强得多，这就促使合金钢朝多元少量的方向发展，例如铬锰钢、铬镍钢等。采用多元合金钢制造大截面工件，可以保证沿整个截面具有高强度和高韧度。对形状复杂的零件，采用淬透性大的多元合金钢，在缓慢的冷却介质下淬火，能减少淬火时的变形和开裂倾向。

2）对马氏体转变的影响

除 Co、Al 外，多数合金元素会使 M_s、M_f 线下降，导致残余奥氏体增加。许多高碳高合金钢中的残余奥氏体量可高达 30% 以上。残余奥氏体量过多时钢的硬度和疲劳抗力下降,因此须进行冷处理,即将钢冷至 M_s 线以下更低的温度,以使更多的残余奥氏体转变为马氏体;或进行多次回火,残余奥氏体因析出合金碳化物而使 M_s、M_f 线上升,并在冷却过程中转变为马氏体或贝氏体(即发生所谓二次淬火)。此外,合金元素还影响马氏体的形态,Ni、Cr、Mn、Mo、Co 等均会增强片状马氏体形成的倾向。

3. 对回火转变的影响

1) 提高回火稳定性

淬火钢的回火过程是马氏体分解、碳化物形成、析出和聚集的过程。合金元素在回火过程中,能推迟马氏体的分解和残余奥氏体的转变,提高铁素体的再结晶温度,阻止碳的扩散,从而减慢碳化物的形成、析出和聚集,使碳化物保持较大的弥散度,并将这个过程推向更高的温度范围。这样就提高了钢对回火软化的抗力,即提高了钢的回火稳定性。在相同温度下回火时,合金钢比同样含碳量的碳钢具有更高的硬度和强度,这对提高工具钢和耐热钢的性能特别重要;如果二者的硬度和强度相近,由于合金钢的回火温度较高,故塑性、韧度较好,这对改善结构钢的性能特别重要。

提高回火稳定性作用较强的合金元素有 V、Si、Mo、W、Ni、Mn、Co 等。

2) 产生二次硬化

一些 Mo、W、V 含量较高的钢回火时,随着温度的升高硬度并非单调降低,而是在某一温度范围出现硬度回升,这种现象称为**二次硬化**。它是由合金碳化物弥散析出和残余奥氏体转变引起的。合金元素对回火硬度的影响如图 6-8 所示。

3) 增大回火脆性

淬火钢在某些温度区间回火或从回火温度缓慢冷却通过该温度区间时产生的脆性,称为回火脆性。图 6-9 为镍铬钢回火后的冲击韧度与回火温度的关系。

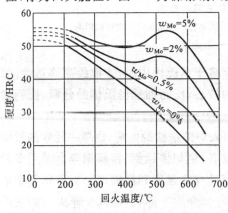

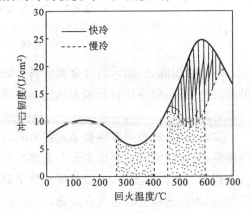

图 6-8　钼钢($w_C=0.35\%$)的回火温度与硬度关系曲线　　　图 6-9　镍铬钢($w_C=0.30\%$,$w_{Cr}=1.47\%$,$w_{Ni}=3.40\%$)的冲击韧度和回火温度的关系

钢淬火后在 300 ℃ 左右回火时所产生的回火脆性称为**第一类回火脆性**。无论碳钢还是合金钢,都可能发生这种脆性,它是由相变机制本身决定的,与回火后的冷却

方式无关。这种回火脆性产生后无法消除。加入质量分数 1%～3% 的 Si,可使导致回火脆性的温度移向更高的区域。为了避免第一类回火脆性的发生,一般不在250～350 ℃温度范围内回火。

含有 Cr、Mn、Ni 等元素的合金钢淬火后,在脆化温度(400～550 ℃)区回火,或经更高温度回火后缓慢冷却通过脆化温度区所产生的脆性,称为**第二类回火脆性**。它与某些杂质元素在原奥氏体晶界上的偏聚有关。这种偏聚容易发生在回火后的缓慢冷却过程中。如果回火后快冷,杂质元素来不及在晶界上偏聚,就不易发生这类回火脆性。当出现第二类回火脆性时,将其加热至 500～600 ℃经保温后快冷,即可消除回火脆性。对于不能快冷的大型结构件或不允许快冷的精密零件,应选用含有适量 Mo 或 W 的合金钢,因 Mo 或 W 强烈阻碍和延迟杂质元素等往晶界的扩散偏聚,能有效地防止第二类回火脆性的发生。

6.1.4 合金元素对钢力学性能的影响

1. 合金元素对钢强度的影响

1) 金属合金的强化机制

(1) 固溶强化 在合金固溶体中加入合金元素后,合金原子作为溶质溶入溶剂晶格中,使溶剂晶格产生畸变,从而产生固溶强化的效果。

(2) 细晶强化 加入的合金元素可作为非均质核心而使晶粒细化。晶粒越细小,金属的强度愈高,且塑性和韧度愈好(见图 3-9)。因此,合金元素在金属中可形成细晶强化的效应。

(3) 位错强化 运动位错碰上与滑移面相交的其他位错时,发生交割而使运动受阻,由此而形成**位错强化**的效应。位错密度越大,金属强度越高。金属的冷变形能产生大量位错,加工硬化(冷变形强化)实质为位错强化的结果。合金中的相变,特别是低温下伴随有容积变化的相变,如马氏体相变等,都会造成大量的位错,形成位错强化效应。

(4) 第二相强化 在合金固溶体中,由于合金元素的加入而产生金属化合物第二相时,金属化合物可阻碍固溶体晶体的滑移,使合金强度升高,这种现象称为**第二相强化**。

第二相强化的效果与第二相的数量、形状和大小有关。金属化合物第二相粒子越细、弥散分布越多,合金的强度越高。获得高弥散度粒子的方法有两种:一种是依靠热处理从过饱和固溶体中利用溶解度的降低而沉淀析出第二相,此过程往往通过时效处理来实现,故又称为**时效强化**;另一种是利用机械、化学等方法引入极细的第二相粒子。

合金元素的加入一般都促进第二相的沉淀析出,因而促进第二相强化。

应当指出的是,实际金属中,并非单纯只有一种强化机制在起作用,而往往是几种强化机制同时起作用。例如淬火钢的强化机制就是几种强化机制共同作用的结果。

2）合金元素在钢中的强化效应

提高钢强度最重要的方法是淬火和随后的回火。

淬火钢的组织是含过饱和碳和合金元素的马氏体。这些过饱和的碳和合金元素是产生很强的固溶强化效应的根源；马氏体形成时产生高密度位错和较大的位错强化效应；奥氏体转变为马氏体时，形成许多极细小的、取向不同的马氏体束，产生细晶强化和位错强化的效果。因此淬火马氏体具有很高的硬度，但脆性较大。淬火并回火后，马氏体中析出细小碳化物粒子，间隙固溶强化效应大大减小，但产生强烈的析出第二相的强化效应。由于基本上保持了淬火态的细小晶粒、较高密度的位错及一定的固溶强化作用，所以回火马氏体仍具有很高的强度，并且因间隙固溶引起的脆性减轻，韧度还大大改善。由此可知，马氏体强化充分而合理地利用了全部四种强化机制，是钢的最经济和最有效的强化方法。

将合金元素加入钢中，首要的目的是提高淬透性，保证在淬火时容易获得马氏体。加入合金元素，通过置换固溶强化机制，能够直接提高钢的强度，但作用有限。在完全获得马氏体的条件下，碳钢和合金钢的强度水平是一样的。

加入合金元素的第二个目的是提高钢的回火稳定性，使钢回火时析出的碳化物更细小、均匀和稳定，并使马氏体的微细晶粒及高密度位错保持到较高温度。这样，在相同韧度的条件下，合金钢比碳钢具有更高的强度。此外，有些合金元素还可使钢产生二次硬化，得到良好的高温性能。

由上述可知，合金元素对钢的强度的影响，主要是通过对钢的相变过程的影响起作用的，合金元素的良好作用，也只有经过适当的热处理才能充分发挥出来。

2. 合金元素对钢的韧度的影响

1）韧度的概念

韧度是指材料抵抗断裂的能力。韧度与强度是一对矛盾。金属断裂过程包括裂纹的形成和扩展的过程。断裂时不发生明显塑性变形的是脆性断裂，发生显著塑性变形的则是韧性断裂。

材料实际断裂的形式主要与温度和应力状态有关。中、低强度钢（$R_{eH} < 600$ MPa）和高强度钢（$R_m > 1000$ MPa）的冲击韧度随温度变化的关系如图 6-10 所示。低温下发生的是脆性断裂，高温下发生的则是韧性断裂，中间存在一个从脆性断裂到韧性断裂的快速转变，转变的温度称为**韧脆转变温度**（以 T_c 表示），它实际上是一个温度区域。低、中强度钢的 T_c 较高，而且在 T_c 以下断裂时的韧度非常低，在 T_c 以上断裂时的韧度较高，所以只要不发生脆性断裂，它们一般都有足够高的韧度。因此，判断低、中强钢的韧度大小的标准，并不是冲击韧度的绝对值，而是韧脆转变温度 T_c 的高低。高强钢的在低温下的断裂抗力一般较高，T_c 往往很低，但由图 6-10 可知，高强钢的韧度随温度的变化较平稳，其韧度断裂抗力比低、中强度钢低得多，因此决定韧度的是其韧性断裂的抗力。高强钢韧度的大小可用其使用温度下的冲击韧度或断裂韧度值来衡量。

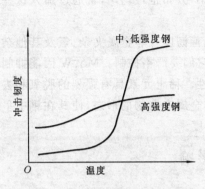

图 6-10 中、低强度钢和高强度钢的
冲击韧度随温度的变化

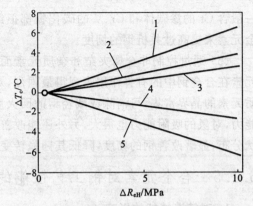

图 6-11 各种强化机制对低合金高强度钢韧脆
转变温度的影响
1— 碳的固溶强化 2—位错强化 3—时效强化
4—锰、镍元素的固溶强化 5—细晶强化

2）合金元素对钢韧度的作用

与强度相比，韧度对组织更敏感，影响强度的因素，对韧度的影响更为显著。图 6-11 表示出各种强化机制对 T_c 的影响。从图中可见，细晶强化和部分元素的置换固溶强化能降低 T_c，可用来提高钢的韧度；间隙固溶强化和位错强化会降低韧度，应该予以控制；时效强化对韧度的影响较小。合金元素对钢的韧度的改善作用体现在以下几个方面。

（1）通过细化晶粒改善韧度　钢中加入少量 Ti、V、Nb、Al 等元素，形成 TiC、VC、NbC、A1N 等细小稳定的化合物粒子，会阻碍奥氏体晶粒长大，使钢晶粒细化，增加晶界的总面积，这不仅有利于强度的提高，而且因增大了裂纹扩展的阻力，能显著提高钢的韧度，特别是低温韧度。

（2）通过置换固溶改善韧度　将合金元素置换固溶于铁素体中，一般都能提高钢的强度，降低钢的韧度。但是，某些置换元素（例如 Ni）溶入铁素体中能改变位错运动的特点，使其容易绕过某些障碍，避免产生大的应力集中，而不致产生脆性断裂，所以可大大改善基体的韧度。Ni 的质量分数超过 13% 时，甚至能消除韧脆转变现象，故大多数低温钢一般都是高镍钢。Mn 也能有效地降低钢的 T_c，改善钢的韧度。

（3）提高回火稳定性而改善韧度　钢的间隙固溶强化和位错强化是最有效的强化方法，但它们会带来较大脆性。加入合金元素，提高钢的回火稳定性，可以保证钢在达到相同强度的条件下回火温度提高。提高回火温度，能更充分地析出第二相质点而降低间隙固溶程度和位错密度，更多地减轻脆化作用，而使钢的韧度显著改善。

（4）通过细化碳化物而改善韧度　钢中的碳化物和脆性相可能自身断裂，或与基体脱开，成为裂纹的核心；粗大的碳化物会严重割裂基体，降低钢的强度和韧度。在考虑耐磨性而必须含有碳化物时，它们的粒子应尽量细小并分布均匀，这同时对强度和韧度都有利。在组织为铁素体和珠光体的钢中，锰对碳化物的细化作用最有效。

一般含 Cr 的渗碳体和 Cr、V 的碳化物都很细小,分布也最均匀,常通过加入这些合金元素来提高过共析钢的韧度。

（5）通过控制非金属夹杂和杂质元素而改善韧度　非金属夹杂、氢及其他杂质元素在合金钢中的有害作用表现得最强烈,对它们要严格控制。Mo、W 因能抑制杂质元素的晶界富集,可消除或减轻钢的回火脆性。稀土元素具有强烈的脱氧和去硫能力,对氢的吸附能力也很大,另外还能改善非金属夹杂物的形态,使其在钢中呈粒状分布,显著改善钢的韧度,降低其韧脆转变温度。

6.1.5　合金元素对钢工艺性能的影响

1. 对铸造性能的影响

铸造性能主要是指铸造时金属的流动性、收缩特点、偏析倾向等的综合。它们与固相线和液相线温度的高低及结晶温区的大小有关。固、液相线的温度愈低,结晶温区愈窄,铸造性能愈好。合金元素的对铸造性能的作用取决于其对相图的影响。加入许多合金元素如 Cr、Mo、V、Ti、Al 等后,在钢中形成高熔点碳化物或氧化物质点,可增大钢液黏度,降低其流动性,使铸造性能恶化。

2. 对热变形加工工艺性能的影响

热变形加工工艺性能通常由热加工时金属的塑性和变形抗力、可加工温度范围、抗氧化能力、对锻造加热锻后冷却的要求等来评价。合金元素溶入固溶体中,或在钢中形成碳化物(如 Cr、Mo、W、V 等),都会使钢的热变形抗力提高和热塑性明显下降,锻造时容易开裂,其锻造性能比碳钢差得多。合金元素一般都会降低钢的导热性和提高钢的淬透性。合金钢的终锻温度较高,锻造温度范围较窄,而且锻造时加热和冷却都必须缓慢,以防发生开裂。

3. 对冷变形加工工艺性能的影响

冷变形加工(如冷拔、冷冲压、冷镦、冷弯等)工艺性能主要包括钢的冷变形能力和所得钢件的表面质量两方面。合金元素溶于固溶体中时会提高钢的冷加工硬化率,使钢变硬、变脆、易开裂,或难以继续成形。含碳量增加,会使钢的拉延性能变坏,所以冷冲压钢都是低碳钢。Si、Ni、O、V、Cu 等会降低钢的深冲性能;Nb、Ti、Zr 和 Re 因能改善硫化物的形态,提高钢的冲压性能。

4. 对焊接性能的影响

焊接性能一般指金属的焊接性和焊接区的使用性能,主要由焊后开裂的倾向性和焊接区的硬度来评判。合金元素都能提高钢的淬透性,促进脆性相马氏体组织的形成,降低焊接性能。通常使用"碳当量"CE 来估计化学成分对焊接性能的影响,即把合金元素的影响折合成碳的影响。例如,对于 $w_C > 0.18\%$ 的 Mn 钢、热轧钢、调质钢,碳当量 CE 为

$$CE = C + Mn/6 + Si/24 + Ni/40 + Cr/5 + Mo/4 + V/14 \quad (\%)$$

式中元素符号代表其质量分数。相同 w_C 的条件下,合金元素含量愈高,CE 愈高,焊

接性能愈差。实践表明,CE<0.3%时,焊接性能很好;CE>0.4%~0.5%时,焊接有困难,需要采取焊前预热或焊后及时回火等措施。但如果钢中含有少量 Ti 和 V,因能形成稳定的碳化物,使晶粒细化并降低淬透性,故可改善钢的焊接性能。

5. 对切削加工性能的影响

切削加工性能决定了金属被切削的难易程度和加工表面的质量好坏,通常由切削抗力大小、刀具寿命、表面粗糙度和断屑性等因素来衡量。切削加工性能与材料硬度有密切关系。实践证明,钢最适于切削的硬度范围为 170~230 HBS。硬度过低,容易形成积屑瘤,加工表面粗糙度差;硬度过高,切削抗力大,刀具易磨损。

由于合金结构钢和合金工具钢中存在耐磨的碳化物组织,耐热钢具有较高的高温硬度,奥氏体不锈钢有较强的加工硬化能力等等,因此,即使在较佳切削硬度范围内,合金钢的切削性能也比碳钢差得多。

为了提高钢的切削性能,可在钢中特意加入一些改善切削性能的合金元素,例如 S、Pb 和 P 等元素。易切削钢中 S 的质量分数控制在 0.08%~0.30%,Pb 的质量分数控制在 0.10%~0.30%,P 的质量分数控制在 0.08%~0.15%。这些合金元素可在钢中形成夹杂物或不溶微粒,破坏基体的连续性,使切屑易断,同时起润滑作用,改善钢的切削性能。

6. 对热处理工艺性能的影响

热处理工艺性能反映热处理的难易程度和热处理产生缺陷的倾向,主要包括淬透性、变形和开裂倾向、过热敏感性、回火脆化倾向和氧化脱碳倾向等。合金钢的淬透性高,使得淬火操作变得容易,变形和开裂倾向较小。氧化脱碳倾向最强烈的是含硅钢,其次是含镍钢和含钼钢。加入 Mn、Si 会增大钢的过热敏感性。

6.2 合金结构钢及其应用

GB/T 3077—1999 规定,合金结构钢的牌号表示采用"数字+元素符号+数字"的方法,前面的两位数字表示 C 的平均质量万分数。合金元素后面的数字一般表示合金元素的质量百分数。当合金元素的平均质量分数 w_{Me}<1.5%时,一般只标元素符号而不标数字;当其平均质量分数 w_{Me}≥1.5%,2.5%,3.5%,…时,则在元素后相应地标出 2,3,4,…。例如 12CrNi3 钢,表示其中 C 的平均质量分数为 0.12%,Cr 的平均质量分数小于 1.5%,Ni 的平均质量分数为 3%。

合金结构钢包括合金渗碳钢、合金调质钢、合金弹簧钢和滚动轴承钢等。

6.2.1 合金渗碳钢

1. 合金渗碳钢的性能特点和用途

合金渗碳钢(alloying carburizing steels)经渗碳、淬火和回火后,零件表面具有高硬度和高耐磨性,而心部具有较高的韧度和足够的强度,有良好的热处理工艺性能,在高温渗碳条件下奥氏体晶粒不易长大,并具有良好的淬透性。

合金渗碳钢主要用于制造表面承受强烈磨损,并承受动载荷的零件,如汽车、拖拉机上的变速齿轮、内燃机上的凸轮、活塞销等,是机械制造中应用较广泛的钢种。

2. 合金渗碳钢的化学成分特点

合金渗碳钢实际就是碳素渗碳钢加入合金元素所形成的钢种,其中 C 的质量分数一般为 0.10%～0.25%,属于低碳钢范畴,可保证渗碳零件心部有较高的韧度。

在合金渗碳钢中,主加合金元素为 Cr、Mn、Ni、B 等,其主要作用是提高钢的淬透性。合金渗碳钢经渗碳、淬火后,其心部可得到低碳马氏体,在提高强度的同时又保持良好的韧度。合金元素还能提高渗碳层的强度和塑性,其中以 Ni 的效果最好。在合金渗碳钢中,除上述元素外,还加入少量的 V、W、Mo、Ti 等加强碳化物形成元素,其主要作用是细化晶粒,防止在高温渗碳过程中奥氏体晶粒长大。此外,合金碳化物的存在,也提高了渗碳层的耐磨性。合金渗碳钢可在油中淬火,以减少工件的变形与开裂倾向。

3. 合金渗碳钢的热处理特点和组织性能

合金渗碳钢的热处理包括渗碳前的热处理和渗碳后的热处理。

(1)渗碳前的热处理　低、中淬透性渗碳钢一般在锻造后进行正火处理以改善其切削加工性;高淬透性渗碳钢退火软化困难,通常在锻造后进行一次空冷淬火再于650 ℃左右高温回火,其组织为回火索氏体,有利于切削加工。

(2)渗碳后的热处理　渗碳后的热处理一般是淬火及低温回火,其回火温度为180～200 ℃,表面硬度为58～64 HRC,心部组织根据钢的淬透性及尺寸而定。对于渗碳时容易过热的钢种,在渗碳后须进行预备正火或淬火处理,以消除过热组织,细化晶粒,然后再进行淬火及低温回火处理。经过这种热处理后的工件可以达到"表硬里韧"的性能。

热处理后渗碳层的组织由合金渗碳体与回火马氏体及少量残余奥氏体组成,硬度为 60～62 HRC。心部组织与钢的淬透性及零件截面尺寸有关,完全淬透时为低碳回火马氏体,硬度为 40～48 HRC;多数情况下是托氏体、少量回火马氏体及少量铁素体,硬度为 25～40 HRC。心部的冲击韧度一般都高于 70 J/cm²。

4. 常用渗碳钢与零件工艺路线

1)常用渗碳钢及其应用

合金渗碳钢按淬透性大小分为低、中、高淬透性的三类。常用渗碳钢的牌号、成分、热处理、力学性能及其应用如表 6-2 所示。

(1)低淬透性渗碳钢　典型钢种有 20Mn2、20Cr 等。这类钢的水淬临界淬透直径为 20～35 mm,淬透性低,经渗碳、淬火与低温回火后心部强度较低,而强度与韧度配合较差,只可用于制作受力不太大、不需要高强度的耐磨零件,如柴油机的凸轮轴、活塞销、滑块、小齿轮等。这类钢渗碳时,心部晶粒易于长大,特别是锰钢。如性能要求较高时,在渗碳后经常采用两次淬火法。

(2)中淬透性渗碳钢　典型钢种有 20CrMn、20CrMnTi 等。这类钢的油淬临界

表 6-2 常用渗碳钢的牌号、成分、热处理、性能及用途

类别	钢号	主要化学成分(质量分数)/(%)						热处理					力学性能					应用举例
								淬火		冷却介质	回火		R_m/MPa	R_{eH}/MPa	A/(%)	Z/(%)	KU_2/J	
		C	Mn	Si	Cr	Ni	其他	加热温度/℃ 第一次淬火	第二次淬火		加热温度/℃	冷却介质		(不小于)				
低淬透性	15	0.12~0.18	0.35~0.65	0.17~0.37	0.25	0.30	Cu 0.25	—	—	—	—	—	375	225	27	55	—	活塞销等
	20Mn2	0.17~0.24	1.40~1.80	0.20~0.40				850	—	水、油	200	水、空	785	590	10	40	47	小齿轮、小轴、活塞销等
	20Cr	0.18~0.24	0.50~0.80	0.17~0.37	0.70~1.00			880	780~820	水、油	200	水、空	835	540	10	40	47	齿轮、小轴、活塞销等
	20MnV	0.17~0.24	1.40~1.80	0.17~0.37				880	—	水、油	200	水、空	785	590	10	40	55	同上,此外还有锅炉、高压容器、管道等
	15CrMn	0.12~0.18	1.10~1.40	0.17~0.37	0.40~0.70			880	—	油	200	水、空	985	590	12	50	47	齿轮、小轴、顶杆、活塞销、耐热垫圈
	20CrMn	0.17~0.23	0.90~1.20	0.17~0.37	0.90~1.20			850	—	油	200	水、空	930	735	10	45	47	齿轮、轴、蜗杆、活塞销、摩擦轮
中淬透性	20CrMnTi	0.17~0.23	0.80~1.10	0.17~0.37	1.00~1.30		Ti 0.06~0.10	880	870	油	200	水、空	1080	850	10	45	55	汽车、拖拉机上的变速箱齿轮
	20Mn2TiB	0.17~0.24	1.30~1.60	0.17~0.37			B 0.0005~0.0035 Ti 0.04~0.10	860	—	油	200	水、空	1130	930	10	45	55	代替 20CrMnTi
	20CrMo	0.17~0.24	0.40~0.70	0.17~0.37	0.80~1.10		Mo 0.15~0.25	880	—	水、油	500	水、油	885	685	12	50	78	代替 20CrMnTi
高淬透性	20Cr2Ni4	0.17~0.23	0.30~0.60	0.17~0.37	1.25~1.65	3.25~3.65		880	780	油	200	水、空	1180	1080	10	45	63	大型渗碳齿轮和轴类
	12Cr2Ni4	0.10~0.16	0.30~0.60	0.17~0.37	1.25~1.65		Mo 0.4~0.5	860	780	油	200	水、空	1080	835	10	50	71	大型渗碳齿轮、飞机齿轮
	18Cr2Ni4WA	0.13~0.19	0.30~0.60	0.17~0.37	1.35~1.65	4.00~4.50	W 0.80~1.20	950	850	空	200	水、空	1180	835	10	45	78	大型渗碳齿轮和轴类

直径为 25～60 mm,其淬透性和力学性能均较高,可用于制作承受中等动载荷且具有足够韧度的耐磨零件,如汽车、拖拉机的重要齿轮、齿轮轴、十字销头、花键轴套、气门座、凸轮盘等。由于这类钢中含有 Ti、V、Mo 等元素,奥氏体晶粒长大倾向较小,故渗碳后的热处理通常采用预冷至 870 ℃左右直接淬火再经过低温回火,可获得较高的力学性能。

(3) 高淬透性渗碳钢　典型钢种有 20Cr2Ni4、18Cr2Ni4WA 等。这类钢的淬透性高,油淬临界淬透直径可达 100 mm 以上,甚至空冷也能淬成马氏体。这类钢经渗碳淬火后,心部强度很高,而且强度与韧度配合很好,主要用于制造承受重载和强烈磨损的大型零件,如大功率柴油机曲轴、连杆、航空发动机的重要轴类零件等。这类钢由于含有较高的合金元素,其 C 曲线大大向右移,因而渗碳后在空气中冷却也能淬得马氏体组织,为此在淬火前需经高温回火;另外,其马氏体转变温度大为下降,渗碳层在淬火后将保留大量的残余奥氏体。为了减少淬火后残余奥氏体量,可在淬火前先高温回火,使碳化物球化或在淬火后采用冷处理并低温回火。

2) 渗碳钢件工艺路线举例

零件产品:CA-10B 载重汽车变速箱中间轴的三挡齿轮。

材质:20CrMnTi。

工艺路线:下料→锻造→正火→车削加工→加工齿形→渗碳(930 ℃)→预冷淬火(830 ℃)→低温回火(200 ℃)→磨削加工→磨齿→成品。

6.2.2　合金调质钢

1. 合金调质钢的性能特点及用途

合金调质钢(alloying hardening steels)一般是指在碳素调质钢中加入合金元素后形成的经调质处理的结构钢。其调质后的组织为回火索氏体,具有强而韧的良好综合力学性能,是承受较复杂、多种工作载荷零件的合适材料。要获得具有良好综合力学性能的回火索氏体,其前提是在淬火后必须获得马氏体组织。作为基本性能要求,调质钢必须具有足够高的淬透性。

调质钢常用于制造承受较大负荷,同时还承受一定冲击的机械零件,如柴油机连杆螺栓、机床主轴、齿轮及汽车半轴等。调质钢是机械制造用钢中应用最广泛的结构钢。

2. 合金调质钢的化学成分

合金调质钢中 C 的质量分数介于 0.21%～0.45%之间,属于中低碳钢。含碳量过低不易淬硬,回火后强度不足;含碳量过高则韧度不足。合金调质钢较之于碳素调质钢,由于合金元素的强化作用,相当于代替了一部分碳量,故含碳量偏低,如 40Cr、35CrMnSi、25CrNiWA 等。

合金调质钢的主加合金元素为 Cr、Ni、Mn、Si 等,其主要作用是提高钢的淬透性。全部淬透的零件,在高温回火后,可获得高而均匀的综合力学性能,特别是高的屈强比(R_{eH}/R_m)。此外,主加元素(除 B 以外)都有较显著的强化铁素体的作用,当它们的含量在一定范围时,还可提高铁素体的韧度。

调质钢的辅加元素为 Mo、W、V、Al 等,它们在合金调质钢中的含量一般较少,其主要作用为细化晶粒与提高回火稳定性。其中 Mo、W 有防止调质钢的第二类回火脆性的作用,V 可细化晶粒,Al 的主要作用是提高合金调质钢的渗氮强化效果。

3. 调质钢热处理特点和组织性能

调质钢的热处理主要包括切削加工前的热处理和切削加工后的调质处理。

(1) 切削加工前的热处理 零件的切削初加工或半精加工一般在调质处理前进行。由于合金调质钢有一定的含碳量,合金元素的作用又强烈,所以许多钢在轧制、锻造后的组织与之前有很大的差别。碳素调质钢和合金元素含量较低的合金调质钢淬透性较低,通常采用正火或退火处理,其组织为铁素体和珠光体,切削性能良好;高淬透性调质钢空冷即可获得马氏体组织,为了降低硬度、改善切削性能以及消除残余应力,在进行切削加工、调质处理前需要进行预先热处理。对合金元素含量较少的钢可加热至 Ac_3 线以上进行退火处理,这样既可细化晶粒又可改善其切削加工性;对于合金元素含量较高的钢,则可加热至 Ac_3 线以上空冷,而后再在 Ac_1 线以下(650～700 ℃)进行高温回火,也即进行预先调质处理,以便获得回火索氏体组织,使钢软化,便于切削加工。切削加工后再进行调质处理。

(2) 调质处理 淬火后进行高温回火。淬火温度可根据钢的成分来确定。一般把钢件加热 Ac_3 线以上(850 ℃左右)温度保温,然后放入油或水中进行淬火,最后进行回火。合金调质钢经常规热处理后的组织是回火索氏体。调质钢的最终使用性能取决于回火温度。图6-12所示为 40Cr 钢的回火温度与力学性能的关系。由图可以看出,随着回火温度的升高,钢的强度、硬度逐渐降低,而塑性、韧度则相应升高。选择不同的回火温度,可获得不同的强度与韧度组合。一般采用500～650 ℃的高温回火处理,以获得回火索氏体,使钢材具有高的综合力学性能。高温回火时应防止某些合金钢产生回火脆性,如铬镍、铬锰钢等,在高温回火后缓慢冷却时往往会产生第二类回火脆性,采用快速冷却则可以避免。而对于截面较大的零件,快速冷却往往受到限制,因此通常采用加入 Mo 和 W 等合金元素的办法(其适当含量为 $w_{Mo}=0.15\%\sim0.30\%$,$w_W=0.8\%\sim1.2\%$),以抑制或防止第二类回火脆性。

一些重要调质钢零件如轴类、齿轮等,一般除了要求有良好的综合力学性能之外,往往还要求表面具有高硬度和高耐磨性,这时可采用感应加热表面淬火并经低温回火,这时的表面组织为回火马氏体,从而提高了表面的耐磨性。如果对耐磨性要求更高,则可采用化学热处理,如渗氮处理,使表层形成高硬度的渗氮层,在这种情况下,最好选用 38CrMoAl 钢,它是专门的渗氮用钢,由于钢中含有 Al,表层可形成高硬度的 AlN,渗氮效果良好。

调质钢淬透时的屈服强度可达 800 MPa 以上,冲击韧度可达 80 J/cm² 以上。若截面未淬透,综合力学性能将大为降低。

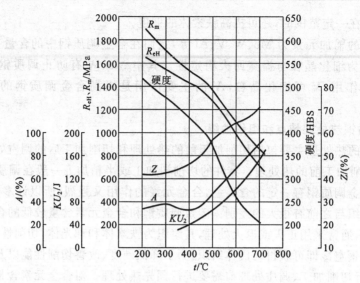

图 6-12 40Cr 钢的回火温度与力学性能的关系

4. 常用合金调质钢及零件工艺路线

1）常用合金调质钢及其应用

合金调质钢按淬透性大小可分为低、中、高淬透性三类。常用合金调质钢的牌号、化学成分、热处理、性能及用途如表 6-3 所示。

（1）低淬透性调质钢　典型钢种有 40Cr、40MnVB 等，其中 40Cr 钢是应用最广泛的合金调质钢。这类钢的油淬临界淬透直径为 30～40 mm，调质后具有较好的力学性能及工艺性能。但由于淬透性不太高，故多用于尺寸较小的较重要零件，如机床主轴、变速齿轮、汽车、拖拉机的连杆螺栓、传动轮等。

（2）中淬透性调质钢　典型钢种有 40CrMn、35CrMo 等。这类钢的油淬临界淬透直径为 40～60 mm，淬透性较好，调质后综合力学性能较好，适于制造截面尺寸较大、载荷较大的调质零件，如截面尺寸较大的曲轴、连杆等。

（3）高淬透性调质钢　典型钢种有 40CrMnMo、25Cr2Ni4W 等。这类钢的油淬临界淬透直径为 60～100 mm，淬透性很好，调质后的综合力学性能很好，适于制造大截面、承受更大载荷的重要调质件，如大型的轴类零件、齿轮等。

2）合金调质钢件工艺路线举例

零件产品：东方红-75 拖拉机的连杆螺栓。

材质：40Cr。

工艺路线：下料→锻造→退火→粗机加工→调质处理→精机加工→成品。

6.2.3　合金弹簧钢

1. 合金弹簧钢的性能特点及用途

合金弹簧钢（alloying spring steels）的特点是具有很高的弹性极限，用其制造的

表 6-3　常用调质钢的牌号、化学成分、热处理、性能及用途

类别	钢号	化学成分(质量分数)/(%)						热处理				毛坯尺寸/mm	力学性能						应用举例
		C	Mn	Si	Cr	Ni	其他	淬火 加热温度/°C	淬火 冷却介质	回火 加热温度/°C	回火 冷却介质		R_{eH}/MPa	R_m/MPa	A/(%)	Z/(%)	KU_2/J	退火或高温回火供应状态布氏硬度 HB100/3000 不大于	
													不小于						
低淬透性钢	45	0.42~0.50	0.50~0.80	0.17~0.37	≤0.25	≤0.30	Cu≤0.25	840	水	500	空	25	355	600	16	40	39		主轴、曲轴、轴、齿轮、柱塞、汽车连杆等
	45MnB	0.37~0.44	1.10~1.40	0.20~0.40			B 0.001~0.0035	840	油	500	水、油	25	835	1030	9	40	39	217	可代替40Cr及部分代替40CrNi制作重要零件、也可代替38CrSi制作重要销钉
	40MnVB	0.37~0.44	1.10~1.40	0.17~0.37			B 0.0005~0.0035 V 0.05~0.10	850	油	520	水、油	25	785	980	10	45	47	207	制作重要调质件,如轴类、连杆件、螺栓、进气阀和重要齿轮等
	40Cr	0.37~0.44	0.50~0.80	0.17~0.37	0.80~1.10			850	油	520	水、油	25	785	980	9	45	47	207	制作轴类件及车辆上的重要调质件
中淬透性钢	38CrSi	0.35~0.43	0.30~0.60	1.00~1.30	1.30~1.60			900	油	600	水、油	25	835	980	12	50	55	255	制作强度载荷大的重要调质件等
	30CrMnSi	0.27~0.34	0.80~1.10	0.90~1.20	0.80~1.10			880	油	540	水、油	25	885	1080	10	45	39	229	高强度载荷件,如高速载荷轴、车辆上内外摩擦片等
	35CrMo	0.32~0.40	0.40~0.70	0.17~0.37	0.80~1.10		Mo 0.15~0.25	850	油	550	水、油	25	835	980	12	45	63	229	重要调质件,如曲轴、连杆,以及代替40CrNi制作大截面轴类件

续表

类别	钢号	化学成分(质量分数)/(%)						热处理					力学性能						应用举例
								淬火		回火		毛坯尺寸/mm							
		C	Mn	Si	Cr	Ni	其他	加热温度/°C	冷却介质	加热温度/°C	冷却介质		R_{eH}/MPa	R_m/MPa	A/(%)	Z/(%)	KU_2/J	退火或高温回火供应状态布氏硬度 HB100/3000	
													不小于					不大于	
	38CrMoAl	0.35~0.42	0.30~0.60	0.20~0.45	1.35~1.65		Mo 0.15~0.25 Al 0.70~1.10	940	水、油	640	水、油	30	835	980	14	50	71	229	制作氮化零件，如高压阀门、缸套等
	37CrNi3	0.34~0.41	0.30~0.60	0.17~0.37	1.20~1.60	3.00~3.50		820	油	500	水、油	25	980	1130	10	50	47	269	制作大截面并需要高强度、高韧度的零件
高淬透性钢	40CrMnMo	0.37~0.45	0.90~1.20	0.17~0.37	0.90~1.20		Mo 0.20~0.30	850	油	600	水、油	25	785	980	10	45	63	217	大型轴类零件、齿轮
	25Cr2Ni4WA	0.21~0.28	0.30~0.60	0.17~0.37	1.35~1.65	4.00~4.50	W 0.80~1.20	850	油	550	水、油	25	930	1080	11	45	79	269	制作力学性能要求很高的大截面零件
	45CrNiMoVA	0.42~0.49	0.50~0.80	0.17~0.37	0.80~1.10	1.30~1.80	Mo 0.20~0.30	860	油	460	油	试样	1330	1470	7	35	31	269	制作高强度零件；如航空发动机轴，在小于500℃温度下工作的喷气发动机承载零件

弹簧等弹性零件,在工作时可产生很大的弹性变形,在各种机械中起缓和冲击、吸收振动的作用,另外,利用弹性变形储存的能量可以使机件完成规定的动作。弹簧在工作时一般承受循环载荷,大多数情况下因疲劳而破坏,因此还要求制造弹簧的材料具有高的疲劳极限。为了获得高的疲劳极限与弹性极限,要求钢材具有高的屈服强度,尤其是高的屈强比。为了减轻材料对缺口的敏感性,弹簧还要有一定的塑性和韧度,并有良好的表面加工质量。

合金弹簧钢一般用于制造截面尺寸较大,承受较重载荷的弹簧和各种弹性零件,有时也用于制造具有一定耐磨性的零件。

2. 合金弹簧钢的化学成分特点

合金弹簧钢的含碳量较高,属于中、高碳钢,因而具有高的弹性极限与疲劳极限。由于合金元素的加入使点 S 左移,因此合金弹簧钢的含碳量较碳素弹簧钢要低一些,一般 $w_C=0.45\%\sim0.70\%$。若含碳量过低,则钢的强度不足;含碳量过高,则韧度、塑性差,疲劳极限下降。

合金弹簧钢的主加合金元素为 Mn、Si、Cr 等,其主要作用是提高钢的淬透性和回火稳定性,其中 Si、Mn 对铁素体有明显的强化效果,因而可提高钢的屈服强度和屈强比。辅加合金元素为 W、Mo、V 等元素,其作用是提高钢的弹性极限、屈强比及耐热性,同时它们还可减轻 Si-Mn 弹簧钢的脱碳与过热倾向,其中 V 还能提高冲击韧度等。

3. 合金弹簧钢的热处理特点及组织性能

按照生产方式、弹簧尺寸的不同,合金弹簧钢的处理方式可分为热成形和冷成形两类。

1) 热成形

热成形是指将细圆钢或扁钢加热成形随即淬火及中温回火,获得回火屈氏体的热处理方式。经热成形后钢具有高的弹性极限与疲劳极限,并有一定的塑性和韧度。这种方法适于制造截面尺寸大于 10 mm 的螺旋弹簧和板弹簧。

热成形弹簧的表面质量对其使用寿命的影响很大,生产中,弹簧表面往往出现裂纹、划痕、氧化、脱碳等缺陷,这些都会产生应力集中而成为疲劳源,显著降低弹簧的疲劳极限。为了消除或减轻表面缺陷的有害影响,提高疲劳极限,热处理后对弹簧钢往往要进行喷丸处理,以强化表面,使弹簧表面形成残余压应力,从而提高弹簧的疲劳极限和使用寿命。如用 60Si2Mn 钢制作的汽车板簧经喷丸处理后,使用寿命可提高 5~6 倍。

2) 冷成形

当弹簧的直径较细或厚度较薄时,一般用冷拉弹簧钢或冷轧弹簧钢卷成形。直径小于 10 mm 的弹簧,常用冷拉弹簧钢丝冷绕而成。冷拉弹簧有三种处理方法。

(1) 铅浴索氏体化处理 经铅浴索氏体化处理的冷拉钢丝可获得较高的强度,抗拉强度达 3000 MPa 以上。其主要工艺特点是:在冷拉钢丝过程中,首先将钢丝坯料在管式炉内快速加热到 Ac_3 线以上 80~100 ℃(即 900~950 ℃),然后在 500~550 ℃铅浴槽内等温淬火。这种处理称为"索氏体化"处理,可获得强度高、塑性好且最宜于冷拔的索氏体组织。多次冷拔至所需直径再冷卷成型,之后只需进行一次 200~300 ℃的去应力回火,以消除内应力并使弹簧定型,不需再经淬火、回火处理。

(2)油淬回火　油淬回火是将钢丝冷拔到规定尺寸后再进行的。经油淬回火的钢丝抗拉强度虽然不及铅浴索氏体化冷拉钢丝,但它的性能比较均匀,且抗拉强度波动范围小,冷卷成弹簧后,也只进行去应力回火,不需再经淬火、回火处理。

(3)退火　合金弹簧钢丝在冷拔后经软化退火,再冷卷成弹簧后,需经淬火、回火处理,才能达到所需要的力学性能。

4. 常用合金弹簧钢与零件工艺路线

1)常用合金弹簧钢及其应用

常用合金弹簧钢的牌号、成分、热处理、力学性能及用途如表 6-4 所示。按合金化特点合金弹簧钢大致可分为以下两类。

(1)以 Si、Mn 为主加元素的弹簧钢　该弹簧钢典型的有 65Mn 和 60Si2Mn 等。这类钢淬透性及力学性能明显优于碳素弹簧钢,而且价格便宜,在机械工业中得到了广泛应用。65Mn 钢可制作截面尺寸为 8~15 mm 的小型弹簧,如各种小尺寸的圆弹簧、扁弹簧等。60Si2Mn 钢的性能比 65Mn 钢的性能好,适用于截面尺寸较大、较大承受载荷的弹簧,如拖拉机、汽车上的减振板簧和螺旋弹簧等。

(2)在 Si、Mn 的基础上加入少量 Mo、Cr、V、Nb、B 等元素制成的弹簧钢　该类弹簧钢典型的有 50CrVA、55SiMnMoV 等。这类钢不仅具有较高的淬透性,而且有较高的高温强度、韧度和较好的热处理工艺性能。这类钢适用于制造截面尺寸大、在 350~400 ℃下承受重载荷的大型弹簧,如大吨位载重汽车的板簧、阀门弹簧、高速柴油机的气门弹簧等。

2)合金弹簧钢件工艺路线举例

零件产品:载重汽车板簧。

材质:60Si2CrVA。

工艺路线:扁钢下料→加热压弯成形→淬火(油)→中温回火→喷丸→成品。

6.2.4　滚动轴承钢

1. 滚动轴承钢的性能特点及用途

用来制造滚动轴承的内圈、外圈和滚动体的专用钢称为**滚动轴承钢**(rolling bearing steels),属专用结构钢。滚动轴承是在周期性交变载荷下工作的,应力交变次数每分多达数万次。套圈和滚动体之间呈点或线接触,产生的接触应力高达 1500~5000 MPa。同时,套圈和滚动体的接触面之间不但存在滚动摩擦,而且还有滑动摩擦,易引起轴承的过度磨损,使其丧失精度。由此可见,轴承钢必须具有高而均匀的硬度和耐磨性、高的弹性极限和接触疲劳强度、足够的韧度及良好的淬透性,同时在大气或润滑剂中具有一定的耐蚀能力。因此,为保证组织的均匀性,必须严格控制钢的纯度、碳化物分布状况及脱碳程度等。这些要求可以通过控制轴承钢的成分、冶金质量和热处理等措施来达到。

表6-4 常用弹簧钢的牌号、化学成分、热处理、力学性能及应用举例

种类	牌号	化学成分（质量分数）/%											热处理			力学性能（不小于）					应用举例
		C	Si	Mn	Cr	V	W	B	Ni	Cu	P	S	淬火温度/℃	淬火介质	回火温度/℃	抗拉强度 R_m/MPa	屈服强度 R_{eL}/MPa	断后伸长率 A/%	$A_{11.3}$/%	断面收缩率 Z/%	
碳钢	65	0.62~0.70	0.17~0.37	0.50~0.80	≤0.25					0.25	0.035	0.035	840	油	500	980	785	9		35	小于φ12 mm的一般机器上的弹簧或拉成钢丝制作小型机械弹簧
	70	0.62~0.75	0.17~0.37	0.50~0.80	≤0.25					0.25	0.035	0.035	830	油	480	1030	835	8		30	
	85	0.82~0.90	0.17~0.37	0.50~0.80	≤0.25					0.25	0.035	0.035	820	油	480	1130	980	6		30	
	65Mn	0.62~0.70	0.17~0.37	0.90~1.20	≤0.25					0.25	0.035	0.035	830	油	540	980	785	8		30	
合金弹簧钢	55SiMnVB	0.52~0.60	0.70~1.00	1.00~1.30	≤0.35	0.08~0.16		0.0005~0.0035		0.25	0.035	0.035	860	油	460	1375	1225	5		30	φ20~25 mm的弹簧，工作温度低于230℃
	60Si2Mn	0.56~0.64	1.50~2.00	0.70~1.00	≤0.35					0.25	0.035	0.035	870	油	480	1275	1180	5		25	φ25~30 mm的弹簧，工作温度低于300℃
	60Si2MnA	0.56~0.64	1.60~2.00	0.70~1.00	≤0.35					0.25	0.025	0.025	870	油	440	1570	1375	5		20	
	60Si2CrA	0.56~0.64	1.40~1.80	0.40~0.70	0.70~1.00					0.25	0.025	0.025	870	油	420	1765	1570		6	20	φ30~50 mm的弹簧及工作温度低于300℃的气阀弹簧
	60Si2CrVA	0.56~0.64	1.40~1.80	0.40~0.70	0.90~1.20	0.10~0.20				0.25	0.025	0.025	850	油	410	1860	1665		6	20	
	55SiCrA	0.51~0.59	1.20~1.60	0.50~0.80	0.50~0.80					0.25	0.025	0.025	860	油	450	1450~1750	1300（$R_{p0.2}$）		6	25	直径小于50 mm的弹簧，工作温度低于350℃
	55CrMnA	0.52~0.60	0.17~0.37	0.65~0.95	0.65~0.95					0.25	0.025	0.025	830~860	油	460~510	1225	1080（$R_{p0.2}$）	9		20	
	60CrMnA	0.56~0.64	0.17~0.37	0.70~1.00	0.70~1.00					0.25	0.025	0.025	830~860	油	460~520	1225	1080（$R_{p0.2}$）	9		20	
	50CrVA	0.46~0.54	0.17~0.37	0.50~0.80	0.80~1.10	0.10~0.20				0.25	0.025	0.025	850	油	500	1275	1130	10		40	直径小于75 mm，工作温度低于350℃的弹簧，如重型汽车大载面板簧
	60CrMnBA	0.56~0.64	0.17~0.37	0.70~1.00	0.70~1.00			0.0005~0.0040		0.25	0.025	0.025	830~860	油	460~520	1225	1080（$R_{p0.2}$）	9		20	
	30W4Cr2VA	0.26~0.34	0.17~0.37	≤0.40	2.00~2.50	0.50~0.80	4.00~4.50			0.25	0.025	0.025	1050~1100	油	600	1470	1325	7		40	

Ni、Cu、P、S 不大于

滚动轴承钢一般专用于制造滚动轴承。从化学成分看它又属于工具钢,有时也用于制造精密量具、冷冲模、机床丝杠等耐磨件。

滚动轴承钢的编号与其他合金结构钢略有不同,它是在钢号前面加"G",后跟铬的质量千分数,其他合金元素的标示同合金结构钢,如 GCr15SiMn,表示 $w_{Cr} \approx 1.5\%$、$w_{Si} < 1.5\%$、$w_{Mn} < 1.5\%$ 的轴承钢。

2. 滚动轴承钢的化学成分特点

滚动轴承钢 C 的质量分数为 $0.95\% \sim 1.10\%$,这样高的含碳量是为了保证轴承钢具有高的硬度和耐磨性。

滚动轴承钢的主加合金元素为 Cr,其质量分数在 $0.40\% \sim 1.65\%$ 的范围内。Cr的作用是增加钢的淬透性,并使钢材在热处理后形成细小且均匀分布的合金渗碳体 $(Fe, Cr)_3C$,以提高钢的耐磨性和接触疲劳强度。同时,$(Fe, Cr)_3C$ 还能细化奥氏体晶粒,淬火后可获得细针或隐晶马氏体,改善钢的韧度。但如果含铬量过高(即 $w_{Cr} > 1.65\%$),会增加残余奥氏体量和碳化物分布的不均匀性,反而降低轴承钢的性能。适宜的 Cr 的质量分数为 $0.40\% \sim 1.65\%$。

加入 Si、Mn、V 等可进一步提高滚动轴承钢的淬透性,以用于制造大型轴承。V部分溶于奥氏体中,部分形成碳化物 VC,可提高钢的耐磨性并防止过热。无铬钢中都含有 V。

滚动轴承钢要求极高的纯度,规定 $w_S < 0.02\%$,$w_P < 0.027\%$。非金属夹杂物对轴承钢的性能尤其是接触疲劳性能的影响很大,因此轴承钢一般采用电炉冶炼,甚至会进行真空脱气处理。

3. 热处理特点及组织性能

滚动轴承钢的预先热处理方式主要是球化退火,以获得球状珠光体组织,使锻造后钢的硬度降低(即小于 210 HBS),改善其切削加工性,并为淬火作好组织上的准备。其退火工艺通常是将零件加热到 $790 \sim 800\ ℃$,然后冷到 $710 \sim 720\ ℃$,保温 $3 \sim 4\ h$ 使碳化物球化后随炉冷却。

滚动轴承钢的最终热处理为淬火及低温回火,这是最后决定轴承钢性能的重要热处理工序。滚动轴承钢的淬火温度一般在 $800 \sim 840\ ℃$ 之间,其淬火温度要求很严格,应根据不同成分钢种选取合适的淬火温度。若淬火加热温度过高,则会出现过热组织(即残余奥氏体量增加并形成粗片状马氏体),使轴承的韧度和疲劳强度急剧下降;若加热温度过低,就会使奥氏体内溶解的 Cr 和 C 量不足,从而影响淬火后的硬度。淬火后应立即回火,其回火温度为 $150 \sim 160\ ℃$ 并保温 $4\ h$,回火的目的是为了去除内应力,提高韧度与尺寸稳定性。

轴承钢经淬火与回火后的金相组织为极细小的马氏体与分布均匀的粒状碳化物及少量的残余奥氏体。热处理后的硬度为 $61 \sim 65$ HRC。

在生产精密轴承时,由于低温回火难以彻底消除内应力和残余奥氏体,这样在长期保存或使用过程中会发生变形。这时可在淬火后立即进行一次冷处理,并在回火及磨削加工后,在 $120 \sim 130\ ℃$ 下保温 $10 \sim 20\ h$,进行尺寸稳定化的时效处理。

4. 常用滚动轴承钢和零件工艺路线

1）常用滚动轴承钢及其应用

常用滚动轴承钢的化学成分、热处理及应用如表 6-5 所示。

表 6-5 常用滚动轴承钢的钢号、成分、热处理及应用举例

牌　号	化学成分（质量分数）/（%）				热处理			应用举例
	C	Cr	Si	Mn	淬火温度及冷却介质	回火温度	硬度/HRC	
GCr6	0.05～0.15	0.40～0.70	0.15～0.35	0.20～0.40	800～820 ℃ 水、油	150～170 ℃	62～66	直径小于 10 mm 的滚珠、滚柱及滚针
GCr9	1.00～1.10	0.90～1.20	0.15～0.35	0.20～0.40	810～830 ℃ 水、油	150～170 ℃	62～66	直径小于 20 mm 的滚珠、滚柱及滚针
GCr9SiMn	1.00～1.10	0.90～1.20	0.40～0.70	0.90～1.20	810～830 ℃ 水、油	150～160 ℃	61～65	壁厚小于 14 mm、外径小于 250 mm 的套圈，直径为 25～50 mm 的钢球，直径小于 25 mm 的滚子
GCr15	0.95～1.05	1.30～1.65	0.15～0.35	0.25～0.45	830～846 ℃ 油	150～160 ℃	62～66	与 GCr9SiMn 同
GCr15SiMn	0.95～1.05	1.30～1.65	0.40～0.65	0.90～1.20	820～840 ℃ 油	150～170 ℃	62～64	壁厚不小于 12 mm、外径大于 250 mm 的套圈套，直径大于 50 mm 的钢球，直径大于 22 mm 的滚子
GMnMoVRe	0.95～1.05		0.15～0.40	1.10～1.40	770～810 ℃ 油	165～175 ℃	62～64	代替 GCr15
GSiMnMoV	0.95～1.05		0.45～0.65	0.75～1.05	780～820 ℃ 油	175～200 ℃	62～64	代替 GCr15

滚动轴承钢典型的钢种是 GCr15 钢，其中 Cr 的平均质量分数约为 1.5%，具有高硬度、高强度和高耐磨性，是比较理想的一种轴承钢，因此在机械制造方面应用较广泛，可制造中、小型轴承。对于大型轴承，须选用加入 Si 和 Mn 等元素的钢种，如 GCr15SiMn 轴承钢等。

2）滚动轴承钢件工艺路线举例

零件产品：外径 ϕ230 mm 的单列向心球轴承外圈。

材质：GCr15 轴承钢。

工艺路线：锻造→800 ℃球化退火→机械加工→830 ℃淬火＋160 ℃低温回火→磨削加工→130 ℃、8 h 时效处理→成品。

6.2.5　其他常用合金结构钢

1. 低合金高强度结构钢

1) 低合金高强度结构钢的性能特点及用途

低合金高强度结构钢(high strength low alloy structural steels)是在低碳的普通碳素结构钢的基础上加入少量合金元素而制成的工程用钢,其中合金元素含量较小(质量分数一般在 3% 以下),这类钢一般比含碳量相同的普通碳素结构钢的强度高 10%~30%,例如 Q235 钢的屈服强度 R_{eH}=235 MPa,而常用的普通低合金钢的屈服强度 R_{eH}=295~460 MPa,若用低合金高强度结构钢来代替普通碳素结构钢,就可在相同受载条件下使结构质量减轻 20%~30%。低合金高强度结构钢还具有良好的塑性(A>20%)和焊接性能,便于冲压或焊接成形。此外,它还具有比普通碳素结构钢更低的冷脆转变温度,一般在 -40 ℃时冲击韧度仍能保证不小于 24 J/cm^2,这对在高寒地区使用的构件及运输工具具有特别重要的意义。承受大气或海水腐蚀的低合金结构钢件还具有一定的耐蚀性。

低合金高强度结构钢不仅具有良好的性能,而且生产过程比较简单,价格与普通碳素结构钢相近,因此,用低合金高强度结构钢代替普通碳素结构钢在经济上具有重要意义。工业上,低合金高强度结构钢广泛用于制造车辆、船舶、高压容器、输油输气管道、起重运输机械、大型钢结构桥梁等重要结构件。

低合金高强度结构钢的牌号表示方法类似于普通碳素结构钢,即由代表屈服强度的汉语拼音字母(Q)、最低屈服强度数值、质量等级符号(A、B、C、D、E)三个部分按照顺序排列。

2) 低合金高强度结构钢的化学成分特点

低合金高强度结构钢具有低碳、低合金的成分特点。采用低碳的目的是为了提高钢的塑性,以获得良好的焊接性能和冷变形性能,其中 C 的质量分数一般不超过0.2%。低合金高强度结构钢的优良性能是靠少量的合金元素来实现的,常用的合金元素有 Mn、Ti、V、Nb、Cu、P 等,其总质量分数一般不超过 3%。其中 Mn 是主要合金元素,它可降低奥氏体的分解温度,使珠光体细化并使其相对质量增加,从而达到强化基体的目的,其质量分数一般在 1.8% 以下。Mn 含量过高,钢的塑性及韧度会显著下降,焊接性能也会受到影响。辅加元素 Ti、V、Nb 等在钢中可形成微细碳化物,能起细化晶粒和弥散强化的作用,从而可提高钢的抗拉强度、屈服强度以及低温冲击韧度。Cu、P 的作用是提高钢对大气的耐蚀能力。

3) 低合金高强度结构钢的热处理特点与组织性能

各种大型结构一般是以低合金高强度结构钢在热轧或热轧后正火状态下通过冷变形或焊接成形的,成形后不再进行热处理,其组织为铁素体和少量珠光体。对于强度要求更高的中小型件,有时通过淬火处理以获得低碳马氏体而提高强度。

4) 常用低合金高强度结构钢及其应用

常用低合金高强度结构钢的牌号和化学成分,以及性能分别如表 6-6、表 6-7 所示。

表6-6 低合金高强度结构钢的牌号和化学成分(摘自 GB/T 1591—2008)

牌号	质量等级	化学成分[a,b](质量分数)/(%)														
		C	Si	Mn	P	S	Nb	V	Ti	Cr	Ni	Cu	N	Mo	B	Al
									不大于							不小于
Q345	A	≤0.20	≤0.50	≤1.70	0.035	0.035	0.07	0.15	0.20	0.30	0.50	0.30	0.012	0.10	—	—
	B	≤0.20			0.035	0.035										—
	C	≤0.18			0.030	0.030										0.015
	D	≤0.18			0.030	0.025										0.015
	E	≤0.18			0.025	0.020										0.015
Q390	A	≤0.20	≤0.50	≤1.70	0.035	0.035	0.07	0.20	0.20	0.30	0.50	0.30	0.015	0.10	—	—
	B				0.035	0.035										—
	C				0.030	0.030										0.015
	D				0.030	0.025										0.015
	E				0.025	0.020										0.015
Q420	A	≤0.20	≤0.50	≤1.70	0.035	0.035	0.07	0.20	0.20	0.30	0.80	0.30	0.015	0.20	—	—
	B				0.035	0.035										—
	C				0.030	0.030										0.015
	D				0.030	0.025										0.015
	E				0.025	0.020										0.015

续表

牌号	质量等级	化学成分ᵃ·ᵇ(质量分数)/(%)														
		C	Si	Mn	P	S	Nb	V	Ti	Cr	Ni	Cu	N	Mo	B	Al
		不大于								不大于						不小于
Q460	C				0.030	0.030										
	D	≤0.20	≤0.60	≤1.80	0.030	0.025	0.11	0.20	0.20	0.30	0.80	0.55	0.015	0.20	0.004	0.015
	E				0.025	0.020										
Q500	C				0.030	0.030										
	D	≤0.18	≤0.60	≤1.80	0.030	0.025	0.11	0.12	0.20	0.60	0.80	0.55	0.015	0.20	0.004	0.015
	E				0.025	0.020										
Q550	C				0.030	0.030										
	D	≤0.18	≤0.60	≤2.00	0.030	0.025	0.11	0.12	0.20	0.80	0.80	0.80	0.015	0.30	0.004	0.015
	E				0.025	0.020										
Q620	C				0.030	0.030										
	D	≤0.18	≤0.60	≤2.00	0.030	0.025	0.11	0.12	0.20	1.00	0.80	0.80	0.015	0.30	0.004	0.015
	E				0.025	0.020										
Q690	C				0.030	0.030										
	D	≤0.18	≤0.60	≤2.00	0.030	0.025	0.11	0.12	0.20	1.00	0.80	0.80	0.015	0.30	0.004	0.015
	E				0.025	0.020										

注: a 型材及棒材 P,S 的质量分数可提高 0.005%,其中 A 级钢上限可为 0.045%。

b 当细化晶粒元素组合加入时,$20w_{Nb+V+Ti} \leq 0.22\%$,$20w_{Mo+Cr} \leq 0.30\%$。

表 6-7 低合金高强度结构钢的钢材的拉伸性能（摘自 GB/T 1591—2008）

拉伸试验 a,b,c

牌号	质量等级	下屈服强度 ReL/MPa 以下公称厚度（直径，边长）									抗拉强度 Rm/MPa 以下公称厚度（直径，边长）							断后伸长率 A/(%) 公称厚度（直径，边长）					
		≤16 mm	>16~40 mm	>40~63 mm	>63~80 mm	>80~100 mm	>100~150 mm	>150~200 mm	>200~250 mm	>250~400 mm	≤40 mm	>40~63 mm	>63~80 mm	>80~100 mm	>100~150 mm	>150~250 mm	>250~400 mm	≤40 mm	>40~63 mm	>63~100 mm	>100~150 mm	>150~250 mm	>250~400 mm
Q345	A	≥345	≥335	≥325	≥315	≥305	≥285	≥275	≥265	≥265	470~630	470~630	470~630	470~630	450~600	450~600	450~600	≥20	≥19	≥19	≥18	≥17	—
	B																						
	C																						
	D																						
	E																						
Q390	A	≥390	≥370	≥350	≥330	≥330	≥310	—	—	—	490~650	490~650	490~650	490~650	470~620	—	—	≥20	≥19	≥19	≥18	—	—
	B																						
	C																						
	D																						
	E																						
Q420	A	≥420	≥400	≥380	≥360	≥360	≥340	—	—	—	520~680	520~680	520~680	520~680	500~650	—	—	≥19	≥18	≥18	≥18	—	—
	B																						
	C																						
	D																						
	E																						
Q460	C	≥460	≥440	≥420	≥400	≥400	≥380	—	—	—	550~720	550~720	550~720	550~720	530~700	—	—	≥17	≥16	≥16	≥16	—	—
	D																						
	E																						

续表

牌号	质量等级	以下公称厚度（直径、边长）下屈服强度 R_{eL}/MPa									拉伸试验 a,b,c 以下公称厚度（直径、边长）抗拉强度 R_m/MPa							断后伸长率 A/（%）公称厚度（直径、边长）					
		≤16 mm	>16~40 mm	>40~63 mm	>63~80 mm	>80~100 mm	>100~150 mm	>150~200 mm	>200~250 mm	>250~400 mm	≤40 mm	>40~63 mm	>63~80 mm	>80~100 mm	>100~150 mm	>150~250 mm	>250~400 mm	≤40 mm	>40~63 mm	>63~100 mm	>100~150 mm	>150~250 mm	>250~400 mm
Q500	C																						
	D	≥500	≥480	≥470	≥450	≥440	—	—	—	—	610~770	600~760	590~750	540~730	—	—	—	≥17	≥17	≥17	—	—	—
	E																						
Q550	C																						
	D	≥550	≥530	≥520	≥500	≥490	—	—	—	—	670~830	620~810	600~790	590~780	—	—	—	≥16	≥16	≥16	—	—	—
	E																						
Q620	C																						
	D	≥620	≥600	≥590	≥570		—	—	—	—	710~880	690~880	670~860	—	—	—	—	≥15	≥15	≥15	—	—	—
	E																						
Q690	C																						
	D	≥690	≥670	≥660	≥640		—	—	—	—	770~940	750~920	730~900	—	—	—	—	≥14	≥14	≥14	—	—	—
	E																						

注　a　当屈服不明显时，可测量 $R_{p0.2}$ 代替下屈服强度。
　　b　宽度不小于600 mm 的扁平材，拉伸试验取横向试样；宽度小于600 mm 的扁平材、型材及棒材取纵向试样，断后伸长率最小值相应提高1%（绝对值）。
　　c　厚度大于250 mm 且不大于400 mm 的数值适用于扁平材。

其中 Q295、Q345 钢在具有较高强度的同时又保持良好的塑性和韧度,广泛用于工程结构,如桥梁、船舶、高空电视塔等中。

Q390、Q420 钢中加入 V、N 后生成钒的氮碳化合物,可细化晶粒,又有析出强化的作用,广泛用于大型桥梁、锅炉、大型船舶等焊接结构中。

Q460 钢主要用于大型或高载荷焊接结构件、大型船舶、石油化工等厚壁高压容器、−40 ℃下工作的低温压力容器等的制作。

表 6-8 将低合金高强度结构钢牌号的现行标准(GB/T 1591—2008)与旧标准(GB 1591—1988)牌号进行了对照。

表 6-8 低合金高强度结构钢的新、旧牌号对照

GB/T 1591—2008	GB 1591—1988
Q295	09Mn2、12Mn、09MnNb、10MnSiCu
Q345	12MnV、14MnNb、15MnV、16Mn、16MnRE、18Nb、09MnCuPTi
Q390	15MnTi、15MnV、16MnNb、10MnPNbRE
Q420	15MnVN、14MnVTiRE
Q460	

上述铁素体-珠光体组织的低合金高强度结构钢有时难以满足高强度的要求,于是发展了低碳贝氏体钢。我国研制了 14MnMoVBRe 和 14CrMnMoVB 等钢种,这类钢在热轧空冷条件下即可获得贝氏体组织,其屈服强度 $R_{eH} > 650$ MPa,并保持良好韧度,多用于制作焊接高压锅炉和高压容器等。

2. 易切削结构钢

在钢中加入某一种或几种易切削元素,得到切削加工性能良好的钢,这类钢称为**易切削钢**(high cutability steels)。目前主要添加的易切削元素有 S、Pb、P、Ca 等。它们自身或与其他元素一起形成对切削加工有利的夹杂物,使切削抗力降低,切屑易脆断,从而改善钢的切削加工性。

易切削钢中 S、P 含量较高,强度有所降低,主要适用于强韧性要求不高但能在自动机床上进行大批量生产的零件,如标准件,紧固件,缝纫机、自行车、汽车上的非重要结构件等零件,表面质量要求较高的车床丝杠,以及手表、照相机零件等。

易切削钢牌号以汉语拼音字母"Y"为首,其后面的数字表示 C 的平均质量万分数。含锰量较高的易切削钢,其后标出"Mn"。表 6-9 列出了常用易切削钢的牌号、化学成分和力学性能。

表 6-9 常用易切削钢的化学成分和力学性能

牌号	化学成分(质量分数)/(%)						力学性能			
	C	Si	Mn	S	P	其他	R_m/MPa	A/(%)	Z/(%)	硬度/HBW
Y12	0.08~0.16	0.15~0.35	0.70~1.00	0.10~0.20	0.08~0.15		390~540	22	36	≤170

| 牌号 | 化学成分（质量分数）/（%） | | | | | | 力学性能 | | | |
	C	Si	Mn	S	P	其他	R_m/MPa	A/(%)	Z/(%)	硬度/HBW
Y12Pb	≤0.09	≤0.15	0.70~1.10	0.15~0.25	0.05~0.10	Pb 0.15~0.35	360~570	22	36	≤170
Y15	0.10~0.18	≤0.15	0.80~1.20	0.23~0.33	0.05~0.10		390~540	22	36	≤170
Y30	0.27~0.35	0.15~0.35	0.70~1.00	0.08~0.15	≤0.06		510~655	15	25	≤187
Y40Mn	0.37~0.45	0.15~0.35	1.20~1.55	0.20~0.30	≤0.05		590~850	14	20	≤229
Y45Ca	0.42~0.50	0.20~0.40	0.60~0.90	0.04~0.08	≤0.04	Ca 0.020~0.006	600~745	12	26	≤241

6.3　合金工具钢及其应用

合金工具钢（alloying tool steels）按用途分为刃具钢、模具钢和量具钢，其中：合金刃具钢包括低合金刃具钢和高速钢，合金模具钢包括热作模具钢和冷作模具钢。对具体的钢种而言，实际应用的界限并非绝对的，而是以其性能特点作为首要的选材依据，如某些刃具钢也可用来制作冷模具或量具等。

合金工具钢的编号原则与合金结构钢相似，也是以 C 的质量分数后跟合金元素来表示。但钢号前面的数字表示的是当 $w_C<1\%$ 时的 C 的平均质量千分数，且只有一位数字。当 C 的平均质量分数 $w_C≥1.0\%$ 时，则不标出。合金元素的表示方法与合金结构钢相同。如 9Mn2V 钢表示 $w_C≈0.90\%$、$w_{Mn}=1.70\%~2.0\%$、$w_V<1.5\%$ 的合金工具钢，CrMn 钢表示 $w_C≥1.0\%$、$w_{Cr}<1.5\%$、$w_{Mn}<1.5\%$ 的合金工具钢。

6.3.1　低合金刃具钢

1. 低合金刃具钢的性能特点和用途

低合金刃具钢（low alloy cutlery steels）由于合金化的作用，其性能较碳素工具钢有较大提高。这类钢具有：较高的硬度，一般都在 60 HRC 以上，且在高温下仍保持高硬度（钢在高温下保持高硬度的能力称为红硬性或热硬性），制造成刃具使用时不至于随切削摩擦温度的提高而降低硬度；较高的耐磨性，使刃具的耐用度高；足够的塑性和韧度，能承受较大冲击和震动而不至于过早折断或崩刃。

由于上述的性能特点，低合金刃具钢主要用于制造低速切削刃具，如丝锥、板牙、绞刀、低速车刀、铣刀等，有时也用于制作冷冲模、量具等。

2. 低合金刃具钢的化学成分特点

低合金刃具钢中 C 的质量分数较大，一般为 0.8%~1.5%，以保证钢淬火后具有高硬度（不小于 62 HRC）和高耐磨性。常用的合金元素有 Cr、Mn、Si、W、V 等，其总的质量分数小于 5%。其中：Cr、Mn、Si 是主加合金元素，主要作用是提高钢的淬透性，并可强化基体，提高钢的强度；Si 能提高钢的回火稳定性，淬火钢在 250~300

℃回火时,其硬度仍保持在 60 HRC 以上;W、V 为辅加合金元素,与 C 形成难熔碳化物,可细化奥氏体晶粒,并提高钢的硬度和耐磨性。

3. 低合金刃具钢的热处理及组织性能

低合金刃具钢的预先热处理为球化退火,以获得球状珠光体,便于加工并为最终热处理做准备。机械加工后的最终热处理为淬火和低温回火。淬火温度应根据工件形状、尺寸和性能要求严格限制,一般都要预热;回火温度为 160~200 ℃。热处理后的组织为细小回火马氏体、粒状合金碳化物和少量奥氏体。热处理后的硬度一般可达到 60 HRC 以上。

4. 常用低合金刃具钢及零件工艺路线

1) 常用低合金刃具钢及其应用

常用低合金刃具钢的化学成分、力学性能、热处理及应用如表 6-10 所示。9SiCr、CrWMn、9Mn2V 等钢是常用的低合金刃具钢,它们的性能良好,不仅适用于制造刃具,还常用于制造冷冲模和量具。

9SiCr 钢是应用较广的一种低合金工具钢,具有较好的淬透性和回火稳定性,碳化物细小均匀,其红硬性可达 250~300 ℃,适于制造各种薄刃刃具,如丝锥、板牙、铰刀等,也适于制造截面尺寸较大或形状复杂、变形小的工具和模具。

CrWMn 钢由于含有合金元素 Cr、W、Mn 等,具有高的淬透性,而且其中碳化物数量较多,因此硬度和耐磨性也较高,但其红硬性不及 9SiCr。CrWMn 钢的 M_s 线较低,淬火后残余奥氏体数量较多,因淬火变形很小,有"微变形钢"之称。CrWMn 钢适用于制造截面较大、形状复杂、淬火变形小的刀具,如拉刀、长丝锥等,也可用于制造冷作模具和量具。

9Mn2V 钢也具有淬透性好、热处理变形小的特点。Mn 可显著提高钢的淬透性,但加入 Mn 后钢容易过热,V 则可细化晶粒,弥补 Mn 易使钢过热的缺点。9Mn2V 钢的性能与 CrWMn 钢相近,但其中碳化物数量较少,分布更均匀,常用于代替 CrWMn 钢。此外,它适用于制造要求变形小的刃具或制造冷作模具和精密量具,同时也用于制造重要结构件,如磨床主轴、精密丝杠等。

2) 低合金钢件工艺路线举例

零件产品:圆板牙。

材质:9SiCr 钢。

加工工艺路线:锻造→球化退火→机械加工→淬火＋低温回火→磨平面→开槽→开口。

说明:球化退火及淬火、回火工艺分别如图 6-13 及图 6-14 所示。球化退火一般采用等温退火工艺,退火后的硬度为 197~241 HBS,适合机械加工。淬火之前首先在 600~650 ℃预热,以减少高温停留时间,从而降低板牙的氧化脱碳倾向。淬火温度为 860~870 ℃,之后在 170~180 ℃的硝盐中进行等温淬火,使其发生下贝氏体转变,这样比采用油淬得到的韧度更好,硬度在 60 HRC 以上,可减小变形。淬火后在

表 6-10 常用低合金刃具钢的化学成分、力学性能、热处理及应用

牌号	化学成分(质量分数)/(%)									交货状态	试样淬火			应用举例
	C	Si	Mn	P	S	Cr	W	V	其他	布氏硬度 HBW10/3000	淬火温度/℃	冷却剂	洛氏硬度 HRC 不小于	
				不大于										
9Mn2V	0.85~0.95	≤0.40	1.70~2.00	0.030	0.030			0.10~0.25	Co ≤1.00	≤229	780~810	油	62	丝锥、板牙、样板、量规、中小型模具、磨床主轴、精密丝杠等
9SiCr	0.85~0.95	1.20~1.60	0.30~0.60	0.030	0.030	0.95~1.25				241~197	820~860	油	62	板牙、丝锥、铰刀、搓丝板、冷冲模等
CrWMn	0.90~1.05	≤0.40	0.80~1.10	0.030	0.030	0.90~1.20	1.20~1.60			255~207	800~830	油	62	长丝锥、长纹刀、板牙、拉刀量具、冷冲模等
Cr2	0.95~1.10	≤0.40	≤0.40	0.030	0.030	1.30~1.65				229~179	830~860	油	62	长丝锥、拉刀、量具等
W	1.05~1.25	≤0.40	≤0.40	0.030	0.030	0.10~0.30	0.80~1.20			229~187	800~830	水	62	慢速铣刀、车刀、刨刀、高压刻刀等

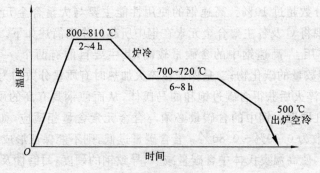

图 6-13 9SiCr 钢圆板牙等温球化退火工艺

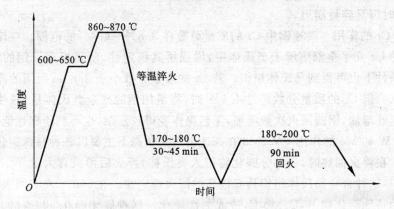

图 6-14 9SiCr 钢圆板牙淬火、回火工艺

$180 \sim 200 \ ℃$进行低温回火,以消除内应力,改善力学性能,并保证规定的硬度值。

6.3.2 高速钢

1. 高速钢的性能特点及用途

高速钢(high speed steels)是一种高合金工具钢,它具有高的硬度、耐磨性、淬透性和红硬性等优良性能。高速钢区别于其他工具钢的显著优点是它具有良好的红硬性。当切削温度高达 600 ℃ 左右时,硬度仍无明显下降。采用高速钢制造的刃具能比低合金工具钢采用更高的切削速度而不至于很快破坏,故有高速钢之称;高速钢刃具在切削时能长期保持刃口锋利,因此高速钢俗称锋钢;又因高速钢在空冷条件下也能形成马氏体组织,故又有"风钢"之称。

高速钢主要用于制作高速切削机床刃具。

高速钢的钢号也是按合金工具钢的方法表示,但在高速钢钢号中,不论含碳量是多少都不标出,如高速钢的典型钢号 W18Cr4V,其中 C 的质量分数为 $0.70\% \sim 0.80\%$,但在钢号前不标数字。

2. 高速钢的化学成分特点

高速钢的成分特点是钢中含有大量的碳化物形成元素如 W、Mo、Cr、V 等,合金元素总的质量分数超过 10%。高速钢的使用性能主要与大量合金元素在钢中所起的作用有关。现将 C 及各主要合金元素在钢中所起的作用简述如下。

(1) C 的作用　高速钢中的含碳量较高，其主要目的有两个：一是保证与 W、Cr、V 形成足够数量的碳化物；二是保证在淬火加热时有质量分数约为 0.5% 的 C 溶于奥氏体中，使淬火后获得含碳过饱和的马氏体，从而使钢具有高的硬度、高的耐磨性以及良好的红硬性。钢中的含碳量必须与合金元素含量相适应，如 W18Cr4V 钢中 C 的质量分数为 0.70%～0.80%。若含碳量过低，则不能保证形成足够数量的合金碳化物，同时，使高温奥氏体中含碳量减少，导致钢的硬度、耐磨性及红硬性相应降低；含碳量过高，则碳化物数量增大且分布不均匀，导致钢的塑性、韧度降低，脆性增加，使用时刃具容易崩刃。

(2) Cr 的作用　高速钢中 Cr 的质量分数在 3.8%～4.4% 的范围。在淬火加热时钢中的 Cr 几乎全部溶解于奥氏体中，增强了其稳定性，明显提高了钢的淬透性，在空冷条件下也可得到马氏体组织。若 Cr 的质量分数小于 3.8%，则钢的淬透性达不到要求。但 Cr 的质量分数超过 4.4% 时，将增加钢的残余奥氏体量，并使残余奥氏体稳定性增加，钢的回火次数增加，工艺操作变得较复杂，也不利于钢性能的改善。

(3) W 和 Mo 的作用　W、Mo 在高速钢退火状态下主要以各种特殊碳化物的形式存在。在淬火加热时，一部分碳化物溶入奥氏体，淬火后形成含大量 W、Mo 的马氏体组织，这种合金马氏体组织具有很高的回火稳定性。在 560 ℃ 左右回火时，会析出弥散的特殊碳化物 W_2C、Mo_2C，造成二次硬化。这种碳化物在 500～600 ℃ 温度范围内非常稳定，使高速钢具有高的红硬性。此外，W_2C、Mo_2C 还可提高钢的耐磨性。在淬火加热时，未溶的碳化物能阻止晶粒长大。但 W 的质量分数超过 18% 时，钢的红硬性增加不明显，反而造成加工困难，常用的钨系高速钢中 W 的质量分数为 18%。Mo 在高速钢中的作用基本与 W 相同，二者可以互换，一般 1% 的 Mo 可以代替 2% 的 W。

(4) V 的作用　V 的作用与 W、Mo 类似，但与后两者相比，V 的碳化物更稳定，具有更高的熔点和更高的硬度。VC 的硬度不小于 83 HRC，超过 W 或 Mo 的碳化物硬度（73～77 HRC），而且 VC 颗粒非常细小，分布也很均匀，从而使钢的硬度和耐磨性显著提高。在 560 ℃ 回火时，V 可引起二次硬化，只是 V 的含量较少，故对红硬性影响较小。如果提高 V 的含量并相应地增加含碳量，则可使钢的耐磨性和红硬性进一步提高，但这种提高是以牺牲塑性和韧度为代价的，将使钢的工艺性能和刃具的抗冲击性能变差。高速钢中 V 的质量分数一般不超过 3%。

3. 高速钢的热处理特点和组织性能

与低合金刃具钢类似，高速钢锻造后的预先热处理一般也是采用等温退火工艺，其目的不仅是降低硬度、消除应力，以改善切削加工性能，而且也为以后淬火作组织上的准备。退火后的组织为索氏体和均匀细小的粒状碳化物，其硬度为 207～255 HBS。

高速钢的最终热处理为淬火和回火。高速钢的优越性只有在正确地淬火和回火后才能发挥出来。高速钢的导热性很差,淬火温度又高,故淬火加热时必须进行一次预热(800~850 ℃)或两次预热(500~600 ℃,800~850 ℃)。高速钢中含有大量 W、Mo、Cr、V 的难溶碳化物,它们只有在 1000 ℃ 以上才能分解并使合金元素充分溶于奥氏体中,以保证淬火、回火后获得高的红硬性,因此高速钢的淬火加热温度非常高,一般为 1220~1280 ℃。高速钢淬火后的组织为淬火马氏体、剩余合金碳化物和大量残余奥氏体。

高速钢淬火后的回火是为了消除淬火应力,稳定组织,减少残余奥氏体的数量,达到所需要的性能。实践证明,高速钢在 500~600 ℃ 的温度内回火时,硬度上升并达到最高,这是因为从淬火马氏体中析出了一系列弥散分布的合金碳化物(W_2C、Mo_2C、VC 等),使钢产生了二次硬化现象的缘故。同时,在 500~600 ℃ 之间残余奥氏体压应力松弛,且由于析出了部分碳化物,使残余奥氏体中的合金元素含量减少,奥氏体稳定性降低,M_s 线升高,促使这种合金贫化的残余奥氏体在回火后的冷却过程中转变成马氏体,也使钢的硬度有所提高。

虽然在回火过程中残余奥氏体可转变成马氏体,但高速钢淬火后残余奥氏体量很多,约为 30%,经过一次回火难以完全转变为马氏体,而必须在 550~570 ℃ 的温度下经三次回火才能绝大部分地转变为马氏体。实验表明,每次回火后残余奥氏体剩余量(质量分数)依次为 15%~18%、3%~5%、1%~2%。

高速钢回火后的组织为回火马氏体、均匀细小的颗粒状碳化物和少量残余奥氏体,其硬度为 62~65 HRC。

为充分发挥高速钢的优良性能,有时还对高速钢刀具进行表面强化处理,以进一步提高其表面硬度、耐磨性以及红硬性,延长刀具使用寿命。常用的强化方法有蒸汽处理、液体氮碳共渗、离子渗氮等。

4. 常用高速钢和生产工艺

1) 常用高速钢及其应用

高速钢一般分为钨系高速钢和钨钼系高速钢两类。常用的几种高速钢的化学成分、热处理及应用如表 6-11 所示。钨系高速钢的典型钢种为 W18Cr4V 钢,简称 18-4-1,钨钼系高速钢的典型钢种为 W6Mo5Cr4V2 钢,简称 6-5-4-2。由于这两种钢的性能优异,故广泛应用于制造各种切削刀具。

我国的钨资源丰富,因此,W18Cr4V 钢应用较为广泛。这种钢的红硬性较高,脱碳、过热敏感性较小,可磨削性好,但碳化物较粗大,热加工性能不好,只适于制造一般的高速切削刀具,不适于制造薄刃刀具。

W6Mo5Cr4V2 钢是以 Mo 代替 W 的高速钢。这种钢与 W18Cr4V 钢相比,红硬性相近,磨削加工性稍次,脱碳敏感性稍大,但其热塑性和使用状态的韧度、耐磨性等均优于 W18Cr4V 钢,并且其碳化物细小、分布均匀,制造成本也较低廉,因此,在生产中也得到了广泛应用。它更适于制造耐磨性高、韧度较好的刀具,如钻头、丝锥、齿轮刀具等,尤其是适于制造用轧制、扭制等热变形加工方法成形的薄刃刀具,如钻头等。

表 6-11　常用高速钢的化学成分、热处理、力学性能及应用

名称	牌号ᵃ	化学成分(质量分数)/(%)										退火态硬度ᵃ/HBW 不大于	热处理					应用举例
		C	Mn	Siᵇ	Sᶜ	P	Cr	V	W	Mo	Co		预热温度/℃	淬火温度/℃ (盐熔炉/箱式炉)	淬火介质	回火温度ᵇ/℃	硬度/HRC 不小于	
钨高速钢	W18Cr4V	0.73~0.83	0.10~0.40	0.20~0.40	≤0.030	≤0.030	3.80~4.50	1.00~1.20	17.20~18.70	—	—	255		1250~1270 1260~1280	油或盐浴	550~570	63	制造一般高速切削用车刀、刨刀、钻头、铣刀等
钨钼高速钢	W6Mo5Cr4V2	0.80~0.90	0.15~0.40	0.20~0.45	≤0.030	≤0.030	3.80~4.40	1.75~2.20	5.50~6.75	4.50~5.50	—	255	800~900	1200~1220 1210~1230	油或盐浴	540~560		制造要求耐磨性和韧度配合很好的高速切削刃具,如丝锥、钻头等,并适于采用轧制、扭制等热变形加工成形新工艺来制造钻头等刃具
高钒的钨钼高速钢	W6Mo5Cr4V3	1.15~1.25	0.15~0.40	0.20~0.45	≤0.030	≤0.030	3.80~4.50	2.70~3.20	5.90~6.70	4.70~5.20	—	262	800~900	1190~1210 1200~1210	油或盐浴	540~560	64	制造要求耐磨性较高、和热硬性较高、耐磨性和韧度配合较好的、形状较为复杂的刀具,如拉刀、铣刀等
超硬高碳高速钢	W12Cr4V5Co5	1.50~1.60	0.15~0.40	0.15~0.40	≤0.030	≤0.030	3.75~5.00	4.50~5.25	11.75~13.00	—	4.75~5.25	277	800~900	1220~1240 1230~1250	油或盐浴	540~560	65	只宜制造形状简单的刃具或使用需要少磨削的刃具。优点是热硬性高、耐磨性优越、切削性能好、使用寿命长;缺点是韧性有所降低,可磨削性和可锻性均较差

续表

名称	牌号[a]	化学成分(质量分数)/(%)										退火态硬度[a]/HBW 不大于	热处理					硬度/HRC 不小于	应用举例
		C	Mn	Si[b]	S[c]	P	Cr	V	W	Mo	Co		预热温度[b]/℃	淬火温度[b]/℃ 盐浴炉或箱式炉		淬火介质	回火温度[b]/℃		
超硬高速钢 含钴高速钢	W10Mo4Cr4V3Co10	1.20~1.35	≤0.40	≤0.45	≤0.030	0.030	3.80~4.50	3.00~3.50	9.03~10.00	3.20~3.90	9.50~10.50	285	800~900	1220~1240	1220~1240	油或盐浴	550~570	66	制造形状简单载面较大的刀具,如直径在15 mm以上的钻头,特种车刀;不适宜于制造形状复杂的薄刃成形刀具或承受单位载荷较高的小截面刃具。
含钴高速钢	W6Mo5Cr4V3Co8	1.23~1.33	≤0.40	≤0.70	≤0.030	0.030	3.80~4.50	2.70~3.20	5.50~6.70	4.70~5.30	8.00~8.80	285		1170~1190	1170~1190	盐浴	550~570	65	用于加工难切削材料,例如高温合金、难熔金属、超高强度钢、钛合金、不锈钢等,也用于切削硬度不大于350HBS的合金调质钢
含铝高速钢	W6Mo5Cr4V2Al	1.05~1.15	0.15~0.40	0.20~0.60	≤0.030	0.030	3.80~4.40	1.75~2.20	5.50~6.75	4.50~5.50	Al: 0.80~1.20	269		1200~1220	1230~1240		550~570	65	常用于制造难加工的超高速钢和耐热合金钢的刀具

注 [a] 退火+冷拉态的硬度,允许比退火态指标增加50HBW。
[b] 回火温度为550 ℃~570 ℃ 时,回火2次;回火温度为540 ℃~560 ℃时,回火2次,每次1 h;回火温度为540 ℃~560 ℃时,回火2次,每次2 h。

为了加工高强度钢、钛合金等高硬度、高强度材料及不锈钢、高温合金等难加工材料,又发展了超硬高速钢。我国应用的含钴高速钢和含铝高速钢中,合金元素 Co、A1 可进一步提高硬度和红硬性,例如 W18Cr4VCo10 钢的硬度可达 65~70 HRC,红硬性达 670 ℃,由于 Co 的含量高,韧性较差,价格较高,一般用于制造特种刀具。W6Mo5Cr4VAl 钢是我国研制的无钴超硬高速钢,其性能与含钴高速钢相近,价格较低,更适合我国资源情况。

综上所述,高速钢具有优异的性能,与其他刀具钢相比,它具有更高的红硬性和耐磨性,并且还具有较高强度和韧性。它不仅可以用于制造各种高速切削刀具,也可用于制造载荷大、形状复杂的刀具,如拉刀、齿轮刀具等。此外。高速钢还可用于制造要求耐磨性高的冷冲模、冷挤压模等。可见高速钢是一种应用最广泛的刀具材料。但是,如果切削温度在 600~650 ℃以上,则高速钢也不能胜任,这时只能采用红硬性更高的硬质合金作为刀具材料。

2）高速钢件的生产工艺

一般生产工艺为：锻造→等温球化退火→机械加工→淬火和多次高温回火→磨削加工→成品。

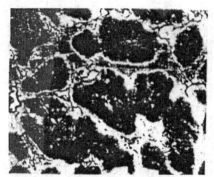

图 6-15　高速钢的铸态组织

用高速钢制作刀具时一般须首先进行锻造成形。高速钢含有大量的合金元素,使 C 在 γ-Fe 中的最大溶解度点 E 显著左移,所以在高速钢的铸态组织中将出现莱氏体,属于莱氏体钢,如图 6-15 所示。高速钢的铸态组织与亚共晶铸铁相似,其共晶碳化物呈鱼骨状,粗大而质脆。这种碳化物用热处理方法不能消除,必须借助于反复锻造将其打碎,使之分布均匀,符合一定的技术要求。如果高速钢中的碳化物分布不均匀,所制造的刀具不仅强度、韧性差,还会在使用过程中产生崩刃和严重磨损,导致早期失效。可见高速钢的毛坯锻造不仅是为了成形,更重要的目的是击碎粗大碳化物,改善碳化物分布状态,以便提高刀具质量,延长其使用寿命。

对锻造成形后的高速钢件必须预先进行退火处理,机械加工后再进行淬火和回火处理。W18Cr4V 钢的退火工艺和淬火、回火工艺分别如图 6-16 和图 6-17 所示。

6.3.3　合金冷作模具钢

1. 合金冷作模具钢的性能特点及用途

冷作模具钢（cold work die steels)具有高硬度、良好的耐磨性以及足够的强度和韧性等,从而保证所制作的冷作模具能在工作中承受较大的压力、弯曲应力、冲击力和摩擦力等,有效地抵抗磨损失效。

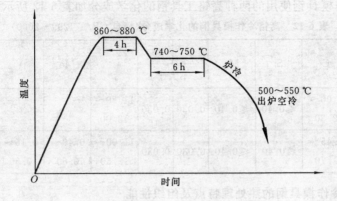

图 6-16　W18Cr4V 钢等温退火工艺

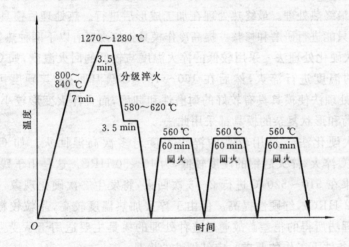

图 6-17　W18Cr4V 钢的淬火、回火工艺

冷作模具钢用于制造在冷态下使金属变形的模具,如冷冲模、冷镦模、冷挤压模以及拉丝模、搓丝板等。一般刃具钢材料如 T10A、9SiCr、9Mn2V、CrWMn 等可以用来制造尺寸较小的轻载模具。对于截面尺寸大、形状复杂、重载的或要求精度、耐磨性较高的以及热处理变形小的模具,须采用合金冷作模具钢。

2. 化学成分特点

冷作模具钢中 C 的质量分数大多超过 1.0%,甚至达 2.2%,以保证获得高硬度和高耐磨性。

主加合金元素为 Cr,其质量分数高达 12%,它能大大改善钢的淬透性,可使截面厚度为 300~400 mm 的模具在油介质中淬火即可淬透。Cr 与 C 所形成的 Cr_7C_3 或 $(Cr,Fe)_7C_3$ 合金碳化物具有极高的硬度(约 1820 HV),极大地提高了钢的耐磨性。

辅加合金元素有 Mo、W、V 等,其除能改善钢的淬透性和回火稳定性外,还可细化晶粒,改善碳化物的不均匀性,并能进一步提高钢的强度和韧度。

作为冷作模具钢使用的两种高铬工具钢的化学成分如表 6-12 所示。

表 6-12　高铬冷作模具钢的化学成分(摘自 GB/T 1299—2000)

牌 号	C	Si	Mo	P	S	Cr	Mo	V	其他
				不大于					
Cr12	2.00~2.30	≤0.40	≤0.40	0.030	0.030	11.50~13.00			Co≤1.00
Cr12MoV	1.45~1.70	≤0.40	≤0.40	0.030	0.030	11.00~12.50	0.40~0.60	0.15~0.30	

3. 合金冷作模具钢的热处理特点及组织性能

与其他合金工具钢一样,冷作模具钢的热处理也包括球化退火的预先热处理,以及淬火、回火的最终热处理。最终热处理在加工成形后进行。热处理后模具已达到很高的硬度,通常只能进行研磨和修整。提高冷作模具钢的硬度有以下两种热处理方法。

(1)一次硬化处理法　采用较低的淬火温度与较低的回火温度,如 Cr12 钢采用 980 ℃左右的温度进行淬火,然后在 160~180 ℃低温回火,其硬度可达 61~63 HRC。这种处理法使模具具有较好的耐磨性和韧度,而且淬火变形较小。因此凡承受较大的载荷和形状复杂的模具都采用此法。

(2)二次硬化法　采用较高的淬火温度与多次高温回火。如 Cr12 钢采用 1050~1100 ℃淬火,淬火后钢的硬度较低,为 40~50 HRC。这是由于残余奥氏体多的缘故。如果在 510~520 ℃进行 2~3 次回火,将发生二次硬化现象,使硬度上升(可达 60~62 HRC),红硬性提高。但由于淬火加热温度较高,晶粒较粗大,韧度比用前一种处理法所得的稍差。故通过这种处理的模具主要适用于承受强烈磨损、在 400~500 ℃条件下工作的要求一定红硬性的模具。

高铬冷作模具钢球化退火后的组织为球状珠光体和均匀分布的粒状碳化物,硬度为 207~255 HBS。淬火、回火后的组织为回火马氏体、粒状碳化物和少量残余奥氏体,硬度一般达到 60 HRC 以上。

常用的合金冷作模具钢的热处理规范如表 6-13 所示。

表 6-13　合金冷作模具钢的热处理规范

牌 号	交货状态		试样淬火		
	布氏硬度 HBW10/3000	淬火温度/℃	冷却介质	洛氏硬度 HRC 不小于	
9Mn2V	≤229	780~810	油	62	
CrWMn	255~207	800~830	油	62	
Cr12	269~217	950~1000	油	60	
Cr12MoV	255~207	950~1000	油	58	

4. 常用合金冷作模具钢及其应用

常用的合金冷作模具钢为 Cr12 型高铬冷作模具钢,如 Cr12、Cr12MoV 等。这类钢具有很高的硬度、耐磨性和淬透性,且热处理变形小,是一种性能优良的微变形钢,一般用于制作强度、韧度和耐磨性要求较高的模具。对于耐磨性要求不太高的轻载模具,可使用低合金刃具钢甚至碳素工具钢制作,如 9Mn2V、CrWMn、T10A 等。

对强度、韧度和耐磨性要求更高的模具,例如钢铁冷挤压模具,Cr12 型冷作模具钢也不能满足使用要求,这时须采用高速钢制造。W6Mo5Cr4V2 钢的碳化物细小且分布较均匀,其强度和韧度优于 W18Cr4V 钢,适于制造模具。高速钢的主要缺点是韧度不足,为此,我国研制了 C 的质量分数为 0.60% 的低碳高速钢,如 6W6Mo5Cr4V,它用于钢铁挤压模具和其他模具,可达到良好效果。为了适应不同模具的要求,还发展了基体钢。所谓基体钢是指基体含有高速钢淬火组织中除过剩碳化物以外的化学成分的钢种。我国研制的基体钢为 65Cr4W3Mo2VNb,是在 6-5-4-2 钢淬火基体成分的基础上适当提高含碳量,并用少量 Nb 合金化的新钢种。它适宜的淬火加热温度范围为 1080~1180 ℃,回火温度范围为 540~610 ℃。该钢的抗压屈服强度低于高速钢,但是其抗弯强度,特别是韧度比高速钢高得多。因此,该钢适于制造形状复杂、受冲击载荷较大或尺寸较大的冷作模具。

常见冷作模具的选材应用如表 6-14 所示。

表 6-14 常见冷作模具钢选材实例

冷冲模种类	建议选用钢种			备 注
	简单(轻载)	复杂(轻载)	重 载	
硅钢片冲模	Cr12、Cr12MoV		—	因加工批量大,要求寿命较长,故均采用高合金钢
冲孔落料模	T10A、9Mn2V	9Mn2V、Cr12MoV	Cr12MoV	—
压弯模	T10A、9Mn2V	—	Cr12、Cr12MoV	—
拔丝及拉伸模	T10A、9Mn2V	—	Cr12、Cr12MoV	—
冷挤压模	T10A、9Mn2V	9Mn2V、Cr12MoV	Cr12MoV	要求红硬性时还可选用 W18Cr4V、6W6Mo5Cr4V
小冲头	T10A、9Mn2V	Cr12MoV	W18Cr4V、W6Mo5Cr4V2	冷挤压合金钢件、硬铝冲头还可选用超硬高速钢、基体钢
螺钉、螺母及轴承钢球冷镦模	T10A、9Mn2V	—	Cr12MoV、W18Cr4V、Cr4W2MoV、6W6Mo5Cr4V	—

6.3.4　合金热作模具钢

1. 合金热作模具钢的性能特点及用途

所谓热作模具就是在热状态下使金属成形的模具,如热锻模和热压模等。

热作模具钢(hot work die steels)具有很好的红硬性,在 400~600 ℃的高温下仍具有高硬度和高耐磨性,足够的强度和韧度,以承受在高温状态下的大冲击力和摩擦,以及抵抗由高温金属和冷却介质交替作用所引起的热疲劳。热作模具钢还应具有高淬透性以及良好的导热性,以使模具整体性能均匀一致,并具有一定的散热能力。

合金热作模具钢主要用于制作热锻模和热压模。

2. 合金热作模具钢的化学成分特点

合金热作模具钢中 C 的质量分数在 0.3%~0.6%之间,属中碳合金工具钢。这样的含碳量可保证经中、高温回火后使钢获得优良的强度与韧度。主加合金元素有 Cr、Ni、Si、Mn 等,其主要作用是提高钢的淬透性和强化铁素体,以提高强度及抗热疲劳性能;辅加元素有 W、V 等,其主要作用是细化晶粒,提高钢的回火稳定性;此外,Mo 主要用来防止产生第二类回火脆性及提高回火稳定性。常用合金热作模具钢的化学成分如表 6-15 所示。

表 6-15　常用合金热作模具钢的化学成分

牌　号	C	Si	Mn	P	S	Cr	W	Mo	V	Al	其他
				不大于							
5CrMnMo	0.50~0.60	0.25~0.60	1.20~1.60	0.03	0.03	0.60~0.90		0.15~0.30			
5CrNiMo	0.50~0.60	≤0.40	0.50~0.80	0.03	0.03	0.50~0.80		0.15~0.30			
3Cr2W8V	0.30~0.40	≤0.40	≤0.40	0.03	0.03	2.20~2.70	7.50~9.00		0.20~0.50		
4Cr5MoSiV	0.33~0.43	0.80~1.20	0.20~0.50	0.03	0.03	4.75~5.50		1.10~1.60	0.30~0.60		
4Cr5W2VSi	0.32~0.42	0.80~1.20	≤0.40	0.03	0.03	4.50~5.50	1.60~2.40		0.60~1.00		Ni 1.40~1.80

3. 合金热作模具钢的热处理特点及组织性能

与其他合金工具钢类似,合金热作模具钢的热处理也包括作为预先热处理的锻造后球化退火,以及作为最终热处理的淬火和回火。退火的目的是为了消除锻造应力、降低硬度、改善切削加工性,以及改善组织、细化晶粒等,为随后的机械加工及热处理打下基础。最终热处理通常是淬火后进行高温回火,以使基体获得回火托氏体或回火索氏体组织而保证有较高的韧度。此外,钢中 W、Mo、V 等合金元素会使钢在回火时析出细小的合金碳化物而产生二次硬化,从而使热作模具钢在较高温度下仍然保持较高的硬度。

3Cr2W8V 钢的热处理与高速钢相似,为了达到二次硬化效果,通常采用较高的淬火温度,经 3～4 次回火,以析出弥散分布的特殊碳化物,并使残余奥氏体充分转变。

热作模具钢球化退火组织为球状珠光体和粒状碳化物,硬度在 190～250 HBS 之间。淬火并回火后的组织为回火托氏体或回火索氏体组织和均匀分布的细小碳化物,硬度一般在 30 HRC 以上,有的钢种(如 3Cr2W8V 钢)可达到 50 HRC 以上。

常用的几种热作模具钢的热处理规范及应用如表 6-16 所示。

表 6-16　常用合金热作模具钢的热处理规范及应用

牌 号	交货状态	试样淬火		应用
	布氏硬度 HBW10/3000	淬火温度/℃	冷却剂	
5CrMnMo	241～197	820～850	油	中型锻模
5CrNiMo	241～197	830--860	油	压模、人型锻模
3Cr2W8V	≤255	1075～1125	油	寿命要求高的锻模
3Cr3Mo3W2V	≤255	1060～1130	油	热锻模
5Cr4W5Mo2V	≤269	1100～1150	油	大中型锻模、热挤压模
4Cr5MoSiV	≤235	790 ℃±15 ℃预热,1000 ℃(盐溶)或 1010 ℃(炉控气氛)±6 ℃加热,保温 5～15 min 空冷,550 ℃±6 ℃回火		热锻模

4. 常用合金热作模具钢及应用

热锻模与热压模相比,前者对韧度要求高而对红硬性要求不太高,广泛应用的典型钢种有 5CrMnMo 和 5CrNiMo。这两种钢的性能基本相同,但 Mn 在改善韧度方面比 Ni 差,因此 5CrMnMo 钢只适于制造中小型热锻模,而 5CrNiMo 钢适于制造大型热锻模。

热压模受的冲击载荷较小,但对红硬性要求较高,常用钢种有 3Cr2W8V 等。压铸模用钢应根据压铸的金属种类来确定。

热作模具钢的选材实例如表 6-17 所示。

表 6-17　合金热作模具钢选材实例

名称	成形模具类型	建议选用钢种	硬度/HRC
锻模	高度小于 250 mm 的小型热锻模	5CrMnMo、5Cr2MnMo	39～47
	高度在 250～400mm 的中型热锻模		
	高度大于 400mm 的大型热锻模	5CrNiMo、5Cr2MnMo	35～39
	寿命要求高的热锻模	3Cr2W8V、4Cr5MoSiV、4Cr5W2SiV	40～54
	热镦模	4Cr5MoSiV、4Cr5W2SiV、3Cr3Mo3V、基体钢	39～54
	精密锻造或高速锻模	3Cr2W8V 或 4Cr5W2SiV、4Cr5W2SiV、4Cr3W4Mo2VTiNb	45～54
压铸模	压铸锌、铝、镁合金	4Cr5MoSiV、4Cr5W2SiV、3Cr2W8V	43～50
	压铸铜和黄铜	4Cr5MoSiV、4Cr5W2SiV、3Cr2W8V、钨基粉末冶金材料,含有 Mo、Ti、Zr 等难熔金属的合金模具钢	
	压铸钢铁	钨基粉末冶金材料,含有 Mo、Ti、Zr 等难熔金属的合金模具钢	
热挤压模	温挤压模和温镦锻模(300～800 ℃)	8Cr8Mo2SiV、基体钢	
	挤压钢、钛或镍合金	4Cr5MoSiV、3Cr2W8V (大于 1000 ℃)	43～47
	挤压铜或铜合金	3Cr2W8V (小于 1000 ℃)	36～45
	挤压铝、镁合金	4Cr5MoSiV、4Cr5W2SiV	46～50
	挤压铅	45 钢(小于 100 ℃)	16～20

6.3.5　合金量具钢

1. 合金量具钢的性能特点及用途

合金量具钢(alloying measuring tool steels)应具有高的硬度和耐磨性、足够的韧度、高的尺寸稳定性,以保证量具在长期保存与使用过程中形状与尺寸不发生变化。其中尺寸稳定性是对量具最基本的性能要求,尤其是对一些精度要求很高的量具更为重要。所以量具钢的金相组织应该是高碳的回火马氏体加细小均匀分布的碳化物,没有残余奥氏体,且应充分消除内应力。

对在机械加工过程中控制加工精度或进行其他度量的测量工具,如塞规、量块、千分尺等,须用满足上述条件的钢种来制作。

2. 合金量具钢的化学成分特点

合金量具钢中 C 的质量分数一般为 $0.90\%～1.50\%$,属高碳钢,保证了钢材的高硬度与耐磨性。

量具钢中含有的合金元素有 Cr、W、Mn 等,其作用有三个:一是提高淬透性,减小淬火变形与应力;二是形成合金碳化物,进一步提高钢的耐磨性;三是使马氏体分解的第二阶段向高温推移,以提高马氏体的稳定性,从而获得较高的尺寸稳定性。

量具钢没有专用的钢号,凡符合上述条件的其他合金钢,均可作为量具钢使用。

3. 合金量具钢的热处理特点及组织性能

与其他合金工具钢类似,合金量具钢的热处理包括锻造后的球化退火和机械加工后的淬火、回火处理。最终热处理环节要解决的首要问题是提高量具的尺寸稳定性,这要通过提高其组织的稳定性来实现。在保证硬度前提下尽量降低淬火温度,以减少稳定性差的残余奥氏体的量;淬火后立即进行一次 −70～−80 ℃ 的冷处理,使残余奥氏体尽可能地转变为马氏体,然后进行低温回火。精度要求高的量具,在淬火、冷处理和低温回火后还需要在 120～130 ℃ 下进行若干小时的时效处理,使马氏体正方度降低、残存的奥氏体稳定以及消除残余应力。精度要求更高的量具,有时还要进行多次的低温时效处理。图 6-18 所示为 CrWMn 钢量块在粗机加工后的热处理工艺。

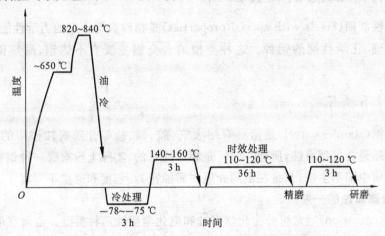

图 6-18 CrWMn 钢量块在粗机加工后的热处理工艺

合金量具钢退火后的组织为球状珠光体和粒状碳化物,硬度为 210～255 HRS;最终热处理后的组织一般为马氏体和均匀分布的碳化物,没有或只有极少量的残余奥氏体,硬度一般达 40 HRC 以上。

4. 常用合金量具钢及应用

前文已指出,量具钢没有专用钢。尺寸小、精度较低、形状简单的量具,如量规、挡圈等圆形量具,可采用碳素工具钢(T10A、T12A)制造。长形或平板状量具,如卡规、样板、直尺等,使用时易受偶然冲击而折断,但精度要求并不高,一般可采用 15、20、15Cr、15CrMn 钢等渗碳钢来制造,并经渗碳淬火和低温回火后使用,或者采用 50钢、55 钢等中碳钢来制造,经高频淬火低温回火后使用。高精度的量具(如量块、塞规等),要求尺寸非常稳定以及有很高的硬度和耐磨性,一般选用高碳的低合金钢或滚动轴承钢来制造,如 GCr15 和 CrWMn 钢等。在受腐蚀介质中工作的量具,可用不锈钢 9Cr18、4Cr13 钢来制造,在淬火状态下其硬度可达 56～58 HRC,这样能保证量具不但有很好的耐腐蚀性,而且还有足够的耐磨性。

量具用钢的选用示例如表 6-18 所示。

表 6-18　量具用钢的选用示例

量具类别	建议选用钢种
平样板或卡板	10、20、50、50、60、6Mn、65Mn 钢
一般量规与量块	T10A、T12A、9SiCr 钢
高精度量规与量块	Cr、CrMn、GCr15 钢
高精度且形状复杂的量规与量块	CrWMn 钢(低变形钢)
抗蚀量具	4Cr13、9Cr18(不锈钢)钢

6.4　特殊性能钢及其应用

特殊性能钢(steels with special properties)是指除具有一定的力学性能外,还具有特殊物理、化学性能的钢种。这种类型的合金钢主要有不锈钢、耐热钢和耐磨钢等。

6.4.1　不锈钢

不锈钢(stainless steel)是指具有耐大气、酸、碱、盐等介质腐蚀作用的合金钢。它实际上还是会发生腐蚀,所谓"不锈"是相对而言的,实际上没有哪一种钢能在任何腐蚀性介质中都不生锈,只是在不同介质中腐蚀行为、程度和速度不同罢了。

1. 金属腐蚀的一般概念

腐蚀(corrosion)通常可分为化学腐蚀和电化学腐蚀两种类型。金属在电解质中的腐蚀称为电化学腐蚀,例如钢在酸、碱、盐等介质中的腐蚀均属电化学腐蚀。金属在非电解质中的腐蚀称为化学腐蚀,如钢在高温下的氧化、脱碳,以及在干燥空气、石油、燃气中的腐蚀都属于化学腐蚀。

大部分金属的腐蚀都属于电化学腐蚀。电化学腐蚀是由金属和周围介质之间产生电化学作用而引起的。金属浸入电解液中,将析出部分正离子,并进入溶液,与留在金属上的多余电子形成电位差,称之为该金属的电极电位。不同的金属具有不同的电极电位。当不同的两金属处于同一电解液中并有导线连接时,则构成一个原电池。图 6-19a 所示为 Fe-Cu 原电池示意图,两极的反应分别如下。

阳极(电极电位低的 Fe): 　　$Fe \longrightarrow Fe^{2+} + 2e$

即 Fe 不断离子化,离子进入溶液而不断溶解。

阴极(电极电位高的 Cu): 　　$2H^+ + 2e \longrightarrow H_2$

即酸中的氢离子还原,形成氢气逸出,阴极得到保护。

上述过程不断进行,使得阳极不断被腐蚀。两极电位差越大,腐蚀速度越快。

在钢中,渗碳体的电极电位比铁素体的高,当形成微电池时,铁素体成为阳极而被腐蚀。实际金属中,第二相的电极电位往往较高,使基体作为阳极而被腐蚀,如图6-19b 所示。在观察碳钢的显微组织时,要把抛光的试样磨面放在硝酸酒精溶液中浸泡,使铁素体腐蚀,从而能在显微镜下观察到珠光体组织,这其中就利用了电化学腐蚀。

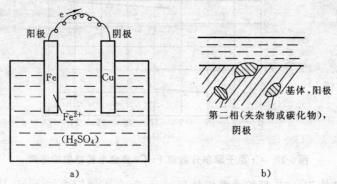

图 6-19 电化学腐蚀示意图

a) Fe-Cu 原电池 b) 实际金属

由此可见,要提高钢的耐电化学腐蚀能力,可采取以下措施。

(1) 降低原电池的电位差。提高作为阳极的钢中基本相的电极电位,以降低原电池两极间的电极电位差,从而减缓电化学腐蚀。在钢中加入合金元素,如 Cr、Ni、Si 等,可显著提高钢中基本相的电极电位。例如 Cr 的质量分数大于 11.7% 时,绝大部分 Cr 都溶于固溶体中,这使得电极电位跃增,从而使基体的电化学腐蚀过程大为减缓。

(2) 减少原电池形成的条件。尽量使钢在室温下呈单相组织,钢中加入 Cr、Ni 等合金元素后,可形成单相的铁素体、单相的奥氏体或单相的马氏体组织,这样可减少构成原电池的条件,从而提高钢的耐蚀性。

(3) 形成钝化膜。在钢中加入 Cr、Ni、Si 等合金元素,以在钢的表面形成一层致密的、牢固的氧化膜(钝化膜),使钢与周围介质隔绝,从而阻断腐蚀电流的通路,提高钢的耐腐蚀能力。

2. 不锈钢的化学成分特点及合金化

(1) C 的作用 因 C 与钢中的合金元素 Cr 易在晶界处形成 Cr 的合金碳化物(主要为 $(Cr,Fe)_{23}C_6$ 型碳化物),使碳化物周围贫 Cr,贫 Cr 区迅速被腐蚀,造成沿晶界发展的晶间腐蚀,使金属产生沿晶脆断的危险。同时,随着含碳量增加,渗碳体及其他碳化物的量也随之增加,致使微电池的数量增多。因此,不锈钢中含碳量应低一些,一般 C 的质量分数为 0.1%～0.2%。但用于制造刀具和滚动轴承的不锈钢,含碳量应提高,此时 Cr 含量也必须相应地提高。

(2) Cr 的作用 Cr 是使不锈钢获得耐蚀性的最基本元素。Cr 提高基体的电极电位时遵循其与 Fe 原子比的 $n/8(n=1,2,\cdots,8)$ 定律,当 $n=1$,即 Cr 原子的摩尔分数为 12.5%(质量分数为 11.7%)时,基体电极电位可由 -0.56 V 跃迁至 $+0.2$ V,如图 6-20 所示。Cr 是铁素体形成元素,Cr 的质量分数超过 12.7% 时可使钢呈单一的铁素体组织。Cr 在氧化性介质(如水蒸气、大气、海水、氧化性酸等)中极易氧化,能使钢表面生成一层致密的钝化膜,阻止金属进一步被氧化,从而提高钢的耐蚀性。

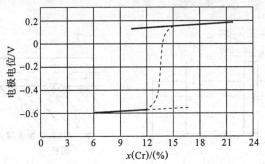

图 6-20　Cr 原子摩尔分数对 Fe-Cr 合金电极电位的影响

(3) Ni 的作用　Ni 是扩大奥氏体区的元素,在不锈钢中加入 Ni,主要是为了获得奥氏体单相组织,同时可提高钢的韧度、机械强度以及改善其焊接性能。

(4) Ti 和 Nb 的作用　Ti 和 Nb 与 C 的亲和力大于 Cr,可以与 C 生成稳定的碳化物,在不锈钢中可避免晶界贫 Cr,减轻钢的晶间腐蚀倾向。

(5)其他元素的作用　Cr 在非氧化性酸(如盐酸、稀硫酸和碱溶液等)中的钝化能力差,加入 Mo、Cu 等元素可提高钢在非氧化性酸中的耐蚀性。Si、Al 等元素与 Cr 的作用相似,可在钢表面生成钝化膜。Mn 可部分代替 Ni 以获得奥氏体组织,并能提高铬不锈钢在有机酸中的耐蚀性。

3. 常用不锈钢的类型及其热处理和应用

常用不锈钢按正火状态的组织可分为马氏体型不锈钢、铁素体型不锈钢、奥氏体型不锈钢和奥氏体-铁素体型(双相不锈钢)四种类型。常用不锈钢的牌号、化学成分、热处理、力学性能及应用举例如表 6-19 所示。

1) 马氏体型不锈钢

最常用的马氏体型不锈钢是 Cr13 型钢,牌号有 12Cr13、20Cr13、30Cr13、40Cr13 和 68Cr17。Cr13 型钢中 Cr 的质量分数约为 13%,其作用是溶入固溶体后,提高铁素体基体的电极电位和使钢表面钝化;C 的质量分数为 0.1%～0.4%,其作用是提高钢的强度和耐磨性,但随着含碳量增加,耐蚀性降低。Cr13 型不锈钢在高温下都得到单相奥氏体,淬火后得到马氏体组织,因此称为马氏体型不锈钢。

含碳量较低的 12Cr13 和 20Cr13 钢,常用的热处理方法为淬火后高温回火,获得回火索氏体组织。回火索氏体中,铁素体中 Cr 的质量分数在 11.7% 以上,故具有良好的耐大气、海水、蒸汽等介质腐蚀的能力。回火索氏体又有较高的强度和硬度,塑性、韧度较好,适合于制造在氧化性腐蚀介质条件下受冲击载荷的零件,如汽轮机叶

表 6-19　部分常用不锈钢的牌号、化学成分、热处理、力学性能及应用

类别	新牌号	旧牌号	化学成分（质量分数）/（%）											应用举例
			C	Si	Mn	P	S	Ni	Cr	Mo	Cu	N	其他元素	
马氏体型	12Cr13[a]	1Cr13[a]	0.15	1.00	1.00	0.040	0.030	(0.60)	11.50~13.50	—	—	—	—	制作能耐弱腐蚀性介质、能承受冲击载荷的零件，如汽轮机叶片、水压机阀结构架、螺栓、螺母等
	20Cr13[a]	2Cr13[a]	0.16~0.25	1.00	1.00	0.040	0.030	(0.60)	12.00~14.00	—	—	—	—	
	30Cr13	3Cr13	0.26~0.35	1.00	1.00	0.040	0.030	(0.60)	12.00~14.00	—	—	—	—	制作具有较高硬度和耐磨性的医疗工具、量具、滚珠轴承等
	40Cr13	4Cr13	0.36~0.45	0.60	0.80	0.040	0.030	(0.60)	12.00~14.00	—	—	—	—	
	68Cr17	7Cr17	0.60~0.75	1.00	1.00	0.040	0.030	(0.60)	16.00~18.00	(0.75)	—	—	—	不锈钢切片机械刀具、剪切刀具、手术刀片，以及高耐磨、耐蚀件
	95Cr18	9Cr18	0.90~1.00	0.80	0.80	0.040	0.030	(0.60)	17.00~19.00	—	—	—	—	
	14Cr17Ni2[a]	1Cr17Ni2[a]	0.11~0.17	0.80	0.80	0.040	0.030	1.50~2.50	16.00~18.00	—	—	—	—	化肥机械设备中压缩机的转子、船舶的尾轴等
铁素体型	10Cr17[a]	1Cr17[a]	0.12	1.00	1.00	0.040	0.030	(0.60)	16.00~18.00	—	—	—	—	制作硝酸工厂设备以及重油燃烧器、粮食机械、家用电器等的部件
	10Cr17Mo	1Cr17Mo	0.12	1.00	1.00	0.040	0.030	(0.60)	16.00~18.00	0.75~1.25	—	—	—	比1Cr17耐腐蚀性强，多作为汽车外装材料使用

续表

类别	新牌号	旧牌号	化学成分(质量分数)/(%)											应用举例
			C	Si	Mn	P	S	Ni	Cr	Mo	Cu	N	其他元素	
奥氏体型	06Cr19Ni10ᵃ	0Cr18Ni9ᵃ	0.08	1.00	2.00	0.045	0.030	8.00~11.00	18.00~20.00	—	—	—	—	具有良好的耐蚀及耐晶间腐蚀性能,是化学工业用的良好耐蚀材料
	12Cr18Ni9ᵃ	1Cr18Ni9ᵃ	0.15	1.00	2.00	0.045	0.030	8.00~10.00	17.00~19.00	—	—	0.10	—	制作耐硝酸、冷磷酸、有机酸及盐、碱溶液腐蚀的设备及零件
	06Cr18Ni11Tiᵃ	0Cr18Ni10Tiᵃ	0.08	1.00	2.00	0.045	0.030	9.00~12.00	17.00~19.00	—	—	—	Ti 5C~0.70	耐酸容器及设备衬里、输送管道等设备和零件,具有抗磁性
	07Cr19Ni11Ti	1Cr18Ni11Ti	0.04~0.10	0.75	2.00	0.030	0.030	9.00~13.00	17.00~20.00	—	—	—	Ti 4C~0.60	仪表、医疗器械,具有较好的耐晶间腐蚀性
奥氏体-铁素体型	12Cr21Ni5Ti	1Cr21Ni5Ti	0.09~0.14	0.80	0.80	0.035	0.030	4.80~5.80	20.00~22.00	—	—	—	Ti 5(C-0.02)~0.80	硝酸及硝铵工业设备及管道,尿素发酵部分设备及管道
	022Cr19Ni5-Mo3Si2N	00Cr18Ni5-Mo3Si2	0.030	1.30~2.00	1.00~2.00	0.035	0.030	4.50~5.50	18.00~19.50	2.50~3.00	—	0.05~0.12	—	尿素及维尼龙生产的设备及零件,化肥、其他化工等部门的设备及零件

注1　耐热钢或可作耐热钢用。

注2　本表数据摘自《GB/T 20878—2007》。

片、各种泵的机械零件、水压机阀等。由于共析点随含铬量的增加而左移,当钢中 Cr 的质量分数为 13% 时,共析的 C 的质量分数已小于 0.4%,所以 40Cr13 属于过共析钢。因此,含碳量较高的 30Cr13、40Cr13 和 68Cr17 类似于工具钢,经淬火及低温回火后得到回火马氏体组织,硬度可达 50 HRC 左右,具有较高的硬度和耐磨性,用于制造医用手术工具、夹持器械、测量工具、不锈轴承、弹簧等在弱腐蚀条件下工作而要求有高强度和高耐磨性的耐蚀零件。

此外,还有高碳的 95Cr18 马氏体型不锈钢和低碳的 14Cr17Ni2 马氏体型不锈钢。9Cr18 钢中会形成大量碳化物,故将 Cr 的质量分数提高到 18%。95Cr18 钢可制作要求一定耐蚀性而具有较高硬度和耐磨性的刃具和不锈轴承。14Cr17Ni2 钢在高温时是 $\gamma+\delta$ 双相组织,淬火后为 $M+\delta$ 组织,经高温回火后,可获得较好的综合性能,并具有很高的耐蚀能力,广泛应用于制造船舶尾轴、压缩机转子等零件。

2）铁素体型不锈钢

铁素体型不锈钢中 Cr 的质量分数约为 17%,其典型钢种为 10Cr17。由于含铬量较高,使得钢在加热、冷却过程中没有 $\alpha\leftrightarrow\gamma$ 转变,始终保持铁素体单相状态,所以其耐蚀性优于马氏体型不锈钢,但强度较低,主要用于制作要求有较高耐蚀性、强度要求不高的部件,如化工设备中的容器、管道等。铁素体型不锈钢通常在退火状态下使用。

3）奥氏体型不锈钢

奥氏体型不锈钢中一般 Cr 的质量分数为 17%~19%,Ni 的质量分数为 8%~11%,典型钢种为 12Cr18Ni9。这类钢的含碳量很低,含镍量高。由于 Ni 是扩大奥氏体的元素,在室温下就能得到亚稳的单相奥氏体组织,从而使钢具有良好的耐蚀性、塑性、韧度、焊接性及低温韧度。有时在钢中加入 Ti,如 06Cr18Ni11Ti 钢或 07Cr18Ni11Ti 钢,其目的是防止产生晶间腐蚀。奥氏体型不锈钢无磁性,其强度、硬度很低,但塑性、韧度及耐蚀性均优于马氏体型不锈钢,适宜于冷态成形。这类钢焊接性能好,但切削加工性能较差,主要用于制造在强腐蚀介质(如硝酸、磷酸、有机酸及碱水溶液等)中工作的设备零件,如储槽、输送管道、容器等。

奥氏体型不锈钢在退火状态下的组织为奥氏体、铁素体和碳化物。碳化物的存在,对钢的耐腐蚀性有很大损伤,故常采用固溶处理方法来消除。固溶处理是把钢加热到 1050~1150 ℃,使碳化物溶解在高温奥氏体中,随后通过水淬快冷,阻止冷却过程中碳化物和铁素体的析出,保证室温下其组织物仍为单相奥氏体状态。

奥氏体型不锈钢在 450~850 ℃ 的温度范围内慢冷或长时间保温后(如在焊接件的热影响区),将沿晶界析出 Cr 的合金碳化物 $(Cr,Fe)_{23}C_6$,造成晶界贫 Cr,导致产生晶间腐蚀倾向。前已述及,在钢中加入 Ti 或 Nb 后,可防止产生晶间腐蚀,但必须与热处理配合好才能达到目的。一般是在固溶处理后再加热到 850~880 ℃ 保温后空冷,使 Ti 和 Nb 的碳化物充分析出,冷却过程中不再析出 Cr 的碳化物,从而使 Cr 在基体中发挥耐蚀的作用,这种热处理方法称为稳定化处理,只用于含 Ti 或 Nb 的奥氏体型不锈钢中。

4) 奥氏体-铁素体型不锈钢

典型的奥氏体-铁素体型不锈钢有 12Cr21Ni5Ti、022Cr19Ni5Mo3Si2N 等。这类钢是在奥氏体不锈钢的基础上,提高 Cr 的含量或加入铁素体形成元素而制成的一类具有奥氏体和铁素体双相组织的不锈钢。由于两相在介质中都能钝化,所以不会构成微电池而出现选择性腐蚀。奥氏体的存在降低了高 Cr 铁素体钢的脆性,使其强度、韧度和焊接性能较好。铁素体的存在又提高了奥氏体钢的屈服强度和耐晶间腐蚀能力等。这类钢种节约了 Ni,因此得到了广泛的应用,可用于制造化工、石油设备和船舶冷凝器等部件。

6.4.2　耐热钢及耐热合金

1. 耐热材料的一般要求

在陆、海、空运输工具的发动机、内燃机,以及工业用炉、火力发电设备中,许多零件都是在高温下工作的,并承受各种载荷,同时,还与高温蒸汽、空气或燃气相接触,表面易发生高温氧化和燃气腐蚀。工作温度的升高,一方面会影响钢的化学稳定性,另一方面会降低钢的高温强度。

金属的耐热性包括热化学稳定性和热强性两个方面。热化学稳定性是指材料在高温下对耐各类介质化学腐蚀的能力;热强性即高温强度,是指材料在高温下抗蠕变的能力。耐热材料既要求有足够的热化学稳定性,又要求有足够的高温强度,同时,还应具有较好的塑性、韧度以及加工工艺性能。

2. 提高金属耐热性的途径及合金化

1) 提高热化学稳定性的途径及合金化

金属的热化学稳定性好,并非是在高温下不发生氧化腐蚀,而是在高温下迅速氧化后形成了一层钝化膜,从而不再继续氧化。碳钢在高温下很容易氧化,主要是由于在高温下钢的表面会生成疏松多孔的氧化亚铁(FeO),FeO 容易剥落,而且氧原子会不断地通过 FeO 扩散,使钢继续氧化。在钢中加入 Cr、Si、Al 等合金元素,可在表面上形成致密的高熔点的 Cr_2O_3、SiO_2、Al_2O_3 等氧化膜,使钢在高温气体中的氧化过程难以继续进行,同时提高基体的电极电位,提高钢的耐热腐蚀的能力。如:在钢中加质量分数为 15% 的 Cr,其耐氧化腐蚀温度可达 900 ℃,在钢中加质量分数为 20%～25% 的 Cr,其耐氧化腐蚀温度可达 1100 ℃。

2) 提高热强性的途径及合金化

(1) 固溶强化　在钢中加入合金元素 Cr、Ni、Mo、W、V 等,通过固溶强化,增强原子间的结合力,提高钢的再结晶温度,从而提高钢的热强性。

(2) 第二相弥散强化　钢中加入 V、Ti、Al 等合金元素,获得不易聚集长大的难熔碳化物第二相粒子,这些弥散分布的第二相粒子作为强化相可阻止高温下晶粒的滑移变形,从而提高钢的热强性。耐热合金则多利用弥散分布金属间化合物如 $Ni_3(Ti,Al)$ 来提高热强性。

（3）晶界强化　由于在高温下原子在晶界上的扩散速度比晶内大得多，晶界上的原子更易于流动，因而晶界的强度低于晶内的强度。所以在高温下，获得较粗的晶粒可以提高热强性。

3. 常用耐热钢的种类、热处理及应用

耐热钢（heat-resisting steels）按其组织结构可分为珠光体型耐热钢、马氏体型耐热钢和奥氏体型耐热钢。常用耐热钢的种类、成分、热处理、性能及主要用途如表 6-20 所示。

1）珠光体型耐热钢

珠光体型耐热钢的含碳量较低，其中 C 的质量分数一般为 $0.08\%\sim0.20\%$，可保证钢具有良好的加工性，同时有利于钢中铁素体基体组织的稳定。通过 Mo、Cr 的固溶强化可提高基体的抗蠕变能力。碳化物形成元素 V、Ti、Nb 等可产生沉淀强化。此外，Cr 还能提高钢的抗氧化性能。珠光体型耐热钢的热处理工艺比较简单，一般是正火（Ac_3 线以上 50 ℃）以及随后高于使用温度 100 ℃的回火，以保证在使用温度下组织和性能的稳定。珠光体型耐热钢一般用于工作温度在 600 ℃以下、受力不大的耐热元件中。

2）马氏体型耐热钢

马氏体型不锈钢 12Cr13、20Cr13 也可以作为耐热钢使用，这类钢具有较高的耐蚀性、抗氧化性和耐热性。其热处理与不锈钢不同之处是淬火后采用较高的温度回火（650～750 ℃），以保证在使用条件下的组织稳定性。马氏体型耐热钢一般用于制造 550 ℃以下工作的汽轮机叶片、涡轮叶片、阀门等部件。

为了进一步提高这类钢的热强性，在 Cr13 型钢的基础上发展了 Cr12 型耐热钢，其典型钢号为 14Cr11MoV。钢中添加 V、Nb、Ti 等元素形成稳定化合物，起第二相强化作用，同时还有利于提高所添加的 Mo、V 等元素的固溶强化效果，从而提高热强性和使用温度。这类钢可用于制造低于 620 ℃下工作的燃气轮机叶片等。

铬硅钢是另一类马氏体型耐热钢，常用的钢种有 42Cr9Si2、40Cr10Si2Mo 等。在这类钢中加入 Si 可提高钢的抗氧化性，减小钢在蠕变开始阶段的变形速度；加入少量的 Mo，可减少钢的回火脆性。这类钢经调质处理后广泛用于制造 700 ℃以下工作的各种发动机的排气阀，因此也称为阀门钢。

3）奥氏体型耐热钢

奥氏体型耐热钢是在奥氏体型不锈钢的基础上发展起来的，最常用的钢奥氏体型耐热钢如 06Cr18Ni11Ti，其化学稳定性和热强性都高于珠光体和马氏体耐热钢，高温和室温下还有较好的塑性和韧度、良好的焊接性和冷加工工艺性能，但切削加工性能较差。在 600 ℃以下具有足够的热强性。这类钢的热处理一般是在固溶淬火处理后，以高于使用温度约 100℃的温度进行时效处理，使组织稳定。奥氏体型耐热钢如它和 Cr13 型钢一样，既是不锈钢又可作为耐热钢使用，可用于锅炉及汽轮机的过热器管道和结构部件等。

4. 高温合金

制造航空发动机、火箭发动机及燃气轮机零部件，如燃烧室、导向叶片、涡轮叶

表 6-20　常用耐热钢的牌号、化学成分、热处理及用途

类别	牌号	化学成分（质量分数）/（%）						热处理规范	用途举例
		C	Si	Mn	Cr	Mo	其他		
珠光体型	16Mo	0.13~0.19	0.17~0.37	0.40~0.70	—	0.40~0.55	S≤0.04 P≤0.04	正火:900~950 ℃,空冷 高温回火:630~700 ℃,空冷	锅炉中壁温小于 540 ℃的受热面管子,壁温小于 510 ℃的联箱、蒸汽管道和介质温度小于 540 ℃的大型锻件和高温高压垫圈
	12CrMo	≤0.15	0.17~0.37	0.40~0.70	0.40~0.60	0.40~0.55	S≤0.04 P≤0.04	正火:920~930 ℃,空冷 高温回火:720~740 ℃,空冷	蒸汽温度为 450 ℃的汽轮机零件,如隔板、耐热螺栓,法兰以及壁温达 475 ℃的各种蛇形管以及相应的锻件
	15CrMo	0.12~0.18	0.17~0.37	0.40~0.70	0.80~1.10	0.40~0.55	S≤0.04 P≤0.04	正火:910~930 ℃,空冷 高温回火:650~720 ℃,空冷	介质温度小于 550 ℃的蒸汽管路、法兰等锻件,以及壁温不大于 560 ℃的水冷壁管和蒸汽管等
	20CrMo	0.17~0.24	0.17~0.37	0.40~0.70	0.80~1.10	0.15~0.25	S≤0.04 P≤0.04	调质淬火:860~880 ℃,空冷 回火:600 ℃,空冷	在 500~520 ℃使用的汽轮机隔板、隔板套
	12CrMoV	0.08~0.15	0.17~0.37	0.40~0.70	0.40~0.60	0.25~0.35	V 0.15~0.30 S≤0.04 P≤0.04	正火:960~980 ℃,空冷 高温回火:700~760 ℃	蒸汽温度为 540 ℃主汽管,转向导叶片、汽轮机隔板,隔板套以及壁温不大于 570 ℃的各种过热器管、导管管和相应的锻件
	12Cr1MoV	0.08~0.15	0.17~0.37	0.40~0.70	0.90~1.20	0.25~0.35	V 0.15~0.35 S≤0.04 P≤0.04	正火:910~960 ℃,空冷 淬火:910~960 ℃,油冷 回火:700~750 ℃	超高压锅炉中工作温度不大于 570~585 ℃的过热器管,介质温度不大于 570 ℃的管路附件,法兰以及其他用途的锻件
	10CrMo910 （德）	≤0.15	0.15~0.50	0.40~0.60	2.0~2.5	0.90~1.10	S≤0.04 P≤0.04	淬火:900~960 ℃ 回火:680~780 ℃	透的锻件,如平孔盖、温度计插座
	24CrMoV	0.20~0.28	0.17~0.37	0.30~0.60	1.20~1.50	0.50~0.60	V 0.15~0.25 S≤0.04 P≤0.04	淬火:880~900 ℃,油冷 回火:550~650 ℃	直径小于 500 mm,在 450~550 ℃下长期工作的汽轮发电机转子,叶轮和轴;锅炉中要求高强度的、工作温度在 350~525 ℃范围内的耐热法兰和螺母
	25Cr2MoVA	0.22~0.29	0.17~0.37	0.40~0.70	1.50~1.80	0.25~0.35	V 0.15~0.30 S≤0.035 P≤0.035	淬火:930~950 ℃,油冷 回火:630~660 ℃,空冷	在温度为 535 ℃的蒸汽环境中工作的汽轮机奎转子,套筒和阀芯在 550 ℃以下工作的螺母,以及其他长期工作在 510 ℃以下的连杆
	35CrMoV	0.30~0.35	0.17~0.37	0.40~0.70	1.00~1.20	0.20~0.30	V 0.10~0.20 S≤0.04 P≤0.04	淬火:900~920 ℃,油或水冷 回火:600~650 ℃,空冷	长期在 520 ℃以下工作的汽轮机叶轮等零件

续表

类别		牌号	化学成分(质量分数)/(%)						热处理规范	用途举例
			C	Si	Mn	Ni	Cr	其他		
马氏体型	高铬钢	12Cr13	0.15	1.0	1.0	(0.6)	11.5~13.5	—	淬火:1000~1050 ℃,油冷 回火:550~650 ℃,空冷	汽轮机变速轮及动叶片;经氧化后用于制造一些承受摩擦并在腐蚀介质中工作的零件
		20Cr13	0.16~0.25	1.0	1.0	(0.6)	12.0~14.0	—	淬火:980~1050 ℃,油冷 回火:550~690 ℃,空冷	大容量机组的末级动叶片,工作温度低于450 ℃;制造高压汽轮发电机中的阀门螺钉、螺母等
		14Cr11MoV	0.11~0.18	0.5	0.8	0.6	10.0~11.5	V 0.25~0.40	淬火:1050~1100 ℃,油冷 回火:720~740 ℃,空冷	工作温度为535~540 ℃的汽轮机静叶片、动叶片及氮化零件
		15Cr12WMoV	0.12~0.18	0.5	0.5~0.9	0.4~0.8	11.0~13.0	W 0.7~1.1 V 0.15~0.30	淬火:1000~1050 ℃,油冷 回火:680~700 ℃,空冷	在550~580 ℃温度下工作的汽轮机叶片、汽轮机隔板、紧固件、叶轮、转子等
	高铬硅钢	42Cr9Si2	0.35~0.5	2.0~3.0	0.7	0.6	8.0~10.0	—	淬火:950~1050 ℃,油冷 回火:700~850 ℃,空冷	工作温度在700 ℃以下受载荷的部件,如汽车发动机、柴油机的排气阀,以及在900 ℃以下工作的加热炉构件,如料盘、炉底板等
		40Cr10Si2Mo	0.35~0.45	1.9~2.6	0.7	0.6	9.0~10.5	—	淬火:1030~1050 ℃,油冷 回火:750~800 ℃	正常载荷及高载荷的汽车发动机和航空发动机的进气阀和排气阀,以及工作温度不太高的加热炉构件
奥氏体型		12Cr18Ni9	0.15	1.0	2.0	8.0~10.0	17.0~19.0	—	1050~1150 ℃,水冷	锅炉或汽轮中610 ℃以下温度长期工作的过热汽管及其他过热部件
		12Cr18Ni9Si3	0.15	2.0~3.0	2.0	8.0~10.0	17.0~19.0	—	1050~1150 ℃,水冷	
		24Cr18Ni8W2	0.21~0.28	0.3~0.8	0.7	7.5~8.5	17.0~19.0	W 2.0~2.5	1050 ℃,空冷 850 ℃下时效处理 10 h	长期工作温度为500~600 ℃的超高压锅炉和汽轮机的主要零件,以及过热蒸汽管道;制造航空、船舶、载重汽车阀门以及蒸汽管
		45Cr14Ni14W2Mo	0.4~0.5	0.8	0.7	13.0~15.0	13.0~15.0	W 2.0~2.75 Mo 0.25~0.4	1050 ℃,空冷 750 ℃下时效处理 5 h	

注 除珠光体钢外,表中数据摘自 GB/T 20878—2007。

片、涡轮盘和尾喷管等所用材料,须在 600~1000 ℃ 的高温氧化气氛中和燃气腐蚀条件下承受较大应力并长期工作,要求具有更高的热稳定性和热强性。显然,耐热钢已不能满足这种要求,必须选用高温合金。

高温合金(high-temperature alloy)一般是指工作在 600~1000 ℃ 的高温(或更高温度)下的合金。目前广泛使用的有铁基高温合金、铁镍基高温合金、镍基高温合金和钴基高温合金。每类高温合金又分为形变强化型高温合金和铸造高温合金。形变强化型高温合金牌号为"GH"+四位数字。其中:"GH"表示高温合金;第一位数字为 1 和 2,表示铁基合金,为 3 和 4 表示镍基合金,为 6 表示钴基合金,这 5 个首位数字中,奇数代表固溶强化型合金,偶数代表时效硬化型合金;后三位数字为合金编号。铸造高温合金的牌号为"K"+三位数字,其中首位数字为分类号 2、4 或 6,代表意义同形变性高温合金,后两位数字表示合金编号。

1) 铁基、铁镍基高温合金

铁基高温合金实际上是以碳化物为沉淀强化相的奥氏体型耐热钢,含有较多的 Ni 以稳定奥氏体,具有较高的含碳量,加入了 W、Mo、V、Nb 等强碳化物生成元素,以形成碳化物强化相,同时配合以固溶淬火和时效沉淀的热处理。如 GH1035、GH2038、K273 等属于铁基高温合金。

铁镍基高温合金是以金属化合物为沉淀强化相的高温合金,也称为沉淀强化型奥氏体耐热钢。该合金成分的特点是含碳量很低,含镍量很高(Ni 的质量分数达 25%~45%),同时含有 Al、Ti、V、B 等元素。Al、Ti 能与部分 Ni 形成 γ 相 $Ni_3(Al, Ti)$,造成沉淀强化;Mo 能形成固溶强化;V 和 B 能强化晶界。这些都使合金的热强性提高。其热处理为固溶处理后进行时效处理。如 GH1015、GH2150、K214 等属于铁镍基高温合金。

2) 镍基高温合金

镍基高温合金是当前在 700~1000 ℃ 温区使用较为广泛的高温合金,是在 Cr20Ni80 合金中加入 Al、Ti、Nb、Ta、W、Mo、Co 等强化元素发展起来的。固溶强化、共格沉淀强化、碳化物强化以及晶界控制等的联合作用,改善了合金的热强性。形变镍基高温合金如 GH3030、GH4133,具有较高的高温强度和较好的加工工艺性能,主要用于制作喷气发动机的涡轮叶片、导向叶片和涡轮盘等。铸造镍基高温合金如 K401、K418,通常采用精密铸造成形,有时甚至在铸态下直接使用,主要用于制作涡轮叶片及形状复杂的异形件。

3) 钴基高温合金

钴基高温合金可用于 700~1050 ℃ 的高温下。这类合金具有高的熔点和较高的强度。加入的 Cr 可提高抗氧化性能;加入的 W、Mo 等元素既可产生固溶强化,又可形成碳化物,加入的 Ti、Ta 等元素可形成金属化合物,在时效过程中弥散析出,起强化作用。钴基高温常用的牌号有 GH5188、K640 等,主要以精密铸造方法成形,制造如喷气发动机的涡轮机叶片等高温零件和结构件。

部分高温合金的牌号、化学成分及用途如表 6-21 所示。

表 6-21　部分高温合金的牌号、化学成分及用途

等轴晶铸造高温合金化学成分(质量分数)/(%)

类型	牌号	C	Cr	Ni	W	Mo	Al	Ti	Fe	Nb	B	Zr	Ce	Si	Mn	P (不大于)	S (不大于)	Cu (不大于)	其他	用途
变形高温合金	GH1035	0.06~0.12	20.0~23.0	35.0~40.0	2.5~3.5	—	≤0.5	0.7~1.2	余	1.2~1.7	—	—	≤0.05	≤0.8	≤0.7	0.03	0.02	—	—	具有良好的抗氧化和抗冲压性能,适用于制造火焰筒、加力燃烧室、尾喷筒等零件
	GH2132	≤0.08	13.5~16.0	24.0~27.0	—	1.0~1.5	≤0.4	1.75~2.35	余	—	0.001~0.01	—	—	≤1.0	1.0~2.0	0.03	0.02	—	V 0.1~0.5	适用于制造工作温度为600~950℃的航空、燃气轮机等耐高温承力部件
	GH3030	≤0.12	19.0~22.0	余	—	—	≤0.15	0.15~0.35	≤1.5	—	—	—	—	≤0.8	≤0.7	0.03	0.02	0.20	—	强度较低,但具有良好的抗氧化和抗冲压性能,焊接性能好,适用于制造在500~1000℃温度下工作的航天、航空、燃气轮机等的一般承力件、冲压件及焊接件
	GH3128	≤0.05	19.0~22.0	余	7.5~9.0	7.5~9.0	0.4~0.8	0.4~0.8	≤2.0	—	≤0.005	≤0.06	≤0.05	≤0.8	≤0.5	0.013	0.013	—	—	适用于制造工作温度为600~950℃的航天、航空、燃气轮机等耐高温与承力部件,以及冲压成形件、焊接件的高温承力部件等
	GH4037	0.03~1.0	13.0~16.0	余	5.0~7.0	2.0~4.0	1.70~2.30	1.8~2.3	≤5.0	—	≤0.02	—	≤0.02	≤0.4	≤0.5	0.015	0.01	0.07	V 0.1~0.5	在800~850℃下具有很高的热强性和足够的塑性,锻造和切削加工性好。适用于制造在800~850℃工作的燃气涡轮工作叶片及导向叶片

续表

等轴晶铸造高温合金化学成分（质量分数）/（%）

类型	牌号	C	Cr	Ni	W	Mo	Al	Ti	Fe	Nb	B	Zr	Ce	Si	Mn	P	S	Cu	其他	用途
																不大于				
变形高温合金	GH4133	≤0.07	19.0~22.0	余	—	—	0.7~1.2	2.5~3.0	≤1.5	1.15~1.65	≤0.01	—	≤0.01	≤0.65	≤0.35	0.015	0.007	0.07		具有良好的抗氧化性能，冷热加工性能好，适用于制造在750℃以下温度工作的涡轮叶片、导向叶片等零部件
铸造高温合金	K211	0.1~0.2	19.5~20.5	45.0~47.0	7.5~8.5	—	—	—	余	—	0.3~0.05	—	—	≤0.4	≤0.5	0.04	0.04	—		适用于制造在900℃以下温度工作的导向叶片
	K214	≤0.1	11.0~13.0	40.0~50.0	6.5~8.0	—	1.8~2.4	4.2~5.0	余	—	0.1~0.15	—	—	≤0.5	≤0.5	0.015	0.015	—		
	K418	0.08~0.16	11.5~13.5	余	—	3.8~4.8	5.5~6.4	0.5~1.0	≤1.0	1.8~2.5	0.008~0.020	0.06~0.15	—	≤0.50	≤0.50	0.015	0.01	—		热强性高，适用于制造在900~1000℃工作的燃气涡轮工作叶片及导向叶片
	K438	0.1~0.2	15.7~16.3	余	2.4~2.8	1.5~2.0	3.2~3.7	3.0~3.5	≤0.50	0.6~1.1	0.005~0.015	0.05~0.15	—	≤0.30	≤0.20	0.015	0.015	—	Ta 1.5~2.0 Co 8.0~9.0	耐腐蚀性能好，适用于制造在850℃以下温度工作的燃气涡轮工作叶片及导向叶片
	K640	0.45~0.55	24.5~26.5	9.5~11.5	7.0~8.0	—	—	—	≤2.0	—	—	—	—	≤1.0	≤1.00	0.04	0.04	—	余 Co（钴基）	适用于制造在850℃以下工作的燃气涡轮工作叶片及导向叶片

注　表中数据摘自 GB/T 14992—2005。

6.4.3 耐磨钢

耐磨钢(abrasive-resistant steels)是指在冲击和磨损条件下使用的高锰钢,其中 C 的质量分数为 0.9%~1.5%,Mn 的质量分数为 11%~14%。这类钢由于机械加工困难,基本上是铸造后使用。

高锰钢铸件的牌号,前面为"ZG"("铸钢"二字汉语拼音字首),其后为化学元素符号"Mn",再后为 Mn 的平均质量分数,最后为序号。如 ZGMn13-1,表示 Mn 的平均质量分数为 13%的一号铸造高锰钢。常用高锰钢铸件的牌号、化学成分、热处理、力学性能及应用如表 6-22 所示。

表 6-22 常用高锰钢铸件的牌号、化学成分、热处理、力学性能及应用

牌 号	化学成分(质量分数)/(%)				热处理		力学性能				应 用
	C	Si	Mn	其他	淬火温度/℃	冷却介质	R_m/MPa	A/(%)	a_k/(J·cm^{-2})	硬度/HBS	
ZGMn13-1	1.00~1.50	0.30~1.00	11.00~14.00	—	1060~1100	水	≥637	≥20		≤229	用于结构简单,要求以耐磨为主的低冲击铸件,如衬板、齿板、辊套、铲齿等
ZGMn13-2	1.00~1.40	0.30~1.00					≥637	≥20	≥147	≤229	
ZGMn13-3	0.90~1.30	0.30~0.80					≥686	≥25	≥147	≤229	用于结构复杂、要求以高韧度为主的承受高冲击的铸件,如履带板等
ZGMn13-4	0.90~1.20	0.30~0.80					≥735	≥35	≥147	≤229	
ZGMn12Cr2	1.00~1.30	11.0~14.0	<0.6	Cr1.70~2.30							
ZGMn12Mo2	1.00~1.30	11.0~14.0	0.40~0.75	Mo1.8~2.1							

高锰钢的铸态组织是奥氏体和沿晶界析出的碳化物,后者降低了钢的韧度与耐磨性。实践证明,高锰钢只有全部获得奥氏体,使用时才能显示出良好的韧度和耐磨性。为此,要施行"水韧处理",即把钢加热到 1100 ℃,使碳化物完全溶解在高温奥氏体中,然后水冷淬火,以获得均匀的过饱和单相奥氏体。这时钢的强度、硬度并不高,而塑性、韧度却很好(R_m=560~700 MPa,180~200 HBS,A=15%~40%,a_k=150~200 J/cm²)。但是,当它受到剧烈冲击或较大压力作用时,表面层奥氏体将迅速产生加工硬化,并有马氏体及 ε 碳化物沿滑移面形成,从而使表面层硬度达 52~56 HRC,耐磨性显著提高,而心部仍然保持着原来高塑性和高韧度的奥氏体状态,能承受较大的冲击应力。当表面磨损后,新露出的表面又可在冲击和磨损条件下获得

新的硬化层。可见,这种钢具有很高的耐磨性和抗冲击能力。需要特别指出的是,高锰钢只有在强烈的冲击和磨损条件下工作时,才显示出高的耐磨性,无冲击和磨损的工况条件,则其耐磨性不能显示出米。

高锰钢经水韧处理后若加热到 250 ℃以上,将在极短时间内析出碳化物,使其脆性增加。所以,水韧处理后的高锰钢一般不再进行回火处理。这种钢由于具有很高的冷变形强化性能,所以很难机械加工,但采用硬质合金、含钴高速钢等材质的切削工具,并采取适当的刃角及切削条件,还是可以加工的。

由于高锰钢的上述性能特点,故被广泛用来制造球磨机的衬板、破碎机的颚板、挖掘机的斗齿、拖拉机和坦克的履带板、铁路的道叉、防弹钢板等。

思考与练习

1. 合金钢与碳钢相比,具有哪些特点?
2. 合金调质钢中常有哪些合金元素? 它们在调质钢中起什么作用?
3. 拖拉机变速齿轮材料为 20CrMnTi,要求齿面硬度为 58~64 HRC,分析说明采用什么热处理工艺才能达到这一要求。
4. 有一 ϕ10 mm 的杆类零件,受中等交变拉压载荷的作用,要求零件沿截面性能均匀一致,供选材料的钢号有 16Mn、45、40Cr、T12。要求:
   (1) 选择合适的材料;
   (2) 编制简明工艺路线;
   (3) 说明各热处理工序的主要作用;
   (4) 指出最终组织。
5. 为什么合金弹簧钢多用 Si、Mn 作为主要合金元素? 为什么采用中温回火? 中温回火后将得到什么样的组织? 其性能如何?
6. 轴承钢为什么要用铬钢? 为什么这种钢对非金属夹杂物控制特别严?
7. 结构钢能否用来制造工具? 试举几个例子说明。
8. T9 和 9SiCr 都属于工具钢,其含碳量基本相同,它们在使用上有何不同? 下列工具应分别选用它们中的哪一种?

   机用丝锥, 木工刨刀, 钳工锯条, 铰刀, 钳工量具

9. 高速钢经铸造后为什么要反复锻造? 锻造后在切削加工前为什么必须退火? 为何 W18Cr4V 淬火温度高达 1280 ℃? 淬火后为什么要经三次 560 ℃的回火?
10. 制作刀具的材料有哪些类别? 列表比较它们的化学成分、热处理方法、性能特点、主要用途及常用代号。
11. 防止钢材腐蚀的途径有哪几种?
12. 在不锈钢中加入 Cr 有什么作用? 其含量有何要求? Cr 的质量分数为 12% 的 Cr12MoV 钢是否属于不锈钢? 为什么?
13. 下列用品常用何种不锈钢制作? 说明其热处理工艺及目的。

  (1) 外科手术刀； (2) 汽轮机叶片； (3) 硝酸槽

14. 何谓奥氏体不锈钢的固溶处理？其目的是什么？

15. 解释蠕变现象。衡量耐热钢热强性的两项重要指标是什么？

16. 提高金属材料抗氧化性的主要途径有哪些？

17. 指出下列特殊性能钢的类别、用途、合金元素的主要作用和热处理工艺方法：

  (1) 30Cr13； (2) 06Cr19Ni10； (3) 10Cr17； (4) 12CrMo；

  (5) 42Cr9Si2； (6) ZGMn13

18. 高锰钢为什么既耐磨又有很好的韧度？高锰钢在什么使用条件下才能够耐磨？

19. 什么是高锰钢的水韧处理？

第7章 铸 铁

7.1 铸铁的石墨化和分类

铸铁(cast iron)是 C 的质量分数大于 2.11% 的铁碳合金。工业用铸铁中含有较多的 Si、Mn、S、P 等元素。铸铁是一种使用历史悠久的重要工程材料,广泛应用于机械制造、冶金、矿山、石油化工、交通等领域。据统计,按质量百分比计算,铸铁件在农业机械中占 40%~60%,在汽车及拖拉机中占 50%~70%,在机床中占 60%~90%。铸铁之所以应用广泛,是因为它的生产设备和工艺简单、价格便宜,并且它有良好的铸造性、切削加工性及减振性等优良的使用性能和工艺性能。

铸铁的性能与其组织中所含的**石墨**(graphite)有密切的关系。本节从石墨的形成过程开始,讨论各类铸铁的组织、性能及用途。

7.1.1 铸铁的石墨化

铸铁的石墨化就是铸铁中 C 原子析出和石墨形成的过程。一般认为石墨既可以由液态铁液中析出,也可以由奥氏体中析出,还可以由渗碳体分解得到。

1. Fe-Fe₃C 和 Fe-C 双重相图

实践证明,渗碳体是一个亚稳定的相,石墨才是稳定相。因此描述铁碳合金组织转变的相图实际上有两个,一个是 Fe-Fe₃C 系相图,另一个是 Fe-C 系相图。把二者叠合在一起,就得到一个双重相图,如图 7-1 所示。图中实线表示 Fe-Fe₃C 系相图,部分实线再加上虚线表示 Fe-C 系相图。显然,按 Fe-Fe₃C 系相图进行结晶,就得到白口铸铁;按 Fe-C 系相图进行结晶,就析出和形成石墨,得到石墨化铸铁。

2. 铸铁冷却和加热时的石墨化过程

按 Fe-C 系相图进行结晶,铸铁冷却时的石墨化过程应包括:从液体中析出一次石墨,由共晶反应而生成共晶石墨,由奥氏体中析出二次石墨,由共析反应而生成共析石墨。

白口铸铁受热时,其中的亚稳定渗碳体在比较高的温度下将发生分解,析出石墨,即

$$Fe_3C \longrightarrow 3Fe + C$$

加热温度越高,分解速度相对就越快。

无论是冷却时的石墨化过程还是加热时的石墨化过程,凡是发生在 $P'S'K'$ 线(温度)以上的,统称为第一阶段石墨化,凡是发生在 $P'S'K'$ 线(温度)以下的,统称为第二阶段石墨化。

3. 影响铸铁石墨化的因素

(1) 化学成分的影响　C、Si、Mn、S、P 对石墨化有不同的影响。其中 C、Si、P 是

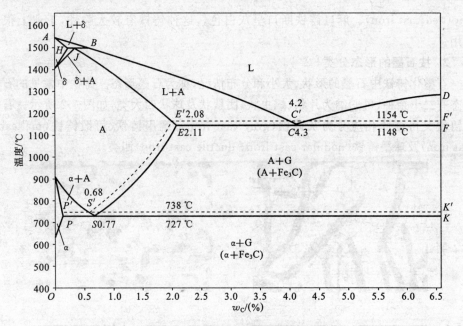

图 7-1 Fe-Fe$_3$C 和 Fe-C 双重相图

L—液态金属　A—奥氏体　G—石墨　δ, α—铁素体

促进石墨化的元素, Mn 和 S 是阻碍石墨化的元素。在生产实际中, C、Si 的含量过低, 铸铁易出现白口, 力学性能与铸造性能都较差; C、Si 的含量过高, 铸铁中石墨数量多且粗大, 基体内铁素体数量多, 力学性能也会下降。

(2) 冷却速度的影响　铸件冷却速度越缓慢, 即过冷度越小, 越有利于按照 Fe-C 相图进行结晶和转变, 越有利于石墨化过程充分进行; 反之, 即过冷度越大, 原子扩散能力减弱, 越有利于按照 Fe-Fe$_3$C 相图进行结晶和转变, 越不利于石墨化的进行。

7.1.2 铸铁的分类

1. 按碳存在的形式分类

(1) 石墨化铸铁　C 主要以石墨形式存在的铸铁称为**石墨化铸铁**。在石墨化铸铁中, 铸铁断口一般呈灰白色, 工业上的铸铁大多属于这一类。虽然有些石墨化铸铁的力学性能不高, 但生产工艺简单、价格低廉, 故在工业上获得了广泛应用。

(2) 白口铸铁　第一、第二阶段的石墨化全部被抑制, 完全按图 7-1 中的实线结晶, 除少量溶于铁素体外, C 都以渗碳体的形式存在, 断口呈白色, 这类铸铁称为**白口铸铁**(write cast iron)。白口铸铁组织中都存在共晶莱氏体, 硬而脆, 很难切削加工, 主要做炼钢原料。但由于它的耐磨性高, 也可铸造出表面有一定深度的白口层而中心为灰铸铁的铸件, 称为冷硬铸铁件。冷硬铸铁件通常为要求耐磨的零件, 如轧辊、球磨机的磨球及犁铧等。

(3) 麻口铸铁　石墨化程度介于石墨化铸铁和白口铸铁之间的称为**麻口铸铁**

(mottled cast iron)。麻口铸铁断口呈灰白色。这种铸铁有较大脆性,工业上很少应用。

2. 按石墨的形态分类

石墨化铸铁中石墨的形状、大小和分布情况,称为石墨形态。铸铁中常见的石墨形态有二十余种,可归纳为片状、蠕虫状、团絮状及球状四大类,如图 7-2 所示。石墨化铸铁又可据此相应分为灰铸铁(gray cast iron)、蠕墨铸铁、可锻铸铁(malleable cast iron)及球墨铸铁(nodular cast iron, ductile cast iron)四类。

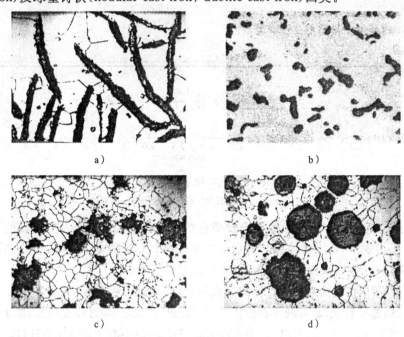

a)　　　　　　　　　　　　　　b)

c)　　　　　　　　　　　　　　d)

图 7-2　铸铁石墨形态

a) 片状石墨　b) 蠕虫状石墨　c) 絮状石墨　d) 球状石墨

石墨的形状对铸铁的力学性能影响很大,如表 7-1 所示。

表 7-1　各种铸铁的力学性能

材料种类	组 织	抗拉强度 R_m /MPa	屈服强度 $R_{p0.2}$ /(MPa)	抗弯强度 R_{bb} /(MPa)	断后伸长率 A/(%)	冲击韧度 a_k /(kJ/m²)	硬度 /HBS
铁素体灰铸铁	F+G片	100～150	—	260～330	<0.5	10～110	143～229
珠光体灰铸铁	P+G片	200～250	—	400～470	<0.5	10～110	170～240
孕育铸铁	P+G细片	300～400	—	540～680	<0.5	10～110	207～296
铁素体可锻铸铁	F+G团	300～370	190～280	—	6～12	150～290	120～163
珠光体可锻铸铁	P+G团	450～700	280～560	—	2～5	50～200	152～270

续表

材料种类	组 织	抗拉强度 R_m /MPa	屈服强度 $R_{p0.2}$ /(MPa)	抗弯强度 R_{bb} /(MPa)	断后伸长率 A/(%)	冲击韧度 a_k /(kJ/m²)	硬度 /HBS
铁素体球墨铸铁	F+G球	400～500	250～350	—	5～20	＞200	147～241
珠光体球墨铸铁	P+G球	600～800	420～560	—	＞2	＞150	229～321
白口铸铁	P+Fe₃C+L'c	230～480	—	—	—	—	375～530
铁素体蠕墨铸铁	F+G虫	＞286	＞204	—	＞3	—	＞120
珠光体蠕墨铸铁	P+G虫	＞393	＞286	—	＞1	—	＞180
*45 钢	F+P	610	360	—	16	800	＜229

* 用于性能比较。

3. 按化学成分分类

按化学成分,铸铁又可分为以下两类。

(1) 普通铸铁　普通铸铁即常规元素的铸铁,如灰铸铁、球墨铸铁、可锻铸铁、蠕墨铸铁等都是普通铸铁。

(2) 合金铸铁　合金铸铁又称特殊性能铸铁,是向普通灰铸铁或球墨铸铁中加入一定量合金元素,如 Cr、Ni、Cu、Al、Pb 等制成的铸铁。

7.2　灰铸铁

灰铸铁是价格便宜、应用最广泛的铸铁材料。在各类铸铁的总产量中,灰铸铁占80%以上。

我国灰铸铁的牌号如表 7-2 所示。"HT"为"灰铁"一词的汉语拼音首字母,后面的数字表示最低抗拉强度。

表 7-2　灰铸铁的牌号、力学性能及应用

牌　号	铸件壁厚 /mm		最小抗拉强度 R_m(强制性值) /MPa(min)		铸件本体预期抗拉强度 R_m /MPa(min)	布氏硬度 HBW	应用举例
	＞	≤	单铸试棒	附铸试棒或试块			
HT100	5	40	100	—	—	≤170	
HT150	5	10	150	—	155	125～205	端盖、汽轮泵体、轴承座、阀壳、管子及管路附件、手轮;一般机床底座、床身及其他复杂零件、滑座、工作台等
	10	20		—	130		
	20	40		120	110		
	40	80		110	95		
	80	150		100	80		
	150	300		90			

续表

牌 号	铸件壁厚/mm >	铸件壁厚/mm ≤	最小抗拉强度 R_m（强制性值）/MPa(min) 单铸试棒	附铸试棒或试块	铸件本体预期抗拉强度 R_m/MPa(min)	布氏硬度/HBW	应用举例
HT200	5	10	200	—	205	180～230	汽缸、齿轮、底架、机件、飞轮、齿条、衬筒；一般机床床身及中等压力液压筒、液压泵和阀的壳体等
	10	20		—	180		
	20	40		170	155		
	40	80		150	130		
	80	150		140	115		
	150	300		130	—		
HT225	5	10	225	—	230	170～240	
	10	20		—	200		
	20	40		190	170		
	40	80		170	150		
	80	150		155	135		
	150	300		145			
HT250	5	10	250	—	250	180～250	阀壳、液压缸、汽缸、联轴器、机体、齿轮、齿轮箱外壳、飞轮、衬筒、凸轮、轴承座等
	10	20		—	225		
	20	40		210	195		
	40	80		190	170		
	80	150		170	155		
	150	300		160	—		
HT275	10	20	275	—	250	190～260	
	20	40		230	220		
	40	80		205	190		
	80	150		190	175		
	150	300		175	—		
HT300	10	20	300	—	270	200～275	齿轮、凸轮、车床卡盘、剪床、压力机的机身；导板、转塔、自动车床及其他重载荷机床的床身；高压液压筒、液压泵和滑阀的壳体等
	20	40		250	240		
	40	80		220	210		
	80	150		210	195		
	150	300		190			

牌 号	铸件壁厚/mm		最小抗拉强度 R_m（强制性值）/MPa(min)		铸件本体预期抗拉强度 R_m/MPa(min)	布氏硬度/HBW	应用举例
	>	≤	单铸试棒	附铸试棒或试块			
HT350	10	20	350	—	315	220~290	同 HT300
	20	40		290	280		
	40	80		260	250		
	80	150		230	225		
	150	300		210	—		

灰铸铁有铁素体基体、珠光体基体和铁素体加珠光体基体铸铁三种，其组织如图 7-3 所示。

a)   b)   c)

图 7-3 三种灰铸铁的显微组织

a) 铁素体灰铸铁   b) 珠光体灰铸铁   c) 珠光体-铁素体灰铸铁

7.2.1 影响灰铸铁组织和性能的因素

1. 化学成分

控制化学成分是控制铸件组织和性能的基本方法。生产中主要是控制 C、Si 的含量。C、Si 能强烈促进石墨化。C、Si 含量过低时，铸铁易出现白口组织，力学性能和铸造性能都较低；含量过高时，石墨片过多且粗大甚至在铁液的表面都将出现飘浮的石墨，使铸件的性能和质量降低。因此，灰铸铁中的 C、Si 的含量一般控制在以下范围：C 的质量分数为 2.5%～4.0%；Si 的质量分数为 1.0%～3.0%。

生产中一般用碳当量 CE 和共晶度 Sc 来评价铸铁成分的石墨化能力。铸铁的碳当量就是将其中所含元素促进石墨化的能力折算成碳所相当的总碳含量，可根据下式来计算：

$$CE = C + \frac{1}{3}(Si + P)$$

式中 C、Si、P 分别代表这三种元素的质量分数。

共晶度是指铸铁中碳当量与共晶碳含量的比值，即

$$Sc=CE/4.26$$

当 Sc=1 时,为共晶铸铁;当 Sc<1 时,为亚共晶铸铁;当 Sc>1 时,为过共晶铸铁。由此可见,仅根据铸铁实际含碳量是不能判断共晶程度的。

Mn 是阻碍石墨化的元素,能溶于铁素体和渗碳体中,增强 Fe、C 原子间的结合力,扩大奥氏体区,阻止析出转变时的石墨化,促进珠光体基体的形成。Mn 还能与 S 生成 MnS,减少 S 的有害作用。铸铁中 Mn 的质量分数一般为 $0.5\%\sim1.4\%$。

P 是促进石墨化的元素。铸铁中 P 的含量增加时,液相线将降低,从而提高铁液的流动性。在铸铁中,P 的质量分数大于 0.3% 时,常常形成二元或三元磷共晶体。磷共晶体硬而脆,可提高铸铁的耐磨性,但会降低铸铁的强度,并导致铸铁的冷脆性。所以,要求铸铁有较高强度时,要限制 P 的含量(其质量分数一般在 0.12% 以下),而耐磨铸铁则要求有一定的含磷量(其质量分数可在 0.3% 以上)。

S 是有害元素,它强烈促进白口化,并使铸造性能和力学性能恶化。少量 S 即可生成 FeS(或 MnS)。FeS 与 Fe 会形成低熔点(约 980 ℃)共晶体,沿晶界分布,易导致热脆性发生。因此限定铸铁中 S 的质量分数在 0.15% 以下。

2. 冷却速度

在一定铸造工艺条件(如浇注温度、铸型温度、铸型材料种类等)下,铸铁的冷却速度对石墨化完成的程度有很大的影响。图 7-4 表示不同 w_C+w_{Si} 时不同壁厚(冷却速度)铸件的组织。

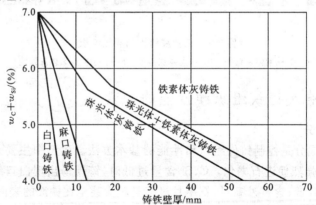

图 7-4　铸铁壁厚和 C、Si 的质量分数对铸件组织的影响

3. 孕育处理

孕育处理(inoculation treatment)就是变质处理,孕育处理后的灰铸铁称为孕育铸铁。常用的孕育剂有两种。一种为硅类合金,例如最常用的 Si 的质量分数为 75% 的硅铁合金、Si 的质量分数为 $60\%\sim65\%$ 和 Ca 的质量分数为 $25\%\sim35\%$ 的硅钙合金等,后者石墨化能力比前者高 $1.5\sim2$ 倍,但价格较高。另一种是碳类,例如石墨粉、电极粒等。孕育处理的目的是:① 使铁液内同时生成大量均匀分布的非自发晶核,以获得细小均匀的石墨片,并细化基体组织,提高铸铁的强度;②避免铸件边缘及

薄断面处出现白口组织,提高断面组织的均匀性。表 7-2 中的灰铸铁 HT250、HT300、HT350 均属于孕育铸铁。

孕育铸铁具有较高的强度和硬度,可用来制造力学性能要求较高的铸件,如汽缸、曲轴、凸轮、机床床身等,尤其是截面尺寸变化较大的铸件。

7.2.2 灰铸铁的热处理

热处理不能改变石墨的形状和分布,对提高灰铸铁的力学性能作用不大,因此生产中主要用来消除内应力和改善切削加工性能。

1. 消除内应力退火

一些形状复杂和对尺寸稳定性要求较高的重要铸件,如机床床身、柴油机汽缸体等,为了防止变形和开裂,须进行消除内应力退火(又称人工时效)。工艺规范是:加热温度为 500~550 ℃,加热速度为 60~120 ℃/h。温度不宜过高,以免发生共析渗碳体的球化和石墨化。保温时间则取决于加热温度和铸件壁厚,一般壁厚小于 20 mm 时,保温时间为 2 h,壁厚每增加 25 mm,保温时间增长 1 h。冷却速度为 20~50 ℃/h,到 150~220 ℃后出炉空冷。

2. 消除铸件白口、降低硬度的退火

灰铸铁件表层和薄壁处产生的白口组织难以切削加工,需要退火降低硬度。退火在共析温度以上进行,使渗碳体分解成石墨,所以又称高温退火。工艺规范是:加热到 850~900 ℃,保温 2~5 h,然后随炉冷却,至 250~400 ℃后出炉空冷。退火铸件的硬度可下降 20~40 HBS。

3. 表面淬火

有些铸件如机床导轨、缸体内壁等,因需要提高硬度和耐磨性,可进行表面淬火处理,如高频表面淬火、火焰表面淬火等。淬火后表面硬度可达 50~55 HRC。

7.3 球墨铸铁

球墨铸铁是 20 世纪 50 年代发展起来的一种高强度铸铁材料,其综合力学性能接近于钢,因铸造性能很好,成本低廉,生产方便,在工业中得到了广泛的应用。

7.3.1 球墨铸铁的化学成分和球化处理

对球墨铸铁的化学成分要求比较严格,一般范围是:C 的质量分数为 3.6%~3.9%,Si 的质量分数为 2.0%~2.8%,Mn 的质量分数为 0.6%~0.8%,S 的质量分数小于0.07%,P 的质量分数小于 0.1%。与灰铸铁相比,它的碳当量较高,一般为过共晶成分,通常在 4.5%~4.7%范围内变动,以利于石墨球化。

球墨铸铁的球化处理必须伴随以孕育处理,通常是在铁液中同时加入一定量的球化剂和孕育剂。国外使用的球化剂主要是金属镁,实践证明,铁液中 Mg 的质量分数为 0.04%~0.08%时,石墨就能完全球化。我国普遍使用稀土镁球化剂。Mg 是

强烈的反石墨化元素,为了避免白口,并使石墨球细小、分布均匀、光圆,一定要加入孕育剂。

7.3.2　球墨铸铁的牌号、组织和性能

我国球墨铸铁牌号用"QT"标明,其后两组数字分别表示最低抗拉强度极限和断后伸长率,如表7-3所示。

表 7-3　球墨铸铁牌号和力学性能(单铸试样)

材料牌号	抗拉强度 R_m /MPa(min)	屈服强度 $R_{p0.2}$ /MPa(min)	断后伸长率 A /(%)(min)	布氏硬度 /HBW	主要基体组织
QT350-22L	350	220	22	≤160	铁素体
QT350-22R	350	220	22	≤160	铁素体
QT350-22	350	220	22	≤160	铁素体
QT400-18L	400	240	18	120~175	铁素体
QT400-18R	400	250	18	120~175	铁素体
QT400-18	400	250	18	120~175	铁素体
QT400-15	400	250	15	120~180	铁素体
QT450-10	450	310	10	160~210	铁素体
QT500-7	500	320	7	170~230	铁素体+珠光体
QT550-5	550	350	5	180~250	铁素体+珠光体
QT600-3	600	370	3	190~270	珠光体+铁素体
QT700-2	700	420	2	225~305	珠光体
QT800-2	800	480	2	245~335	珠光体或索氏体
QT900-2	900	600	2	280~360	回火马氏体或托氏体+索氏体

由表中数据可知,球墨铸铁的抗拉强度远远超过灰铸铁,而与钢相当。其突出的特点是屈强比高,为0.7~0.8,而钢的屈强比一般只有0.3~0.5。在一般的机械设计中,材料的许用应力根据 R_{eH} 或 $R_{p0.2}$ 来确定,因此对丁承叉静载的零件,使用球墨铸铁比铸钢还节省材料,重量更轻。

不同基体的球墨铸铁(见图7-5),其性能差别很大(见表7-3)。珠光体球墨铸铁的抗拉强度比铁素体球墨铸铁的高50%以上,而铁素体球墨铸铁的断后伸长率为珠光体基体球墨铸铁的3~5倍。

球墨铸铁具有较好的疲劳强度。表7-4中给出了球墨铸铁和45钢试样的对称弯曲疲劳强度。可见带孔和带台肩的试样的疲劳强度大致相同。试验还表明,球墨铸铁的扭转疲劳强度甚至超过了45钢。在实际应用中,大多数承受动载的零件是带孔或带台肩的,因此完全可以用球墨铸铁来代替钢制造某些重要零件,如曲轴、连杆、

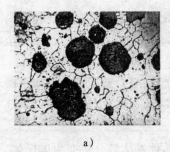  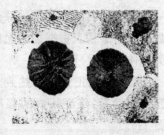

a)　　　　　　　　　　b)　　　　　　　　　　c)

图 7-5　三种球墨铸铁的显微组织

a) 铁素体球墨铸铁　b) 珠光体球墨铸铁　c) 珠光体-铁素体球墨铸铁

凸轮轴等。

表 7-4　球墨铸铁和 45 钢试样的对称弯曲疲劳强度

材　料	对称弯曲疲劳强度/MPa							
	光滑试样		光滑带孔试样		带台肩试样		带孔、带台肩试样	
珠光体球墨铸铁	255	100%	205	80%	175	68%	155	61%
45 钢	305	100%	225	74%	195	64%	155	51%

7.3.3　球墨铸铁的热处理

球墨铸铁的热处理原理与钢大致相同,但由于它含有较多的 Si、C、Mn 等,具有以下特点:第一,共析转变温度较高,其奥氏体化的加热温度高于碳钢;第二,C 曲线右移,并形成两个"鼻尖",淬透性比碳钢好,因此中、小铸件可采用油淬,并较易实现等温淬火工艺,获得下贝氏体基体;第三,可通过控制淬火加热温度和保温时间来调整奥氏体的含碳量。高的加热温度和长的保温时间,使以石墨形式存在的 C 较多地溶入奥氏体中,因而淬火后得到较粗大的马氏体和数量较多的残余奥氏体。对铸件综合力学性能要求高时,应在保证完全奥氏体化的条件下,尽量采用较低的加热温度,以获得含碳量较低的马氏体基体组织。

球墨铸铁的热处理主要有退火、正火、调质、等温淬火等。

1. 球墨铸铁的退火

退火的目的在于获得铁素体基体。球化剂会增大铸件的白口倾向,当铸件薄壁处出现自由渗碳体和珠光体时,为了获得塑性好的铁素体基体,并改善切削性能,消除铸造应力,根据铸铁的铸造组织可采用以下两种退火工艺。

(1) 高温退火　存在自由渗碳体时,进行高温退火:加热到 900~950 ℃,保温 2~5 h,随炉冷却,至 600 ℃左右出炉空冷。

(2) 低温退火　铸态组织为铁素体+珠光体+石墨而没有自由渗碳体时,采用低温退火:加热到 720~760 ℃,保温 3~6 h,随炉冷至 600 ℃后出炉空冷。

2. 球墨铸铁的正火

正火的目的在于得到珠光体基体(珠光体占基体 75％以上),并细化组织,提高强度和耐磨性。根据加热温度,分高温正火(完全奥氏体化正火)和低温正火(不完全奥氏体化正火)两种。

(1)高温正火　加热到 880～920 ℃,保温 3 h,然后空冷。为了提高基体中珠光体的含量,保证铸铁的强度,还常采用风冷、喷雾冷等加快冷却速度的方法(见图 7-6)。

(2)低温正火　加热到 820～860 ℃,保温一定时间,使基体部分转变为奥氏体,部分保留为铁素体(见图 7-7),空冷后得到珠光体和少量破碎铁素体的基体,提高了铸铁的强度,并保证其具有较好的塑性。

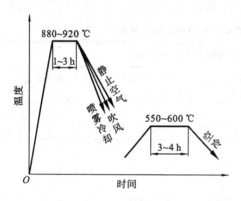

图 7-6　完全奥氏体化正火工艺曲线

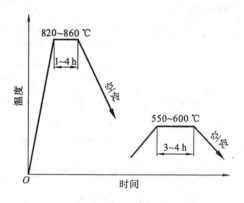

图 7-7　不完全奥氏体化正火工艺曲线

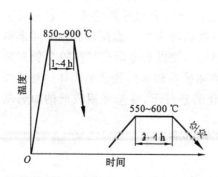

图 7-8　球墨铸铁调质处理工艺曲线

3. 球墨铸铁的调质

要求综合力学性能较高的球墨铸铁连杆、曲轴等,可采用调质处理。其工艺规范为:加热到 850～900 ℃,使基体转变为奥氏体,在油中淬火得到马氏体,然后经 550～600 ℃回火,空冷(见图 7-8),获得回火索氏体基体组织。调质处理一般只适用于小尺寸的铸件,尺寸过大时,内部淬不透,处理效果不好。

回火索氏体不仅强度高,而且塑性和韧度比通过正火得到的珠光体基体好(见表7-5)。

4. 等温淬火

球墨铸铁经等温淬火后可获得高的强度,同时具有良好的塑性和韧度,如QT1200-1。等温淬火工艺为:加热到奥氏体区(840～900 ℃),保温后,在 300℃左右的等温盐浴中冷却并保温(见图 7-9),使基体在此温度下转变为下贝氏体。

表 7-5 球墨铸铁调质和正火后的组织和性能

热处理工艺	显微组织	力学性能			
		R_m/(MPa)	A/(%)	a_k/(J/cm^2)	硬度/HBS
调质:980℃退火, 900℃油淬＋ 580℃回火	回火索氏体＋石墨	800～1000	1.7～2.7	26～32	240～340
正火:980℃退火, 900℃正火＋ 580℃去应力	珠光体＋5%铁素体 ＋石墨	700	2.5	5～10	317～321

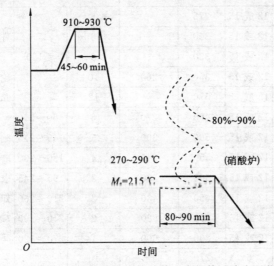

图 7-9 稀土镁、钼球墨铸铁拖拉机减速齿轮等温淬火工艺曲线

等温淬火处理后,球墨铸铁的抗拉强度可达 1200～1450 MPa,冲击韧度为 300～360 kJ/m^2,硬度为 38～51 HRC。等温盐浴的冷却能力有限,一般也仅用于截面不大的零件,例如受力复杂的齿轮、曲轴、凸轮轴等。

7.4 其他铸铁

7.4.1 可锻铸铁

可锻铸铁是由一定成分的白口铸铁经过石墨化退火而获得的具有团絮状石墨的铸铁。其大致成分范围是:C 的质量分数为 2.4%～2.7%,Si 的质量分数为 1.4%～1.8%,Mn 的质量分数为 0.5%～0.7%,P 的质量分数为 0.008%,S 的质量分数为 0.025%。同时,为缩短石墨化退火周期,还往往向铸铁中加入 B、Al、Bi 等孕育剂(可缩短一半多时间)。

因化学成分、热处理工艺不同,可锻铸铁的性能和金相组织也不同,由此可将可锻铸铁分为两类,第一类为黑心可锻铸铁和珠光体可锻铸铁,第二类为白心可锻铸铁。表 7-6 列出了可锻铸铁的牌号、力学性能和应用。其牌号中,"KTH"和"KTZ"分别为铁素体基体可锻铸铁和珠光体基体可锻铸铁的代号,"KTB"为白心可锻铸铁的代号,代号后的第一组数字表示铸铁的最低抗拉强度,第二组数字表示其最低断后伸长率,如表 7-6 所示。如 KTZ700-02 表示珠光体可锻铸铁,其最低抗拉强度为 700 MPa,最低断后伸长率为 2%。

表 7-6　可锻铸铁的牌号和力学性能

名称	牌号	试样直径 d/mm	R_m/MPa min	$R_\mathrm{p0.2}$/MPa min	A/(%) min ($L_0 = 3d$)	布氏硬度 HBW	应用举例
黑心可锻铸铁	KTH 275-05	12 或 15	275	—	5	≤150	弯头、三通等管道配件;低压阀门等
	KTH 300-06	12 或 15	300	—	6		
	KTH 330-08	12 或 15	330	—	8		农机犁刀、犁柱、车轮壳;汽轮壳、差速器壳等
	KTH 350-10	12 或 15	350	200	10		
	KTH 370-12	12 或 15	370	—	12		
珠光体可锻铸铁	KTZ 450-06	12 或 15	450	270	6	150~200	可代替碳钢、合金钢制造承受较高载荷,在磨损条件下工作并要求有一定韧度的零件,如曲轴、连杆、齿轮、摇臂、凸轮轴、活塞环、轴套、犁刀、耙片等
	KTZ 500-05	12 或 15	500	300	5	165~215	
	KTZ 550-04	12 或 15	550	340	4	180~230	
	KTZ 600-03	12 或 15	600	390	3	195~245	
	KTZ 650-02	12 或 15	650	430	2	210~260	
	KTZ 700-02	12 或 15	700	530	2	240~290	
	KTZ 800-01[d]	12 或 15	800	600	1	270~320	
白心可锻铸铁	KTB 350-04	6	270	—	10	230	薄壁铸件仍具有较高的韧度,且焊接性能好、切削加工性能好,适用于铸造壁厚在 15 mm 以下的薄壁铸件和焊接后不需进行热处理的铸件
		9	310	—	5		
		12	350	—	4		
		15	360	—	3		
	KTB 360-12	6	280	—	16	200	
		9	320	170	15		
		12	360	190	12		
		15	370	200	7		
	KTB 400-05	6	340	190	12	220	
		9	360	200	8		
		12	400	220	5		
		15	420	230	4		
	KTB 450-07	6	380	200	12	220	
		9	400	230	10		
		12	450	260	7		
		15	480	280	4		

注　本表数据摘自 GB/T 9440—2010。

可锻铸铁的石墨化退火工艺不同,所得到的组织状态就不同。图7-10所示为可锻铸铁的石墨化退火工艺曲线。若对可锻铸铁进行完全石墨化退火,则可得到铁素体＋团絮状石墨的组织(见图7-11a),这就是黑心可锻铸铁;若按图7-10工艺只进行了第一阶段石墨化退火,则得到的组织为珠光体＋团絮状石墨(见图7-11b),这就是珠光体可锻铸铁。上述两种可锻铸铁中的团絮状石墨表面不规则,表面积与体积比较大。白心可锻铸铁的金相组织取决于截面尺寸。薄截面的金相组织主要为铁素体,厚截面的金相组织主要为珠光体,不同壁厚有不同的力学性能。

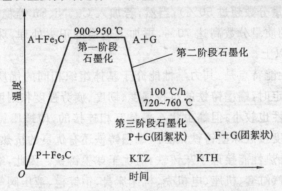

图 7-10 可锻铸铁的石墨化退火工艺曲线

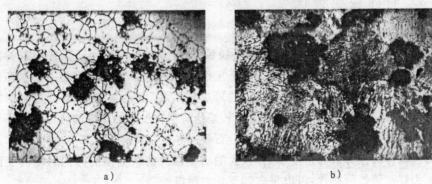

图 7-11 可锻铸铁的显微组织

a) 黑心可锻铸铁 b) 珠光体可锻铸铁

可锻铸铁的力学性能比灰铸铁高,强度、塑度和韧度都有明显的提高。铁素体可锻铸铁具有较高的塑性和韧度,且铸造性能好,常用于制造形状复杂的薄截面零件,其工作时易受冲击和震动,如汽车、拖拉机的后桥壳、轮壳、转向机构及管接头等;珠光体可锻铸铁强度和耐磨性较好,可用于制造曲轴、连杆、凸轮、活塞等强度和耐磨性要求较高的零件。

7.4.2 蠕墨铸铁

蠕墨铸铁是近几十年迅速发展起来的新型铸铁材料,它是在一定成分的铁液中加入适量的蠕化剂而形成的,凝固结晶后铸铁中的石墨形态介于片状与球状之间,形似蠕虫状。通常变质剂和蠕化剂为稀土硅铁镁合金、稀土硅铁合金、稀土硅铁钙合金或混合稀土。蠕墨铸铁的化学成分与球墨铸铁相似，即要求高碳、高硅、低磷并含有一定量的镁和稀土，一般成分范围是：C 的质量分数为 3.5%～3.9%，Si 的质量分数为 2.1%～2.8%，Mn 的质量分数为 0.4%～0.8%，P 和 S 的质量分数均应小于 0.1%。

蠕墨铸铁的组织特征是，其显微组织由蠕虫状石墨＋金属基体组成。与片状石墨相比，蠕虫状石墨的长径比值明显减小，一般在 2～10 范围内；同时，蠕虫状石墨往往还与球状石墨共存。在大多数情形下，蠕墨铸铁组织中的金属基体比较容易得到铁素体基体（其质量分数超过 50%）；当然，若加入 Cu、Ni、Sn 等稳定珠光体元素，可使基体中珠光体的质量分数高达 70%，再加上适当的正火处理，珠光体的质量分数更可增加到 90% 以上。

蠕墨铸铁的性能特点是：其力学性能介于基体组织相同的优质灰铸铁和球墨铸铁之间，当成分一定时，蠕墨铸铁的抗拉强度、韧度、疲劳强度和耐磨性等都优于灰铸铁，对断面的敏感性也较小；但蠕虫状石墨是互相连接的，使蠕墨铸铁的塑性和韧度比球墨铸铁低，强度接近球墨铸铁；此外，蠕墨铸铁还有优良的抗热疲劳性能、铸造性能、减振能力，其导热性能接近于灰铸铁，但优于球墨铸铁。因此，蠕墨铸铁广泛用来制造柴油机缸盖、汽缸套、机座、电机壳、机床床身、钢锭模、液压阀等零件。

7.4.3　特殊性能铸铁

1. 耐热铸铁

在耐热条件下使用的铸铁称为耐热铸铁（heat proof cast iron）。普通灰铸铁的耐热性较差，只能在小于 400 ℃ 的温度下工作。研究表明，铸铁在高温下的损坏形式主要是失效，它是铸铁的生长和微裂纹的形成与扩展（由反复加热、冷却过程中的相变和氧化引起）导致的。其中，铸铁的生长是指铸铁在反复加热冷却时产生的不可逆体积长大现象，其主要是由氧化性气体沿石墨边界或裂纹渗入内部产生内氧化，或铸铁中的渗碳体高温分解为密度小、体积大的石墨以及铸铁基体的其他组织转变而引起的。为提高铸铁耐热性，可以采取如下几方面措施。

（1）合金化　在铸铁中加入 Si、Al、Cr 等合金元素，以使铸铁表面形成一层致密的稳定性很高的氧化膜，阻止氧化气氛渗入铸铁内部产生内氧化；通过合金化获得单相铁素体或奥氏体基体，使其在工作温度范围内不发生相变，从而减少因相变而引起的铸铁生长和微裂纹。

（2）球化处理或变质处理　经过球化处理或变质处理，使石墨转变成球状和蠕虫状，提高铸铁金属基体的连续性，降低氧化气氛渗入铸铁内部的可能性，有利于防止铸铁内氧化和生长。

常用的耐热铸铁有：中硅耐热铸铁（RTSi-5.5）、中硅球墨铸铁（RTQSi-5.5）、高铝耐热铸铁（RTAl-22）、高铝球墨铸铁（RTQAl-22）、低铬耐热铸铁（RTCr-1.5）和高铬耐热铸铁（RTCr-28）等。耐热铸铁常用于制作炉栅、水泥焙烧炉零件、辐射管、退火罐、炉体定位板、中间架、炼油厂加热耐热件、锅炉燃烧嘴等。

2. 耐蚀铸铁

在耐蚀条件下使用的铸铁称为**耐蚀铸铁**(corrosion proof cast iron)。提高铸铁耐蚀性的主要途径是合金化。在铸铁中加入 Si、Al、Cr 等合金元素,能在铸铁表面形成一层连续致密的保护膜;在铸铁中加入 Cr、Si、Mo、Cu、Ni、P 等合金元素,可提高铁素体的电极电位;另外,通过合金化还可以获得单相金属基体组织,减少铸铁中的腐蚀微电池。上述方法都可用以提高铸铁的耐蚀性,同时还可保持铸铁一定的力学性能。耐蚀铸铁广泛用于制造化工管道、阀门、泵、反应器及存储器等。

目前应用较多的耐蚀铸铁有高硅铸铁(STSi15)、高硅钼铸铁(STSi15Mo4)、铝铸铁(STA15)、铬铸铁(STCr28)、抗碱球铁(STQNiCrRE)等。高硅铸铁有优良的耐酸性(但不耐热的盐酸),常用于制作耐酸泵、蒸馏塔等;高铬铸铁具有耐酸耐热耐磨的特点,用于化工机械零件(如离心泵、冷凝器等)的制作。

3. 耐磨铸铁

在耐磨损条件下使用的铸铁称为耐磨铸铁,根据组织可分以下几类。

(1)减摩铸铁 在耐润滑条件下使用的抗摩擦磨损的铸铁称为**减摩铸铁**(antifriction gray cast iron)。灰铸铁就是很好的减摩材料。在灰铸铁中加入少量合金元素(如 P、V、Cr、Mo、Sb 等)及稀土,可以增加金属基体中珠光体的数量,且使珠光体细化;同时也可细化石墨,使铸铁的强度和硬度提高,从而大大提高铸铁的耐磨性。这类灰铸铁如磷铜钛铸铁、磷钒钛铸铁、铬钼铜铸铁、稀土磷铸铁、锑铸铁等,具有良好的润滑性和抗咬合抗擦伤的能力,可广泛用于制造要求高耐磨的机床导轨、汽缸套、活塞环、凸轮轴等零件。

(2)耐磨白口铸铁 在无润滑条件下使用的耐磨损铸铁称为耐磨铸铁,因这类铸铁均为白口铸铁,故又称**耐磨白口铸铁**(abrasive resistant white cast iron)。通过控制化学成分(如加入 Cr、Mo、V 等促进白口化的元素)和增加铸件冷却速度,可以使铸件获得没有游离石墨而只有珠光体、渗碳体和碳化物组成的白口组织,从而获得高硬度和高耐磨性能。耐磨白口铸铁的耐磨性取决于碳化物数量,数量越多越耐磨。但是碳化物又严重降低材料的韧度,碳化物数量越多,形状越粗大尖锐,材料的冲击韧度就越低。因此,应控制耐磨铸铁中碳化物的数量、形状和分布,使之既耐磨,又能抵抗冲击。加入强碳化物形成元素如 Cr、Mo、V 等可改善碳化物组织,获得良好的综合性能。例如,Cr 的质量分数大于 12% 的高铬白口铸铁,经热处理后基体可为高强度的马氏体,在基体组织上分布有较细小和良好形状的高硬度的铬碳化物,既具有良好的韧度,又具有优异的耐磨性能。耐磨白口铸铁广泛应用于制造犁铧、杂质泵叶轮、泵体、各种磨煤机、矿石破碎机、水泥球磨机、抛丸机的衬板、磨球、叶片等零件。

(3)冷硬铸铁(激冷铸铁) 冷硬铸铁(chilled cast iron)实质上是由一种加入少量 B、Cr、Mo、Te 等元素的低合金铸铁经表面激冷处理(工艺上用冷的金属型成形即可)获得的,其表面有一定深度的白口层,而心部仍为正常铸铁组织。如冶金轧辊、发动机凸轮、气门摇臂及挺杆等零件,要求表面具有高硬度和耐磨性且心部具有一定的韧度,就可以采用冷硬铸铁制造。

(4) 中锰耐磨球墨铸铁　　中锰耐磨球墨铸铁是一种 Mn 的质量分数为 4.5%～9.5% 的耐磨合金铸铁。当 Mn 的质量分数为 5%～7% 时,基体部分主要为马氏体;当 Mn 的质量分数增加到 7%～9% 时,基体部分主要为奥氏体,同时组织中还存在有复合型的碳化物 $(Fe, Mn)_3C$。马氏体和碳化物具有高的硬度,是一种良好的耐磨组织;奥氏体加工硬化显著,使铸件表面硬度和耐磨性提高,而其心部仍具有一定的韧度。所以中锰耐磨球铁具有较高力学性能,良好的抗冲击性和抗磨性。中锰抗磨球墨铸铁可用于制造磨球、煤粉机锤头、耙片、机引犁铧、拖拉机履带板等耐冲击、耐磨零件。

思考与练习

1. 与钢相比,铸铁的化学成分有何特点? 铸铁作为工程材料有何优点?

2. 试述石墨形态对铸铁性能的影响。灰铸铁、可锻铸铁、球墨铸铁的石墨形态有何不同?

3. 为何钢中碳以 Fe_3C 的形式出现而不形成石墨?

4. 简述化学成分及冷却速度对灰铸铁石墨化过程的影响。若按基体显微组织分类,灰铸铁可分为哪几类?

5. 何谓球墨铸铁? 球墨铸铁的成分和组织有何特点? 可进行何种热处理?

6. 说明下列铸铁的类别、主要性能指标及用途。
   (1) HT200;　(2)HT350;　(3) KTH300-06;　(4) KTZ550-04;
   (5) QT400-18;　(6) QT800-2;　(7) QT900-2

7. 为制造下列零件,应选择哪一种牌号的铸铁?
   (1) 汽缸套;　(2) 齿轮箱;　(3) 汽车后桥壳;　(4) 耙片;
   (5) 空气压缩机曲轴;　(6) 球磨机磨球;　(7) 输油管;
   (8) 1000～1100 ℃加热炉炉底板

第 8 章 非铁金属及合金

金属分为钢铁金属和非铁金属两大类。钢铁金属主要是指钢和铸铁；钢铁金属以外的所有金属称为非铁金属（nonferrous），包括 Al、Cu、Ni、Ti、Co、Zn、Mg、Cu，以及贵金属（铂族金属）、难熔金属（W、Mo、Ta、Nb）、稀土金属以及由它们所组成的合金。相对于钢铁金属，非铁金属具有许多优良的特性，在工业领域尤其是高科技领域具有很重要的地位。例如：Al、Mg、Ti、Be 等轻金属具有相对密度小、比强度高等特点，广泛用于航空航天、汽车、船舶和军事领域；Al、Cu、Au、Ag 等金属具有优良的导电、导热和耐蚀性，是电气仪表和通信领域不可缺少的材料；Ni、W、Mo、Ta 等金属是制造高温零件和电真空元器件的优良材料；U、Ra、Be 等是专用于原子能工业的金属。

8.1 铝及铝合金

8.1.1 纯铝及其应用

Al 在地壳中储量丰富，占地壳总重量的 8.2%，居所有金属元素之首，因其性能优异，在几乎所有工业领域中均得到了应用。

纯铝具有以下特点。

(1) 熔点低(660 ℃)，有银白色光泽，密度(2.72 g/cm³)大约是 Cu 的 1/3。

(2) 为非磁性材料，导电导热性优良(仅次于银、铜和金)，居第四位。室温时其导电能力约为铜的 62%，但若按单位重量材料的带电能力计算，其导电能力约为铜的 200%。

(3) 化学性质活泼，在空气中极易氧化形成一层牢固致密的表面氧化膜，从而使其在空气及淡水中具有良好的耐蚀性。

(4) 固态铝具有面心立方晶体结构，无同素异构转变，因此具有良好的塑性和韧度，很容易通过压力加工制成铝箔和各种尺寸规格的半成品，而且在低温下也有很好的塑性和韧度，在 0~253 ℃之间塑性、韧度不降低。此外，还易于铸造和切削，具有好的工艺性能。

(5) 强度低，室温下仅为 80~100 MPa，冷变形加工硬化后可提高到 150~250 MPa，但塑性下降 50%~60%，故一般不宜用做结构材料。

纯铝按其纯度分为高纯铝、工业高纯铝和工业纯铝（纯度依次降低）。高纯铝主要用于科学试验；工业高纯铝主要用于化学工业和其他特殊领域；工业纯铝主要用于配制铝基合金。此外，纯铝还可用于制作电线、铝箔、屏蔽壳体、反射器、包覆材料、化工容器，以及汽车空气压缩机垫圈、排气阀垫片和铭牌等。

8.1.2　铝合金及其应用

在纯铝中加入适量的某些合金元素,并进行冷变形加工或热处理,可大大改善其力学性能,其强度甚至可以达到钢的强度指标。如 Si、Cu、Mg、Mn、Zn(主加元素)和 Cr、Ti、B、Ni、Zr 等(辅加元素),可单独加入,也可配合加入,由此得到多种不同工程应用的铝合金。但无论加何种元素,其相图都呈图 8-1 所示特征。根据相图特征,一般将铝合金分为铸造铝合金和变形铝合金。

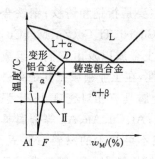

图 8-1　铝合金分类示意图
Ⅰ—不能热处理强化的铝合金
Ⅱ—能热处理强化的铝合金

1. 铝合金的分类

1) 铸造铝合金

成分位于图 8-1 中点 D 右边的合金,合金元素含量多,具有共晶组织,合金熔化温度低,流动性好,适于铸造,故称为**铸造铝合金**。

2) 变形铝合金

如图 8-1 所示,按共晶温度时合金元素在 α 固溶体中的溶解度极限点 D 划分,位于点 D 左边的合金,加热时呈单相固溶体状态,合金塑性好,适宜压力加工,故称为**变形铝合金**。

变形铝合金按其主要性能特点可分为防锈铝合金、硬铝合金、超硬铝及锻铝合金等。除防锈铝合金外,其他的铝合金均可进行热处理强化。变形铝合金还可按其能否进行热处理强化,分为以下两类。

(1) 不可热处理强化的铝合金　合金元素质量分数在点 F 左边,固溶体的成分不随温度变化,不能进行时效强化。

(2) 可热处理强化的铝合金　质量分数在点 F 和点 D 之间的合金,其固溶体的成分随温度变化而改变,可以进行时效强化。这类合金应用较多。

2. 铝合金的强化

固态铝无同素异构转变,因此不能像钢一样借助于热处理进行相变强化。合金元素对铝的强化作用主要表现为固溶强化、时效强化、过剩相强化和细化组织强化。

(1) 固溶强化　铝合金中常加入的主要合金元素 Cu、Mg、Zn、Mn、Si、Li 等都能与 Al 形成有限固溶体,其有较大的固溶度,具有较好的固溶强化效果。

(2) 时效(沉淀)强化·单独靠固溶作用对铝合金的强化作用是很有限的,更为有效的强化方式是铝合金的固溶(淬火)处理+时效热处理。铝合金的固溶处理,是将合金加热到固溶线以上的特定温度保温后快冷,以得到不稳定的过饱和固溶体组织,为后续的合金时效强化处理作好准备。固溶处理后铝合金的强度和硬度不高,且有良好的塑性,可以进行一定的压力加工。固溶处理后,对铝合金都要进行时效强化处理。这种时效处理可以是自然时效处理,也可以是人工时效处理。时效过程可以一次完成(单级时效),也可以分多次完成(多级时效),应根据铝合金的组织转变特征和性能需求确定。

(3) 细化组织强化 在铝合金中添加微量合金元素来细化组织是提高铝合金力学性能的另一种手段,细化组织可以是细化铝合金固溶体基体,也可以是细化过剩相。对于不能时效强化或时效效果不大的铝合金,常采用加入微量合金元素(变质剂)进行变质处理而细化组织的方法来提高合金的强度和塑性。例如,在铝硅合金中加入微量的 Na、钠盐或 Sb 来细化组织,使合金的塑性和强度显著提高。

3. 铸造铝合金

1) 铸造铝合金的特点

为使铝合金具有良好的铸造性能和足够的强度,在铸造铝合金中加入合金元素的量要比变形铝合金中的多,总的质量分数为 8%～25%,其化学成分接近共晶点。铸造铝合金具有良好的铸造性能,可直接铸造成形各种形状复杂的零件;有足够的力学性能和其他性能,还可能通过热处理等方式改善力学性能;生产工艺和设备简单,成本低。因此,尽管其力学性能水平不如变形铝合金,但在许多工业领域仍然有着广泛的应用。

铸造铝合金中加入的合金元素主要有 Si、Cu、Mg、Mn、Ni、Cr、Zn、Re(稀土)等。依合金中主加元素种类的不同,常用的铸造铝合金有 Al-Si 系、Al-Cu 系、Al-Mg 系和 Al-Zn 系等四类。

Al-Si 系铸造铝合金又称硅铝明,其铸造性能极好,线收缩性好,热裂倾向小,而且气密性高,耐蚀性优良,是应用最多的铸造铝合金系列。Al-Si 铸造系铝合金在生产中必须进行变质处理——即浇注前向合金液中加入微量钠(质量分数为0.005%～0.15%)或钠盐(质量分数为 2%～3%),使铸造合金的组织由 α 固溶体＋粗大针状共晶 Si(见图 8-2a)变为细小的树枝晶状 α 固溶体 ＋ 弥散分布的细粒状硅(见图 8-2b),使合金的力学性能大为改善。例如,二元 Al-Si 合金变质前 $R_m < 140$ MPa、A

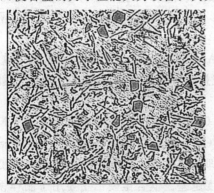 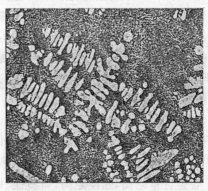

a)   b)

图 8-2 ZL102 金相组织图

a) 未经变质处理 b) 变质处理后

<3％，经变质处理后 R_m 达 180 MPa、A 达 8％，它适宜制作形状复杂但强度不高的零件，如仪器仪表、抽水机壳等。

当在 Al-Si 二元合金中加入其他的合金元素时，由于可形成更多强化相，其强度进一步提高。如在 ZL101、ZL104 加入 Mg 可形成 Mg_2Si 强化相，且可进行时效强化，其抗拉强度可达 260 MPa，耐蚀性、焊接性优良，故可用于制造受载大的复杂件如汽缸体、发动机压气匣等。

2）铸造铝合金的牌号及应用

铸造铝合金的牌号由"ZAl"开头，后跟合金元素符号及平均质量百分数；若平均质量分数小于 0.5％，则一般仅标元素符号不标数字；末尾带 A 者表示优质，如 ZAl-Si5Cu1MgA。铸造铝合金的相应代号用"铸"、"铝"二字的汉语拼音首字母"ZL"后加三位数字表示。第一位数字代表合金系别，后两位数字代表合金顺序号。第一位数字中："1"表示 Al-Si 系，如 ZL101；"2"表示 Al-Cu 系，如 ZL201；"3"表示 Al-Mg 系，如 ZL301；"4"表示 Al-Zn 系，如 ZL401。铸造铝合金的牌号与化学成分、力学性能和应用如表 8-1 所示。

除上述常用的铸造铝合金外，近年还开发了新型的 Al-Li 合金。Li 的加入可使 Al 合金密度降低 10％～20％，而 Li 对铝的固溶和时效强化效果十分明显。在铝中加入 Li 可提高合金的弹性模量，降低密度。研究表明，加入质量分数为 1％的 Li，可使合金的弹性模量提高 10％。该类合金的综合力学性能和耐热性好，具有极优的耐蚀性能，已达到部分取代硬铝和超硬铝的水平，使合金的比刚度比强度大大提高，是航空航天等工业的新型的结构材料，应用中具有极大的技术经济意义，目前已经在飞机和航天器中部分应用。但这种合金塑性与韧度较低，还有待进一步研究解决。

4. 变形铝合金

变形铝合金按性能和使用特点不同，可分为**防锈铝**、**硬铝**、**超硬铝**和**锻铝**四大类。除防锈铝外，变形铝合金都是可热处理强化的铝合金。根据国家标准《变形铝及铝合金牌号表示方法》GB/T 16474—1996，变形铝合金的牌号表示方法如表 8-2 所示。表 8-3 列出了部分变形铝合金的牌号及化学成分。

（1）防锈铝合金　防锈铝合金主要是 Al-Mg 系和 Al-Mn 系合金，大多为单相合金，不可热处理强化，主要特点是耐蚀性、焊接性和塑性好，并有良好的低温性能，在航空航天等领域有广阔的应用前景。

（2）硬铝合金　硬铝合金主要是指 Al-Cu-Mg 系合金，最高强度可达 420 MPa，而比强度则与钢接近。硬铝合金根据 Mg、Cu 含量的高低又可分为低合金硬铝（如 2A01、2A10 等）、中合金硬铝（如 2A11 等，即标准硬铝）、高合金硬铝（如 2A12、2A06 等）。合金含量越高，强度越高，而塑性、韧度越差。低合金硬铝主要用于制作铆钉、现场操作的变形件；中合金硬铝用于制作中等强度的零构件和半成品，如骨架、螺旋桨叶片、螺栓、大型铆轧材冲压件等；高合金硬铝主要用于制作高强度的重要结构件，如飞机翼肋、翼梁、重要的销钉和铆钉等，是最为重要的飞机结构材料。

表 8-1　铸造铝合金的牌号、化学成分、力学性能及应用

合金牌号	合金代号	化学成分（质量分数）/(%)						铸造方法a	合金状态b	力学性能，不低于			应用举例
		Si	Cu	Mg	Mn	其他	Al			R_m/MPa	A/(%)	布氏硬度/HBS (5/250/30)	
ZAlSi7Mg	ZL101	6.5~7.5		0.25~0.45				S,R,J,K	F	155	2	50	形状复杂的砂型、金属型、仪器零件，如飞机、抽水机壳体、工作温度不超过185℃的汽化器
								SB,RB,K3	T6	225	1	70	
ZAlSi12	ZL102	6.5~7.5						SB、B、RB、KB	F	145	4	50	形状复杂的，受力不大的气密机件，工作温度低于200℃，适用于压铸，如仪表、抽水机壳体
								J	F	155	2	50	
ZLSi9Mg	ZL104	8.0~10.5		0.17~0.35	0.2~0.5		余量	S,J,R,K	F	145	2	50	形状复杂，尺寸较大、负载较大的零件，如增压器壳体、汽缸盖及汽缸套等
								J,JB	T6	235	2	70	
ZAlSi5Cu1Mg	ZL105	4.5~5.5	1.0~1.5	0.4~0.6				S,J,R,K	T1	155	0.5	65	在250℃以下工作且承受中等载荷的零件，如中小型发动机汽缸头、机匣和油泵壳体
									T5	235	0.5	70	
ZAlSi2Cu2Mg1	ZL108	11.0~13.0	1.0~2.0	0.4~1.0	0.3~0.9			J	T1	195	—	85	要求高温强度和低膨胀系数的高速内燃机活塞及其他耐热零件
								J	T6	255	—	90	
ZLSi12Cu1Mg1Ni1	ZL109	11.0~13.0	0.5~1.5	0.8~1.3		Ni 0.8~1.5		J	T1	195	0.5	90	在高温、易磨损和腐蚀活塞条件下工作的零件，如内燃机活塞及要求耐磨及尺寸稳定的零件
								J	T6	245	—	100	

续表

合金牌号	合金代号	化学成分(质量分数)/(%)						铸造方法[a]	合金状态[b]	力学性能,不低于			应用举例
		Si	Cu	Mg	Mn	其他	Al			R_m /MPa	A /(%)	布氏硬度/HBS (5/250/30)	
ZLSi8MgBe	ZL116	6.5~8.5		0.35~0.55		Ti 0.1~0.3 Be 0.15~0.4	余量	S	T4	255	4	70	承受较大载荷的零件,如飞机、导弹部件和民用品上要求气密性、力学性能好的零件
								J	T4	275	6	80	
								S	T5	295	2	85	
								J	T5	335	4	90	
ZAlCu5Mn	ZL201		4.5~5.3		0.6~1.0	Ti 0.15~0.35		S,J, R,K	T4	295	8	70	在300℃以下工作,能承受瞬时重大载荷、长期中等载荷的结构件,如压气器的导风叶轮静叶片
								R,K	T5	335	4	90	
ZAlCu4	ZL203		4.0~5.0					S,R,K	T4	195	6	60	形状简单、表面粗糙度较低、耐高温受中等载荷的结构件
								J	T5	225	3	70	
ZAlMg10	ZL301			9.5~11.0				S,J,R	T4	280	10	60	要求耐大气、海水腐蚀且承受较大的冲击和震动的零件
ZAlMg5Si1	ZL303	0.8~1.3		4.5~5.5	0.1~0.4			S,J, R,K	F	145	1	55	在腐蚀介质作用下的中等载荷零件及在严寒大气和温度低于200℃的环境中工作的零件,如海轮配件
ZAlZn11Si7	ZL401	6.0~8.0		0.1~0.3		Zn 9.0~13.0		S,R,K	T1	195	2	80	压力铸造零件,工作温度不超过200℃、结构形状复杂的汽车、飞机零件
								J	T1	245	1.5	90	

注1　a 铸造方法与变质处理代号如下:S—砂型铸造;J—金属型铸造;R—熔模铸造;K—壳型铸造;B—变质处理。
　　　b 合金状态代号如下:F—铸造;T1—人工时效;T4—固溶处理+自然时效;T5—固溶处理+不完全人工时效;T6—固溶处理+完全人工时效。
注2　表中数据摘自 GB/T 1173—1995。

表 8-2　变形铝及铝合金的牌号表示方法(摘自 GB/T 16474—1996)

组　　别	牌 号 系 列
纯铝($w_{Al}\geqslant99.00\%$)	1×××
以 Cu 为主要合金元素的铝合金	2×××
以 Mn 为主要合金元素的铝合金	3×××
以 Si 为主要合金元素的铝合金	4×××
以 Mg 为主要合金元素的铝合金	5×××
以 Mg 和 Si 为主要合金元素并以 Mg_2Si 为强化相的铝合金	5×××
	6×××
以 Zn 为主要合金元素的铝合金	7×××
以其他元素为主要合金元素的铝合金	8×××
备用铝合金	9×××

注　牌号的第一位数字表示铝及铝合金的组别;牌号的第二位数字表示原始纯铝或铝合金的改型情况,字母 A 表示原始纯铝或原始合金,B~Y 的其他字母,则表示已改型;牌号的最后两位数字用以标识同一组中不同的铝合金或表示铝的纯度。

(3) 超硬铝合金　超硬铝合金属 Al-Cu-Mg-Zn 系合金,如 7A04、7A09 等,是室温下强度最高的铝合金,经时效处理后的强度可高达 680 MPa,但其高温软化快,耐蚀性差,常用 Al-1%Zn 合金来提高耐蚀性。超硬铝合金主要用于制造受力较大的重要结构和零件,如飞机大梁、起落架、加强框等。

(4) 锻铝合金　锻铝合金主要是指 Al-Mg-Si-Cu 系合金,如 2A05、2A08 等,其中合金元素较多,但含量较低,故有优良热塑性,热加工性、铸造性和耐蚀性较好,力学性能可与硬铝相当。锻铝合金主要用于制作复杂的航空及仪表零件,如叶轮、支杆等;也可用于制作耐热合金(工作温度为 200~300 ℃),如内燃机活塞及汽缸头等。

表 8-4 列出了部分常用变形铝合金的牌号、性能及应用。

5. 铝合金的应用

表 8-1 和表 8-4 分别列出了铸造铝合金和变形铝合金的应用。铝合金类别牌号众多,选用时还应注意以下几点。

(1) 要求比强度高的结构件,如飞机骨架、蒙皮等,适宜用铝合金制造,而一些承载大、并受强烈磨损的结构件(如齿轮、轴等)则不宜选用铝合金制造。

(2) 一些薄壁、形状复杂、尺寸精度高的零件,可用铝合金在常温或高温下挤压成形,充分发挥其塑性好的优点。

(3) 铝合金具有导电、导热、耐蚀、减振等优点,可满足某些特殊需要,尤其在 0~253 ℃范围内,其塑性和冲击韧度不降低,非常适用于制造低温设备中的构件和紧固件等。

表8-3　部分变形铝合金的牌号及化学成分

合金名称	合金系	牌号（新）	牌号（旧）	化学成分（质量分数）/（%）										其他		Al
				Si	Fe	Cu	Mn	Mg	Cr	Ni	Zn		Ti	单个	合计	
防锈铝合金	Al-Mn	3A21	LF21	0.50	0.70	0.20	1.0~1.6	0.05	—	—	0.10	—	—	0.15	0.10	余量
	Al-Mg	5A02	LF2	0.40	0.40	0.10	（或Cr）0.15~0.40	2.0~2.8	—	—	—	0.6Si+Fe	0.15	0.15	0.10	余量
		5A06	LF6	0.40	0.40	0.10	0.50~0.80	5.8~6.8	—	—	0.20	0.0001~0.005Be	0.02~0.10	0.15	0.10	余量
硬铝	Al-Cu-Mg	2A01	LY1	0.50	0.50	2.2~3.0	0.20	0.20~0.50	—	—	0.10	—	0.15	0.05	0.10	余量
		2A11	LY11	0.70	0.70	3.8~4.8	0.40~0.80	0.40~0.80	—	0.10	0.30	0.7Fe+Ni	0.15	0.15	0.10	余量
		2A12	LY12	0.50	0.50	3.8~4.9	0.30~0.90	1.2~1.8	—	0.10	0.30	0.50Fe+Ni	0.15	0.15	0.10	余量
超硬铝	Al-Zn-Mg-Cu	7A04	LC4	0.50	0.50	1.4~2.0	0.20~0.60	1.8~2.8	0.10~0.25	—	5.0~7.0	—	0.10	0.15	0.10	余量
		7A09	LC9	0.50	0.50	1.2~2.0	0.15	2.0~3.0	0.16~0.30	—	5.1~6.1	—	0.10	0.05	0.10	余量
锻铝	Al-Cu-Mg-Si	2A50	LD5	0.7~1.2	0.7	1.8~2.6	0.40~0.80	0.40~0.80	—	0.10	0.30	0.7Fe+Ni	0.15	0.05	0.10	余量
		2B50	LD6	0.7~1.2	0.7	1.8~2.6	0.40~0.80	0.40~0.80	0.01~0.20	0.01	0.30	0.7Fe+Ni	0.02~0.10	0.05	0.10	余量
		2A10	LY10	0.25	0.20	3.9~4.5	0.30~0.50	0.15~0.30	—	—	0.10	—	0.15	0.05	0.10	余量

表 8-4　常用变形铝合金的牌号、性能及应用

类别	牌号	状态		力学性能（不低于）				应用举例
				R_m/MPa	$R_{p0.2}$/MPa	A/(%)	硬度/HBS	
防锈铝	3A21	板材	O	110	40	30	28	用深冲压方法制作的轻载荷的焊接件和在腐蚀介质中工作的工件，如航空油箱、汽油和滑油导管，以及整流罩等
	5A02	板材	O	195	90	25	47	
硬铝	2A11	板材	O	180	70	20	45	中等强度的结构件，如整流罩、螺旋桨等
			T4	425	275	15	105	
	2A12	板材	O	185	75	20	47	较高强度的结构件，如翼梁、长桁等
			T4	470	325	20	120	
超硬铝	7A04、7A09	棒材	O	230	105	17	60	飞机的主要结构受力件，如大梁、桁条、翼肋、蒙皮等
			T6	570	505	11	150	
锻铝	2A07	模锻件（顺纤维方向）	T6	440	370	10	120	形状复杂和中等强度的锻件
	2A14		O	185	95	20	45	承受高载荷或较大型的锻件
			T6	485	415	10	135	

注　O—退火；T4—固溶处理＋自然时效；T6—固溶处理＋完全人工时效。

近年来汽车的轻量化成为汽车工业的发展趋势。铝合金具备一系列优点，因而成为汽车部件的首选材料。有关试验测定，采用铝合金制造汽车的缸体和车身，整个汽车的自重可减轻 40%，汽车的速度和载重增加了，而耗油量反而减小。在国外，铝车轮毂已成为标准配置，汽车发动机铸铁缸体、缸盖都即将为铝合金所取代。

8.2　铜及铜合金

8.2.1　工业纯铜及其应用

纯铜外观呈紫红色，又称紫铜。纯铜密度为 8.9 g/cm³，熔点为 1083 ℃。纯铜导电性和导热性优良，在所有金属材料中仅次于银而居第二位，同时其无磁性，在碰撞冲击时无火花。纯铜具有很好的化学稳定性，在大气、淡水、冷水中具有很好的耐蚀性，但在海水、氨盐、氯化物、碳酸盐及氧化性酸中耐蚀性差。纯铜在含 CO_2 的潮湿空气中，表面会产生绿色的碱式碳酸铜薄膜，又称铜绿。纯铜无同素异构转变，为面心立方结构。其强度较低，但塑性极好，可加工成铜箔。但纯铜加工硬化指数高，故通过冷变形强化效果好，而且其低温韧度好，焊接性能优良。

工业纯铜中常含有质量分数为 0.1%～0.5% 的杂质（如 Al、Bi、O、S、P 等），使铜的导电性下降，且杂质 Al、Bi 等还可与 Cu 形成低温共晶体，热加工时易产生热脆；

O、S 则易在晶界形成脆性氧性物、硫化物,导致冷加工的冷脆;电工用纯铜中由于氧的存在,在还原性气氛中退火时还会发生"氢病"。

我国工业纯铜按其纯度不同有四个牌号,即 T1(99.95%Cu)、T2(99.90%Cu)、T3(99.7%Cu)、T4(99.5%Cu),其常用于导电,制作一般铜材及铜合金。还有专用于焊接及电真空器件用的无氧铜(其 O 的质量分数不超过 0.003%)。纯铜主要用于导电、导热及兼有耐蚀性要求的结构件,如电动机、电器、电线电缆、电刷、防磁机械、化工换热及深冷设备等,也用于配制各种性能的铜合金。

8.2.2　铜合金及其应用

按铜合金的成形方法可将其分为变形铜合金及铸造铜合金。除高锡、高锰、高铅等专用铸造铜合金外,大部分的铜合金既可用做变形铜合金,又可用做铸造铜合金。工业中常按化学成分特点将铜合金分为黄铜、青铜和白铜三大类。

1. 黄铜

黄铜(brass)是以 Zn 为主要合金元素的铜合金,根据成分特点其又分为普通黄铜和特殊黄铜。普通黄铜是指 Cu-Zn 二元合金,其中 Zn 的质量分数小于 50%,牌号以"H"加数字表示,数字代表铜的质量分数。如 H62 表示其中 Cu 的质量分数为62%、Zn 的质量分数为 38% 的普通黄铜;特殊黄铜是在普通黄铜的基础上又加入Al、Mn、Si、Pb 等元素的黄铜,其牌号以"H+主加元素的化学符号+铜含量及主加元素含量"表示。如 HMn58-2 表示其中 Cu 的质量分数为 58%、Mn 的质量分数为2%、其余成分为 Zn 的特殊黄铜。若材料为铸造黄铜,则在其牌号前加"Z",如ZH62、ZHMn58-2。

(1) 普通黄铜　普通黄铜的性能与其含锌量有关。一般来说,当 Zn 的质量分数低于 32% 时,黄铜为单相 α 黄铜,其具有良好的力学性能,易进行各种冷热加工,并对大气、海水具有相当好的耐蚀能力,且成本低,色泽美丽,但强度较低。常用的黄铜有 H62、H68、H80 等,其中:H62 被称为"商业黄铜",广泛用于制作水管、油管、散热器垫片及螺钉等;H68 强度较高,塑性好,适于用冷冲压或冷拉深方法制造各种复杂零件,曾大量用于制作弹壳,有"弹壳黄铜"之称;H80 因色泽美观,故多用于制作装饰品、奖牌等,被称为"金奖黄铜"。

当其中 Zn 的质量分数为 32%~47% 时,普通黄铜为双相 α+β 黄铜,如 H59、H62等。它们在低温下塑性较低,不能进行冷变形加工,但可进行热加工(小于 500℃)。双相黄铜一般轧成板材、棒材,再经切削加工制成各种耐蚀零件,如螺钉、弹簧等。

普通黄铜易产生脱锌腐蚀和应力腐蚀。可采用低锌黄铜或加入少量的 As(质量分数 0.02%~0.06%)或加 Mg 形成致密氧化膜来避免或抑制脱锌腐蚀;黄铜零件采用 260~280℃去应力退火或表面喷丸或表面沉积防护层(如电镀 Zn、Sn)可以防止应力腐蚀。

(2) 特殊黄铜　特殊黄铜按主要的辅加元素又分为锰黄铜、铝黄铜、铅黄铜、硅黄铜等。Mn、Al、Pb、Si 等元素可不同程度地提高黄铜的强度和硬度,此外,Al、Sn、Mn、Ni 等元素还可提高合金的抗蚀性和耐磨性,Mn 还可提高合金的耐热性,Si 还可改善合金的铸造性能,Pb 则还可改善合金的切削加工性能和润滑性等。生产中特殊黄铜常用于制造螺旋桨、紧压螺帽等船用重要零件和其他耐蚀零件。

常用的普通黄铜和特殊黄铜的产品牌号、性能及应用列于表 8-5。

表 8-5　黄铜合金的产品牌号、性能及应用

类别	代号	化学成分(质量分数)/(%)				力学性能			应用
		Cu	其　他	杂质总和	R_m/MPa	A/(%)	硬度/HBS		
普通黄铜	H90	88.0~91.0	Fe 0.10;Pb 0.03;Ni 0.5;余量 Zn	0.2	260/480	45/4	53/130		双金属片、供水和排水管、证章、艺术品
	H68	67.0~70.0	Fe 0.10;Pb 0.03;Ni 0.5;余量 Zn	0.3	320/660	55/3	—/150		复杂的冷冲压件、散热器外壳、弹壳、导管、波纹管、轴套
	H62	60.5~63.5	Fe 0.15;Pb 0.08;Ni 0.5;余量 Zn	0.5	330/600	49/3	56/164		销钉、铆钉、螺钉、螺母、垫圈、弹簧、夹线板
	ZH62	60.0~63.0	余量 Zn		295/295	30/30	60/70		散热器、螺钉
特殊黄铜	HSn62-1 (海军黄铜)	61.0~63.0	Fe 0.10;Pb 0.10;Ni 0.5;Sn 0.70~1.10 余量 Zn	0.3	400/700	40/4	50/95		与海水和汽油接触的船舶零件
	HSi80-3	79.0~81.0	Fe 0.6;Pb 0.1;Ni 0.5;Si 2.5~4.0;余量 Zn	1.5	300/350	15/20	90/100		船舶零件,在海水、淡水和蒸汽(<265 ℃)条件下工作的零件
	HMn58-2	57.0~60.0	Mn 1.0~2.0;Fe 1.0;Pb 0.1;Ni 0.5;余量 Zn	1.2	400/700	40/10	85/175		海轮制造业和弱电用零件
	HPb59-1 (易切削黄铜)	57.0~60.0	Fe 0.5;Ni 1.0;Pb 0.8~1.9;余量 Zn	1.0	400/650	45/16	44/80		热冲压及切削加工零件,如销、螺钉、螺母、轴套
	HAl59-3-2	57.0~60.0	Fe 0.5;Pb 0.10;Al 2.5~3.5;Ni 2.0~3.0;余量 Zn	0.9	380/650	50/15	75/155		船舶、电动机及其他在常温下工作的高强度、耐蚀零件

续表

| 类别 | 代号 | 化学成分(质量分数)/(%) | | | 力学性能 | | | 应用 |
		Cu	其他	杂质总和	R_m/MPa	A/(%)	硬度/HBS	
特殊黄铜	ZHMn55-3-1	53.0~58.0	Mn 3.0~4.0;Fe 0.5~1.5;余量 Zn		440/490	18/15	100/110	轮廓不复杂的重要零件,海轮上在300℃以下工作的管配件、螺旋桨
	ZHAl66-6-3-3	64.0~68.0	Al 5~7;Fe 2~4;Mn 1.5~4.0;余量 Zn		725/740	10/7	160/160	压紧螺母、重型蜗杆、轴承、衬套

注　力学性能数值中的分母,对压力加工黄铜为变形硬化状态(变形程度50%),对铸造黄铜为金属型铸造;数字的分子,对压力加工黄铜为退火状态(600℃),对铸造黄铜为砂型铸造。

2. 青铜

青铜(bronze)是指以除 Zn 和 Ni 以外的其他元素为主要合金元素的铜合金。其牌号为"Q+主加元素符号+主加元素的质量百分数"(若后面还有数字,则为其他辅加元素的质量百分数);若为铸造青铜,则在牌号前再加"Z"。青铜合金中,工业用量最大的为锡青铜和铝青铜,强度最高的为铍青铜。

(1)锡青铜　锡含量是决定锡青铜性能的关键(见图8-3),Pb 的质量分数为5%~7%的锡青铜塑性最好,适用于冷热加工;Pb 的质量分数大于10%时,合金强度升高,但塑性却很低,只适于铸造用。锡青铜在大气、海水和无机盐类溶液中有极好耐蚀性,但在氨水、盐酸和硫酸中耐蚀性较差。

(2)铝青铜　根据合金的性能特点,铝青铜中 Al 的质量分数一般控制在12%以内。铝青铜强度、韧度、疲劳强度高,受冲击不产生火花,且在大气、海水、碳酸及多数有机酸中有极好的耐蚀性,比黄铜和锡青铜好。因此铝青铜在结构件上应用极广,主要用于制造在复杂条件下工作,要求高强度、高耐磨、高耐蚀零件和弹性零件,如齿轮、摩擦片、蜗轮、弹簧和船用设备等。

(3)铍青铜　铍青铜指 Be 的质量分数为1.7%~2.5%的铜合金,其时效硬化效果极为明显,通过淬火时效,可获得很高的强度和硬度,抗拉强度可达1250~1500 MPa,硬度可达350~400 HBS,远远超过了其他铜合金,且可与高强度合金钢媲美。由于铍青铜没有自然时效效应,故其一般供应态为

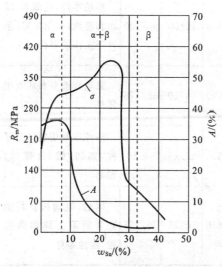

图8-3　Sn 的质量分数对锡青铜性能的影响

淬火态,易于成形加工,可直接制成零件后再进行时效强化。

铍青铜不但强度、硬度高,且有很高的疲劳强度和弹性极限,弹性稳定,弹性滞后小,导热导电性好、无磁性,耐磨、耐蚀、耐寒、耐冲击,因此被广泛地用于制作精密仪器仪表的重要弹性元件、耐磨耐蚀零件、航海罗盘仪中零件和防爆工具等。但其生产工艺复杂,价格昂贵。

除上述几类铜合金外,近年来又发展了多种新型铜合金。有用于微电子和航空航天等高技术领域中要求高导电、高导热及高强度和良好高温性能的弥散无氧铜——以细小弥散的 Al_2O_3 或 TiB_2 粒子强化的弥散铜是制作大规模集成电路引线框及高温用微波管的导电材料;有耐高温的高弹性铜合金,包括粉末冶金 Cu-Ni-Sn 合金和 $Cu_4NiSiCrAl$ 合金;有多功能的 Ag/Cu、Au/Cu、Al/Cu 或钢/铜等特殊多层复层材料;此外,还有 Cu-Zn、Cu-Al 及 Cu-Al-Zn 等铜基形状记忆合金。

表 8-6 所示为常用青铜的牌号、性能与用途。

3. 白铜及其性能特点与应用

白铜(tutenag)是指以 Ni 为主要合金元素(质量分数小于 50%)的铜合金。按成分可将白铜分为简单白铜和特殊白铜。简单白铜即 Cu-Ni 二元合金,其牌号以"B+数字"表示,后面的数字表示 Ni 的含量,如 B30 表示 Ni 的质量分数为 30%的白铜合

表 8-6　常用青铜的牌号、化学成分、力学性能与用途

| 类别 | 牌号 | 化学成分(质量分数)/(%) | | | 力学性能 | | | 用途举例 |
		第一主加元素	其　他	杂质总和	R_m/MPa	A/(%)	硬度/HBS	
压力加工锡青铜	QSn4-3	Sn3.5~4.5	Al 0.002;Ni 0.2; Fe 0.05; Zn 2.7~3.3; Pb 0.02;P 0.03; 余量 Cu	0.2	350/550	40/4	60/160	弹性元件、管配件、化工机械中的耐磨零件及抗磁零件
	QSn6.5-0.1	Sn6.0~7.0	Al 0.002;Zn 0.3; Pb 0.02;Ni 0.2; Fe 0.05; P 0.1~0.25; 余量 Cu	0.1	400/750	65/10	80/180	弹簧、接触片、振动片,精密仪器中的耐磨零件
铸造锡青铜	ZQSn10-1	Sn9.0~11.5	P 0.5~1.0; 余量 Cu	—	220/310	3/2	80/90	重要的减摩零件,如轴承、轴套、蜗轮、摩擦轮、机床丝杠螺母
	ZQSn5-5-5	Sn 4.0~6.0	Zn 4.0~6.0; Pb 4.0~6.0; 余量 Cu	—	200/250	13/13	60/65	中速和中载荷的轴承、轴套、蜗轮及在 1 MPa 以下工作的蒸汽管配件和水管配件

类别	牌号	化学成分(质量分数)/(%)		杂质总和	力学性能			用途举例
		第一主加元素	其他		R_m/MPa	A/(%)	硬度/HBS	
特殊青铜	QAl7	Al 6.0~8.5	Si 0.10;Zn 0.20;Pb 0.02;Ni 0.5;Fe 0.5;余量 Cu	—	470/980	70/3	70/154	重要用途的弹簧和弹性元件
	ZQAl9-4	Al 8.0~10.0	Fe 2.0~4.0;余量 Cu	—	490/540	13/15	100/110	耐磨零件(压紧螺母、轴承、蜗轮、齿圈)及在蒸汽、海水中工作的高强度耐蚀件
	ZQPb30	Pb 27.0~33.0	余量 Cu				—/25	大功率航空发动机、柴油机曲轴及连杆的轴承
	QBe2	Be 1.80~2.1	Al 0.15;Fe 0.15;Pb 0.005;Si 0.15;Ni 0.2~0.5;余量 Cu	0.5	500/850	40/3	90/250 HV	重要的弹簧与弹性元件、耐磨零件以及在高速、高压和高温下工作的轴承
	QSi3-1	Si 2.7~3.5	Sn 0.25;Zn 0.5;Ni 0.2;Fe 0.3;Mn 1.0~1.5;Pb 0.03;余量 Cu	1.1	375/675	55/3	80/180	弹簧,在腐蚀介质中工作的零件及蜗轮、蜗杆、齿轮、衬套、制动销等

注　力学性能数值中分母的意义与黄铜合金的一样。

金。特殊白铜是在简单白铜的基础上加入了 Fe、Zn、Mn、Al 等辅助合金元素的铜合金,其牌号以"B+主要辅加元素符号+镍的质量分数+主要辅加元素含量"表示,如 BFe5-1,表示 Ni 的质量分数为 5%、Fe 的质量分数为 1%白铜合金。

白铜按用途又可分为耐蚀结构用白铜和电工用白铜两类。

(1)耐蚀结构用白铜　耐蚀结构用白铜主要为简单白铜,具有较高的化学稳定性、耐腐蚀疲劳性,且冷热加工性能优异。其主要用于制造在海水和蒸汽环境中工作的精密仪器仪表零件、热交换器和在高温高压下工作的管道。常用的耐蚀结构用白铜有 B5、B19 和 B30。若在上述合金中加入少量 Fe、Zn、Al、Nb 等元素,会进一步改善白铜的使用性能和某些工艺性能。

(2)电工用白铜　白铜的高电阻、高热电势和极小的电阻温度系数等优点使其成为重要的电工材料。目前白铜已广泛用于制造电阻器、低温热电偶及其补偿线、变阻器和加热器等电工器件。常用的电工用白铜有 B0.6 和 B16 等简单白铜,以及 BMn3-12(锰铜)、BMn40-1.5(康铜)和 BMn43-0.5(考铜)等。

8.3　滑动轴承合金

8.3.1　滑动轴承的工作条件及对性能、组织的要求

滑动轴承是汽车、拖拉机及机床等机械制造工业中支承轴以方便其工作的零件，由轴承体和轴瓦组成。其中轴瓦可直接用耐磨合金制成，也可在钢背上浇注（或轧制）一层耐磨合金形成复合轴瓦。用于制作轴瓦及其内衬的合金称**滑动轴承合金**（sliding bearing alloy）。

当机器不运转时，轴停放在轴承上，对轴承施以压力。当轴高速运转时，轴对轴承施以周期性交变载荷，有时还伴有冲击。滑动轴承的基本作用就是将轴准确地定位，并在载荷作用下支承轴颈而使其不致破坏。轴通常造价高，经常更换不经济。选择满足一定性能要求的轴承合金，可以保证轴的磨损量最小。

滑动轴承合金应当耐磨并具有较小的摩擦系数，以减少轴的磨损；应当有较高的疲劳强度和抗压强度，以承受巨大的周期性载荷；应具有足够的塑性和韧度，以抵抗冲击和震动，并改善轴和轴瓦的磨合性能；应有良好的导热性和耐蚀性，以防轴瓦和轴因强烈摩擦升温而发生咬合，并能抵抗润滑油的侵蚀。因此，轴承合金的组分和结构应具备如下特征。

（1）滑动轴承材料的基体应采用与 Fe 互溶性小的元素，即与金属铁的晶格类型、晶格间距、电子密度、电化学性能等差别大的元素，如 Sn、Pb、Al、Cu、Zn 等。这些元素与 Fe 配对时，与 Fe 的互溶性小或不互溶，且不形成化合物，这样对钢铁轴颈的黏着性与擦伤性较小。

（2）金相组织应是在软基体上分布有均匀的硬质点或在硬基体上分布有均匀的软质点。这样，当轴在轴瓦中转动时，软基体（或软质点）被磨损而凹陷，硬质点（或硬基体）因耐磨而相对凸起。凹陷部分可保持润滑油，凸起部分可支持轴的压力并使轴与轴瓦的接触面积减小，其间空隙可储存润滑油，从而降低轴和轴承的摩擦系数，减少轴和轴承的磨损。其中，软基体上分布着硬质点相的轴承合金称为**巴氏合金**（babbitt metal），因由美国人巴比特发明而得名，因其呈白色，又称白合金。巴氏合金中软的基体可以承受冲击和震动并能使轴和轴瓦很好地磨合，而且偶然进入的外来硬质点也能被压入软基体内，不致擦伤轴颈。

（3）滑动轴承材料中应含有适量的低熔点元素。当轴承和轴颈直接接触点出现高温时，低熔点元素熔化，并在摩擦力的作用下展平于摩擦面，形成一层塑性好的薄润滑层。该层不仅具有润滑作用，而且有利于减小接触点上的压力和摩擦接触面交错峰谷的机械阻力。

8.3.2　各类滑动轴承合金应用简介

1. 锡基轴承合金

锡基轴承合金是在 Sn-Sb 合金基础上添加 Cu、Pb 等元素形成的，又称锡基巴氏

合金,属软基体硬质点类材料。其牌号主要有 ZchSnSb11-6、ZchSnSb8-4、ZchSnSb4-4 等,字母中"Z"表示铸造,"ch"表示轴承合金,后面为基本元素(Sn)+主加元素+主加元素含量+辅加元素质量分数等。如 ZchSnSb11-6 表示 Sb 的质量分数为 11%、Cu 的质量分数为 6%的 Sn 基铸造轴承合金,图 8-4 所示为其金相组织。

锡基轴承合金的特点是摩擦系数小、线膨胀小,有良好的工艺性、嵌镶性和导热性,耐蚀性优良,但抗疲劳性能较差,运转工作温度应小于 110 ℃,且成本高。其主要用于制作重要轴承,如汽轮机、涡轮机、内燃机、压气机等大型机器的高速轴瓦等。

2. 铅基轴承合金

铅基轴承合金是在 Pb-Sb 基合金基础上加入 Sn 和 Cu 元素形成的,又称铅基巴氏合金,亦为软基硬质点类合金,常用牌号有 ZchPbSn16-16-2(其中 Sn 的质量分数为 16%、Sb 的质量分数为 16%、Cu 的质量分数为 2.0%,余量为 Pb),它可制成双层或三层金属结构。该合金的显著特点是高温强度高、亲油性好、有自润滑性,故适用于润滑较差的场合;但其强度、硬度、耐磨性、耐蚀性、导热性低于锡基合金。其成本较低,适宜制作中低载荷的轴瓦,如汽车拖拉机的曲轴轴承。图 8-5 所示为 ZchPbSn16-16-2 轴承合金的金相组织。

图 8-4　ZchSnSb11-6 轴承合金的
金相组织

图 8-5　ZchPbSn16-16-2 轴承合金的
金相组织

3. 铜基轴承合金

铜基轴承合金有铅青铜、锡青铜等,常用牌号有 ZCuPb30(即青铜牌号中的 ZQPb30)、ZCuSn10P1(即青铜牌号中的 ZQSn10-1)。Cu 和 Pb 在固态时互不溶解,显微组织为 Cu+Pb,Cu 为硬基体,粒状 Pb 为软质点。与巴氏合金相比,铜基轴承合金具有高的疲劳强度和承载能力,有良好的耐磨性、导热性和低的摩擦系数,因此可用来制造承受重载荷、高速度并在高温下工作的轴承。

4. 铝基轴承合金

铝基轴承合金密度小,导热性好,疲劳强度高,耐蚀性和化学稳定性好,且价格低廉,适用于制作在高速、高载荷条件下工作的汽车、拖拉机和柴油机的轴承。按化学成分可分为 Al-Sn 系(Al-20%Sn-10%Cu)、Al-Sb 系(Al-4%Sb-0.5%Mg)和 Al-石墨系(Al-8 Si 合金＋3％～6％石墨)三类。

Al-Sn 系合金具有疲劳强度高、耐热、耐磨的特点,常用于制作在高速、重载条件下工作的轴承;Al-Sb 系合金疲劳抗力高,耐磨但承载能力不大,用于在低载(小于 20 MPa)低速(小于 10 m/s)条件下工作的轴承;Al-石墨系合金有优良的自润滑和减振性能,耐高温性能好,适用于制作活塞和机床主轴的轴承。

5. 粉末冶金减摩材料

粉末冶金减摩材料包括铁石墨和铜石墨多孔含油轴承和金属塑性减摩材料。粉末冶金多孔含油轴承与巴氏合金相比,具有减摩性能好、寿命高、成本低、效率高等优点,特别是它具有自动润滑性,轴承孔隙中所储润滑油,足够其在整个有效工作期间消耗,因此特别适用于制作在纺织机械、汽车、农机、冶金矿山机械等场合中应用的轴承。

6. 其他轴承材料

除上述之外,还有锌基轴承合金、铜基轴承合金,以及充分利用不同材料的特性而制作的多层轴承合金(如将上述轴承合金与钢带轧制成的双金属轴承材料等)。此外,还有非金属材料轴承,其所用材料为酚醛夹布胶木、塑料、橡胶等,主要用于不能采用机油润滑而只能采用清水或其他液体润滑的轴承,如自来水深井泵中的滑动轴承。

几种常见的轴承合金的牌号、化学成分、力学性能和应用如表 8-7 所示。

表 8-7　几种常见轴承合金的牌号、化学成分、力学性能和应用

| 类别 | 牌号 | 化学成分(质量分数)/(%) | | | | 力学性能 | | | 应用举例 |
		Sb	Sn	Pb	Cu	R_m/MPa	A/(%)	硬度/HBS	
锡基	ZChSnSb11-6	10～12	余量	—	5.5～6.5	90	6	30	用于制作汽轮机、电动机、高速机床主轴轴承
	ZChSnSb8-4	7.0～8.0	余量	—	3.0～4.0	80	10.6	24	用于制作内燃机的高速轴承
铅基	ZChPbSb16-16-2	15～17	15～17	余量	1.5～2.0	78	0.2	30	用于制作高速重载及无显著冲击的机床主轴、电动机、离心泵、压缩机等的轴承
	ZChPbSn15-5-3	14～16	5.0～6.0	余量	2.5～3.0	1.5～2.0	1.5～2.0	32	用于制作中速、普通载荷、冲击不大的减速器、电动机、离心泵及一般机床主轴轴承

类别	牌　号	化学成分(质量分数)/(%)				力 学 性 能			应用举例
		Sb	Sn	Pb	Cu	R_m/MPa	A/(%)	硬度/HBS	
铜基	ZCuPb30	—	—	30	余量	60	4	25	用于制作在高速、变动与冲击的重载条件下工作的轴承,轴颈最好表面淬火
	ZCuSn10P1	—	9.0～11	—	余量	250	5	90	用于制作在低速、中载条件下工作的减速机、起重机、电动机、发电机、压缩机等的轴承

8.4　钛及钛合金

8.4.1　纯钛及其应用

　　Ti 在地壳中蕴藏丰富,仅次于 Al、Fe、Mg 而位居第四。纯钛为银白色金属,相对密度为 4.54,也是一种轻金属。Ti 熔点高(达 1680 ℃)、线膨胀系数小(8.5×10^{-6} K^{-1})、热导率差(16.32 W/(m·K))。Ti 具有同素异构体,其转变温度为 882 ℃,以此温度为界,较低温度下为密排六晶格,较高温度下为体心立方晶格。Ti 也具有良好的塑性。

　　纯钛(α-Ti)弹性模量低,耐冲击性好,但低温塑变回弹大,不易成形校直;其强度与铁相似(220～260 MPa),故其比强度很高,且具有很高的塑性($A = 50\% \sim 60\%$)。但工业纯钛的力学性能对所含杂质十分敏感,尤其是当 H、N、O、C 等轻元素微量存在时,这些元素对钛的固溶强化显著,或易形成脆性化合物,使纯钛强度大大升高,甚至可高达 550MPa,但塑性有所下降,因此工业纯钛可直接用做工程结构材料。Ti 具有较好的低温塑性,在 550 ℃ 以下有较好的耐热性,故 Ti 还常用做低温材料和耐热材料。

　　工业纯钛按其杂质含量和力学性能不同有 TA1、TA2、TA3 三个牌号,牌号顺序增大,表明杂质含量增多,因此强度增加、塑性下降。

　　工业纯钛因其密度小,耐蚀性优异,更重要的是其力学性能良好,因此是航空航天、船舶、化工等工业中常用的一种结构材料。其常用于制作在 350 ℃ 以下及超低温下工作的受力较小的零件及冲压件,如飞机蒙皮、构架、隔热板、发动机部件、柴油机活塞、连杆及耐海水等腐蚀介质下工作的管道阀门等。

8.4.2　钛合金及其应用

　　为了进一步提高钛的性能,常常向其中加入合金元素。根据合金元素对 Ti 同素异构转变温度的影响,可将钛合金分为三类四种形式的,钛合金相图的主要类型如图 8-6 所示。

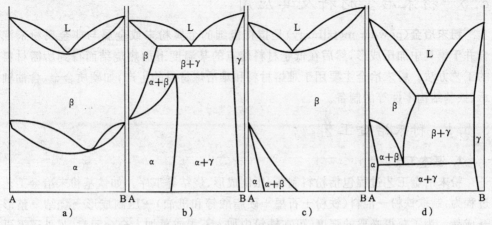

图 8-6　二元钛合金相图的主要类型（A—Ti，B—合金元素）

a) 完全固溶型　b) α 稳定型　c) β 稳定型　d) β 共析型

1. α 型钛合金

α 型钛合金的组织一般为单相固溶体或固溶体加微量金属间化合物，不能热处理强化。这类钛合金室温强度较低（$R_m = 850$ MPa），但高温（500～600 ℃）强度（500℃时，$R_m = 400$ MPa）和蠕变强度却居钛合金之首。该类合金组织稳定，耐蚀性优良，塑性及加工成形性好，还具有优良的焊接性能和低温性能。其常用于制作飞机蒙皮、骨架、发动机压缩机盘和叶片、涡轮壳以及超低温容器。

2. β 型钛合金

β 型钛合金中有较多的 β 相稳定元素，如 Mn、Cr、Mo、V 等，质量分数可达18%～19%。目前工业应用的主要为亚稳 β 型钛合金，合金淬火时效处理后沉淀强化效果显著，组织为 β 相基体上分布着细小的 α 相粒子，其抗拉强度可达 1300 MPa，断后伸长率可达 5%。该类合金在淬火态塑性、韧度、冷成形性好，但密度大，组织不够稳定，耐热性差，因此使用不太广泛，主要是用米制作在飞机中使用、温度不高但要求高强度的零部件，如弹簧、紧固件及厚截面构件等。

3. α+β 型钛合金

α+β 型钛合金同时加入了稳定 α 相元素和稳定 β 相元素，合金元素质量分数小于 10%。室温为 α、β 两相，这类合金兼有 α 型及 β 型钛合金的特点，有非常好的综合力学性能，是应用最广泛的钛合金。如有代表性的 TC4 合金（Ti-6Al-4V），合金的综合力学性能极佳，强度高，具有良好的耐热性，还具有很好低温性能，可用于−196 ℃下。TC4 合金经过不同的加工处理，既可用于在常温下工作的结构件，又可用于高温耐热和低温结构件，在航空航天工业及其他工业部门得到了广泛的应用，用于制作航空发动机压气机盘和叶片、火箭发动机外壳及冷却喷管、飞行器用特种压力容器及化工用泵、船舶零件和蒸汽轮机部件等。

8.5 粉末冶金材料及其应用

粉末冶金(powder metallurgy)是指将极细的金属粉末或金属与非金属粉末混合并于模具中加压成形,然后在低于材料熔点的某温度下加热烧结而得到所需材料的工艺方法。粉末冶金主要用于难熔材料和难冶炼材料的生产,如硬质合金、含油轴承、铁基结构零件等的制备。

8.5.1 粉末冶金工艺

1. 基本工艺

粉末冶金工艺过程包括粉料制备、压制成形、烧结等工序。如铁基粉末冶金工艺过程为:制取铁粉→混料(铁粉＋石墨＋硬脂酸锌和机油)→压制成形→烧结→整形→成品。为了获得必要的强度,可在铁粉中加入石墨或再加入合金元素,另外还需再加入少量硬脂酸锌和机油作为压制成形时的润滑剂,并按一定比例制成混合料。混合料在模具中成形,在巨大压力作用下,粉状颗粒间互相压紧,由于原子间引力和颗粒间的机械咬合作用而相互结合为具有一定强度的成形制品。但此时强度并不高,还必须进行高温烧结。烧结时在保护气氛下加热。由于加热烧结提高了金属塑性,增加了颗粒间的接触表面,并消除了吸附气体及杂质,因而使粉末颗粒结合得更紧密,在此基础上再通过原子的扩散和再结晶,以及晶粒长大等过程,就得到金相组织与钢铁金相组织相类似的铁基粉末冶金制品。

2. 粉末冶金技术的进展

近年来,粉末冶金烧结技术进展较为缓慢,但是在液相烧结和电火花烧结方面却有了较大发展。

(1) 瞬时液相烧结　瞬时液相烧结是在烧结过程中会产生一种短暂存在的液相,且液相会随着均化而迅速固化的一种烧结技术。瞬时液相烧结的好处是所使用的合金元素粉末容易压制,可以极好地烧结而不会发生因持续保持液相集中结晶而发生的晶粒粗化问题。但因为液体成分与好几个参数有关,故瞬时液相烧结对工艺条件很敏感。这种烧结方法有很多用途,如用于银和汞基补齿合金、多孔青铜轴承、铁基结构合金、铜合金、磁性材料,以及氧化铝基陶瓷等材料的烧结。

(2) 电火花烧结　电火花烧结又称电火花压力烧结,它是对粉末压坯通以中频(或高频)交流和直流相叠加的电流,使粉末颗粒之间发生火花放电发热而进行烧结的一种烧结技术。该法主要优点是烧结周期短,成形压力低,操作简单,不需保护气氛,因而对于一些用粉末冶金传统方法难以制造的产品,例如铍制品较为适合。美国洛克希德公司就是采用电火花烧结技术来生产导弹和宇宙飞船用的铍制品的。苏联和意大利对此项技术也进行了研究。

电火花烧结技术的最新发展是电火花等静压烧结(SIP),可用于制取密度非常均匀的高性能材料。

（3）粉末锻造 粉末锻造是粉末冶金技术与热锻成形技术的结合。粉末冶金制件突出的缺点是内部残留孔隙，较少的孔隙就会导致各种力学性能的下降。粉末有较好地充填能力，经烧结后在锻模中成形，能把孔隙率为10%～20%的烧结件，制成几乎百分之百致密的制品。

粉末锻造主要以液雾化合金钢粉为原料。液雾化法生产的金属粉末，是将铁及其合金成分在钢包中熔化，然后以惰性气体在一个特制的喷嘴下喷吹，使钢液形成小颗粒落下。因此，合金粉末的每一小颗粒都有合金成分，再加上小颗粒经过了现代技术处理，具有很好的流动性。因而，在粉末压制时，可以获得成分均匀分布和良好的金相组织，锻造后可以得到相应牌号合金钢的技术性能。

8.5.2 粉末冶金技术的应用

粉末冶金技术是一种省材节能、投资少、见效快、无污染且适合大批量生产的少无切削、高效金属成形工艺，同时也是一种制造特殊材料的技术，因此受到了汽车工业界的特别重视。美国的福特、通用及克莱斯勒三大汽车公司，日本的丰田、马自达、本田、铃木等汽车公司都有自己的粉末冶金事业部。

在国外，汽车工业是粉末冶金机械零件的第一大用户和市场。目前，全世界汽车工业用粉末冶金零件已占其总产量的70%～80%，其中主要用于发动机（约占48%），其次是变速箱（约占30%），再次是底盘（约占20%），其他部件约占8%。汽车用粉末冶金零件的品种已达100多种，其中绝大多数是铁基、钢基烧结结构件，具有"三高"（高强度、高性能、高精度）、"三耐"（耐磨损、耐高温、耐腐蚀）性能的粉末结构零件日益增加。

8.5.3 粉末冶金材料——硬质合金及其应用

硬质合金是粉末冶金的支柱产品之一，我国已形成5000 t/年的生产能力。硬质合金可以分为金属陶瓷硬质合金和钢结硬质合金两大类。

1. 金属陶瓷硬质合金

金属陶瓷硬质合金材料是将一些高硬难熔金属碳化物粉末（如WC、TiC等）和黏结剂（如Co、Ni等）混合加压成形，再经高温烧结而成，与陶瓷烧结成形方法相似。金属陶瓷硬质合金的特点是红硬性好，工作温度可达900～1000 ℃，硬度极高（69～81 HRC），耐磨性优良。由此制成的硬质合金刃具的切削速度比高速钢刃具可提高4～7倍，而刃具寿命可提高5～80倍，可用于切削用高速钢刃具难加工的易发生加工硬化的合金，如奥氏体耐热钢和不锈钢，以及高硬度（50 HRC左右）的硬质材料。但硬质合金质硬性脆，不能进行机械加工，常制成一定规格的刀片镶焊在刀体上使用。目前金属陶瓷硬质合金除制作切削刃具外，还广泛用于模具、量具等耐磨件，以及采矿、石油及地质钻探等的钎头和钻头等的制作。

金属陶瓷硬质合金主要有三类。

　　(1) 钨钴类　其主要牌号有 YG3、YG6、YG8 等。YG 表示钨钴类硬质合金,后边的数字表示 Co 的质量百分数。合金含 Co 多,则材料韧度好,但硬度、耐磨性会降低。

　　(2) 钨钴钛类　其主要牌号有 YT5、YT15、YT30 等。该类合金除含有 Co 和 WC 外,还有硬度比 WC 更高的 TiC 硬质粉末。Y 表示硬质合金,T 表示含 TiC,后面的数字是 TiC 的质量百分数。该类合金耐磨性高,红硬性好,但强韧性较低。一般用于制作切削钢材的工具。

　　(3) YW 类　该类合金含有 TaC,是新型硬质合金。TaC 可使合金红硬性显著提高,使该合金适宜于制作切削耐热钢、不锈钢、高锰钢和高速钢等切削性能差的钢材的刃具。

2. 钢结硬质合金

　　钢结硬质合金的硬化相仍为 TiC、WC 等,但黏结剂则以各种合金钢(如高速钢、铬钼钢)代替了 Co、Ni,制作方法与上述硬质合金类似,但钢结硬质合金经退火后可进行切削加工,还可进行淬火回火等工艺处理,可锻造、焊接,具有更好的使用和工艺性能。钢结硬质合金适用于制造各种形状复杂的刃具,如麻花钻头、铣刀等,也可制作在高温下工作的模具或零件等。

思考与练习

1. 铝合金是如何分类的? 不同铝合金可以通过哪些途径达到强化目的?

2. 何谓铝硅明? 为什么铝硅明具有良好的铸造性能? 在变质处理前后其组织及性能有何变化? 这类铝合金主要用在何处?

3. 试述各种变形铝合金所属的合金系、性能特点和主要用途。

4. 铜合金分哪几类? 简述不同的铜合金的强化方法与特点。

5. 试述 H59 黄铜和 H68 黄铜在组织和性能上的区别。

6. 青铜如何分类? 含锡量对锡青铜组织和性能有何影响? 分析锡青铜的铸造性能特点。

7. 下列零件用铜合金制造,请选择合适的铜合金牌号。

　　(1) 船用螺旋桨;　(2) 子弹壳;　(3) 发动机轴承;

　　(4) 高级精密弹簧;　(5) 冷凝器;　(6) 钟表齿轮

8. 简述轴承合金应具备的主要性能及组织形式。

9. 何谓巴氏合金? 常见的巴氏合金有哪些?

10. 钛合金如何分类? 钛合金的性能特点与应用是什么?

11. 什么是粉末冶金技术? 粉末冶金的主要应用是什么?

12. 硬质合金如何分类? 硬质合金的性能特点与应用是什么?

13. 说明下列合金的类别、字母和数字的含义及主要用途:
　　ZL102,ZL201,3Al21,2A12,7Al04,2Al07,H70,ZHMn55-3-1,QBe2,ZQAl9-4,
　　ZChPbSb16-16-2。

第9章 非金属材料及其应用

9.1 高分子材料

人类很早就在利用天然高分子材料,但有目的地人工合成高分子材料,至今只有一个多世纪的历史。自1872年最早发现酚醛树脂,并将其成功用于电气和仪器仪表等工业中以来,高分子材料由于其独特的性能特点而得到了迅猛发展。到目前为止,已发展出由塑料、橡胶、合成纤维三大合成结构材料及油漆、胶黏剂等组成的庞大的非金属材料群体,这些材料被广泛应用于工业、农业和尖端科学技术等各个领域。

高分子材料(macromolecule material)是指以高分子化合物为主要组成部分的材料。高分子化合物是指相对分子质量很大的有机化合物,常称为聚合物或高聚物。其相对分子质量一般在1000以上,有的可达几万到几十万,如聚苯乙烯的相对分子质量是10 000~300 000,聚氯乙烯的相对分子质量是20 000~160 000。实际上,高分子化合物应包括作为生命和食物基础的生物大分子(如蛋白质、DNA、生物纤维素、生物胶等)和工程聚合物两大类,而工程聚合物又包括人工合成的(如塑料、合成纤维和合成橡胶等)和天然的(如橡胶、毛及纤维素等)材料。本书介绍的高分子材料,主要包括大多数应用于机械、电子、化工和建筑等工业中的人工合成塑料、橡胶及有机纤维等。

9.1.1 高分子化合物的组成和分类

1. 高分子化合物的组成

高分子化合物的相对分子质量虽然很大,但化学组成却相对简单。首先,组成高分子化合物的元素主要是C、H、O、N、Si、S、P等少数几种元素;其次,所有的高分子都是由一种或几种简单的结构单元通过共价键连接并不断重复而形成的。以聚乙烯为例,它是由许多乙烯小分子连接起来形成的大分子链构成的,其中只包含C和H两种元素,即

$$n CH_2{=}CH_2 \longrightarrow CH_2{-}CH_2{-}\cdots{-}CH_2{-}CH_2 \longrightarrow \overline{}CH_2{-}CH_2\overline{}_n$$

组成聚合物的低分子化合物(如乙烯、氯乙烯等)称为单体(monomer)。高分子链中重复的结构单元称为链节。一条高分子链中所含的链节数目(n)称为聚合度。显然,高分子的相对分子质量(M)是链节的相对分子质量(M_0)与聚合度(n)的乘积:

$$M = n \cdot M_0$$

高分子材料是由大量的大分子链聚集而成的,各个大分子链的长短并不一致,是按统计规律分布的,因此我们所说的相对分子质量,指的是平均相对分子质量。

大分子链也可以由几种单体共同聚合而成,常见的单体如表9-1所示。

表 9-1　几种常见的单体

名　称	结　构　式	单　体
乙烯	$CH_2 = CH_2$	聚乙烯
丙烯	$CH_2 = CH - CH_3$	聚丙烯
苯乙烯	$CH_2 = CH - C_6H_5$	聚苯乙烯
氯乙烯	$CH_2 = CH - Cl$	聚氯乙烯
丙烯腈	$CH_2 = CH - CN$	丁腈橡胶
四氟乙烯	$\begin{matrix} F & & F \\ & C = C & \\ F & & F \end{matrix}$	聚四氟乙烯
丁二烯	$CH_2 = CH - CH = CH_2$	丁二烯橡胶
异戊二烯	$\begin{matrix} CH_2 = C - CH = CH_2 \\ \mid \\ CH_3 \end{matrix}$	合成天然橡胶
二甲基丁二烯	$\begin{matrix} CH_2 = C - C = CH_2 \\ \mid \quad \mid \\ CH_3 \ CH_3 \end{matrix}$	甲基橡胶
甲基丙烯酸甲酯	$\begin{matrix} CH_2 = C - COOCH_3 \\ \mid \\ CH_3 \end{matrix}$	聚甲基丙烯酸甲酯

2. 高分子化合物的合成

高分子化合物的合成方法有两种,即**加成聚合**和**缩合聚合**。

(1) 加成聚合　加成聚合简称加聚,是指含有双键的单体在一定条件下(如利用光、热或引发剂等)将双键打开,并通过共价键互相链接而形成大分子链。发生加成聚合的反应称为加聚反应。由一种单体加聚而成的高分子材料称为均聚物,如聚乙烯、聚氯乙烯等;由两种或两种以上的单体聚合而成的高分子材料称为共聚物,如ABS 树脂,它是由丙烯腈(A)、丁二烯(B)和苯乙烯(S)三种单体加聚而成的共聚物。目前有 80% 的高分子材料是通过加聚反应得到的。

(2) 缩合聚合　缩合聚合简称缩聚,是指两种或两种以上具有特殊官能团的低分子化合物通过聚合而逐步合成为一种大分子链。缩聚反应的产物称为缩聚物。在缩聚反应中,除生成高分子化合物,还有水、氨气、卤化氢或醇等低分子副产物析出。缩聚反应是通过若干个聚合反应逐步完成的,如果条件不满足,反应可能会停留在某一个中间阶段。由于缩聚过程中总有小分子析出,故缩聚高聚物链节的化学组成和结构与其单体并不完全相同。许多常用的高聚物如酚醛树脂、环氧树脂、聚酰胺、有机硅树脂等都是由缩聚反应制得的。

9.1.2　高分子材料的命名及分类

1. 高分子材料的命名

常用的高分子材料大多数采用习惯命名法。对加聚高分子材料,一般在原料单体名称前加"聚"字,如聚乙烯、聚氯乙烯等,对缩聚高分子材料,一般是在原料名称后加"树脂"二字,如酚醛树脂、脲醛树脂等。

实际上有很多高分子材料在工程中常采用商品名称,它们没有统一的命名原则,对同一材料可能各国的名称都不相同。商品名称多用于纤维和橡胶,如聚己内酰胺称尼龙 6、锦纶、卡普隆,聚乙烯醇缩甲醛称维尼纶,聚丙烯腈(人造羊毛)称腈纶、奥纶,聚对苯二甲酸乙二酯称涤纶、的确良,丁二烯和苯乙烯共聚物称丁苯橡胶等。

有时为了简化,往往用英文名称的缩写表示,如聚乙烯用 PE、聚氯乙烯用 PVC 表示等。

2. 高分子材料的分类

1) 按性能和用途分类

(1)塑料　塑料是在常温下有一定形状、强度较高、受力后能发生一定形变的聚合物。

(2)橡胶　橡胶是在常温下具有高弹性,即受到很小载荷可发生很大形变(甚至达原长的十余倍),去除外力后又可恢复原状的聚合物。

(3)纤维　纤维是在室温下轴向强度很大,受力后形变较小,在一定温度范围内力学性能变化不大的聚合物。

塑料、橡胶和纤维三大合成材料很难严格区分,采用加工方式的不同,制成材料的种类也不同。如典型的聚氯乙烯塑料也可抽丝成为纤维(氯纶)。还常常将聚合后未加工成形的聚合物称为树脂,以与加工后的塑料和纤维制品区分开,如电木不固化前称为酚醛树脂,涤纶纤维未抽丝前称为涤纶树脂。

除上述三类外,胶黏剂、涂料等都是以树脂形式不加工而直接使用的高分子化合物。

2) 按聚合反应的类型分类

(1)加聚物　加聚物是单体经加聚合成的高聚物,链节结构的化学式与单体分子式相同,如前述的聚乙烯、聚氯乙烯等。

(2)缩聚物　缩聚物是单体经缩聚合成的高聚物。与加聚反应不同,聚合过程有小分子副产物析出,链节与单体的化学结构不完全相同,如酚醛树脂,它是由苯酚和甲醛聚合,缩去水分子形成的聚合物。

3) 按聚合物的热行为分类

(1)热塑性聚合物　热塑性化合物加热后会软化,冷却后又硬化成形,这一过程随温度变化可以反复进行。聚乙烯、聚氯乙烯等烯类聚合物都属于此类。

(2)热固性聚合物　这类聚合物的原料经混合并受光、热或其他外界环境因素作用发生化学变化而固化成形,成形后再受热也不会软化变形。酚醛树脂、环氧树脂等都属于此类。

4) 按聚合物主链上的化学组成分类

(1)碳链聚合物　碳链聚合物的主链仅由 C 这一种元素所组成,如—C—C—C—C—。

（2）杂链聚合物　杂链聚合物的主链中除 C 外还有其他元素，如 O、N、S、P 等。

（3）元素有机聚合物　元素有机聚合物的主链由 O 和其他元素组成，如—O—Si—O—Si—。

9.1.3　工程塑料

1. 塑料的组成

塑料的主要成分是合成树脂。实际工程上使用的塑料，是以树脂为基础，加入各种添加剂制成的。

1）树脂

树脂是塑料的主要成分，它决定塑料的主要性能，而且添加剂的加入及其作用的发挥都是以树脂为中心的，故绝大多数塑料都是以所用的树脂来命名的。

2）添加剂

添加剂是为改善材料的某些性能而加入的物质。其按作用分类主要包括以下几种。

（1）填料　填料的作用主要是提高强度，如酚醛树脂加入木屑后其强度显著提高，成为通常所说的电木。加入填料有时也为了增加某些新性能，如：加入铝粉可提高材料的光反射能力和防老化；加入二硫化钼可提高材料的润滑性；加入云母粉可改善材料的电性能，增加其电绝缘性能；加入石棉粉可提高材料的耐热性等。另外，填料比树脂便宜，加入填料可降低成本。

（2）增塑剂　增塑剂是用来增加树脂可塑性和柔顺性的物质，主要为熔点低的低分子化合物，如酯类和酮类。增塑剂能使大分子链间距离增加，降低分子间作用力，增加大分子链的柔顺性。

（3）固化剂　固化剂又称硬化剂，在热固性树脂中加入固化剂，如在环氧树脂中加入乙二胺等能使树脂产生交联，由线型结构变成体型结构。

（4）稳定剂　稳定剂用于提高树脂在受热和光作用时的稳定性，防止其过早老化，延长其使用寿命。

（5）润滑剂　润滑剂如高级脂肪酸及其盐类等，能防止塑料在成形过程中黏在模具或其他设备上，同时可以使制品表面光亮美观。润滑剂分内、外润滑剂两种。

（6）着色剂　着色剂是为使塑料制品具有美观的颜色及满足使用要求而加入的染料。

（7）其他　塑料中加入的添加剂还有发泡剂、催化剂、阻燃剂、抗静电剂等。

2. 塑料的分类

1）按树脂的特性分类

塑料根据树脂受热时的行为分为**热塑性塑料**和**热固性塑料**，根据树脂合成反应的特点可分为**聚合塑料**和**缩聚塑料**。

2）按使用性能分类

（1）通用塑料　通用塑料是指主要用于日常生活用品的塑料。其产量大、成本低、用途广,占塑料总产量的 3/4 以上。通用塑料主要有六大品种:聚乙烯、聚氯乙烯、聚苯乙烯、聚丙烯、酚醛塑料和氨基塑料。

(2) 工程塑料　工程塑料是可用于工程结构或机械零件的一类塑料,它们一般有较好的、稳定的力学性能,并耐热、耐腐蚀,是当前大力发展的塑料品种。工程塑料主要有聚酰胺、聚甲醛、有机玻璃、聚碳酸酯、ABS 塑料、聚苯醚、聚砜、氟塑料等。

(3) 特种塑料　特种塑料具有某些特殊的物理、化学性能,如耐高温、耐蚀、具备光学性能等,并能满足特殊使用要求。导电塑料、医用塑料等都属于特种塑料。

3. 常见工程塑料的性能特点和用途

1) 聚烯烃塑料

聚烯烃塑料(polyolefin plastics)的原料来源于石油天然气,原料丰富,一直是塑料工业中产量最高的品种,用途也十分广泛。

(1) 聚乙烯　聚乙烯(polyethylene,PE)在塑料产品中产量最高,属结晶性塑料,外观为乳白色。合成方法有低压法、中压法和高压法三种,三种方法的聚合条件及其产物性能的比较如表 9-2 所示。用三种方法合成的聚乙烯的差别在于分子链的支化程度不同,支化程度越高,则结晶程度越低,从而材料的刚度越小而韧度越高。聚乙烯最大的优点是耐低温、耐蚀、电绝缘性好;其缺点是强度、刚度、硬度低,蠕变大,耐热性差,且容易老化。但若通过辐射处理,使分子链间适当交联,其性能会得到一定的改善。

高压聚乙烯质软,主要用于制造薄膜;低压聚乙烯质硬,可用于制造一些零件,如受载较小的齿轮和轴承、化工设备防腐涂层、耐蚀管道和高频绝缘材料。

表 9-2　聚乙烯三种生产方法的聚合条件及产物性能比较

合成方法	聚合条件				聚合物性质				使用范围
	压力/Pa	温度/℃	催化剂	溶剂	结晶度/(%)	密度/(g/cm³)	抗拉强度/MPa	软化温度/℃	
高压法	>100	180~200	微量 O_2 或有机化合物	苯或不用	64	0.910~0.925	7~15	14	薄膜、包装材料、电绝缘材料
中压法	3~4	125~150	CrO_3、MoO_3 等	烷烃或芳烃	93	0.955~0.970	29	135	水桶、管、电线绝缘层或包皮
低压法	0.1~0.5	>60	$Al(C_2H_5)_2$ +$TiCl_4$	烷烃	87	0.941~0.960	21~37	120~130	水桶、管、塑料部件、电线绝缘层或包皮

(2) 聚氯乙烯　聚氯乙烯(polyvinyl chloride,PVC)是最早实现工业化生产的塑料产品之一,应用十分广泛。它是通过将乙烯气体和氯化氢合成为氯乙烯,再由氯乙烯聚合而成的。常用的聚氯乙烯为无规立构的,因而是非结晶的。聚氯乙烯在较高温度下加工和使用时会有少量的分解,产物为氯化氢及氯乙烯(有毒),氯化氢又是使树脂分解的催化剂。在聚氯乙烯产品中常加入增塑剂和碱性稳定剂,以抑制其分解。

根据增塑剂量的不同,其可加工成硬质品(板、管)和软质品(薄膜、日用品)两种。

聚氯乙烯的使用温度一般为$-15\sim55$ ℃。其突出的优点是耐化学腐蚀,不燃烧且成本低,易于加工。但其耐热性差,抗冲击强度低,还有一定的毒性。若用共聚和混合法改进,也可制成用于食品和药品包装的无毒聚氯乙烯产品。

(3) **聚苯乙烯**(polystyrene,PS)　常用的聚苯乙烯为无规立构的,属非晶塑料。该类塑料的产量仅次于聚乙烯和聚氯乙烯。聚苯乙烯具有良好的加工性能;其薄膜有优良的电绝缘性,常用于电器零件;其发泡材料相对密度低达 0.33,是良好的隔音、隔热和防震材料,广泛用于仪器包装和隔热;还可加入各种颜色的填料制成色彩鲜艳的制品,用于制造玩具及日常用品。

聚苯乙烯的最大缺点是脆性大、耐热性差,常将其与丁二烯、丙烯腈、异丁烯、氯乙烯等共聚使用,使材料的抗冲击性能、耐热性、耐蚀性大大提高。如丙烯腈-苯乙烯共聚物(AS)比聚苯乙烯冲击强度高,耐热性、耐蚀性好,可用于耐油的机械零件、仪表盘、仪表罩、接线盒和开关按钮等。

(4) **聚丙烯**(polypropylene,PP)　聚丙烯是等规立构的,属结晶性塑料。它的主要特点是轻——它是非泡沫塑料中密度最小($0.9\sim0.91$ g/cm^3)的品种。其力学性能如强度、刚度、硬度、弹性模量等都优于低压聚乙烯。它还具有优良的耐热性,在无外力作用时,加热至 150 ℃不变形,是常用塑料中唯一能经受高温消毒的产品,还有优异的电绝缘性。其主要的缺点是黏合性、染色性和印刷性差,低温易脆化、易燃,且在光热作用下易变质。

聚丙烯具有良好的综合力学性能,故常用来制造各种机械零件,如法兰、齿轮、接头,各种化工管道、容器等,以及收音机、录音机外壳,电扇、电动机罩等。此外,其无毒并具有可消毒性,可用于家庭厨房用具、煮沸杀菌用的医疗器械及药品的包装。

聚氯乙烯、聚苯乙烯及聚丙烯三大类烯烃塑料的性能比较如表9-3所示。

表 9-3　聚氯乙烯、聚苯乙烯及聚丙烯的性能比较

塑料名称	密度 /(g/cm^3)	抗拉强度 /MPa	伸长率 /(%)	抗压强度 /MPa	耐热温度 /℃	吸水率(24h) /(%)
聚氯乙烯(PVC)	$1.30\sim1.45$	$35\sim36$	$20\sim40$	$56\sim91$	$60\sim80$	$0.07\sim0.4$
聚苯乙烯(PS)	$1.02\sim1.11$	$42\sim56$	$1.0\sim3.7$	98	80	$0.03\sim0.1$
聚丙烯(PP)	$0.90\sim0.91$	$30\sim39$	$100\sim200$	$39\sim56$	$149\sim160$	$0.03\sim0.04$

2) ABS 塑料

ABS 塑料(acrylonitrile-butadiene-styrene)是最早被人类认识和使用的"高分子合金"。它是由丙烯腈、丁二烯和苯乙烯三种组元共聚而成的,这三组元单体可以任意比例混合,由此制成的各种品级的树脂性能如表9-4所示。ABS 是三元共聚物,兼具三种组元的共同性能。丙烯腈可使材料的耐蚀性和硬度提高,丁二烯可提高材料的柔顺性,而苯乙烯则使材料的具有良好的热塑性塑料的加工特性,因此 ABS 是具

有坚韧、硬、刚性特征的材料。

表 9-4　ABS 塑料的性能

树脂品级	密度/(g/cm³)	抗拉强度/MPa	抗拉弹性模量/MPa	抗压强度/MPa	抗弯强度/MPa	吸水率(24h)/(%)
超高冲击型	1.05	35	1800	—	62	0.3
高强度冲击型	1.07	63	2900	—	97	0.3
低温冲击型	1.07	21～28	700～1800	18～39	25～46	0.2
耐热型	1.06～1.08	53～56	2500	70	84	0.2

ABS 塑料由于成本低、综合性能良好，且易于加工成形和电镀防护，在机械、电器和汽车等工业有着广泛的应用，如制作齿轮、泵叶轮、轴承、方向盘、电视机、电话、计算机等的壳体，以及废水排泄管道和接头等。

3）聚酰胺

聚酰胺(polyamide,PA)的商品名称是尼龙或锦纶，是目前机械工业中应用比较广泛的一种工程热塑性塑料。尼龙的品种很多，如尼龙 6、尼龙 66、尼龙 610 等，数字表示单体单元中的碳原子数目。常用尼龙的性能如表 9-5 所示，其中尼龙 1010 由我国独创，使用的原料是蓖麻油。尼龙是结晶性塑料，外观为半透明的乳白色，略带黄色。

表 9-5　常用尼龙的性能

尼龙名称	密度/(g/cm³)	抗拉强度/MPa	弹性模量/MPa	抗压强度/MPa	抗弯强度/MPa	伸长率/(%)	熔点/℃	吸水率(24h)/(%)
尼龙 6	1.13～1.15	54～78	830～2600	60～90	70～100	150～250	215～223	1.9～2.0
尼龙 66	1.14～1.15	57～83	1400～3300	90～120	100～110	60～200	265	1.5
尼龙 610	1.08～1.09	47～60	1200～2300	70～90	70～100	100～240	210～223	0.5
尼龙 1010	1.04～1.06	52～55	1600	55	82～89	100～250	200～210	0.39

聚酰胺机械强度高、耐磨、自润滑性好，而且耐油耐蚀，可消声减振，已大量取代非铁金属及其合金来制造小型零件。以浇铸成形的尼龙 6（铸造尼龙），其相对分子质量比尼龙 6 高一倍，只用简单的模具，就能生产出齿轮、轴套等大型零件，而且可以切削加工。芳香尼龙具有良好的耐磨、耐热、耐辐射性和电绝缘性，在相对湿度为95%条件下不受影响，而且可在 200 ℃下长期工作使用，可用于制造高温下工作的耐磨零件、H 级绝缘材料及宇宙服等。

大多数尼龙易吸水，吸水后强度和刚度都会明显下降，这在使用时应予以注意。

4）聚甲醛

聚甲醛(polyformaldehyde,POM)没有侧链，是高密度、高结晶性的线型聚合物，性能比尼龙好。聚甲醛按分子链结构特点又分为均聚甲醛和共聚甲醛，其性能如表9-6 所示。聚甲醛具有优良的综合性能，强度和刚度高，是所有热塑性塑料中耐疲劳强度最高的。但它的热稳定性和耐候性差,在大气中易老化,遇火燃烧。为了改善均聚甲醛的热稳定性,发展了共聚甲醛,目前工业上以生产共聚甲醛为主。

表 9-6　聚甲醛的性能

甲醛名称	密度 /(g/cm³)	抗拉强度 /MPa	弹性模量 /MPa	抗压强度 /MPa	抗弯强度 /MPa	伸长率 /(%)	熔点 /℃	结晶度 /(%)	吸水率 (24h) /(%)
均聚甲醛	1.43	70	2900	125	980	15	175~179	75~85	0.25
共聚甲醛	1.41	62	2800	110	910	12	172~184	70~75	0.22

聚甲醛可用来代替部分非铁金属及其合金,在汽车、机床、化工、仪表等工业中用以制造某些齿轮、凸轮、轴承、轴套、滚轮和塑料弹簧等。

5) 聚碳酸酯

聚碳酸酯(polycarbonate,PC)是一种新型热塑性塑料,品种较多。工程上用的是芳香族聚碳酸酯,产量仅次于尼龙。聚碳酸酯性能指标如表 9-7 所示。聚碳酸酯的最大特点是冲击强度和韧度高,是热塑性塑料中低温韧性最好的品种,且具有良好的耐热性和耐寒性,可在－100 ℃～130 ℃下长期使用。其化学稳定性也很好,能抵抗日光、雨水和气温变化的影响;透明度高,透光率达 86%～92%;成形收缩小,制件尺寸精度高。因此,聚碳酸酯广泛用于机械、仪表、电信、交通、航空、照明和医疗机械等工业,如波音 747 飞机上有 2500 个零件要用到聚碳酸酯。

表 9-7　聚碳酸酯的性能

抗拉强度 /MPa	弹性模量 /MPa	抗压强度 /MPa	抗弯强度 /MPa	伸长率 /(%)	熔点 /℃	使用温度 /℃
66~70	2200~2500	83~88	106	100	220~230	－100~140

6) 有机玻璃

有机玻璃(polymethylmethac rylate,PMMA)的化学名称为聚甲基丙烯酸甲酯,它是目前最好的透明有机物,透光率达 92%,超过了普通玻璃,且相对密度小(1.18 g/cm³),仅为玻璃的一半。它有很好的力学性能,抗拉强度可达 60～70 MPa,冲击韧度比普通玻璃高 7·8 倍(厚度为 3~6 mm 时),不易破碎,耐紫外线和防老化性能好,同时易于成形加工,能用吹塑、注射、挤压等方法加热成形,还可进行切削加工、黏结等。但其硬度低,耐磨性、耐有机溶剂腐蚀性、耐热性和导热性都差,使用温度不能超过 180 ℃。有机玻璃主要用于制造光学镜头,灯罩,绘图尺,飞机的座舱、弦窗,电视和雷达标图装置的屏幕,汽车风挡,仪器和设备的防护罩和防弹玻璃等。

7) 聚四氟乙烯

聚四氟乙烯(polytetrafluoroethylene,PTFE)是含氟塑料的一种,具有极好的耐高、低温性和耐蚀性等。聚四氟乙烯几乎耐任何化学药品的腐蚀,即使在高温下及强酸、强碱和强氧化环境中也都很稳定,故有"塑料王"之称;其熔点为 327 ℃,能在

$-180\sim+260$ ℃范围内保持性能的长期稳定,是目前热塑性塑料中使用温度范围最宽的一种塑料;其摩擦系数小,只有 0.04,具有极好的自润滑;在极潮湿的环境中也能保持良好的电绝缘性。聚四氟乙烯的性能如表 9-8 所示。

聚四氟乙烯的缺点是强度低,冷流性大,加工成形性较差,只能用冷压烧结方法成形。PTFE 主要应用于化工管道、泵内零件,高温电缆、电气元件,以及轴承、垫圈和不粘锅涂层等。

聚四氟乙烯在高于 390 ℃时会分解出剧毒气体,应予以注意。

8）其他热塑性塑料

常用的热塑性塑料还有聚酰亚胺(PI)、聚苯醚(PPO)、聚砜(PSF)和氯化聚醚等,其性能如表 9-8 所示。

表 9-8　一些工程塑料的性能

塑料名称	密度 $/(g/cm^3)$	抗拉强度 /MPa	弹性模量 /MPa	抗压强度 /MPa	抗弯强度 /MPa	伸长率 /(%)	吸水率 (24h)/(%)
聚四氟乙烯	2.1～2.2	14～15	400	42	11～14	250～315	<0.005
聚酰亚胺	1.4～1.6	94	12866	170	83	6～8	0.2～0.3
聚苯醚	1.06	66	2600～2800	116	98～132	30～80	0.07
聚砜	1.24	85	2500～2800	87～95	105～125	20～100	0.12～0.22
氯化聚醚	1.4	44～65	2460～2610	85～90	55～85	60～100	0.01

聚酰亚胺是含氮的环形结构的耐热性树脂,其强度、硬度较高,使用温度可达260 ℃,但加工性较差、脆性大、成本高,主要用于特殊条件下工作的精密零件,如喷气发动机供燃料系统的零件,耐高温、高真空的自润滑轴承及电气设备零件,是航空航天工业中常用的高分子材料。

聚苯醚是线性非晶态工程塑料,综合性能好,使用温度宽($-190\sim+190$ ℃),耐磨性、电绝缘性和耐水蒸气性能好,主要用于制作在较高温度下工作的齿轮、轴承、凸轮、泵叶轮、鼓风机叶片、化工管道、阀门和外科医疗器械等。

聚砜是含硫的透明树脂,其耐热性、抗蠕变性突出,长期使用温度为 150～174℃,脆化温度为-100 ℃。它广泛用于电器、机械、交通和医疗领域。

氯化聚醚的主要特点是耐化学腐蚀性极好,仅次于聚四氟乙烯。同时,其加工性好,成本低,尺寸稳定性好。氟化聚醚主要用于制作在 120 ℃以下腐蚀介质中工作的零件、管道以及精密机械零件等。

9）热固性塑料

热固性塑料(thermosetting)是树脂经固化处理后获得的。所谓固化处理就是在树脂中加入固化剂并压制成形,使其由线型聚合物变为体型聚合物的过程。热固性塑料品种也很多,用得最多主要是酚醛塑料和环氧塑料。酚醛塑料中的**酚醛树脂**

(phenolic resin)是酚类和醛类化合物的缩聚产物。

酚醛塑料有优异的耐热、绝缘、化学稳定和尺寸稳定性,较高的强度、硬度和耐磨性,其抗蠕变性能优于许多热塑性工程塑料,广泛用于机械、电子、航空、船舶工业和仪表工业中,如高频绝缘件,耐酸、耐碱、耐霉菌件及水润滑轴承;其缺点是质脆、耐光性差、色彩单调(只能制成棕黑色)。

环氧塑料中的**环氧树脂**(epoxy resin)种类很多,最常用的是双酚 A 型环氧树脂。环氧塑料的主要特点是强度高,且耐热性、耐蚀性及加工成形性优良,对很多材料有较好的胶接性能,主要用于塑料模的制作,电气、电子元件和线圈的密封及固定等领域,还可用于修复机件,但价格昂贵。常用的还有氨基塑料如脲醛塑料和三聚氰胺塑料等,以及有机硅塑料、聚氨酯塑料等。主要的热固性塑料的性能特点和应用如表 9-9 所示。

表 9-9　主要热固性塑料的性能特点和应用

塑料名称	耐热温度 /℃	抗拉强度 /MPa	弹性模量 /MPa	抗压强度 /MPa	抗弯强度 /MPa	成形收缩率 /(%)	吸水率 (24h)/(%)
酚醛	100～150	32～63	5600～35000	80～210	50～100	0.3～1.0	0.01～1.2
环氧	130	15～70	21280	54～210	42～100	0.05～1.0	0.03～0.20
脲醛	100	38～91	7000～10000	175～310	70～100	0.4～0.6	0.4～0.8
三聚氰胺	140～145	38～49	13600	210	45～60	0.2～0.8	0.08～0.14
有机硅	200～300	32	11000	137	25～70	0.5～1.0	2.5 mg/cm^2
聚氨酯	—	12～70	700～7000	140	5～31	0～2.0	0.02～1.5

9.1.4　合成橡胶与合成纤维

1. 合成橡胶

橡胶(rubber)是以高分子化合物为基础的具有显著高弹性的材料,它与塑料的区别是在很宽的温度范围内(−50～150 ℃)均处于高弹态,保持明显的高弹性。

(1) 橡胶的组成　工业用橡胶是由生胶(或纯橡胶)和橡胶配合剂组成的。生胶是橡胶制品的主要成分,也是橡胶特性形成的主要原因,其可以是合成的也可是天然的。生胶性能随温度和环境变化很大,如高温发黏、低温变脆且极易为溶剂溶解,因此必须加入各种不同的橡胶配合剂,以提高橡胶制品的使用性能和加工工艺性能。橡胶中常加入的配合剂有硫化剂、硫化促进剂、防老剂、填充剂、发泡剂、着色剂和补强剂等。

(2) 橡胶的性能特点　橡胶的最大特点是弹性高,且弹性模量很低,在外加作用下变形量可达 100%～1000%,且易于恢复,此外还有储能、耐磨、隔声、绝缘等性能,广泛用于制造密封件、减振件、轮胎、电线等。

（3）常用橡胶材料　橡胶品种很多，主要有**天然橡胶**和**合成橡胶**两类。合成橡胶按用途及使用量分为通用橡胶和特种橡胶两种。前者主要用于制作轮胎、运输带、胶管、胶板、垫片、密封装置等，后者主要是为在高温、低温、酸、碱、油和辐射等特殊介质下工作的制品而设计。表 9-10 所示为常用橡胶的性能和应用。

表 9-10　常用橡胶的性能和应用

名称	代号	抗拉强度/MPa	伸长率/(%)	使用温度/℃	特性	应用
天然橡胶	NR	25～30	650～900	−50～120	高强、绝缘、防震	通用制品，轮胎
丁苯橡胶	SBR	15～20	500～800	−50～140	耐磨	通用制品，胶板，胶布，轮胎
顺丁橡胶	BR	18～25	450～800	120	耐磨、耐寒	轮胎，运输带
氯丁橡胶	CR	25～27	800～1000	−35～130	耐酸碱、阻燃	管道，电缆，轮胎
丁腈橡胶	NBR	15～30	300～800	−35～175	耐油、水、气密性	油管，耐油垫圈
乙丙橡胶	EPDM	10～25	400～800	150	耐水、气密性	汽车零件，绝缘体
聚氨酯橡胶	PUR	20～35	300～800	80	高强、耐磨	胶辊，耐磨件
硅橡胶	SiR	4～10	50～500	−70～275	耐热、绝缘	耐高温零件
氟橡胶	FPM	20～22	100～500	−50～300	耐油、耐碱	化工设备衬里，密封件
聚硫橡胶	PSR	9～15	100～700	80～130	耐油、耐碱	水龙头，衬垫，管子

2. 合成纤维

凡能保持长度比本身直径大 100 倍的均匀条状或丝状的高分子材料均称为纤维，包括**天然纤维**和**化学纤维**两大类。化学纤维又分为**人造纤维**（rayon）和**合成纤维**（synthetic fibre）两种。人造纤维是用自然界的纤维加工制成的，如所谓人造丝、人造棉的粘胶纤维和硝化纤维、醋酸纤维等；合成纤维是以石油、煤、天然气等为原料制成的，其品种十分繁多，且产量直线上升，差不多每年都以 20% 的速率增长。合成纤维具有强度高，耐磨、保暖、不霉烂等优点，除广泛用于衣料等生活用品外，在工农业、国防等部门也有很多应用。如汽车、飞机的轮胎帘线、渔网、索桥、船缆、降落伞及绝缘布等都采用了合成纤维。表 9-11 列出了产品最多的六大纤维品种的性能及应用。

表 9-11　六种主要合成纤维及应用

化学名称（商品名称）	占合成纤维总产量比例/(%)	强度 干态	强度 湿态	密度/(g/cm³)	吸湿率/(%)	软化温度/℃	耐磨性	耐日光性	耐酸性	耐碱性	特点	工业应用举例
聚酯纤维（涤纶，的确良）	>40	优	中	9.38	0.4～0.5	238～240	优	优	优	中	挺括不皱，耐冲击，耐疲劳	高级帘子布，渔网，缆绳，帆布

化学名称（商品名称）	占合成纤维总产量比例/(%)	强度 干态	强度 湿态	密度/(g/cm³)	吸湿率/(%)	软化温度/℃	耐磨性	耐日光性	耐酸性	耐碱性	特点	工业应用举例
聚酰胺纤维（锦纶，人造毛）	30	优	中	9.14	3.5～5	180	最优	差	中	优	结实，耐磨	2/3用于工业帘子布，渔网，降落伞，运输带
聚丙烯腈（维纶）	20	优	中	9.14～9.17	9.2～2.0	190～230	差	最优	优	优	蓬松，耐晒	制作碳纤维及石墨纤维原料
聚乙烯醇缩醛（丙纶）	1	中	中	9.26～9.3	4.5～5	220～230	优	优	中	优	成本低	2/3用于工业帆布，过滤布，渔具，缆绳
聚烯烃（氯纶）	5	优	优	0.91	0	140～150	优	差	中	优	轻，坚固	军用被、服、绳索，渔网，水龙带，合成纸
含氯纤维（氟纶，芳纶）	1	优	中	9.39	0	60～90	中	中	优	优	耐磨，不易燃	导火索皮，口罩，帐幕，劳保用品

9.1.5　合成胶黏剂和涂料

1. 合成胶黏剂

1）胶结特点

用胶黏剂把物品连接在一起的方法称为胶接，也称粘接。和其他连接方法相比，它有以下特点：

（1）整个胶接面都能承受载荷，因此强度较高，而且应力分布均匀，避免了应力集中，耐疲劳强度好；

（2）可连接不同种类的材料，而且可用于薄形零件、脆性材料及微型零件的连接；

（3）胶接结构重量轻，表面光滑美观；

（4）具有密封作用，而且胶黏剂电绝缘性好，可以防止金属发生电化学腐蚀；

（5）胶接工艺简单，操作方便。

胶接的主要缺点是不耐高温，胶接质量检查困难，胶黏剂存在老化问题。另外，操作技术对胶接性能影响很大。

2）胶黏剂的组成

胶黏剂（adhesives）又称粘接剂、胶合剂或胶水。其主要组成除基料外，还有固化剂、促进剂、增塑剂、增韧剂、填料、稀释剂、偶联剂、防老剂等。除基料不可缺少之外,其余组分可视性能要求决定加入与否。

3) 胶黏剂的分类

迄今为止,已经问世的胶黏剂牌号混杂、品种繁多。按基料性质,胶黏剂可分为有机胶黏剂和无机胶黏剂两种。有机胶黏剂又包括天然胶黏剂和合成胶黏剂,如图 9-1 所示。

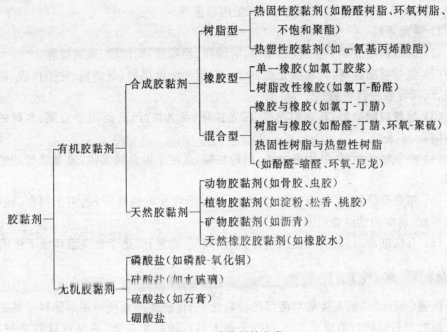

图 9-1　胶黏剂的分类

4) 常用胶黏剂

(1) 环氧胶黏剂　环氧胶黏剂的性能较全面,应用广,俗称"万能胶"。

(2) 改性酚醛胶黏剂　改性酚醛胶黏剂的耐热性、耐老化性好,胶接强度也高,但脆性大、固化收缩率大,常加其他树脂改性后使用。

(3) 聚氨酯胶黏剂　聚氨酯胶黏剂的柔韧性好,可在低温下使用,但不耐热,强度低,通常作为非结构胶使用。

(4) α-氰基丙烯酸酯胶　它是常温快速固化胶黏剂,又称"瞬干胶",胶接性能好,但耐热性和耐溶剂性较差。

(5) 厌氧胶　这是一种常温下有氧时不能固化,当排除氧气后即能迅速固化的胶。厌氧胶有良好的流动性、密封性,其耐蚀性、耐热性、耐寒性均比较好,主要用于螺纹的密封,因强度不高还可拆卸。厌氧胶也可用于堵塞铸件砂眼和构件细缝。

(6) 无机胶黏剂　高温环境要用无机胶黏剂,有的可在 1300 ℃ 下使用,胶接强度高,但脆性大。这类胶种类很多,机械工程中多用磷酸-氧化铜无机胶。

2. 涂料

1）涂料的作用

涂料（dope）就是通常所说的油漆，是一种有机高分子胶体的混合溶液，涂在物体表面上能干结成膜。涂料由黏结剂、颜料、溶剂和各种助剂（如催干剂、增塑剂、固化剂、稳定剂等）混合分散而成。除起保护和装饰作用外，某些涂料还具备特殊作用，如防锈、绝缘、导电、抗红外线、吸收辐射、医用杀菌等。

2）常用涂料

（1）酚醛树脂涂料，它的应用最早，有清漆、绝缘漆、耐酸漆、地板漆等。

（2）氨基树脂涂料，其涂膜光亮、坚硬，广泛用于电风扇、缝纫机、化工仪表、医疗器械、玩具等各种金属制品。

（3）醇酸树脂涂料，其涂膜光亮、保光性强、耐久性好，广泛用于金属、木材的表面涂饰。

（4）环氧树脂涂料，其附着力强、耐蚀性好，适用于做金属底漆，也是良好的绝缘涂料。

（5）聚氨酯涂料，其综合性能好，特别是耐磨性和耐蚀性好，适用于列车、地板、舰船甲板、纺织用的纱管以及飞机外壳等。

（6）有机硅涂料，其耐高温性能好，也耐大气、耐老化，适于在高温环境下使用。

9.2　工业陶瓷

陶瓷（ceramic）是人类最早使用的材料之一，传统的陶瓷所使用的原料主要是地壳表面的岩石风化后形成的黏土和砂子等天然硅酸盐类矿物，故又称硅酸盐材料。其主要成分是 SiO_2、Al_2O_3、Fe_2O_3、TiO_2、CaO、MgO、K_2O、Na_2O、PbO 等氧化物，形成的材料主要有陶瓷、玻璃、水泥及耐火材料等，现在一般将它们统称为传统陶瓷或普通陶瓷。

随着生产的发展和科学技术的进步，现代陶瓷材料虽然制作工艺和生产过程基本上还沿用传统陶瓷的生产工艺，即粉末原料处理→成形→烧结的方法，但所用原料已不仅仅是天然的矿物，有很多则是经过人工提纯或人工合成的，组成配合范围已扩大到整个无机非金属材料的范围。因此，现代陶瓷材料是指除金属和有机物以外的固体材料，又称无机非金属材料。

现代陶瓷充分利用了各不同组成物质的特点以及特定的力学性能和物理化学性能。从组成上看，除了传统的硅酸盐、氧化物和含氧酸盐外，还包括碳化物、硼化物、硫化物及其他的盐类和单质；从性能上看，不仅充分利用无机非金属物质的高熔点、高硬度、高化学稳定性，得到了一系列耐高温（如 Al_2O_3、SiO_2、SiC、Si_3N_4 等）、高耐磨和高耐蚀（BN、Si_3N_4、$Al_2O_3＋TiC$、B_4C 等）的新型陶瓷，而且还充分利用其优异的物理性能，制得了不同功能的特种陶瓷，如介电陶瓷（$BaTiO_3$）、压电陶瓷（PZT、ZnO）、高导热陶瓷（AlN）以及具有铁电性、半导体、超导性和各种磁性的陶瓷，适应了航天、能源、电子等领域新技术发展的需求。

9.2.1　陶瓷材料的分类

陶瓷材料及产品种类繁多,通常按成分及性能和用途对陶瓷材料加以分类。

1. 按化学成分分类

(1) 氧化物陶瓷　氧化物陶瓷是最早使用的陶瓷材料,其种类也最多,应用最广泛。常用的氧化物陶瓷有 Al_2O_3、SiO_2、MgO、ZrO_2、CeO_2、CaO 及莫来石($3Al_2O_3 \cdot 2SiO_2$)和尖晶石($MgAl_2O_3$)等,常用的玻璃和日用陶瓷均属于这一类。

(2) 碳化物陶瓷　碳化物陶瓷具有比氧化物更高的熔点,但碳化物易氧化,因此在制造和使用时必须予以防止。常用的碳化物陶瓷有 SiC、WC、B_4C、TiC 等。

(3) 氮化物陶瓷　氮化物陶瓷包括 Si_3N_4、TiN、BN、AlN 等。其中:Si_3N_4 具有优良的综合力学性能和耐高温性能;TiN 有高硬度;BN 具有耐磨、减摩性能;AlN 具有热电性能,其应用正日趋广泛。类似的化合物还包括目前正在研究的 C_3N_4,它可能会具有更为优越的物理化学性能。

(4) 其他化合物陶瓷　除上述陶瓷以外,还有常作为陶瓷添加剂的硼化物陶瓷,以及具有光学、电学等特性的硫族化合物陶瓷等。

2. 按性能和用途分类

(1) 结构陶瓷　结构陶瓷是作为结构材料,用于制作结构零部件的陶瓷,又称工程陶瓷。这类陶瓷要求有较好的力学性能,如强度、韧度、硬度、模量、耐磨性及高温性能等。以上所述四类陶瓷均可设计成为结构陶瓷,常用的结构陶瓷有 Al_2O_3、Si_3N_4、ZrO_2 等。

(2) 功能陶瓷　功能陶瓷是作为功能材料,用于制作功能器件的陶瓷。对这类陶瓷主要是利用了其中的无机非金属材料优异的物理和化学性能,如电磁性、热性能、光性能及生物性能等,例如:用于制作电磁元件的铁氧体、铁电陶瓷;用于制作电容器的介电陶瓷;用于制作力学传感器的压电陶瓷;此外,还有固体电解质陶瓷、生物陶瓷、光导纤维材料等。

9.2.2　常用工程陶瓷及其应用

1. 普通陶瓷

普通陶瓷就是用天然原料制成的黏土类陶瓷,它是以黏土($Al_2O_3 \cdot 2SiO_2 \cdot 2H_2O$)、长石($K_2O \cdot Al_2O_3 \cdot 6SiO_2$、$Na_2O \cdot Al_2O_3 \cdot 6SiO_2$)和石英($SiO_2$)经配料、成形、烧结而成的。这类陶瓷质硬,不导电,易于加工成形;成本低,产量大,广泛用于工作温度低于 200 ℃的酸碱介质、容器、反应塔、管道、供电系统的绝缘子和纺织机械中导纱零件等。但因其内部含有较多玻璃相,高温下易软化,所以耐高温及绝缘性不及特种陶瓷。

2. Al$_2$O$_3$ 陶瓷

Al$_2$O$_3$ 陶瓷以 Al$_2$O$_3$ 为主要成分,另外含有少量的 SiO$_2$。根据 Al$_2$O$_3$ 含量的不同又分为 75 瓷(Al$_2$O$_3$ 的质量分数为 75%)、95 瓷(Al$_2$O$_3$ 的质量分数为 95%)和 99 瓷(Al$_2$O$_3$ 的质量分数为 99%),后两者又称刚玉瓷,其性能如表 9-12 所示。Al$_2$O$_3$ 陶瓷中 Al$_2$O$_3$ 含量越高、玻璃相含量越少,陶瓷的气孔就越少,其性能也越好,但此时工艺变得复杂,成本会升高。

表 9-12　Al$_2$O$_3$ 陶瓷的性能

牌号	$w_{Al_2O_3}$/(%)	相对密度	硬度/HV	抗压强度/MPa	抗拉强度/MPa
85	85	3.45	9	1800	150
96	96	3.72	9	2000	180
99	99	3.90	9	2500	250

Al$_2$O$_3$ 陶瓷耐高温性好,在氧化性气氛中,可在 1950℃下使用,且耐蚀性好,故可用于制作高温器皿,如熔炼铁、钴、镍等的坩埚及热电偶套管等。

Al$_2$O$_3$ 陶瓷有高硬度(760 ℃时为 87 HRA,1200 ℃时为 80 HRA)及高温强度,可用于制作高速切削及难切削材料加工的刃具;还可用于制作耐磨轴承、模具及活塞、化工用泵和阀门等。同时,Al$_2$O$_3$ 陶瓷有很好的电绝缘性能,内燃机火花塞基本上都是用 Al$_2$O$_3$ 陶瓷制作的。

Al$_2$O$_3$ 陶瓷的缺点是脆性大,不能承受冲击载荷;抗热振性差,不适合用于有温度急变的场合。

3. 其他氧化物陶瓷

MgO、BeO、ZrO$_2$、CaO、CeO$_2$ 等氧化物陶瓷熔点高,均在 2000 ℃附近,甚至更高,且还具有一系列特殊的优异性能。MgO 是典型的碱性耐火材料,用于冶炼高纯度铁及其合金、Cu、Al、Mg 以及熔化高纯 U、Th 及其合金。其缺点是机械强度低、热稳定性差、易水解。BeO 陶瓷在还原性气氛中特别稳定,其导热性极好(与 Al 相近),故抗热冲击性能好,可用于制作高频电炉坩埚和高温绝缘子等电子元件,激光管、晶体管散热片,以及集成电路的外壳和基片等;Be 吸收中子的截面小,故 BeO 还是核反应堆的中子减速剂和反射材料,但 BeO 粉末及蒸汽有剧毒,在生产和应用中应注意。ZrO$_2$ 耐热性好,使用温度可达 2300 ℃;热导率小,高温下是良好的隔热材料;室温下是绝缘体,但在 1000 ℃以上变为导体,是优异的固体电解质材料,用于制作离子导电材料(电极)、传感及敏感元件及 1800 ℃以上的高温发热体,还可用于制作熔炼 Pt、Pd、Rh 等的合金的坩埚。

4. 非氧化物工程陶瓷

常用的非氧化物陶瓷主要有碳化物陶瓷(如 SiC、B$_4$C 等)、氮化物陶瓷(如 Si$_3$N$_4$、BN 等)。

SiC 陶瓷的最大特点是高温强度高,在 1400 ℃时抗弯强度仍达 500～600 MPa;

且其导热性好,仅次于 BeO 陶瓷;其热稳定性、耐蚀性、耐磨性也很好。SiC 陶瓷主要可用于制作火箭尾喷管的喷嘴、炉管、热电偶套管,以及高温轴承、高温热交换器、各种泵的密封圈和核燃料的包封材料等。

Si_3N_4 陶瓷稳定性极强,除氢氟酸外,能耐各种酸碱腐蚀,也可抵抗熔融非铁金属的侵蚀;硬度高,仅次于金刚石、立方氮化硼和 B_4C;摩擦系数小(只有 $0.1 \sim 0.2$,相当于加油的金属表面),耐磨性、减摩性好(自润滑性好),是很好的耐磨材料;同时 Si_3N_4 热膨胀系数小,有很好的抗热振性。

Si_3N_4 陶瓷可用于制作腐蚀介质下的机械零件,如密封环、高温轴承、燃气轮机叶片、冶金容器和管道,以及精加工刃具等。在 Si_3N_4 中加入一定量 Al_2O_3 形成的 Si-Al-O-N 系陶瓷,即赛伦(Sialon)瓷,是目前强度最高的陶瓷,它具有优异的化学稳定性、热稳定性和耐磨性。

BN 陶瓷包括六方结构和立方结构两种。六方氮化硼结构与石墨相似,性能也比较接近,故又称"白石墨"。它具有良好的耐热、导热性(导热性与不锈钢类似)和高温介电强度,是理想的散热和高温绝缘材料;化学稳定性好,能抵抗大部分熔融金属的侵蚀;同时,还具有极好的自润滑性。BN 陶瓷的硬度较低,可进行机械加工,做成各种结构的零件。六方氮化硼瓷一般用于制作熔炼半导体材料的坩埚和高温容器、半导体散热绝缘件、高温润滑轴承和玻璃成形模具等。立方氮化硼为立方结构,结构紧密,其硬度与金刚石接近,是优良的耐磨材料,常用于制作刃具。

思考与练习

1. 何谓高分子材料? 高分子化合物的合成方法有哪些?

2. 举出四种常用的热塑性塑料和两种热固性塑料,说明其主要的性能和用途。

3. 简述 ABS 塑料的组成及特点。

4. 用全塑料制造的零件有何优缺点?

5. 用热塑性塑料和热固性塑料制造零件,应分别采用什么工艺方法?

6. 比较金属、陶瓷和高分子材料耐磨的主要原因,并指出它们分别适合哪一种磨损场合。

7. 说明橡胶和纤维的主要特性和用途。

8. 现代陶瓷材料有哪些力学性能特点? 举例说明其主要应用领域。

9. 餐具瓷表面釉的膨胀系数一般应低于基体陶瓷的膨胀系数,试说明原因。

10. 车床用的陶瓷(Al_2O_3)刃具在安装方式上与高速钢不同,为什么?

第10章 现代新型材料及其应用

新型材料是指以新制备工艺制成的或正在发展中的材料,这些材料比传统材料具有更优异的特殊性能。新材料种类繁多,在各个领域都有着举足轻重的作用,广泛用于交通运输、建筑、能源、化工、医疗、电器、军事、宇航和体育等领域。本章选取常见的其中几种现代新型材料来介绍。

10.1 复合材料

复合材料(composite)是指利用两种或两种以上的物理、化学性质不同的物质,经一定方法得到的一种新的多相固体材料。复合材料是多相材料,主要包括基体相和增强相。基体相是连续相,它把增强相材料与其固结成为一体;增强相起承受应力(结构复合材料)或显示功能(功能复合材料)的作用。复合材料种类繁多,分类方法也不尽统一。从原则上讲,复合材料可以由金属材料、高分子材料和陶瓷材料中的任两种或几种制备而成。其通常可以根据以下方法进行分类,如图 10-1 所示。

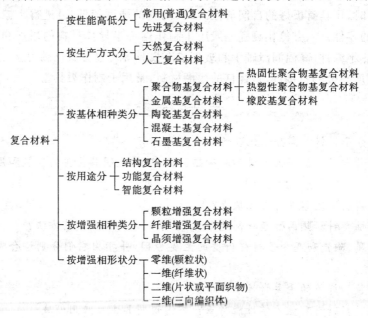

图 10-1 复合材料的分类

1. 复合材料的性能特点

复合材料的最大特点是其性能比组成材料的性能优越得多,大大改善或克服了单一材料的弱点,从而使得能够按零件的结构和受力情况并按预定的、合理的配套性能进行最佳设计,甚至可创造单一材料不具备的双重或多重功能,或者在不同时间或条件下发挥不同的功能。复合材料的性能特点如下。

（1）比强度和比模量高　　比强度、比模量是指材料的强度或弹性模量与其密度之比。材料的比强度或比模量越高，构件的自重就会越小，或者体积会越小。通常，复合材料的复合结果是密度大大减小，因而高的比强度和比模量是复合材料的突出性能特点。

（2）抗疲劳性能和抗断裂性能好　　通常，复合材料中的纤维缺陷少，因而本身抗疲劳能力高；基体的塑性好、韧度高，能够消除或减少应力集中，不易产生微裂纹；塑性变形的存在又使微裂纹产生钝化而减缓了其扩展。这样就使得复合材料具有很好的抗疲劳性能。例如：碳纤维增强树脂的疲劳强度为拉伸强度的 $70\% \sim 80\%$，一般金属材料的疲劳强度却仅为拉伸强度的 $30\% \sim 50\%$。由于基体中有大量细小纤维，较大载荷下部分纤维断裂时载荷由韧度高的基体重新分配到未断裂纤维上，构件不会瞬间失去承载能力而断裂。

（3）高温性能优越　　铝合金在 400 ℃时，其强度仅为室温时的 10% 以下，而复合材料可以在较高温度下具有与室温时几乎相同的性能。如：聚合物基复合材料的使用温度为 $100 \sim 350$ ℃；金属基复合材料的使用温度为 $350 \sim 1100$ ℃；SiC 纤维、Al_2O_3 纤维陶瓷复合材料在 $1200 \sim 1400$ ℃范围内可保持很高的强度；碳纤维复合材料可在非氧化气氛下在 $2400 \sim 2800$ ℃长期使用。

（4）减摩、耐磨、减振性能良好　　复合材料的摩擦系数比高分子材料本身低得多，少量短切纤维大大提高了耐磨性。其比弹性模量高，自振频率也高，纤维与基体界面有吸收振动能量的作用，使复合材料构件不易共振，即便产生振动也会很快衰减，从而起到很好的减振效果。

（5）其他特殊性能　　金属基复合材料具有高韧度和高抗热冲击性能；玻璃纤维增强塑料具有优良的电绝缘性，不受电磁作用，不反射无线电波，耐辐射性、蠕变性能高，并具有特殊的光、电、磁等性能。

2. 复合材料的增强机制

1）颗粒增强复合材料

对于颗粒复合材料，当基体承受载荷时，颗粒的作用是阻碍分子链或位错的运动。其增强效果同样与颗粒的体积含量、分布、尺寸等密切相关。通常，颗粒直径为几微米到几十微米；颗粒的体积分数应在 20% 以上，否则达不到最佳强化效果；颗粒与基体之间应有一定的结合强度。

最典型的例子是汽车的玻璃纤维挡泥板。单独使用玻璃会太脆，单独使用聚合物材料则强度低而且挠度满足不了要求，但强度和韧度都不高的这两种单一材料经复合后得到的是令人满意的高强度、高韧度的新材料，而且重量很轻。用缠绕法制造的火箭发动机壳，由于玻璃纤维的方向与主应力的方向一致，所以在这一方向上的强度是单一树脂的二十多倍，从而最大限度地发挥了材料的潜能。

2）纤维增强复合材料

纤维增强相是具有强结合键的材料或硬质材料（如陶瓷、玻璃等）的增强相，内部含微裂纹,易断裂,因而脆性大;将其制成细纤维可降低裂纹长度和出现裂纹的概率,使脆性降低,极大地发挥增强相的强度。高分子基复合材料中的纤维增强相能有效阻止基体分子链的运动,金属基复合材料中的纤维增强相能有效阻止位错运动而强化基体。纤维增强相是主要承载体,应高于基体材料的强度和模量;基体相起黏结作用,应对纤维相有润湿性,有一定塑性和韧度。纤维增强相和基体相两者之间结合强度应适当,基体相与增强相的热膨胀系数不能相差过大;纤维相必须有合理的含量、尺寸和分布。

3. 复合材料及应用

1) 玻璃钢

玻璃纤维增强聚合物复合材料俗称玻璃钢,其中热固性玻璃钢主要用于制作机器护罩、车辆车身、绝缘抗磁仪表、耐蚀耐压容器和管道及各种形状复杂的机器构件和车辆配件。热塑性玻璃钢不如热固性玻璃钢强度高,但成形性好、生产率高。尼龙 66 玻璃钢可用于制作轴承、轴承架、齿轮等精密件、电工件、汽车仪表、前后灯等;ABS 玻璃钢可用于制作化工装置、管道、容器;聚苯乙烯玻璃钢可用于制作汽车内装饰、收音机机壳、空调叶片;聚碳酸酯玻璃钢可用于制作耐磨件、绝缘仪表。

2) 碳纤维树脂复合材料

碳是六方结构的晶体(石墨),由共价键结合,比玻璃纤维强度更高,弹性模量也高几倍,高温、低温性能好,有很高的化学稳定性、导电性和低的摩擦系数,是很理想的增强剂,但其脆性大,与树脂的结合力不如玻璃纤维,经表面氧化处理可改善其与基体的结合力。

碳纤维树脂复合材料如碳纤维环氧树脂、碳纤维酚醛树脂和碳纤维聚四氟乙烯等得到了广泛应用。如宇宙飞船和航天器的外层材料,人造卫星和火箭的机架、壳体,各种精密机器的齿轮、轴承,以及活塞、密封圈,化工容器和零件等均可采用碳纤维树脂复合材料制作。

3) 硼纤维树脂复合材料

硼纤维比强度与玻璃纤维相近,耐热性比玻璃纤维高,比弹性模量较玻璃纤维约高 5 倍。

硼纤维树脂复合材料抗压强度和抗剪强度都很高(优于铝合金、钛合金),且蠕变小、硬度和弹性模量高,疲劳强度很高,耐辐射及导热性能极好。硼纤维环氧树脂、硼纤维聚酰亚胺树脂等复合材料多用于制作航空航天器的翼面、仪表盘、转子、压气机叶片、螺旋桨的传动轴等。

4) 陶瓷基复合材料

陶瓷基复合材料具有高强度、高模量、低密度,耐高温、耐磨、耐蚀,并具有较高的韧度。目前已研发出颗粒增韧复合材料如 Al_2O_3-TiC 颗粒,晶须增韧复合材料如 SiC-Al_2O_3 晶须,纤维增韧复合材料如 SiC-硼硅玻璃纤维。陶瓷基复合材料常用于制作高速切削工具和内燃机部件。由于这类材料发展较晚,其潜能尚待进一步发挥。

目前的研究重点是将其作为高温材料和耐磨耐蚀材料应用,如大功率内燃机的增压涡轮、航空航天器的热部件,以及代替金属制造车辆发动机、石油化工容器、废弃物垃圾焚烧处理设备等。

5) 金属陶瓷

金属陶瓷是由金属(通常为 Ti、Ni、Co、Cr 等及其合金)和陶瓷(通常为氧化物、碳化物、硼化物和氮化物等)组成的非均质材料,是颗粒增强型的复合材料,常用粉末冶金方法成形。金属和陶瓷按不同配比可组成工具材料(以陶瓷为主)、高温结构材料(以金属为主)和特殊性能材料。

氧化物金属陶瓷多以 Co 或 Ni 作为黏结金属,热稳定性和抗氧化能力较好,韧度高,可用做高速切削工具材料,还可做高温下工作的耐磨件,如喷嘴、热拉丝模以及机械密封环等。碳化物金属陶瓷是应用最广泛的金属陶瓷,通常以 Co 或 Ni 做金属黏结剂,根据金属含量不同可用做耐热结构材料或工具材料。碳化物金属陶瓷用做工具材料时,通常被称为硬质合金。硬质合金在 8.5.2 节的粉末冶金材料中已有介绍。

6) 碳基复合材料

碳纤维增强碳基复合材料,简称碳-碳材料。其研制开始于 20 世纪 50 年代,60年代后期成为新型工程材料。80 年代,碳-碳复合材料的研究进入了提高性能和扩大应用的阶段。最引人注目的是航天飞机的抗氧化碳-碳材料鼻锥帽和机翼前缘,碳-碳材料用量最大的产品是高超音速飞机的刹车片。

碳-碳材料具有耐高温、耐腐蚀、较低的热膨胀系数和较好的抗热冲击性。它与石墨一样具有化学稳定性,与一般的酸、碱、盐的溶液以及有机溶剂不起反应,只是与浓度高的氧化性酸溶液起反应。碳-碳材料的力学性能受很多因素影响,一般与增强纤维的方向和含量、界面结合状况、碳基体、温度等因素有关。

碳-碳材料除了在航空航天上的应用外,还可用于制作发热元件和机械紧固件,可工作在 2500 ℃的高温下;碳-碳材料代替钢和石墨质杂牌超塑成形的吹塑模和粉末冶金中的热压模,具有质量小、成形周期短、产品质量好、寿命长的特点;在生物医学方面,已反复证明了碳-碳复合材料与人体组织的生理相容性良好;碳-碳材料还可用于制造氦冷却的核反应堆热交换管道、化工管道、容器衬里、高温密封件核轴承等。

目前常用的复合材料如表 10-1 所示。

表 10-1　常用的复合材料

类别	名　　称	主要性能及特点	用　途　举　例
纤维复合材料	玻璃纤维复合材料(包括织物,如布、带)	热固性树脂与纤维复合,抗拉强度、抗弯强度、抗压强度、抗冲击强度提高,脆性降低,收缩减小。热塑性树脂与纤维复合,抗拉强度、抗弯强度、抗压强度、弹性模量、抗蠕变性均提高,热变形温度显著上升,冲击韧度下降,缺口敏感性改善	主要用于制作有耐磨、减磨要求的零件及一般机械零件、管道、泵阀、汽车及船舶壳体

类别	名　　称	主要性能及特点	用途举例
纤维复合材料	碳纤维、石墨纤维复合材料（包括织物，如布、带）	碳-树脂复合、碳-碳复合、碳-金属复合、碳-陶瓷复合等，比强度、比刚度高，线膨胀系数小，摩擦磨损和自润滑性好	在航空航天、原子能等工业中用于制作压气机叶片、发动机壳体、轴瓦、齿轮等
	硼纤维复合材料	硼与环氧树脂复合，比强度高	用于制作飞机、火箭构件，其质量可减小 $25\% \sim 40\%$
	晶须复合材料（包括自增强纤维复合材料）	晶须是单晶，无一般材料的空穴、位错等缺陷，机械强度特别高，有 Al_2O_3、SiC 等晶须。用晶须毡与环氧树脂复合的层压板，抗弯模量可达 70 000 MPa	可用于制作涡轮叶片
	石棉纤维复合材料（包括织物，如布、带）	有温石棉及闪石棉，前者不耐酸；后者耐酸，较脆	与树脂复合，用于制作密封件、制动件、绝热材料等
	植物纤维复合材料（包括木材、纸、棉、布、带等）	木纤维或棉纤维与树脂复合而成的纸板、层压布板，综合性能好，绝缘	用于制作电绝缘、轴承
	合成纤维复合材料	少量尼龙或聚丙烯腈纤维加入水泥，可大幅度提高冲击韧度	用于制作承受强烈冲击的零件
颗粒复合材料	金属粒与塑料复合材料	金属粉加入塑料，可改善导热性及导电性，降低线膨胀系数	高含量铅粉塑料做 γ 射线的罩屏及隔声材料，铅粉加入氟塑料做轴承材料
	陶瓷粒与金属复合材料	提高高温耐磨、耐腐蚀、润滑等性能	氧化物金属陶瓷做高速切削材料及高温材料；CrC 用于制作耐腐蚀、耐磨喷嘴，重载轴承，高温无油润滑件；钴基碳化钨用于切割、拉丝模、阀门；镍基碳化钨用于制作火焰管喷嘴等高温零件
	弥散强化复合材料	将硬质粒子氧化钇等均匀分布到合金（如 NiCr 合金）中，能耐 1100 ℃ 以上高温	用于制作耐热件

类别	名　称	主要性能及特点	用途举例
层叠复合材料	多层复合材料	钢-多孔性青铜-塑料三层复合	用于制作轴承、热片、球头座耐磨件
	玻璃复层材料	两层玻璃板间夹一层聚乙烯醇缩丁醛	用于制作安全玻璃
	塑料复层材料	普通钢板上覆一层塑料,以提高耐蚀性	用于化工及食品工业
骨架复合材料	多孔浸渍材料	多孔材料浸渗低摩擦系数的油脂或氟塑料	可用于制作油枕及轴承,浸树脂的石墨作抗磨材料
	夹层结构材料	质轻,抗弯强度大	用于制作飞机机翼、舱门、大电动机罩等

10.2　其他新型材料

10.2.1　形状记忆合金

材料在某一温度下受外力作用而变形,当外力去除后,仍保持其变形后的形状,但当温度上升到某一定值,材料会自动恢复到变形前的形状,似乎对以前的形状保持记忆,这种材料称为**形状记忆合金**(shape memory alloy)。

1. 形状记忆合金的特性

形状记忆合金与普通金属的变形及恢复过程不同,如图 10-2 所示。对于普通金属材料,当变形在弹性范围内时,去除载荷后其可以恢复到原来的形状,当变形超过弹性范围后,再去除载荷时,材料会发生永久变形而不能完全恢复到原来形状。如在其后加热,这部分的变形也并不会消除,如图 10-2a 所示。形状记忆合金在变形超过弹性范围后,去除载荷时也会发生残留变形,但这部分残留变形在合金被加热到某一

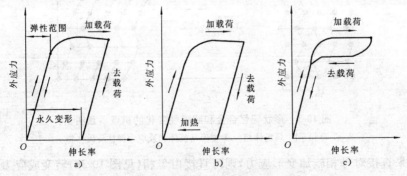

图 10-2　形状记忆合金效应和超弹性

a) 普通金属　b) 形状记忆　c) 超弹性

温度时会消除,合金从而恢复到原来的形状,如图 10-2b 所示。有的形状记忆合金,当变形超过弹性极限后的某一范围内,去除载荷后能徐徐返回原形,如图 10-2c 所示,这种现象称为**超弹性**(super-elasticity)或**伪弹性**。如铜铝镍合金就是一种超弹性合金,当伸长率超过 20%(大于弹性极限)后,一旦去除载荷又可恢复原形。

形状记忆合金由于其在各领域的特效应用,正广为世人所瞩目,被誉为"神奇的功能材料"。它若在较低的温度下发生变形,加热后可恢复至变形前的形状,这种只在加热过程中存在的形状记忆现象称为单程记忆效应。某些合金受热时能恢复高温相形状,冷却时又能恢复低温相形状,这种形状记忆现象称为双程记忆效应。

大部分形状记忆合金的形状记忆机理是热弹性马氏体相变。如图 10-3 所示,当形状记忆合金从高温母相状态(见图 10-3a)冷却到低于 M_s 线的马氏体转变温度后,产生马氏体相变(见图 10-3b),形成热弹性马氏体;在马氏体范围内变形而成为变形马氏体(见图 10-3c),在此过程中,马氏体发生择优取向,处于应力方向有利取向的马氏体片长大,而处于应力方向不利取向的马氏体被有利取向者消灭或吃掉,最后成为单一有利取向的有序马氏体。将变形马氏体加热到其逆转变温度以上,晶体恢复到原来单一取向的高温母相,宏观形状也恢复到原始状态。经此过程处理后母相再冷却到 M_s 线以下,对于具有双相记忆的合金,又可记忆在图 10-3c 所示阶段的变形马氏体形状。

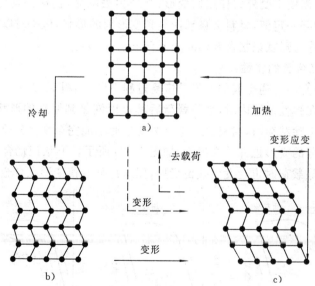

图 10-3　形状记忆合金和超弹性变化的机理示意图
a) 母相　b) 马氏体相　c) 变形马氏体相或应力弹性马氏体相

如果直接对母相施加变形应力,则可直接由母相(见图 10-3a)转变成应力弹性马氏体(见图 10-3c)。去除应力后,又恢复到母相原来的形状,应变消除。这就是具有超弹性性质的形状记忆合金的形状记忆过程。

具有形状记忆效应的合金已发现很多，但目前进入实用化的主要只有 Ni-Ti 合金和 Cu-Zn-Al 合金。前者价格较高，但性能优良，并与人体有生物相容性；后者具有价廉物美的特点，颇受人们青睐。其他形状记忆合金因晶体界面易断裂，只有处于单晶时才能使用，目前尚不适宜于工业应用。

2. 形状记忆合金的应用

形状记忆合金具有感温和驱动的双重功能，因此可以用于制作机器人、机械手，通过温度变化使其动作。形状记忆合金的一种简单用途是用于制作管接头，即在 M_s 线以下，将处于母相状态且内径略小的接头插入管道连接，然后将温度升高到一定值，这时管道内径重新收缩到母相状态，达到管道彼此间紧紧地箍紧的目的。美国已在喷气式战斗机的油压系统中使用了 10 多万个这类接头，至今未见有任何关于其漏油、破损、脱落等情况的报道。这类管接头还可用于舰船管道、海底输油管道等的修补，这种连接方法可代替在海底难以进行的焊接工艺。

把形状记忆合金制成弹簧，与普通材料弹簧一起组成自动控制件，使二者互相推压，在一定温度以上和低温时，形状记忆合金弹簧可向不同方向移动。这种构件可以用于暖气阀门、温室门窗自动开闭的控制、描笔式记录器的驱动等。由于形状记忆合金正逆变化时产生的力很大，乃至形状变化量也很大，可作为发动机进风口的连接器。当发动机超过一定温度时，连接器使进风口的风扇连接到旋转轴上输送冷风，达到启动控制的目的。此外，形状记忆合金还可以用于制作温度安全阀和截止阀等。

在军事和航天事业上，形状记忆合金可以做成大型抛物面天线。天线在马氏体状态下发生形变，使体积缩至很小，当发射到卫星轨道上以后，天线在太阳照射下温度升高，自动张开，这样可以便于携带。

医学上使用的形状记忆合金主要是 Ni-Ti 合金，它可以作为移植材料，被植入生物体内部做固定折断骨骼的销和进行内固定接骨的接骨板。一旦植入生物体内，其便在体温下发生收缩，从而使断骨处紧紧相接，或使原本弯曲的脊柱顺直。在内科方面，可将 Ni-Ti 丝插入血管，用体温使其恢复到母相形状，消除血栓，使 95% 的凝血块不流向心脏。用形状记忆合金制成的肌纤维与弹性体薄膜心室相配合，可以模仿心室收缩运动，制造人工心脏。

利用形状记忆合金的超弹性做成的弹簧可复原的应变量比普通弹簧大一个数量级。其应力和应变之间的关系是非线性的，在高应变区，与应变相比较，应力增加不多，加载时和去载时的应力具有不同值，显示一种滞后现象，高应变区的振动吸收能相当大。利用这些性质，可以制作形状记忆合金眼镜框架，使镜片易装易卸，冬天不易脱落。利用形状记忆合金的超弹性还可制造微型打印机等精密机械控制振动的弹簧。也可考虑将形状记忆合金用于磁盘存取缓冲部分材料。在医疗方面使用最普及的是牙齿矫正线，它依靠固定在牙齿上的托架的超弹性金属线的弹力来矫正排列不整齐的牙齿，具有矫正范围大、不必经常更换金属线、安装感觉小等优点，已大量应用于临床。在整形外科方面，有使用超弹性医疗带捆扎骨头的实例。

　　在传感器技术领域应用中,形状记忆合金都是集传感器和驱动器为一体,做到了集成化、功能器件化,而这正代表了目前传感器技术发展的潮流。有人预言:目前盛行的机电一体化技术将被更简单可靠的材料电子一体化技术所代替。

　　对于形状记忆合金的研究,材料研究者们目前一方面致力于研究现有 Ni-Ti、Cu-Zn-Al、Fe-Mn-Si 等合金机理、提高其性能,另一方面致力于开发新的记忆合金材料。

　　根据现有资料,各种形状记忆合金汇总如表 10-2 所示。

表 10-2　具有形状记忆效应的合金

合金名称	组成[a]/(%)	相变性质	M_s/℃	热滞后/℃	体积变化/(%)	有序无序	记忆功能[b]
Ag-Cd	44～49Cd(at)	热弹性	−190～−50	～15	−0.16	有	S
Au-Cd	46.5～50Cd(at)	热弹性	−30～100	～15	−0.41	有	S
Cu-Zn	38.5～41.5Zn(at)	热弹性	−180～−10	～10	−0.5	有	S
Cu-Zn-X	X＝Si,Sn,Al,Ga(wt)	热弹性	−180～100	～10	—	有	S,T
Cu-Al-Ni	14～14.5 Al-3～4.5Ni(wt)	热弹性	−140～100	～35	−0.30	有	S,T
Cu-Sn	～15Sn(at)	热弹性	−120～−30	—	—	有	S
Cu-Au-Sn	23～28Au-45～47Zn(at)	—	−190～−50	～6	−0.15	有	S
Fe-Ni-Co-Ti	33Ni-10Co-4Ti(wt)	热弹性	～−140	～20	0.4～2.0	部分有	S
Fe-Pd	30Pd(at)	热弹性	～−100	—	—	无	S
Fe-Pt	25Pt(at)	热弹性	～−130	～3	0.5～0.8	有	S
In-Tl	18～23Tl(at)	热弹性	60～100	～4	−0.2	无	S,T
Mn-Cu	5～35Cu(at)	热弹性	−250～185	～25	—	无	S
Ni-Al	36～38Ai(at)	热弹性	−180～100	～10	−0.42	有	S
Ti-Ni	49～51Ni(at)	热弹性	−50～100	～30	−0.34	有	S,T,A

　　注　[a]　"at"表示原子分数,"wt"表示质量分数。
　　　　[b] S——单向记忆效应;T——双向记忆效应;A——全方位记忆效应。

10.2.2　非晶态合金

　　非晶态合金(amorphous alloy)又称金属玻璃,虽然早在 1930 年即已利用电解沉积技术获得,但未得到重视。1959 年美国加州理工学院的杜威兹(Duvez)为了获得用一般淬火方法得不到的固溶体,将熔化状态的 Au-Si 二元合金喷射到冷的金属板上,经 X 射线衍射测试发现所得到的不是晶体,而是非晶体。这种方法的冷却速度估计达到 10^6℃/s 以上。在如此高的冷却速度下,金属内部原子来不及整齐地排列就已结晶,因而保持熔化状态的无序非晶态。

杜威兹初期使用的方法为喷枪法,得到的非晶态合金材料形状不规则、厚薄不均,无实用价值。但利用其高速冷却原理,后来马丁(Maddin)等在 20 世纪 60 年代末发明轧辊液淬技术,获得尺寸均匀的连续非晶体态合金条带,从而开创了非晶态合金大规模生产和应用的新纪元。20 世纪 70 年代非晶态合金正式成为商品。

1. 非晶态合金的特性

非晶态合金外观上和金属材料没有任何区别,但其结构形态类似于玻璃,杂乱的原子排列状态赋予非晶态合金以下一系列特性。

1）高强度

研究表明,非晶态合金具有独特的力学性能,强度和硬度高,韧度和耐磨性明显优于一般金属材料。一些非晶态合金的抗拉强度可达到 3920 MPa,硬度可大于 9800 HV,为相应的晶态合金的 5～10 倍。特别是非晶态合金的弹性模量和断裂强度之比(E/R_f),一般晶态合金为几百,表明材料抗断裂潜力未完全发挥,而非晶态合金只有 50 左右。由于非晶态合金内部原子交错排列,因此它的撕裂能较高,虽伸长率很低,但它在压缩变形时,压缩率可达 40%,轧制压缩率可达 50%。

表 10-3 列举了几种非晶态合金的力学性能。

表 10-3　几种非晶态合金的力学性能

合金	牌号	硬度/HV	抗拉强度/MPa	断后伸长率/(%)	弹性模量/MPa
非	$Pd_{83}Fe_7Si_{10}$	4018	1860	0.1	66640
晶	$Cu_{57}Zr_{43}$	5292	1960	0.1	74480
态	$Co_{75}Si_{15}B_{10}$	8918	3000	0.2	53900
合	$Fe_{80}P_{13}C_7$	7448	3040	0.03	121520
金	$Ni_{75}Si_8B_{17}$	8408	2650	0.14	78400
晶态	$18Ni_9Co_5Mo$ X-200	—	1810～2130	10～12	—

2）优良的软磁性

非晶态合金有高的磁导率和饱和磁感应强度,低的矫顽力和磁损耗。目前使用的硅钢、Fe-Ni 坡莫合金和铁氧体,由于为晶态,所以具有磁性各向异性的特征,导致磁导率下降,磁损耗加大。迄今为止,比较成熟的非晶态合金软磁合金主要有铁基、铁镍基和钴基三大类,其成分和特性列于表 10-4 中,表中同时列出了晶态软磁合金数据,以方便比较。

3）高耐蚀性

在中性盐和酸性溶液中,非晶态合金的耐蚀性优于不锈钢。Fe-Cr 基非晶态合金在 10% $FeCl \cdot 6H_2O$ 中几乎完全不受腐蚀,而各种成分不锈钢则都有不同程度斑蚀,在 Fe-Cr 非晶态合金中 $w_{Cr} \approx 10\%$,并不含 Ni,可大大节约 Ni。

非晶态合金为非晶态结构,显微组织均匀,不含位错、晶界等缺陷,使腐蚀液"无缝可钻"。同时非晶态结构合金自身的活性很高,能够在表面上迅速形成均匀的钝化膜。

表 10-4　非晶态合金和晶态合金的软磁特性

合金	牌　　号	饱和磁感 /T	矫顽力 /(A/m)	磁致伸缩 /(×10⁻⁸)	电阻率 /(μΩ·cm)	居里温度 /℃	铁损(W/kg) (60Hz、1.4T)
非晶态合金	$Fe_{81}B_{13.5}Si_{3.5}C_2$	1.61	3.2	30	130	370	0.3
	$Fe_{78}B_{13}Si_9$	1.56	2.4	27	130	415	0.23
	$Fe_{87}Co_{18}B_4Si_1$	1.80	4.0	35	130	415	0.55
	$Fe_{70}B_{16}Si_5$	1.58	8.0	27	135	405	1.2
	$Fe_{40}Ni_{32}Mo_4B_{18}$	0.88	1.2	12	160	353	—
	$Co_{67}Ni_8Fe_4Mo_2B_{12}Si_{12}$	0.72	0.4	0.5	135	340	—
晶态合金	硅钢	1.97	2.4	9	50	730	0.93
	$Ni_{50}Fe_{50}$	1.60	8.0	25	45	480	0.70
	$Ni_{80}Fe_{20}$	0.82	0.4	—	60	400	
	Ni-Zn 铁氧体	0.48	16		101	210	

4）超导电性

目前金属超导材料 Nb_3Ge，超导零电阻温度 $T_c = 23.2\ K$。现有的许多超导材料都有一个很大的缺点，即脆、不易加工。1975 年，杜威兹发现 La-Au 非晶态合金具有超导性，以后又发现许多非晶态合金具有超导性，只是超导转变温度还比较低。但与晶体材料相比较，非晶态合金有两个有利因素：其一，非晶态合金本身为带状，而且韧度高，弯曲半径小，可以避免加工；其二，非晶态合金的成分变化范围大，这为寻求新的超导材料，提高超导转变温度提供了更多的途径。

2. 非晶态合金的应用

1）军事上的应用

1995 年，科学家们就发现，非晶态合金的一些特殊性能能够明显地提高许多军工产品的性能和安全性。例如，用非晶态合金来制造反坦克的动能穿甲弹。用钨复合块体非晶态合金做成的穿甲弹头可以达到很高的密度、强度和模量，从而可以设计具有更大长径比的非晶态合金弹芯穿甲弹，超强非晶态合金穿甲弹将替代贫铀弹，在未来战争中将发挥重要作用。如 Zr-Ti 基块体非晶态合金的断裂强度达 2000 MPa，远远高于晶态材料。由于块体非晶态合金的声阻抗特性及高弹性特性，这类材料还有可能用于制作复合装甲的夹层，配备军方的坦克、战斗机、舰艇或其他装备中，以提高其防常规武器攻击的能力。美国军方也计划将非晶态合金用于 M-1 主战坦克、BFVS 战斗机、A-10 飞机、导弹等军事武器的制造。

2）工程上的应用

非晶态合金的高强度也引起了工程技术人员的注意。由于目前生产的各种元件尺寸不大，所以要通过编织和铺砌才能制成结构元件。这些用途包括强度控制电缆、电缆和光缆护套、压力容器、储能飞机、机械传送带、轮胎帘子布等。用非晶态合金代替纤维和碳纤维制造复合材料,会进一步提高复合材料的适应性。硼纤维和碳纤维复合材料的安装孔附近易产生裂纹,而非晶态合金在具有很高强度(2.27～3.65 kPa)的情况下,仍可保持金属塑料变形的能力,因此有利于阻止裂纹的产生和扩展。目前正在研究将非晶态合金纤维用于飞机构架和发动机元件。

3) 磁性材料方面的应用

块体非晶态合金磁性材料是非晶态合金带材,其因优异的软磁性能而成为各种变压器、电感器和传感器的理想铁芯材料,正在成为电力、电力电子和电子信息领域不可缺少的重要基础材料,其制造技术已经相当成熟,但薄带的形状特征也始终限制着其在这一领域的许多应用。

非晶态合金已引起世界各国的普遍重视,近年来已获得了长足的进展。但要获得 10^6 ℃/s 的冷却速度是十分艰难的,而且在这么高的冷却速度下所获得的金属往往是很薄的,因而在应用上受到一定的限制,这些问题尚需进一步解决。

10.2.3　纳米材料

诺贝尔物理奖获得者 Feynman R. 早在 1959 年就曾预言了纳米材料的出现,然而直到 1984 年,才由德国萨尔兰大学的 Gleiter H. 首次成功地制得了纯物质的纳米块体材料。1990 年 7 月在美国召开的第一届国际纳米科学技术会议,正式宣布纳米材料科学为材料科学的　个新的分支。自此以后,纳米材料的研究就逐渐成为材料领域的一个研究热点并发展至今。

所谓纳米技术,就是以扫描探针显微镜为技术手段,在纳米尺度(0.1～100 nm)上研究和利用原子、分子结构的特性及其相互作用原理,并按人类的需要在纳米尺度上直接操纵物质表面的分子、原子,甚至电子来制造特定产品或创造纳米级加工工艺的一门新兴交叉学科技术。1 nm 也就是 1 m 的 1/1000000,或者相当于头发丝直径的 1/100000。**纳米材料**(nanophase materials)是指利用纳米技术制得的材料,即平均粒径在 100 nm 以下的材料。纳米技术是原子物理、凝聚态物理、胶体化学、配位化学、化学反应动力学和表面、界面科学交汇而形成的一门新学科。

1. 纳米材料的特性

科学家发现,当金属或非金属被制造成小于 100 nm 的物质时,其物理性能和化学性能都会发生很大变化,并具有高强度、高韧度、高比热容、高电导率、高扩散率、磁化率,以及对电磁波的强吸收性等新特征。

1) 表面效应

超微颗粒的表面具有很高的活性,在空气中金属颗粒会迅速氧化而燃烧。如要防止自燃,可采用表面包覆或有意识地控制氧化速率,使其缓慢氧化,生成一层极薄而致密的氧化层,确保表面稳定。利用表面活性,金属超微颗粒可望成为新一代的高效催化剂和储气材料,以及低熔点材料。

2）小尺寸效应

颗粒尺寸的量变在一定条件下会引起颗粒性质的变化。由颗粒尺寸变小所引起的宏观物理性质的变化称为小尺寸效应。对超微颗粒而言，尺寸变小，同时其比表面积亦显著增加，从而会产生如下一系列新奇的性质。

（1）**特殊的光学性质**　当黄金被细分到小于光波波长的尺寸时，即失去了原有的光泽而呈黑色。事实上，所有的金属在超微颗粒状态都呈现为黑色。尺寸越小，颜色越黑，银白色的铂（白金）变成铂黑，金属铬变成铬黑。由此可见，金属超微颗粒对光的反射率很低，通常可低于 1%，大约几微米的厚度就能完全消光。利用这个特性，可以将金属超微颗粒制作成高效率的光热、光电等转换材料，用以高效率地将太阳能转变为热能、电能。此外，金属超微颗粒还有可能应用于红外敏感元件、红外隐身设备等。

（2）**特殊的热学性质**　固态物质在形态为大尺寸时，其熔点是固定的，超细微化后其熔点却显著降低，当颗粒小于 10 nm 量级时尤为显著。例如，金的常规熔点为 1064 ℃，当颗粒直径减小到 10 nm 时，则降低 27 ℃，减小到 2 nm 时熔点仅为 327 ℃ 左右；银的常规熔点为 670 ℃，而超微银颗粒的熔点可低于 100 ℃。因此，由超细银粉制成的导电浆料可以进行低温烧结，此时元件的基片不必采用耐高温的陶瓷材料，甚至可用塑料。采用超细银粉浆料，可使膜厚均匀，覆盖面积大，既省料又可提高质量。日本川崎制铁公司采用 0.1~1 μm 的铜、镍超微颗粒制成导电浆料，代替钯与银等贵金属。超微颗粒熔点低的性质对粉末冶金工业具有一定的吸引力。例如，在钨颗粒中附加 0.1%~0.5% 质量分数的超微镍颗粒后，可使烧结温度从 3000 ℃ 降低到 1200~1300 ℃，从而可在较低的温度下烧制成大功率半导体管的基片。

（3）**特殊的磁学性质**　人们发现鸽子、海豚、蝴蝶、蜜蜂及生活在水中的趋磁细菌等生物体内存在超微的磁性颗粒，这类生物在地磁场导航下能辨别方向，具有回归的本领。磁性超微颗粒实质上是一个生物磁罗盘，生活在水中的趋磁细菌可依靠它游向营养丰富的水底。借助于电子显微镜的研究表明，在趋磁细菌体内通常含有直径约为 2×10^{-2} μm 的磁性氧化物颗粒。小尺寸的超微颗粒磁性与大块材料有显著不同，大块的纯铁矫顽力约为 80 A/m，而当颗粒尺寸减小到 2×10^{-2} μm 以下时，其矫顽力可增加 1000 倍，若进一步减小其尺寸，大约小于 6×10^{-3} μm 时，其矫顽力反而降低到零，呈现出超顺磁性。利用磁性超微颗粒具有高矫顽力的特性，已制成高储存密度的磁记录磁粉，大量应用于磁带、磁盘、磁卡以及磁性钥匙等中。利用超顺磁性，人们已将磁性超微颗粒制成用途广泛的磁性液体。

（4）**特殊的力学性能**　陶瓷材料在通常情况下呈脆性，然而由纳米超微颗粒压制成的纳米陶瓷材料却具有良好的韧度。因为纳米材料具有大的界面，界面的原子排列是相当混乱的，原子在外力变形的条件下很容易迁移，因此表现出甚佳的韧度与一定的延性，使陶瓷材料具有新的力学性能。美国学者报道 CaF 纳米材料在室温下可以大幅度弯曲而不断裂。研究表明，人的牙齿之所以具有很高的强度，是因为它是

由 $Ca_3(PO_4)_2$ 等纳米材料构成的。呈纳米晶粒的金属要比传统的粗晶粒金属硬 3～5倍。而对于金属-陶瓷等复合纳米材料,采用纳米颗粒则可在更大的范围内改变材料的力学性能,其应用前景十分宽广。

超微颗粒的小尺寸效应还表现在超导电性、介电性能、声学特性以及化学性能等方面。

3) 宏观量子隧道效应

各种元素的原子具有特定的光谱线,如 Na 原子具有黄色的光谱线。人们从能带理论出发成功地解释了大块金属、半导体、绝缘体之间的联系与区别,对介于原子、分子与大块固体之间的超微颗粒而言,大块材料中连续的能带将分裂为分立的能级,能级间的间距随颗粒尺寸减小而增大。当热能、电场能或者磁场能比平均的能级间距还小时,就会呈现一系列与宏观物体截然不同的反常特性,称为量子尺寸效应。例如,导电的金属在超微颗粒时可以变成绝缘体,磁矩的大小与颗粒中电子数的奇偶性质有关,比热容亦会反常变化,光谱线会产生向短波长方向的移动,这就是量子尺寸效应的宏观表现。因此,对超微颗粒在低温条件下必须考虑量子效应,原有宏观规律已不再成立。

电子具有粒子性又具有波动性,因此存在隧道效应。近年来,人们发现一些宏观物理量,如微颗粒的磁化强度、量子相干器件中的磁通量等亦显示出隧道效应,称为宏观的量子隧道效应。量子尺寸效应、宏观量子隧道效应将是未来微电子、光电子器件的基础,它确立了现存微电子器件进一步微型化的极限,当对微电子器件进行进一步微型化时必须考虑上述的量子效应。例如,在制造半导体集成电路时,当电路的尺寸接近电子波长时,电子就通过隧道效应而溢出器件,使器件无法正常工作,经典电路的极限尺寸大约为 $0.25\ \mu m$。目前研制的量子共振隧穿晶体管就是利用量子效应制成的新一代器件。

2. 纳米材料的制备

1) 惰性气体淀积法

当金属晶粒尺寸为纳米量级时,由于具有很高的表面能,金属晶粒极容易氧化,所以制备技术中采取惰性气体(如氦气、氩气)保护是非常重要的。制备在蒸发系统中进行,将原始材料在约 1 kPa 的惰性气氛中蒸发,蒸发出来的原子与 He 原子相互碰撞,降低了动能,在温度处于 77 K 的冷阱上淀积下来,形成尺寸为数纳米的疏松粉末。

2) 还原法

在金属元素的酸溶液中加入还原剂柠檬酸钠,迅速混合溶液,得到含有纳米尺寸金属颗粒的悬浮液;为了防止纳米微粒的长大,加入分散剂,最后去除水分,就得到由超微细金属颗粒构成的纳米材料薄膜。

3) 化学气相淀积法

射频等离子体技术采用射频场频率为 10～20 MHz,以用氢气稀释的 SiH_4 气体为气源,在射频电磁场作用下,使 SiH_4 经过离解、激发、电离以及表面反应等过程,在衬底表面生长成纳米硅薄膜。

采用激光增强等离子体技术,在激光作用下分解高度稀释的 SiH_4 气体,产生等离子体,然后淀积生长出纳米薄膜。

3. 纳米技术的应用

1) 环境保护领域

纳米技术可用于监控和治理环境问题,减少副产物和污染物的排放,发展清洁的绿色加工技术。纳米机器人可用于环境治理,特别是用于核废料的处理。大气污染一直是各国政府急于解决的问题。纳米技术的出现为大气净化提供了新的途径。其中纳米技术对空气中的 20 nm 和水中 200 nm 的污染物的清除能力是其他技术不可替代的。据报道,有一种新型的纳米级净水剂的净水能力是 $AlCl_3$ 的 10～20 倍。纳米 TiO_2 降解城市垃圾的速度为常规 TiO_2 的 10 倍。其次,利用纳米技术可以将橡胶及塑料制品、废旧印制电路板制成超细粉末,除去其中的杂物,将其作为再生原料回收。

2) 纳米陶瓷领域

工程陶瓷质地脆、韧度低的缺点严重地制约着它的应用。纳米技术的出现有望克服工程陶瓷的脆性,使其获得金属般的柔韧性。20 世纪 90 年代初,日本 Niihara 首次报道了以纳米尺寸的 SiC 颗粒为第二相的纳米复相陶瓷。Si_3N_4、SiC 超细微粉分布在材料内部晶粒内,增强了晶界强度,提高了材料的力学性能。近年来国内外的研究也发现在微米基体中引入纳米分散相进行复合,可使材料的断裂强度、断裂韧度提高 2～4 倍,使其最高使用温度提高 400～600 ℃,同时材料的硬度、弹性模量等都有很大提高。

3) 电子领域

应用纳米技术可以使得电子产品缩微化,解决目前微细加工领域的一些难题,使计算机袖珍化,使笔记本电脑更易携带。此外,纳米结构的涂层可用于数据存储和光电绘图,纳米粒子可用做着色剂。早在 1989 年,IBM 公司的科学家就利用隧道扫描显微镜上的探针,成功地移动了 Xe 原子,并利用它拼成了"IBM"一词。日本的 Hitachi 公司成功研制出了单个电子晶体管,它能通过控制单个电子的运动状态完成特定功能。另外,美国威斯康星大学制造出了可容纳单个电子的量子点。目前,利用纳米电子学已经研制成功各种纳米器件,例如单电子晶体管、红绿蓝三基色可调谐的纳米发光二极管。用于计算机硬盘磁头的纳米粒子巨磁阻(GMR),1992 年被发现,1997 年被工业化,现在每年能带来 300 亿～400 亿美元的收入,目前 IBM 和 HP 公司生产的硬盘都是基于此技术的。纳米技术和材料在轻工产业和家电行业也出现了应用的热潮。电冰箱所需的材料如 ABS、磁性聚氯乙烯等都采用了纳米材料和技术,基本上实现了性能升级。新一代的具有纳米技术含量的电冰箱已经开发成功,它具有抗菌、除臭、抑霉等一系列独特功能。电视机显示屏用的纳米"三防"(防静电、防辐射、防眩光)涂料也已开发成功。

4）生物、医学领域

随着纳米技术的发展，它也开始在医学、生物领域发挥作用。如果将对人体无害的纳米金属粒子注射到人体中，纳米颗粒随血液流到人体各个部位，就可以探测和观察病人的病情。另外，磁性纳米粒子可将异常细胞如癌细胞与生物体内正常细胞分离。采用纳米技术制成的芯片和微小的纳米机器人可进行分子识别，用于疾病诊断。在制药方面，具有增强人体免疫力和清除自由基功能的纳米 Se 和纳米 Ca 已经商品化。纳米 ZnO 消毒软膏、消毒试剂也在开发中。生物分子是一种很好的信息处理材料。利用分子在运动过程中以可预测方式进行状态变化的特性结合纳米技术就可以设计计算机，虽然这在目前只是一种设想，但科学家已经作了一些探索。美国锡拉丘兹大学已经利用细菌视紫红质蛋白质做出了光导"与"门，利用发光门制成了蛋白质存储器。

5）军工领域

纳米技术在军事领域的应用很广泛，不仅可制备高性能的材料，而且可以提供具有特殊功能的智能化材料，如具有吸收辐射、微波、抗电磁干扰、侦察与反侦察、隐形与反隐形等功能的新型材料。

除上述外，纳米技术在能源的有效利用、储存和制造方面也有着潜在的应用前景。随着纳米技术的日益发展，纳米材料的应用领域将会越来越广。

10.2.4　阻尼合金

阻尼合金（damped alloy）又称防振合金，它不是通过结构方式去缓和振动和噪声，而是利用金属本身具有的衰减能去消除振动和噪声的发生源。它是具有结构材料应有的强度并能通过阻尼过程（内耗）把振动能较快地转变为热能消耗掉的合金。

1．阻尼合金的分类

按金属学原理，阻尼合金可分为复合型、强磁性型、位错型和双晶型四类。使用较多的是复合型防振合金，其同复合材料一样有两种不同的组织成分：一种是高韧度的基体，另一种是嵌在基体中的柔软颗粒。在两种不同成分的交界面上很容易产生变形，这样就能像海绵吸水一样吸收和消耗外部的振动能，达到消除噪声的目的，一般能使噪声降低 3～40 dB。

复合型阻尼合金可以在高温下使用，其缺点是在磁场中承受静载荷时阻尼性能有明显下降。强磁性型阻尼合金为了使磁畴壁易于移动，需要经特殊热处理使晶粒粗大化，因此热处理费用特别高，在其后加工时又可能产生晶内缺陷和使晶粒细化，使阻尼性能变差，但其可在居里点温度下使用。位错型阻尼合金可在低应力下使用，并具有价格低的优点，但当温度高于 150 ℃时，材料会发生应变时效现象，此时阻尼性能将明显下降。双晶型阻尼合金在温度高于 M_s 线以上时不能使用，但可通过合金化和热处理使 M_s 线上升。双晶型阻尼合金是阻尼合金中的"主角"，目前最引人注目。

2. 阻尼合金的应用

阻尼合金具有广阔的应用前景,利用它的各种特性,可将其用于航空航天工业、航海工业、汽车工业、建筑工业、家电行业等。

(1) 利用阻尼合金的振动衰减效应　因为一般设计得好的消声罩的传递损失(噪声降低量)是由罩的重量大小决定的,所以消声罩一般应使用密度大的金属、合金。而一般金属、合金的衰减效应较小,对频率范围接近固有振动频率的声波易于传递(损失少),出现所谓重合效应。而用振动衰减效应高的阻尼合金制作消声罩,不易引起共振,由重合效应引起的性能下降程度小,可使噪声的平均值下降。由于具有这种特性,可将其用于高频发电机罩、油盘顶盖、新干线防护器下面的安全板等。

(2) 利用阻尼合金的振动发生特性　由普通钢板和振动钢板在相同试验条件下的振动结果可知,衰减可使振动体的声音发射强度水平与噪声水平成正比。利用这种特性,可将阻尼合金用于滑轨、齿轮、送料器、车闸、照相机零件等,也可利用这种特性将其用于消减噪声。采用阻尼合金,能使噪声降低到令人满意的程度。

(3) 利用阻尼合金的动态刚性　在物体形状一定的情况下,固体弹性区域内的静态应力-应变关系取决于物体的弹性模量(E),而动态下的应力-应变关系,即激振力-振动振幅关系,特别是在共振状态下,则随衰减而有很大变化。由阻尼合金和18-8不锈钢的激振试验结果,E值小的阻尼合金与E值大的18-8不锈钢相比,动态刚性最大可高出7倍。利用这种特性,可将阻尼合金用于测定仪、X射线诊断机等要求精度高的设备,以及扬声器架、拾音器臂等音响设备。

10.2.5　超导材料

在临界温度以下具有零电阻及抗磁性的导体称为超导体。零电阻是指电流通过导体时不受阻力,亦即产生永久电流。抗磁性则是将超导体放入磁场中时,超导体内部的磁场将被完全排除,即其内部磁通量保持为零,此即所谓的麦斯纳效应。正因为此,超导体可发生磁浮现象。同时具备以上两种特性的导体才可称为超导体。

超导材料主要应用在以下方面。

(1) 核磁共振成像　核磁共振成像一般是从H原子核的核自旋变化信号中获得的。人体中75%是水,因此可以利用这项技术进行人体医学诊断。H原子核需要的磁声较小,相应的电磁辐射是在兆赫范围内,很容易进入人体。与X射线层析照相比,核磁共振成像所用的电磁辐射和磁声对人体无害。采用常规磁体或永久磁体的核磁共振谱仪的共振频率只能达到100 MHz。目前美国利用高均匀度、高稳定性的高声超导磁体,已试制成功600 MHz的核磁共振仪,并准备试制900 MHz的核磁共振仪。

(2) 超导储能　超导储能是一种利用超导磁体的电感储能技术。与常规储能方法相比,由于它不需要进行能量形式的转换,因而储能密度大,储能效率高于90%,而且只要几十毫秒就可以作出从充电向放电转变的反应。

（3）超导电缆 随着电力需求的不断增长，发电站的容量逐渐增大，大功率、长距离、低损耗的输电技术成为研究热点。由于具有零电阻特性，超导体可以输送极大的电流和功率而没有功率损耗。

（4）磁浮火车 可把超导体制造成线材并绕成线圈。当低温区温度降至 T_c 以下后，把可控温区设定在 T_c 以上，电源供应器输出大电流，超导线圈即有强磁场产生，然后把可控温区降至 T_c 以下并切断电源。这时，低温区内超导线圈即成一密闭回路。由于超导线无电阻，故在此循环所建立的磁场可永远存在。用此法所产生的磁场可高达数十特斯拉（T），而一般超强永久磁铁的磁场，只有 0.5T 左右，故比一般超强永久磁铁所产生的效应大了 100 倍。普通超强永久磁铁，由于法拉第效应，在相对于金属板移动时，所产生的排斥力太小，无法抵消物体重量而升离金属面，但若改用超导体线圈所造成的磁铁，若速度够快时，即可把火车浮起，此即磁悬浮火车。

10.2.6 梯度功能材料

梯度功能材料（functionally gradient materials，FGM），也称倾斜功能材料，它是相对均质材料而言的。

1. 梯度功能材料的由来

一般复合材料中分散相均匀分布，整体材料的性能是统一的。但在有些情况下，人们常常希望同一件材料的两侧具有不同性质或功能，又希望不同性能的两侧结合得完美，避免材料在彻则使用条件下因性能不匹配而发生破坏。以航天飞机的推进系统中最有代表性的超声速燃烧冲压式发动机为例。一方面，燃烧气体的温度要超过 2000 K，对燃烧室内壁产生强烈的热冲击；另一方面，燃烧室壁的另一侧又要经受作为燃料的液氢的冷却作用。这样，燃烧室内壁一侧要承受极高的温度，接触液氢的一侧又要承受极低的温度。一般的均质复合材料显然难以满足这一要求。于是，人们想到将金属和陶瓷联合起来使用，制作陶瓷涂层或在金属表面覆合陶瓷（相应称为涂层材料和覆合材料），用陶瓷去对付高温，用金属来对付低温。然而，用传统的技术将金属和陶瓷结合起来时，由于两者的界面热力学特性匹配不好，在金属和陶瓷之间的界面上会产生很大的热应力而导致界面处开裂或使陶瓷层剥落，以致引起重大安全事故。基于这类情形，人们提出了梯度功能材料的新设想：根据具体要求，选择使用两种具有不同性能的材料，通过连续地改变两种材料的组成和结构，使其内部界面消失，从而得到功能相应于组成和结构的变化而缓变的一种非均质材料，以减小单纯覆合结合部位的性能不匹配因素。以上述航天飞机燃烧室壁为例，在承受高温的一侧配置耐高温的陶瓷，用以耐热、隔热，在液氢冷却的一侧则配置导热性和强韧性良好的金属，并使两侧间的金属、陶瓷、纤维和空隙等分散相的相对比例以及微观结构呈一定的梯度分布，从而消除了传统的金属陶瓷涂层或覆合结合部位的界面。通过控制材料组成和结构的梯度使材料热膨胀系数协调一致，抑制热应力。这样，材料的机械强度和耐热性能将从材料的一侧向另一侧连续地变化，并使内部产生的热应力最小,从而同时起到耐热和缓和热应力的作用。

　　许多工件材料,其一侧主要要求耐磨,另一侧主要为高韧度的承载体。如果把它设计为其组成和性能在厚度方向呈连续缓变的材料,即一种耐磨性和韧度达到协调一致的梯度功能材料,其使用性能也将优于均质材料或覆合材料。梯度功能材料与几类常规材料在结构和性能上的区别如图 10-4 所示。

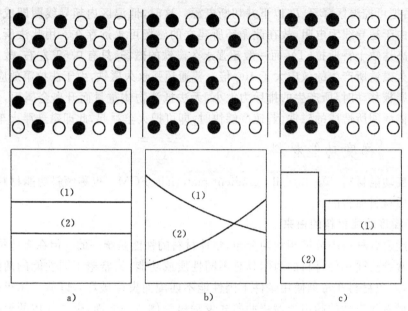

图 10-4　三种材料的结构和性能特征

a) 均质材料　b) 梯度功能材料　c) 涂层或覆合材料

●—A组分　○—B组分

(1) 耐热性能或耐磨性能　(2) 力学性能或某些热物理性能

　　梯度功能材料早已存在于自然界中。日本东北大学高桥研究所对贝壳体的组织观察发现,在贝壳极薄的横截面中其组织呈极其圆滑的梯度变化,这种梯度变化的组织特征正是贝壳能耐外界的强烈冲击且轻质高强的秘密所在。

　　由此可见,梯度功能材料是针对材料两侧不同甚至相反的使用工况,调整其内部结构和性能,使之两侧与不同的工况条件相适应,并在厚度方向呈现连续的梯度变化而得到的。梯度功能材料实现了组织结构配置合理、热应力最小、耐磨与强韧性能协调及造价最低等目的,克服了常规均质复合材料及涂层、复合材料的局限性,在材料科学领域中具有广阔的前景。

　　2. 梯度功能材料的制备

　　梯度功能材料的性能取决于体系组分选择及内部结构的合理设计,而且必须采取有效的制备技术来保证材料的设计。已开发的梯度材料制备方法有以下几种。

　　(1) 气相合成法　气相合成法分为物理气相沉积法(PVD 法)、化学气相沉积法(CVD 法)和物理化学气相沉积法(PVD-CVD 法)。这些方法的基本特点是通过控制反应气体的组成和流量,使金属、半金属和陶瓷组成连续地变化,从而在基板上沉积出组织致密、组成倾斜变化的梯度功能材料。日本材料研究者用物理气相沉积法合成了 Ti-TiC、Ti-TiN 等梯度功能材料,用化学气相沉积法合成了厚度为 0.4～2 mm 的 C-SiC、C-TiC 等梯度功能材料。

（2）等离子喷涂法　采用多套独立或一套可调组分的喷涂装置,精确控制等离子喷涂成分来合成梯度功能材料。采用该法须对喷涂比例、喷涂压力、喷射速度及颗粒粒度等参量进行严格控制,现已制备出 ZrO-Ni-Cr 等梯度功能材料。

（3）颗粒梯度排列法　颗粒梯度排列法又分为颗粒直接填充法和薄膜叠层法两种。前者是将不同混合比的颗粒在成形时呈梯度分布,再压制烧结。后者是在金属及陶瓷粉中掺微量结合剂等,制成泥浆并脱除气泡后压成薄膜,将这些不同成分和结构的薄膜进行叠层、烧结,通过控制和调节原料粉末的粒度分布和烧结收缩的均匀性,获得良好热应力缓和特性的梯度功能材料。

（4）自蔓延高温合成法（SHS）　利用粉末间化学放热反应产生的热量和反应的自传播性使材料烧结和合成。现已制备出 $Al-TiB_2$、$Cu-TiB_2$、Ni-TiC 等体系的平板及圆柱状梯度功能材料。

此外,还有离心铸造法、液膜直接合成法、薄膜浸渗成形法、共晶结合法等制备方法。

3. 梯度功能材料的应用

梯度功能材料的开发是与新一代航天飞机的研制计划密切相关的,以美国现有航天飞机为例,目前唯一的再用型火箭发动机的再用次数目标为 100 次,而实际只能再用 20～30 次。具有良好隔热性能的缓和热应力型梯度功能材料今后将广泛用于新一代航天飞机的机身、再用型火箭燃烧器、超声速飞机的涡轮发动机、高效燃气轮机等的超耐热结构件中,其耐热性、再用性和可靠性是以往使用的陶瓷涂层复合材料无法比拟的。

虽然梯度功能材料最早的研制目标是获得缓和热应力型超耐热材料,但从梯度功能的概念出发,通过金属、陶瓷、塑料、金属间化合物等不同物质的巧妙梯度复合,梯度功能材料在核能、电子、光学、化学、电磁学、生物医学乃至日常生活领域都有着巨大的潜在应用前景,如表 10-5 所示。

表 10-5　梯度功能材料的应用

工业领域	应用范围	优点
核能工程	核反应第一层壁及周边材料、电绝缘材料、等离子体测控用窗材	耐放射性、耐热应力、电气绝缘性、透光性
光学工程	高性能激光器组、大口径 CRON 透镜、光盘	高性能

续表

工业领域	应用范围	优点
生物医学工程	人造牙、人造骨、人工关节、人造脏器	良好的生物相容性和可靠性
传感器	声呐探测器、超声波诊断装置、与固定件一体化的传感器	测量精度高,适应恶劣的使用环境
电子工程	电磁体、永久磁铁、超声波振子、陶瓷振荡器、Si 系化合物的半导体混合集成电路	重量轻、体积小、性能好
化工及其他民用领域	功能性高分子膜、催化剂燃料电池、纸、纤维、衣服、建材	

思考与练习

1. 何谓复合材料? 复合材料具有哪些结构特点和性能特点?

2. 何谓形状记忆效应和超弹性? 说明形状记忆合金应具备的条件及其在工程上的应用。

3. 何谓金属玻璃? 说明其制备方法、特性及其在工程上的应用。

4. 何谓纳米材料? 纳米材料在性能上有哪些特点? 什么是碳纳米管和富勒烯? 举例说明它们在工程上的应用。

5. 简述阻尼合金的应用。

6. 何谓超导体? 超导体有哪些应用前景?

7. 何谓梯度材料? 应如何设计?

8. 你还了解哪些新型材料? 试说明它们之间的联系及各自的应用领域。

第 11 章　机械零件的选材与失效分析

11.1　机械零件的失效分析

每种机器零件都有一定的功能,或完成规定的运动,或传递力、力矩或能量。当零件由于某种原因丧失预定的功能时,即发生了失效。失效分三种情况:① 零件完全破坏,不能继续工作;② 严重损伤,继续工作不安全;③ 虽能安全工作,但不能起到预期的作用。

上述情况中的任何一种发生,都认为零件已经失效。零件的失效,特别是那些事先没有明显征兆的失效,往往会带来巨大的损失,甚至导致重大事故,如:1986 年美国"挑战者"号航天飞机就是因为密封胶圈失效引起燃油泄漏造成了空中爆炸的灾难性事故;现实生活中偶有发生的汽车刹车失灵事故,多为刹车片磨损失效而未及时更换所致。在机械制造中,由零件失效造成事故或损失的事例不胜枚举。

1. 失效分析的意义

随着现代材料分析手段的进步,失效分析已变得系统化、综合化和理论化,由此而形成了材料科学与工程中的一个新的学科分支。失效分析的实质是实验研究和逻辑推理的综合应用。对零件的失效进行分析是十分必要的。首先,进行失效分析可以找出系统的不安全因素,发现事故隐患,预测由失效引起的危险,提供优化的安全措施。第二,失效分析是产品维修的理论指导。第三,失效分析的结果,能为零件的设计、选材加工以及使用提供实践依据。第四,失效分析可以产生巨大的经济效益和社会效益。如 1987 年 10 月,我国进口的一架"黑鹰"直升机发生机毁人亡事故,经中美双方专家联合失效分析,确认是由于尾部减速齿轮轴疲劳失效所致,属于厂方产品质量问题,结果美方不得不赔偿 300 万美元。

由此可见,失效分析对材料设计、产品结构设计以及使用和管理等诸方面均具有十分重要的意义。

2. 失效的形式

机器零件最常见的失效形式有以下几种。

(1)塑性变形　受静载的零件产生过量的塑性(屈服)变形,其位置相对于其他零件发生变化,致使整个机器运转不良,导致失效。

(2)弹性失稳　细长件或薄壁筒受轴向压缩时,发生弹性失稳,即产生很大的侧向弹性弯曲变形,丧失工作能力,甚至引起大的塑性弯曲或断裂。

(3)蠕变断裂　长期承受固定载荷的零件,特别是在高温下工作时,蠕变量超出规定范围,因而处于不安全状态,严重时可能与其他零件相碰,造成断裂。

(4)磨损　两相互接触的零件相对运动时,表面发生磨损。磨损使零件尺寸变化,精度降低,甚至发生咬合、剥落,不能继续工作。

（5）快速断裂　受单调载荷的零件可发生韧性断裂或脆性断裂。韧性断裂是屈服变形的结果；脆性断裂时无明显塑性变形，常在低应力下突然发生，它的情况比较复杂，在高温、低温下能发生，在静载、冲击载荷时可发生，光滑、缺口构件也可以发生，但最多的是有尖锐缺口或裂纹的构件，在低温或受冲击载荷时发生低应力断裂。

（6）疲劳断裂　零件受交变应力作用时，在比静载屈服应力低得多的应力下发生突然断裂，断裂前往往没有明显征兆。

（7）应力腐蚀断裂　零件在某些环境中受载时，由于应力和腐蚀介质的联合作用，发生低应力脆性断裂。

在以上各种失效中，弹性失稳、塑性变形、蠕变和磨损等，在失效前一般都有尺寸的变化，有较明显的征兆，所以失效可以预防，断裂可以避免。而低应力脆断、疲劳断裂和应力腐蚀断裂往往事前无明显征兆，断裂是突然发生的，因此特别危险，会带来灾难性的后果，它们是当今工程断裂事故发生的三大主要缘由。

同一种零件可有几种不同的失效形式。对应于不同的失效形式，零件具有不同的抗力。例如，轴的失效可以是疲劳断裂，也可以是过量弹性变形。究竟以什么形式失效，取决于具体条件下零件的最低抗力。因此，一个零件的失效，总是由一种形式起主导作用，很少有同时以两种形式失效的情况。但各种单一的失效形式可以组合为更复杂的失效形式，例如腐蚀疲劳、蠕变疲劳、腐蚀磨损等。

根据零件破坏的特点、所受载荷的类型以及外在条件，机器零件失效的形式可以归纳和区分为变形失效、断裂失效和表面损伤失效三大类型，如图 11-1 所示。

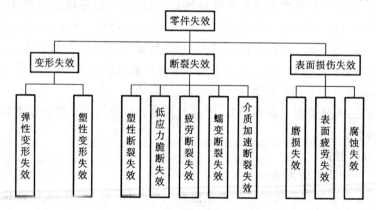

图 11-1　零件失效方式的分类

3. 失效的原因

零件失效的原因大体在于设计、材料、加工和安装使用等四个方面。图 11-2 给出了导致零件失效的主要原因。

（1）设计不合理　设计不合理最常见的情况是零件尺寸和几何结构不正确。例如，过渡圆角太小，存在尖角、尖锐切口等，造成了较大的应力集中。另外，也可能是设计中对零件工作条件估计错误。例如：对工作中可能的过载估计不足，因而设计的

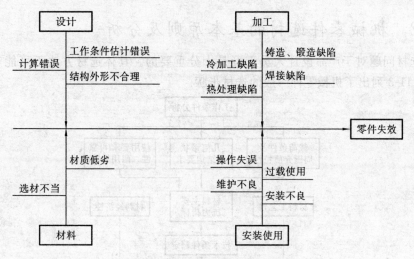

图 11-2　导致零件失效的主要原因

零件承载能力不够;或者对环境的恶劣程度估计不足,忽略或低估了温度、介质等因素的影响,造成零件实际工作能力降低。现在,由于应力分析水平的提高和对环境条件的重视,因设计不合理而造成的事故已大大减少。

　　(2) 选材错误　选材错误主要表现为:设计中对零件失效的形式判断错误,使所选用的材料的性能不能满足工作条件的要求;或者选材所根据的性能指标,不能反映材料对实际失效形式的抗力,错误地选择了材料,所用材料的冶金质量太差,例如夹杂物多、杂质元素过多、存在夹层等,夹杂物常常是零件断裂的源头,所以原材料的检验很重要。

　　(3) 加工工艺不当　在零件加工和成形过程中,由于采用的工艺不正确,可能造成种种缺陷。冷加工中常出现的缺陷是:表面粗糙度太高,存在较深的刀痕、磨削裂纹等。热成形中最容易产生的缺陷是过烧、过热和带状组织等。而热处理中,工序的遗漏、淬火冷却速度不够、表面脱碳、淬火变形、开裂等,都是造成零件失效的重要原因。尤其当零件厚度不均、截面变化大、结构不对称(这些都是设计的问题)时,对于热处理工艺对零件失效的影响,更应特别注意。

　　(4) 安装使用不良　安装时配合过紧或过松、对中不好、固定不紧等,都可能使零件不能正常地工作,或工作不安全。使用维护不良,不按工艺规程操作,也可使零件在不正常的条件下运转。例如:零件磨损后未及时调整间隙或更换,会造成过量弹性变形和冲击受载;环境介质的污染会加速磨损和腐蚀进程;等等。所有这些情况对失效的影响都是不可忽视的。

　　以上只讨论了导致零件失效的四个方面的原因,但实际情况是很复杂的,还存在其他方面的原因。另外,失效往往不是单一原因造成的,而是多种原因共同作用的结果。在这种情况下,必须逐一考察设计、材料、加工和安装使用等方面的问题,排除各种可能性,找到真正的原因,特别是起决定作用的主要原因。

11.2　机械零件选材的基本原则及分析

选材问题对于产品设计人员无疑是十分重要的。具体选材方法不可能千篇一律,图 11-3 列出了机械零件一般的选材步骤。

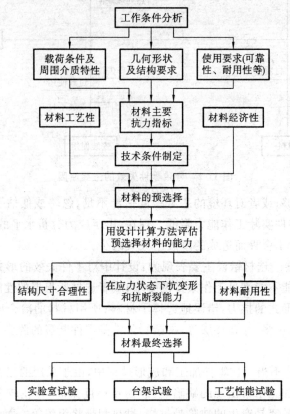

图 11-3　机械零件的一般选材步骤

11.2.1　选材的基本原则

1. 使用性能原则

1) 选材应满足使用性能

使用性能主要是指零件在使用状态下材料应该具有的力学性能、物理性能和化学性能。对于大量机器零件和工程构件,则主要是力学性能。对于一些在特殊条件下工作的零件,则必须根据要求考虑材料的物理、化学性能。材料的使用性能应满足使用要求。

2) 考虑工况条件

(1) 受力状况,主要是载荷的类型(如动载荷、静载荷、循环载荷和单调载荷等)和大小、载荷的形式、载荷的特点等。

（2）环境状况，主要是温度特性、介质情况等。

（3）特殊要求，如对导电性、磁性、热膨胀性、密度、外观等的要求。

要注意的是材料的性能不单与化学成分有关，还与加工处理时试样的尺寸有关，也与加工、处理后的状态有关，所以必须考虑零件尺寸与手册中试样尺寸的差别，进行适当的修正，还要考虑到材料的化学成分、加工处理的工艺参数本身都有一定的波动范围。

2. 工艺性能原则

材料选择必须考虑零件加工的难易程度。一种材料能满足使用性能，但加工极为困难，则这种材料仍然是不可取的。材料工艺性能主要包括热成形（如铸造、锻造、焊接等）性能、热处理性能（如淬透性、变形大小、氧化、脱碳倾向等）和切削加工性能。当工艺性能与力学性能相矛盾时，有时基于对工艺性能的考虑而不得不放弃某些力学性能合格的材料。工艺性能原则对大批量生产的零件尤为重要。大批量生产时，工艺周期的长短和加工费用的高低，常常是生产的关键。

（1）金属材料的工艺性能　金属材料加工的工艺路线远较高分子材料和陶瓷材料复杂，而且变化多，不仅影响零件的成形，还大大影响其最终性能。如钢材的抗拉强度若接近 1500 MPa，进行机械加工就很困难了，用 SiN 陶瓷刃具进行车、刨都还勉强，钻孔、攻内螺纹就几乎不可能了。所以对于高强度的钢材，都是在加工时令其处于低强度状态，达到要求的形状以后再通过热处理使其达到高强度，一般金属材料的加工工艺路线如图 11-4 所示。

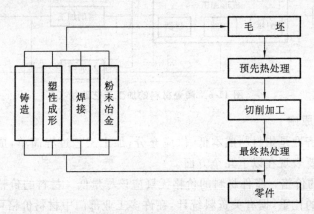

图 11-4　金属材料的加工工艺路线

根据零件性能要求的不同可以适当考虑简化工艺或增加相应工序。

（2）高分子材料的工艺性能　高分子材料的工艺路线比较简单（见图 11-5），其中成形工艺主要有热压、注塑、挤压、喷射、真空成形等，它们在应用中有各自不同的特点，如表 11-1。高分子材料同金属一样可以进行切削加工。但由于高分子材料导热性差，切削过程中不易散热，应注意不使工件过热。

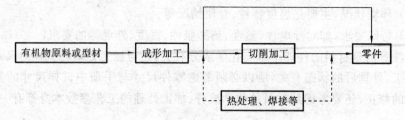

图 11-5　高分子材料的加工工艺路线

表 11-1　高分子材料的成形工艺特点

工艺	适用材料	形状	表面粗糙度	尺寸精度	模具费用	生产率
热压成形	范围较广	复杂形状	很好	好	高	中等
喷射成形	热塑性塑料	复杂形状	很好	非常好	很高	高
热挤成形	热塑性塑料	棒类	好	一般	低	高
真空成形	热塑性塑料	棒类	一般	一般	低	低

（3）陶瓷材料的工艺性能　从图 11-6 所示的陶瓷材料加工工艺路线可以看出，其主要工艺就是成形加工。成形后，受陶瓷加工性能的局限，除了可以用 SiC 或金刚石砂轮磨削加工外。几乎不能进行任何其他加工。因此陶瓷材料的应用在很大程度上也受其加工性能的限制。

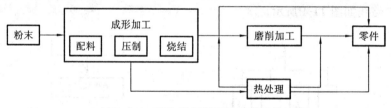

图 11-6　陶瓷材料的加工工艺路线

3. 经济性原则

零件的经济性是指材料成本低、供应充分，加工工艺过程简单，成品率低等。零件的经济性主要表现在以下几个方面。

（1）材料的价格　零件材料的价格无疑应该尽量低。材料的价格在产品的总成本中占有较大的比重，据有关资料统计，在许多工业部门中材料价格可占产品价格的 30%～70%，因此设计人员要十分关心材料的市场价格。

（2）零件的总成本　零件选用的材料必须保证其生产和使用的总成本最低。零件的总成本与其使用寿命、重量、加工费用、研究费用、维修费用和材料价格有关。

（3）资源消耗状况　随着工业的发展，资源包括能源问题日渐突出，选用材料时必须对此有所考虑。特别是对于大批量生产的零件，所用材料应该来源丰富并顾及我国资源状况。同时，还要注意生产所用材料的能源消耗，尽量选用耗能低的材料。

总体来讲，在我国目前情况下，以铁代钢、以铸代锻、以焊代锻是经济的。选材时尽量选择价格低廉、加工性能好的铸铁或碳钢,在必要时才选用合金钢。对于那些只要求表面性能高的零件,可选用价廉的钢种,然后进行表面强化处理来达到性能要求。

另外,在考虑材料经济性时,切忌单纯以单价比较材料的优劣,而应当以综合效益(包括材料单价、加工费用、使用寿命、美观程度等)来评价材料的经济性的好与差。

11.2.2　机械零件强度与材料力学性能的关系

机械零件的强度是指零件短时的承载能力和长期使用寿命,它是由以下诸因素决定的。

(1)结构因素,如零件的几何形状与尺寸、零件与其他零件的配合关系、零件在整机中的作用等。

(2)材料因素,即材料的成分、组织与性能。

(3)工艺因素,即全部加工过程中所采用的成形工艺对零件强度的各种影响。

(4)使用因素,如使用的环境条件、操作水平、维护保养的状况等。

上述诸方面的因素各有其独立的作用,但又相互影响。因此,机械零件的强度即其承载能力与寿命的高低,并不单纯取决于材料这一项条件。只有在结构设计和加工工艺正确合理的条件下,零件的强度、体积和重量等才由材料的力学性能所决定。

根据材料的力学性能试验数据来选择零件的材料时,必须注意材料的力学性能各指标之间的关系,以及试验数据与实际情况的差异。

1. 小试件试验数据与实际情况的差异

材料的各项力学性能指标可以由手册中查出,这些数据一般都是用形状比较简单、尺寸较小的标准试样、以简单的加载方式在试验机上测得的。它们只是表征材料在某一特定试验条件下的抗力,不能完全准确地用来衡量形状大小互不相同实物的同一性能,只可用于定量的估算。

例如:疲劳强度 S 是用光滑的圆柱体试样,在纯弯曲疲劳试验机上做旋转弯曲试验得到的数据,如用同一材料做平面对称弯曲,则其疲劳强度值完全不同于 S。R_{eH} 是用光滑拉伸试件做单向拉伸试验所测得的屈服强度,如用同一材料做成类似螺栓形状的缺口试件进行测试,则屈服强度将低很多。

由此可见,在选材中,当应用各项力学性能试验数据时,需要根据零件的载荷性质、应力与应变的幅度、尺寸形状、表面质量等因素对其进行修正。

2. 材料的强度、塑性、韧度对零件强度的作用

材料的各项强度指标是指材料在达到某一允许的变形量或断裂前所能承受的最大应力值。大多数零件一旦发生塑性变形,即失去使用性能而失效,所以材料的屈服强度指标直接影响零件的强度。同理,材料的疲劳强度直接影响受交变载荷的零件的强度。所以,材料的强度指标能够直接反映零件的强度,并可直接用于零件截面尺寸的设计计算。

机械中绝大多数的零件都在常温下工作,其中多数都属于由中、低强度钢所制造

的一般尺寸零件。这类零件发生低应力脆断的可能性较小，所以就以屈服强度作为零件强度计算的依据。

低温下尺寸很大的巨型零件，或者用高强度钢（$R_{eL} \geqslant 1200 \sim 1400$ MPa）来制造的零件，很容易产生低应力脆断。这类零件应以断裂韧度对零件的强度进行校核。

承受交变载荷的零件和高温下工作的零件，则分别以疲劳强度和蠕变极限（或持久强度）作为强度的计算依据。

屈服强度与抗拉强度之比称为材料的屈强比，是零件选材中很有意义的指标。它的意义在于：其值越小，则超载时材料越容易由于产生塑性变形而强化，从而避免立即断裂，即零件的可靠性越好。但若比值太小，材料的有效利用率将过低。所以，对于用碳素结构钢所制造的零件，其值应取为 $0.5 \sim 0.65$，对于由合金结构钢所制造的零件，其值应取为 $0.65 \sim 0.85$。

在选材中对零件进行强度、刚度校核时，材料的塑性和韧度指标 A、Z、a_k 等不能直接用于设计计算，只能间接地估计它们对零件强度的作用。传统的看法认为，这些指标是保证安全的性能指标。为了保证零件的安全，常依照经验要求零件既具有高的强度又具有较高的韧度。当材料的强度与塑性间产生矛盾时，往往牺牲强度换取高塑性和高韧度，其结果是使产品笨重，并浪费材料。

近年来的研究和试验证明：对机械零件所用材料，在很多情况下并不要求有很高的韧度和塑性。对零件在不同工作条件下强度、韧度的合理配合，至今尚无普遍运用的估算方法。对于实际工作的各种零件，很难准确地确定其强度与塑性、韧度间的搭配关系，一般只是根据下列原则定性地确定，其可靠性往往仍需按实际试验来核定。

（1）对于静载下，结构上存在非尖锐缺口（如小孔、键槽、凸肩等）的零件，高塑性可以对应力起到缓冲作用，因此所选的材料应有一定的塑性和韧度，但并非越大越好。

（2）对于动载下承受小能量多次冲击的零件，以及结构上存在尖锐缺口和内部存在裂纹的零件，强度所起的作用要比塑性重要得多，没有必要按照传统的看法要求材料具有很高的塑性和韧度指标。

（3）对低温或温差变化很大条件下工作的零件，由于 a_k 能够反映材料的冷脆转化温度，所以应选用 a_k 值较高的材料。对于在一般情况下工作的其他零件，并不要求材料有很高的冲击韧度。

材料的硬度常在一定的范围内影响着强度，所以机械零件心部的硬度一般受零件所需的强度制约。例如：对大多数零件为了保证强度而采用调质处理，其硬度被控制在 $230 \sim 300$ HBS 范围；为了增加零件耐磨性而需要提高其表面硬度，一般通过化学热处理或表面淬火来解决，但硬化层的深度直接影响表面疲劳强度，因此其深度必须合理，在保证表面有足够耐磨性的同时应兼顾抗疲劳性能。

应该指出：材料的常规力学性能（如强度、塑性指标、韧度和硬度等）对机械零件的承载能力和预期寿命各有其独立作用，但它们之间又互有影响。例如当通过一些措施提高材料的强度时，硬度也会增加，而塑性下降，冲击韧度有时也有变化。因此，在选材时就产生了"取舍"问题。就此而言,零件材料的选择过程就是在正确分析零件工作条件的基础上,确定其材料的各项力学性能的合理搭配。对大多数零件来说,就是在保证强度和刚度的同时,合理地确定塑性与韧度的要求,以充分发挥材料的效能。

11.3　常用机械零件的选材及加工路线

11.3.1　轴类零件

1. 选材分析

机床主轴、花键轴、变速轴、丝杠,以及内燃机的曲轴、连杆和汽车传动轴、半轴都属于轴类零件,它们在机械制造中占有相当重要的地位。

轴类零件在工作时主要承受扭转力矩和反复变形,以及一定的冲击载荷。根据轴的工作条件和失效方式,对轴用材料应提出如下要求。

(1) 良好的综合力学性能　为减少应力集中效应和缺口敏感性,防止轴在工作中的突然断裂,需要轴的强度和塑性、韧度有良好配合。

(2) 高的疲劳强度　防止疲劳断裂。

(3) 良好的耐磨性　防止轴颈磨损。

因此,为了兼顾强度和韧度,同时考虑疲劳抗力,轴一般用中碳合金调质钢(主要有 45 钢及 40Cr、40MnB、30CrMnSi、35CrMo 和 40CrNiMo 等钢)制造。具体来说,选材的一般原则如下。

(1) 受力较小,不重要的轴一般选用普通碳素钢。

(2) 受弯扭交变载荷的一般轴广泛使用中碳钢,经调质或正火处理。要求轴颈等处耐磨时,可局部表面淬火。

(3) 同时承受轴向和弯扭交变载荷,又承受一定冲击的较重要的轴,可选用合金调质钢,如 40Cr、40MB、40CrNiMo 等钢,经调质和表面淬火。

(4) 承受较重交变载荷、冲击载荷和强烈摩擦的轴,可选用低合金渗碳钢,如 20Cr、20CrMnTi、20MnVB 等钢,并经渗碳、淬火、回火。

(5) 承受较重交变载荷和强烈摩擦,转速高、精度要求高的重要轴,可选用渗氮钢(如 38CrMoAl 钢)调质后再进行渗氮处理。

(6) 对主要经受交变扭转载荷、冲击较小、要求耐磨而又结构复杂的轴,可选用球墨铸铁;对大型低速轴可采用铸钢。

2. 选材与加工路线实例

1) 机床主轴

机床主轴承受弯曲和扭转的复合交变载荷,对耐磨性和精度稳定性要求高,其主要失效形式是因磨损而丧失精度,其次是疲劳断裂。同时,也必须保证强度、刚度和尺寸稳定性,避免变形失效。因此对机床主轴的选材应考虑摩擦条件、载荷轻重、转速高低、冲击大小和精度要求等情况。对承受摩擦的轴颈,其硬度要求视轴承类别而异。巴氏合金轴承要求轴颈硬度在 50 HRC 以上;锡青铜轴承要求硬度在 56 HRC 以上;钢质轴承要求硬度大于 900 HV。转速增高,所要求的硬度相应增加。若采用滚动轴承,则为了保证装配精度,改善装配工艺性,通常要求轴颈淬硬至 40～50 HRC。某些主轴需经常装卸配件的部位,如内锥孔或外锥度处,应淬硬至 45 HRC 以上;对于高精度的机床,应淬硬至 56 HRC 以上。

因此,机床主轴零件应根据其载荷大小和工作条件选用不同材料,并配合相应热处理工艺来保证其性能。机床主轴一般选用 45、40Cr 等调质钢,耐冲击主轴可选用 20Cr、20CrMnTi 等渗碳钢,高精度机床可选用渗氮钢 38CrMoAl。

对于调质钢主轴,一般工艺路线为:下料→锻造→正火或退火→粗加工→调质→精加工→轴颈高频淬火及低温回火→磨削。

对于渗碳钢主轴,一般其工艺路线为:下料→锻造→正火→粗、精加工→渗碳淬火及低温回火→磨削。

表 11-2 列出了不同载荷工况机床主轴的选材及热处理实例。

表 11-2　机床主轴选材及热处理

序号	工 作 条 件	材料	热处理	硬度	原　　因	使用实例
1	(1) 与滚动轴承配合; (2) 轻、中载荷,转速低; (3) 精度要求不高; (4) 稍有冲击,疲劳忽略不计	45	正火或调质	220～250 HBS	热处理后具有一定的机械强度;精度要求不高	一般简式机床
2	(1) 与滚动轴承配合; (2) 轻、中载荷,转速略高; (3) 精度要求不太高; (4) 冲击和疲劳载荷可以忽略不计	45	整体淬火或局部淬火	40～45 HRC	有足够的强度;轴颈及配件装拆处有一定硬度;不能承受冲击载荷	龙门铣床、摇臂钻床、组合机床等
3	(1) 与滑动轴承配合; (2) 有冲击载荷	45	轴颈表面淬火	52～58 HRC	毛坯经正火处理具有一定的机械强度;轴颈具有高硬度	C620 型车床主轴
4	(1) 与滚动轴承配合; (2) 受中等载荷,转速较高; (3) 精度要求较高; (4) 冲击和疲劳载荷较小	40Cr	整体淬火或局部淬火	42 HRC 或 52 HRC	有足够的强度,轴颈和配件装拆处有一定的硬度;冲击小,硬度取高值	摇臂钻床、组合机床等
5	(1) 与滑动轴承配合; (2) 受中等载荷,转速较高; (3) 有较高的疲劳和冲击载荷; (4) 精度要求较高	40Cr	轴颈及配件装拆处表面淬火	≥52 HRC ≥50 HRC	毛坯须经预备热处理,有一定机械强度;轴颈具有高耐磨性;配件装拆处有一定硬度	车床主轴、磨床砂轮主轴

续表

序号	工 作 条 件	材料	热处理	硬度	原 因	使用实例
6	(1) 与滑动轴承配合； (2) 中等载荷,转速很高； (3) 精度要求很高	38CrMoAl	调质、渗氮	250～280 HBS	有很高的心部强度；表面具有高硬度；有很高的疲劳强度；氮化处理变形小	高精度磨床及精密镗床主轴
7	(1) 与滑动轴承配合； (2) 中等载荷,心部强度不高、转速高； (3) 精度要求不高； (4) 有一定冲击和疲劳载荷	20Cr	渗碳、淬火	56～62 HRC	心部强度不高,但有较高的韧度；表面硬度高	齿轮铣床主轴
8	(1) 与滑动轴承配合； (2) 重载荷,转速高； (3) 受较大冲击和疲劳载荷	20CrMnTi	渗碳、淬火	56～62 HRC	有较高的心部强度和冲击韧度,表面硬度高	载荷较重的组合机床

2）内燃机曲轴

曲轴是内燃机中一个重要而形状复杂的零件,如图 11-7 所示,其作用是输出动力,并带动其他部件运动。曲轴在工作中受弯曲、扭转、剪切、拉压、冲击等交变应力；曲轴的形状极不规则,应力分布很不均匀；曲轴颈与轴承还会发生滑动摩擦。

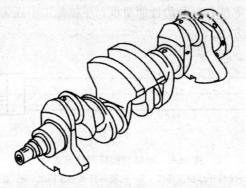

图 11-7　曲轴零件示意图

实践证明:曲轴的主要失效形式是疲劳断裂和轴颈严重磨损,尤以前者为重要；曲轴的冲击韧度不需要很高。鉴于此,许多著名的厂家多用球墨铸铁制造曲轴,收到很好的技术经济效果。球墨铸铁曲轴比锻钢曲轴工艺简单、生产周期短、材料利用率高(切削量少),成本只有锻钢曲轴的 20%～40%。目前普遍倾向于只有强化的内燃机曲轴或结构紧凑的内燃机限制曲轴尺寸时才用锻钢。此外,由于大截面球墨铸铁球化困难,易产生畸变石墨使性能降低,所以大功率内燃机的大截面曲轴多用合金钢制造。下面简述锻钢和球墨铸铁两类曲轴的工艺过程及性能特点。

（1）合金钢曲轴　东方红型内燃机车曲轴采用全纤维锻造工艺,使曲轴的纤维组织完全按照应力线分布。12V180 型曲轴选用 42CrMoA 钢,全长 2048 mm,净重 415 kg。曲轴的性能要求为:① 抗拉强度 $R_m \geqslant 950$ MPa,屈服强度 $R_{eH} \geqslant 750$ MPa; ② 断后伸长率 $A \geqslant 12\%$,断面收缩率 $Z \geqslant 45\%$;③ 冲击韧度 $a_k \geqslant 70$ J/cm²;④ 整体 硬度为 30～35 HRC,轴颈表面硬度为 58～63 HRC,硬化层深 3～8 mm。

42CrMoA 钢曲轴生产工艺过程为:下料→锻造→退火(消除白点及锻造内应 力)粗车→调质→细车→低温退火(消除内应力)→精车→探伤→表面淬火→低温回 火→热校直→低温去应力→探伤→镗孔→粗磨→精磨→探伤。

(2)球墨铸铁曲轴　130 型汽车球铁曲轴选用 QT600-2 球墨铸铁,技术要求为: ① 抗拉强度 $R_m > 600$ MPa;② 断后伸长率 $A \geqslant 2\%$;③ 冲击韧度 $a_k \geqslant 15$ J/cm²; ④ 硬度为 250～300 HBS;⑤ 金属基体金相组织中珠光体占 80%～90%。

其加工路线为:熔铸(含球化处理)→正火→切削加工→表面处理(表面淬火或 软氮化或圆角滚压强化)→成品。

3)汽车半轴

汽车半轴在工作时主要承受扭转力矩、反复弯曲以及一定的冲击载荷,典型零件 如图 11-8 所示。半轴的寿命通常取决于花键齿的抗压陷和耐磨损性能,但断裂现象 也不时发生。半轴材料要求具有高的抗弯强度、疲劳强度和较好的韧性,通常选用调 质钢制造。中、小型汽车的半轴一般用 45 钢、40Cr 钢,而重型汽车用 40MnB、 40CrNi 或 40CrMnMo 等淬透性较高的合金钢制造。采用调质处理和局部感应热处 理相结合的方式保证零件各部分的性能要求。半轴加工中还常采用喷丸处理及滚压 凸缘根部圆角等强化方法。

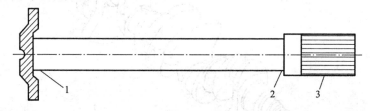

图 11-8　半轴易损坏部位示意图

1—凸缘与杆部相连部位　2—花键与杆部相连部位　3—花键端

11.3.2　齿轮类零件

1.选材分析

齿轮在工作中由于传递扭矩,齿根承受很大的交变弯曲应力;如存在频繁换挡情 形,则当换挡、启动或啮合不均时,齿部承受一定冲击载荷;齿面会相互滚动或滑动接 触,承受很大的接触压应力及摩擦力的作用,因此要求有高的弯曲疲劳强度、高的接 触疲劳强度和耐磨性,以及较高的强度和冲击韧度。此外,还要求有较好的热处理工 艺性能,如热处理变形小等。

齿轮选材的一般原则为:对受磨损较大而不受交变应力的齿轮,可选用高碳钢经淬火及低温回火或低碳钢经渗碳、淬火与低温回火后使用;对受磨损和交变应力作用的零件,如机床、汽车和拖拉机等动力机器的齿轮,大多选用低碳钢经渗碳处理或中碳钢进行高频淬火、渗氮处理后使用。

齿轮类零件根据不同使用要求,主要可以分为四类。

1) 低速齿轮

(1) 低速大型从动齿轮　如矿山机械中的低速大型从动齿轮,由于大尺寸带来的尺寸效应,淬火不可能淬透。这类齿轮通常不用淬火处理,可选用 ZG45 钢等,在铸态或正火状态下使用。

(2) 低速轻载齿轮　如低转速传动齿轮(转动线速度为 1~6 m/s),一般情况下选用 40、50 钢,负荷稍大的可选用 40Cr 与 38CrSi 等钢,经调质后使用,齿面硬度通常为 200~300 HBS。其加工工艺路线为:下料 → 锻造→正火→粗加工→调质→齿形加工。

对于要求很低的该类齿轮,可用普通碳素结构钢来制造,并以正火替代调质。对于某些受力不大、无冲击、润滑不良的低速运转齿轮,还可选用高强度灰铸铁或球墨铸铁制造,既可满足使用性能和工艺性能要求,制造成本又低。

2) 中速齿轮

如内燃机车变速箱齿轮和普通机床变速箱齿轮,转速中等(转动线速度为 6~10 m/s)、载荷中等,可选用 45、40Cr、42CrMo 等钢经调质和表面淬火后制成,硬度一般在 50 HRC 以上,其加工工艺路线为:下料→锻造→正火→粗加工→调质→精加工→表面淬火→低温回火→磨削。

3) 高速齿轮

(1) 高速中载受冲击齿轮　如汽车变速箱齿轮、柴油机燃油泵齿轮,速度较高,载荷也较大,承受较大冲击,一般可用 20 钢或 20Cr 钢经渗碳热处理制成,渗碳层厚 0.8~1.2 mm,表面硬度为 58~63 HRC,其加工工艺路线为:下料→锻造→正火→机械加工→渗碳→淬火→低温回火→磨削。

(2) 高速重载大冲击动力传动齿轮　如内燃机车的动力牵引齿轮、汽车驱动桥主动或从动齿轮等,由于速度很大(转动线速度大于 10 m/s),传递很大的扭矩且载荷很重,受冲击也大,因此对强度、韧度、耐磨性、抗疲劳性能等要求都很高,宜采用高淬透性的合金渗碳钢。一般材料可选用 20CrMnTi、20CrMnMo、12CrNi3A 及 12Cr2Ni4A 等钢。其加工工艺路线为:下料→锻造→正火→机械加工→渗碳→淬火→低温回火→磨削。

4) 特殊用途齿轮

(1) 精密齿轮　如高速精密齿轮或工作温度较高的齿轮,要求热处理变形较小,耐磨性极好,一般选用 38CrMoAl 与 42CrMo 等渗氮钢,经渗氮处理后制成。加工工艺路线为:下料→锻造→正火→粗加工→调质→精加工→去应力退火→粗磨→渗氮→精磨。

　　（2）仪表齿轮或轻载齿轮　　在仪表中的或接触腐蚀介质的轻载齿轮，常用一些耐蚀、耐磨的非铁金属型材制造，常见的有黄铜（如 H62、HPb60-22 等）、铝青铜（如QAl9-2，QAl10-3-1.5 等）、硅青铜（如 QSi3-1 等）、锡青铜（如 QSn6.5-0.4 等）。硬铝和超硬铝（如 2A12、1A97 等）可用于制作重量轻的齿轮。

　　（3）轻载无润滑齿轮　　在轻载、无润滑条件下工作的小型齿轮，可以选用工程塑料制造，常用的有尼龙、聚碳酸酯、夹布层压热固性树脂等。工程塑料具有重量轻、摩擦系数小、减振、工作噪声小等特点，故适于制造仪表和小型机械的无润滑、轻载齿轮。其缺点是强度低，工作温度不能太高，所以不能用于制作承受较大载荷的齿轮。

2. 选材及加工路线实例

1）机床齿轮

　　机床齿轮承担着传递动力、改变运动速度和运动方向的任务，但机床齿轮相对汽车、拖拉机齿轮而言，其工作载荷不太大，运转较平稳，因此一般机床常选用 45 钢或40Cr 钢等调质钢制造；冲击较大时采用 20Cr 等渗碳钢制造；高速精密机床齿轮则可选用 20CrMnTi、20CrMnMo 等渗碳钢制造。

　　对于调质钢齿轮，一般工艺路线为：下料→锻造→正火或退火→粗加工→调质→精加工→高频淬火及低温回火→精磨。

　　对于渗碳钢齿轮，一般工艺路线为：下料→锻造→正火→粗、精加工→渗碳→淬火及低温回火→精磨。

　　表 11-3 给出了一些在不同条件下工作的机床齿轮选材、热处理及应用。

表 11-3　机床齿轮的选材、热处理及应用

类别	圆周速度 /MPa	压力 /MPa	冲击	钢　　号	热处理技术要求*	应　用　举　例
Ⅰ	高速 10～15 m/s	<700	大	20CrMnTi、20CrMnMoVB	20CrMnMoVB S-C-59	（1）精密机床主轴传动齿轮
			中	20CrMnTi、20CrMnMoVB	20CrMnTi S-C-59	（2）精密分度机械传动齿轮
			微	20CrMnTi、20Mn2B	20Mn2B S-C-59	（3）精密机床最后一对齿轮
		<400	大	20CrMnTi	20CrMnTi S-C-59	（4）变速箱的高速齿轮
			中	20CrMnTi、20Cr	20Cr S-C-59	（5）精密机床走刀齿轮
			微	38CrMoAl、40Cr、42SiMn	40Cr G54	（6）齿轮泵齿轮
Ⅱ	中速 6～10 m/s	<1000	大	20CrMnTi、20Cr	20CrMnTi S-C-59	
			中	20Cr、40Cr、42SiMn	20Cr S-C-59	（1）普通机床变速箱齿轮
			微	40Cr	40Cr G50	（2）普通机床走刀齿轮
		<700	大	20Cr	20Cr S-C-59	（3）切齿机床、铣床、螺纹机床的分度机的变速齿轮，车床、铣床、磨床、钻床中的齿轮
			中	40Cr、45	40Cr G50	
			微	45	45 G50	
		<400	大	40Cr、42SiMn	40Cr G48	（4）调整机构的变速齿轮
			中	45	45 G48	
			微	45	45 G45	

续表

类别	圆周速度	压力/MPa	冲击	钢　号	热处理技术要求*	应用举例
Ⅲ	低速 1~6 m/s	<1000	大	40Cr、20Cr	40Cr G45	一切低速不重要齿轮，包括分度运动的所有齿轮，如大型、重型、中型机床(车床、牛头刨床、磨床)的大部分齿轮，一般大模数、大尺寸的齿轮
			中	45	45 G42	
			微	45	45Cr G42	
		<700	大	20Cr、45	40 G42	
			中	45、40Cr	40Cr T230-260	
			微	45	45 G42	
		<400	大	40Cr、45	40Cr T220-250	
			中	45、50Mn2	45 T220-250	
			微	45	45 Z	

注　S-C-59 表示渗碳淬火，硬度为 56~62 HRC；G42 中 G 表示高频淬火，42 表示洛氏硬度值；T230~260 中 T 表示调质，后面数字表示布氏硬度值；Z 表示正火。

2）汽车、拖拉机齿轮

汽车、拖拉机齿轮受力较大，高速运转（10 m/s 以上）且受频繁冲击，其耐磨性、疲劳强度、心部强度以及冲击韧度等要求均比机床齿轮高，一般用调质钢高频淬火不能满足要求，所以要用低碳钢进行渗碳处理来制作大模数重要齿轮。我国应用最多的是合金渗碳钢 20Cr、20CrMnTi、20MnVB 等，并经渗碳、淬火和低温回火处理，因为合金元素能提高淬透性，淬火、回火后可使齿轮心部获得较高的强度和足够的冲击韧度。为了进一步提高齿轮的耐用性，渗碳、淬火、回火后，还可采用喷丸处理来增大齿部表层压应力。渗碳齿轮的一般工艺路线为：下料→锻造→正火→粗、精加工→渗碳→淬火及低温回火→喷丸→磨削。

经渗碳、淬火后，齿轮表面的组织为回火马氏体＋残余奥氏体＋颗粒碳化物，心部淬透后为低碳回火马氏体（＋铁素体），未淬透时为铁素体＋索氏体。齿面硬度可达 58~62 HRC，心部硬度为 35~45 HRC。齿轮的耐冲击能力、弯曲疲劳强度和接触疲劳强度均相应提高。

3）内燃机车齿轮

（1）变速箱齿轮和从动牵引齿轮　该类齿轮多选用 42CrMo 制造，其典型加工工艺路线为：下料→锻造→880 ℃正火→粗车→860~870 ℃淬火（油淬）→620 ℃高温回火＋油冷→精加工→高频淬火→180~200 ℃低温回火→磨齿→检验，最终组织表面为回火马氏体，心部为回火索氏体，最终齿面硬度达到 54~58 HRC。

（2）主动牵引齿轮　该类齿轮多选用 20CrMnTi 或 20CrMnMo 制造，其典型加工工艺路线为：下料→锻造→880 ℃退火→粗、精加工→930 ℃气体渗碳/11 h→空冷至 800 ℃在硝盐中保温 30 min 并在油中分级淬火→180 ℃低温回火/5 h，空冷→磨齿→检验。最终组织表面为碳化物＋高碳回火马氏体＋残余奥氏体，心部为低碳回火马氏体，齿面硬度达到 50~64 HRC。

4）塑料齿轮的应用

表 11-4 给出了常用塑料齿轮的选材情况。

表 11-4　塑料齿轮的选材及应用举例

塑料品种	性 能 特 点	适 用 范 围
尼龙 6，尼龙 66	有较高的疲劳强度与耐振性，但吸湿性大	在中等或较低载荷、中等温度（80 ℃以下）和少无润滑条件下工作
尼龙 610，尼龙 1010，尼龙 9	强度与耐热性略差但吸湿性较小，尺寸稳定性较好	同尼龙 6 条件，可在湿度波动较大的情况下工作
MC 尼龙	强度、刚性均较前两种高，耐磨性也较好	适用于铸造大型齿轮及蜗轮等
玻璃纤维增强尼龙	强度、刚度、耐热性均优于未增强者，尺寸稳定性也较未增强者高	在高载荷、高温下使用，传动效果好，速度较高时应用油润滑
聚甲醛	耐疲劳、刚性高于尼龙，吸湿性很小，耐磨性好，但成形收缩率大	在中等轻载荷，中等温度（100 ℃以下）无润滑条件下工作
聚碳酸酯	成形收缩率特小，精度高，但耐疲劳强度较差，并有应力开裂的倾向	可大量生产，一次加工；速度高时应用油润滑
玻璃纤维增强聚碳酸酯	强度、刚性、耐热性可与增强尼龙媲美，尺寸稳定性超过增强尼龙，但耐磨性较差	在较高载荷、较高温度下使用的精密齿轮，速度较高时用油润滑
聚苯撑氧（PPO）	较上述不增强者均优，成形精度高，耐蒸汽，但有应力开裂倾向	适用于在高温水或蒸汽中工作的精密齿轮
聚酰亚胺	强度、耐热性高，成本也高	在 260 ℃以下长期工作的齿轮

11.3.3　弹簧类零件

1. 选材分析

1）工作条件

弹簧是各种机械和仪表中的重要零件，主要用于各类机器的减振（如破碎机的支撑弹簧和车辆的悬架弹簧）、储备机械能（钟表及仪表中的发条）及控制运动（如气门、离合器、制动器）等。弹簧利用材料的弹性和结构特点，在外力作用下发生弹性变形，把机械能或动能转化为变形能；外力去除后，弹性变形恢复，把变形能转变为机械能或动能。弹簧是在交变应力作用下的零件，其破坏形式主要是疲劳断裂。另外，在高温或高载荷下的弹簧还经常出现永久变形使弹簧失效。

2）性能要求

（1）具有高的屈服强度、弹性极限和屈强比，以防止使用过程中发生永久变形。

（2）具有高的疲劳强度，以免弹簧在长期振动和交变应力作用下产生疲劳断裂。

（3）具有一定的塑性和韧度，因为太脆的材料对缺口十分敏感，会降低疲劳强度。

此外,对特殊弹簧还有特殊要求,例如电气仪表中的弹簧要求有高的导电性、在高温和腐蚀介质中工作的弹簧要求有耐高温和耐腐蚀性能等。在工艺性能上,对钢制淬火回火弹簧要求有一定的淬透性、低的过热敏感性、不易脱碳和高的塑性,使其在热状态下容易绕制成形。对冷拔钢丝制造的小弹簧,要求有均匀的硬度和一定的塑性,以便使钢材冷卷成各种形状的弹簧。

2. 选材实例

(1) 碳素弹簧钢和低合金弹簧钢　典型碳素弹簧钢有 65、70、75、85 钢等。碳素弹簧钢的优点是原料丰富、价格便宜;缺点是淬透性差,屈服强度低。当截面直径超过 12 mm 时,在油中不能淬透,水淬开裂倾向很大,故主要用来制造小截面、不太重要的零件,如汽车、拖拉机、机车车辆的小弹簧。

典型低合金弹簧钢有 65Mn 钢等。这类钢的淬透性和屈服强度比碳素弹簧钢高,脱碳倾向小,但有过热敏感性和回火脆性倾向,用于制造截面尺寸小于 15 mm 的中、小型低应力弹簧。

(2) 合金弹簧钢　典型合金弹簧钢有 55Si2Mn、55SiMn、60Si2Mn、70Si2Mn 钢等,这些钢淬透性高于 65Mn 钢,直径为 25~30 mm,在油中即可淬透,可用于制造汽车、拖拉机、机车车辆的板状弹簧和螺旋弹簧、汽缸安全阀弹簧和 250 ℃ 以下的耐热弹簧。

50CrVA、60Si2CrVA 等钢具有高的淬透性,直径为 50 mm 弹簧油淬即可淬透,适用于制造在 300 ℃ 以下工作的阀门弹簧和活塞弹簧,以及截面大、应力较高的螺旋弹簧等。

11.3.4　箱体支承类零件

1. 选材分析

箱体支承件是机器中的基础零件。轴和齿轮等零件安装在箱体中,以保持相互的位置并协调运动;机器上各个部件的重量都由箱体和支承件承担,因此主要受压应力,部分受拉应力。此外,箱体还要承受各零件工作时的动载作用力及稳定在机架或基础上的紧固力。

从这类零件的受力条件可知,它的失效形式是变形过量和振动过大。为了保证精密机床和机械仪器设备壳体精度,过量的弹性变形是不允许的。为保证该类零件有很好的强度、刚度,良好的减振性及尺寸稳定性,除合理设计零件结构外,还应选择弹性模量较大的工程材料。箱体类零件一般形状较复杂,体积较大,具有中空、壁薄的特点,毛坯多为铸造或焊接成形,故也要求材料有良好的加工性能,以利于加工成形。

2. 选材实例

铸铁的弹性模量高,价格便宜,铸造工艺性能又很好,还有较好的吸振、耐磨、自润滑等优点,故被广泛应用于制造箱体类零件,机器中的箱体零件 80% 以上都是铸铁材料的。箱体类零件如锻压机床床身等承受冲击时,则须采用铸钢制造。如冲击不大,但要求构件重量轻、美观大方,则可采用铝合金制品;如果还要求重量轻、耐腐蚀、绝缘绝热,塑料则是比较适合的选材对象。

箱体支承零件尺寸大、结构复杂,铸造(或焊接)后容易形成较大的内应力,使其在使用期间发生缓慢变形。因此,箱体支承零件毛坯,在加工前必须长期放置(自然时效处理)或进行去应力退火(人工时效处理)。对精度要求很高或形状特别复杂的箱体(如精密机床床身),在粗加工以后、精加工之前要增加一次人工时效处理,以消除粗加工所造成的内应力影响。

去应力退火一般在 550 ℃加热,保温数小时后随炉缓冷至 200 ℃以下出炉。部分箱体支承零件的用材情况如表 11-5 所示。

表 11-5　部分箱体支承零件的用材情况

代表性零件	材料种类及牌号	使用性能要求	处理及其他
机床床身、轴承座、齿轮箱、缸体、缸盖、变速器壳体、离合器壳体	灰铸铁 HT200	刚度、强度、尺寸稳定性	时效处理
机床座、工作台	灰铸铁 HT150	刚度、强度、尺寸稳定性	时效处理
齿轮箱、联轴器、阀壳体	灰铸铁 HT250	刚度、强度、尺寸稳定性	去应力退火
差速器壳体、减速器壳、后桥壳体	球墨铸铁 QT400-15	刚度、强度、韧度、耐蚀性	退火
承力支架、箱体底座	铸钢 ZG270-500	刚度、强度、耐冲击性	正火
支架、挡板、盖、罩、壳	Q235、08、20、16Mn 钢板	刚度、强度	不热处理
车辆驾驶室、车厢	08 钢板	刚度	冲压成形

11.3.5　仪表壳体类零件

仪器仪表的壳体(包括面板、底盘)用材广泛,有低碳结构钢(如 Q195、Q215、Q235)、铬不锈钢、铬镍奥氏体不锈钢(如 1Cr13、1Cr18Ni9、1Cr18Ni9Ti)、铝(如工业纯铝 L5 及防锈铝 LF5、LF11、LF21)、黄铜(如 H62、H68)等。也有非金属材料,如:ABS 可用于制造管道、储槽内衬、电动机外壳、仪表壳体、仪表盘等,聚甲醛可用于制造各种仪表板和外壳、容器、管道等;玻璃纤维增强尼龙可用于制造仪表盘;玻璃纤维增强苯乙烯类树脂广泛应用于制造收音机壳体、磁带录音机底盘、照相机壳体等;玻璃纤维增强聚乙烯可用于制造转矩变换器、干燥器壳体。

11.3.6　常用机械的主要零件的选材

1. 汽车发动机和底盘主要构件的选材

汽车发动机的作用是提供动力,主要由缸体、缸盖、活塞、连杆、曲轴,以及配气、燃料供给、润滑、冷却等系统组成。汽车发动机和传动系统如图 11-9 所示。发动机燃烧室组件如图 11-10 所示。

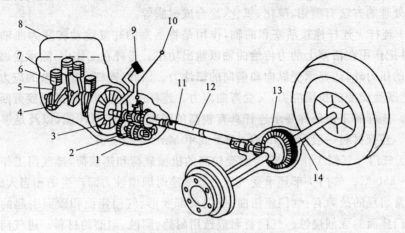

图 11-9　汽车发动机和传动系统
1—变速箱　2—变速齿轮　3—离合器　4—曲轴　5—连杆　6—活塞　7—缸体　8—缸盖
9—离合器踏板　10—变速手柄　11—方向盘　12—传动轴　13—后桥齿轮　14—半轴

（1）缸体和缸盖　缸体材料应满足下列要求:有足够的强度和刚度,有良好的铸造性能和切削性能,价格低廉。缸体常用的材料有灰铸铁和铝合金两种。缸盖应选用导热性好、高温机械强度高、能承受反复热应力、铸造性能良好的材料来制造。目前使用的缸盖材料有两种:一是灰铸铁或合金铸铁,另一种是铝合金。

（2）缸套　汽缸工作面采用耐磨材料,制成缸套镶入汽缸。常用缸套材料为耐磨合金铸铁,主要有高磷铸铁、硼铸铁、合金铸铁等。为了提高缸套的耐磨性,可以用镀铬、表面淬火等办法对缸套进行表面处理,也可喷镀金属钼或其他耐磨合金。

（3）活塞、活塞销和活塞环　活塞、活塞销和活塞环等零件组成活塞组,活塞组在工作中受周期性变化的高温、高压燃气(温度最高可达 2000 ℃,压力最高可达13～15 MPa)作用,并在汽缸内作高速往复运动(平均速度一般为 9～13 m/s),会产生很大的惯

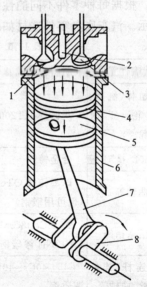

图 11-10　汽车发动机燃烧室组件
1—排气门　2—喷油嘴　3—进气门
4—活塞环　5—活塞　6—缸套
7—连杆　8—曲轴

性载荷。对活塞材料的要求是热强度高、导热性好、膨胀系数小、密度小,减摩性、耐磨性、耐蚀性和工艺性好等。常用的活塞材料是 Al-Si 合金。活塞销材料一般为 20 低碳钢或 20Cr、18CrMnTi 等低碳合金钢。对活塞销外表面应进行渗碳或液体碳氮

共渗处理,以满足外表面硬而耐磨、材料内部韧而耐冲击的要求。活塞环采用合金铸铁或球墨铸铁,经表面处理。镀多孔性铬后可使活塞环的工作寿命提高 2~3 倍。其他表面处理的方法有喷钼、磷化、氧化、涂合成树脂等。

(4) 连杆　连杆连接活塞和曲轴,作用是将活塞的往复运动转变为曲轴的旋转运动,并把作用在活塞上的力传给曲轴以输出功率。连杆在工作中,除承受燃烧室燃气产生的压力外,还要承受纵向和横向的惯性力。因此,连杆在很复杂的应力状态下工作,它既受交变的拉压应力,又受弯曲应力。连杆的主要损坏形式是疲劳断裂和过量变形。连杆的工作条件要求连杆具有较高的强度和抗疲劳性能,以及足够的刚性和韧度。连杆材料一般采用 45 钢、40Cr 或 40MnB 等调质钢。

(5) 气门　气门工作时,需要承受较高的机械载荷和热载荷,排气门工作温度高达 650~850 ℃。气门头部还承受气压力及落座时因惯性力而产生的相当大的冲击。气门经常出现的故障有:气门座扭曲、气门头部变形、气门座面积碳而引起的燃烧废气对气门座面的强烈烧蚀。气门材料应选用耐热、耐蚀、耐磨的材料。进气门一般可用 40Cr、35CrMo、38CrSi、42Mn2V 等合金钢制造,而排气门则要求用高铬耐热钢(如 4Cr9Si2、4Cr10Si2Mo 等)制造。

根据每种零件不同的性能要求,汽车发动机零部件选材及热处理工艺如表 11-6 所示。汽车底盘零件选材如表 11-7 所示。

表 11-6　汽车发动机零部件的选材与热处理工艺

代表性零件	材料种类及牌号	使用性能要求	主要失效方式	热处理及其他
缸体、缸盖、飞轮、正时齿轮	灰铸铁 HT200	刚度、强度、尺寸稳定性	产生裂纹、磨损、翘曲变形	不处理或去应力退火。缸盖也可用 ZL104,固溶处理后再进行时效处理
缸套、排气门座	合金铸铁	耐磨性、耐热性	过量磨损	铸造状态
曲轴等	球墨铸铁 QT600-2(也可用锻钢)	刚度、强度、耐磨性、疲劳抗力	过量磨损、断裂	表面淬火、圆角滚压、渗氮
活塞销等	20、20Cr、18CrMnTi、12Cr2Ni4 渗碳钢	强度、冲击韧度、耐磨性	磨损、变形、断裂	渗碳、淬火、回火
连杆、连杆螺栓、曲轴等	45、40Cr、40MnB 调质钢	强度、疲劳抗力、冲击韧度	过量变形、断裂	调质、探伤
各种轴承、轴瓦	轴承钢和轴承合金	耐磨性、疲劳抗力	磨损、剥落等	不热处理(外购)
排气门	耐热气门钢 4Cr3Si2 等	耐热性、耐磨性	起槽、变宽、氧化烧蚀	淬火、回火
气门弹簧	弹簧钢 50CrVA 等	疲劳抗力	变形、断裂	淬火、中温回火

续表

代表性零件	材料种类及牌号	使用性能要求	主要失效方式	热处理及其他
活塞	铝合金 ZL108 等	耐热强度	烧蚀、变形断裂	固溶处理及时效处理
支架、盖、罩、挡板、油底壳	08、20、16Mn 钢板	刚度、强度	变形	不热处理

表 11-7　汽车底盘零件的选材

代表性零件	材料种类及牌号	使用性能要求	主要失效方式	热处理及其他
纵梁、横梁、传动轴、钢圈	25、16Mn 等	强度、刚度、韧度	弯曲、扭斜、铆钉松动、断裂	要求用冲压工艺性好的优质钢板
前轴、转向节臂、半轴	45、40Cr、40MnB 调质钢	强度、韧度、疲劳抗力	弯曲变形、扭转变形、断裂	模锻成形、调质、圆角滚压、探伤
变速箱齿轮、后桥齿轮	20CrMnTi、20MnTiB 等	强度、耐磨性、接触疲劳及断裂抗力	麻点、剥落、齿面磨损、变形、断齿	渗碳、淬火、回火,至硬度为 58～62 HRC
变速箱壳体、离合器壳	灰铸铁 HT200	刚度、尺寸稳定性、一定强度	产生裂纹、轴承孔磨损	去应力退火
后桥壳体	铸铁 KT350-10、QT400-10	同上	弯曲、断裂	还可用优质钢板焊成或用铸钢铸造成形
钢板弹簧	65Mn、60Si2Mn 等弹簧钢	耐疲劳、耐冲击和腐蚀	折断、弹性减退、弯度减小	淬火、中温回火、喷丸强化
驾驶室、车厢	08、20 钢板	刚度、尺寸稳定	变形、开裂	冲压成形
分泵活塞、油管	非铁金属、紫铜	耐磨性、强度	磨损、开裂	

2. 锅炉和汽轮机零件选材

锅炉和汽轮机零件用材情况如表 11-8 所示。

表 11-8　锅炉和汽轮机零件选材

零件名称	失效方式	工作温度	用材情况
水冷壁管或省煤器管		＜450 ℃	低碳钢,如 20A
过热器管	爆管(蠕变或持久断裂或过度塑性变形)、热腐蚀疲劳	＜550 ℃	珠光体耐热钢,如 15CrMo、
		＞580 ℃	珠光体耐热钢,如 12CrMoV
蒸汽导管		＜510 ℃	珠光体耐热钢,如 15CrMo、
		＞540 ℃	珠光体耐热钢,如 12CrMoV
汽包		＜380 ℃	20G 或 16MnG 等低合金高强钢
吹灰器		短时达 800 ℃～1000 ℃	马氏体耐热钢 10Cr13 奥氏体不锈钢 12Cr18Ni9

续表

零件名称	失效方式	工作温度	用材情况
固定、支承零件 （吊架、定位板等）		长时达 700 ℃ ～1000 ℃	Cr6SiMo 或奥氏体耐热钢 16Cr20Ni14Si2、 20Cr25Ni20 等
汽轮机叶片	疲劳断裂、应力腐蚀 开裂	＜480 ℃的后级叶片 ＜540 ℃ ＜580 ℃的前级叶片	10Cr13、20Cr13 14Cr11MoV 15Cr12WMoV
转子	断裂 疲劳或应力腐蚀开裂 叶轮变形	＜480 ℃ ＜520 ℃ ＜400 ℃	34CrMo 17CrMo1V（焊接转子）、 27Cr2MoV（整体转子） 34CrNi3Mo（大型整体转子） 33Cr3MoWV（同上）
紧固零件 （螺栓、螺母等）	螺栓断裂 应力松弛	＜400 ℃ ＜430 ℃ ＜480 ℃ ＜510 ℃	45 35SiMn 35CrMo 25Cr2MoV

3. 燃气轮机零件选材

燃气轮机零件用材情况如表 11-9 所示。

表 11-9　燃气轮机零件选材

零件名称	失效方式	工作温度/℃	用材情况
叶片	蠕变变形 蠕变断裂 蠕变疲劳或热疲劳断裂	＜650 750 850 900 950	奥氏体耐热钢，如 06Cr17Ni12Mo2、 06Cr17Ni12Mo3Ti 等 铁基合金，如 K213 等 镍基合金，如 K403 等 镍基合金，如 GH4033、K418 等 镍基合金，如 K418 等
转子及涡轮盘		＜540 ＜650 ＜630	珠光体耐热钢，如 20Cr3MoWV 等 铁基合金，如 Cr14Ni26MoTi 等 铁基合金，如 Cr14Ni35MoWTiAl 等
火焰筒及喷嘴		＜800 ＜900 ＜980	铁基合金，如 GH1035 等 镍基合金，如 GH3128 等 镍基合金，如 GH4037、GH4039 等

思考与练习

1. 何谓零件失效？零件失效的类型有哪些？大致原因是什么？

2. 机械零件选材的一般原则是什么?

3. 齿轮在下列情况下,分别宜选用何种材料制造?

    (1) 齿轮尺寸较大($D_分>400\sim600$ mm),而轮坯形状较复杂,不宜锻造时;

    (2) 在缺乏润滑油条件下工作且低速、无冲击时;

    (3) 缺少磨齿机或内齿轮难以磨齿;

    (4) 齿轮承受较大的载荷,要求有坚硬的齿面和强韧的齿心时。

4. 某载重汽车变速箱中的第二轴齿轮要求心部抗拉强度为 1100 MPa,$a_k=70$ J/cm^2,齿轮表面硬度为 58~60 HRC,心部硬度为 33~35 HRC。试合理选材,并制订生产工艺流程及各热处理工序的工艺规范。

5. 已知一轴尺寸为 ϕ30 mm×200 mm,要求摩擦部分表面硬度为 50~55 HRC,现用 30 钢制作,经高频表面淬火(水冷)和低温回火,使用过程中发现摩擦部分严重磨损,试分析失效原因及解决方法。

6. 某柴油机曲轴技术要求:抗拉强度大于 650 MPa,$a_k=15$ J/cm^2,轴体硬度为 240~300 HBS,轴颈硬度大于 55 HRC,试合理选材,并制订生产工艺流程及各热处理工序的工艺规范。

7. 现要制造单级减速器箱体,请分别给出单件及批量生产所用材料类型、牌号及制造方法。

8. 铸件为什么一般要经过热处理后才可以进行后续的机加工? 应采用什么处理方式?

9. 选择下列零部件的材料,说明加工工艺路线,并简要说明理由。

    (1) 磨床主轴;　(2) 受力较大的弹簧;　(3) 成形车刀;　(4) 医疗手术刀;

    (5) 内燃机火花塞;　(6) 燃气轮机主轴;　(7) 发动机活塞环

附录 A 钢铁金属硬度与强度的换算表

（摘自 GB/T 1172—1999）

硬 度							抗拉强度 /(N/mm²)
洛 氏	表 面 洛 氏			维 氏	布 氏		
					HBS		
HRB	HR15T	HR30T	HR45T	HV	$F/D^2=10$	$F/D^2=30$	
60.0	80.4	56.1	30.4	105	102		375
60.5	80.5	56.4	30.9	105	102		377
61.0	80.7	56.7	31.4	106	103		379
61.5	80.8	57.1	31.9	107	103		381
62.0	80.9	57.4	32.4	108	104		382
62.5	81.1	57.7	32.9	108	104		384
63.0	81.2	58.0	33.5	109	105		386
63.5	81.4	58.3	34.0	110	105		388
64.0	81.5	58.7	34.5	110	106		390
64.5	81.6	59.0	35.0	111	106		393
65.0	81.8	59.3	35.5	112	107		395
65.5	81.9	59.6	36.1	113	107		397
66.0	82.1	59.9	36.6	114	108		399
66.5	82.2	60.3	37.1	115	108		402
67.0	82.3	60.6	37.6	115	109		404
67.5	82.5	60.9	38.1	116	110		407
68.0	82.6	61.2	38.6	117	110		409
68.5	82.7	61.5	39.2	118	111		412
69.0	82.9	61.9	39.7	119	112		415
69.5	83.0	62.2	40.2	120	112		418
70.0	83.2	62.5	40.7	121	113		421
70.5	83.3	62.8	41.2	122	114		424
71.0	83.4	63.1	41.7	123	115		427
71.5	83.6	63.5	42.3	124	115		430
72.0	83.7	63.8	42.8	125	116		433
72.5	83.9	64.1	43.3	126	117		437
73.0	84.0	64.4	43.8	128	118		440
73.5	84.1	64.7	44.3	129	119		444
74.0	84.3	65.1	44.8	130	120		447
74.5	84.4	65.4	45.4	131	121		451

续表

硬　度							抗拉强度 /(N/mm²)
洛　氏	表　面　洛　氏			维　氏	布　氏		
					HBS		
HRB	HR15T	HR30T	HR45T	HV	$F/D^2=10$	$F/D^2=30$	
75.0	84.5	65.7	45.9	132	122		455
75.5	84.7	66.0	46.4	134	123		459
76.0	84.8	66.3	46.9	135	124		463
76.5	85.0	66.6	47.4	136	125		467
77.0	85.1	67.0	47.9	138	126		471
77.5	85.2	67.3	48.5	139	127		475
78.0	85.4	67.6	49.0	140	128		480
78.5	85.5	67.9	49.5	142	129		484
79.0	85.7	68.2	50.0	143	130		489
79.5	85.8	68.6	50.5	145	132		493
80.0	85.9	68.9	51.0	146	133		498
80.5	86.1	69.2	51.6	148	134		503
81.0	86.2	69.5	52.1	149	136		508
81.5	86.3	69.8	52.6	151	137		513
82.0	86.5	70.2	53.1	152	138		518
82.5	86.6	70.5	53.6	154	140		523
83.0	86.8	70.8	54.1	156		152	529
83.5	86.9	71.1	54.7	157		154	534
84.0	87.0	71.4	55.2	159		155	540
84.5	87.2	71.8	55.7	161		156	546
85.0	87.3	72.1	56.2	163		158	551
85.5	87.5	72.4	56.7	165		159	557
86.0	87.6	72.7	57.2	166		161	563
86.5	87.7	73.0	57.8	168		163	570
87.0	87.9	73.4	58.3	170		164	576
87.5	88.0	73.7	58.8	172		166	582
88.0	88.1	74.0	59.3	174		168	589
88.5	88.3	74.3	59.8	176		170	596
89.0	88.4	74.6	60.3	178		172	603
89.5	88.6	75.0	60.9	180		174	609
90.0	88.7	75.3	61.4	183		176	617
90.5	88.8	75.6	61.9	185		178	624
91.0	89.0	75.9	62.4	187		180	631
91.5	89.1	76.2	62.9	189		182	639
92.0	89.3	76.6	63.4	191		184	646

硬　　度							抗拉强度 /(N/mm²)
洛　氏	表　面　洛　氏			维　氏	布　　氏		
					HBS		
HRB	HR15T	HR30T	HR45T	HV	$F/D^2=10$	$F/D^2=30$	
92.5	89.4	76.9	64.0	194		187	654
93.0	89.5	77.2	64.5	196		189	662
93.5	89.7	77.5	65.0	199		192	670
94.0	89.8	77.8	65.5	201		195	678
94.5	89.9	78.2	66.0	203		197	686
95.0	90.1	78.5	66.5	206		200	695
95.5	90.2	78.8	67.1	208		203	703
96.0	90.4	79.1	67.6	211		206	712
96.5	90.5	79.4	68.1	214		209	721
97.0	90.6	79.8	68.6	216		212	730
97.5	90.8	80.1	69.1	219		215	739
98.0	90.9	80.4	69.6	222		218	749
98.5	91.1	80.7	70.2	225		222	758
99.0	91.2	81.0	70.7	227		226	768
99.5	91.3	81.4	71.2	230		229	778
100.0	91.5	81.7	71.7	233		232	788

附录 B 淬火钢回火温度与硬度的关系

表 B-1 淬火钢回火温度与硬度的关系

回火温度 t/℃，回火后的硬度/HRC（580±10 与 620±10 栏为 HB）

钢牌号	淬火后回火前的硬度/HRC	180±10	240±10	280±10	320±10	360±10	380±10	420±10	480±10	540±10	580±10 (HB)	620±10 (HB)	650±10
35	>50	51±2	47±2	45±2	43±2	40±2	38±2	35±2	33±2	28±2			
45	>55	56±2	53±2	51±2	48±2	45±2	43±2	38±2	34±2	30±2	250±2	220±2	
T8、T8A	>62	62±2	58±2	56±2	54±2	51±2	49±2	45±2	39±2	34±2	29±2	25±2	
T10、T10A	>62	63±2	59±2	57±2	55±2	52±2	50±2	46±2	41±2	36±2	30±2	26±2	
40Cr	>55	54±2	53±2	52±2	50±2	49±2	47±2	44±2	41±2	36±2	31±2	HB260	30±2
50CrVA	>60	58±2	56±2	54±2	53±2	51±2	49±2	47±2	43±2	40±2	36±2		
60Si2MnA	>60	60±2	58±2	56±2	55±2	54±2	52±2	50±2	44±2	35±2	30±2		
65Mn	>60	58±2	56±2	54±2	52±2	50±2	47±2	44±2	40±2	34±2	32±2	28±2	
5CrMnMo	>52	55±2	53±2	52±2	48±2	45±2	44±2	44±2	43±2	38±2	36±2	34±2	32±2
30CrMnSi	>48	48±2	48±2	47±2	47±2	43±2	42±2			36±2	30±2	30±2	26±2
GCr15	>62	61±2	59±2	58±2	55±2	53±2	52±2	50±2					
9SiCr	62	62±2	60±2	58±2	57±2	56±2	55±2	52±2	51±2	41±2	30±2	30±2	
Cr12	62	61±2	58±2	58±2	57±2	56±2	55±2	52±2		45±2			
CrWMn	62	60±2	58±2	57±2	55±2	54±2	52±2	50±2	46±2	44±2			
9Mn2V	62	60±2	58±2	56±2	54±2	51±2	49±1	41±2					
3Cr2W8V	≈48	62	59±						46±2	48±2	48±2	48±2	41±2
Cr12	>62	62	62	60	57±2	57±2		55±2		52±2	52±2	45±2	45±2
Cr12MoV (1030±10)℃		62	62							53±2	53±2	45±2	45±2
W18Cr4V	>60 / >62									>64（560°回火三次）			

附录 C 常用塑料、复合材料缩写代号

1. 塑料、树脂部分

ABS	丙烯腈-丁二烯-苯乙烯共聚物	PE	聚乙烯
		PET	聚对苯二甲酸乙二酯
AS	丙烯腈-苯乙烯树脂	PE	酚醛树脂
ASA	丙烯腈-苯乙烯-丙烯酸酯共聚物	PI	聚酰亚胺
		PMMA	聚甲基丙烯酸甲酯
CA	醋酸纤维素	POM	聚甲醛
CPE	氯化聚醚、氯化聚乙烯	PP	聚丙烯
EP	环氧树脂	PPO	聚苯醚
EVA	乙烯-醋酸乙烯酯共聚物	PPS	聚苯硫醚
F-46	全氟乙-丙共聚物	PS	聚苯乙烯
HDPE	高密度聚乙烯	PSF	聚砜
HIPS	高抗冲聚苯乙烯	PTFE(F-4)	聚四氟乙烯
LDPE	低密度聚乙烯	PVAC	聚醋酸乙烯酯
MDPE	中密度聚乙烯	PVAL	聚醋酸乙烯酯
PA	聚酰胺	PVC	聚氯乙烯
PAN	聚丙烯腈	UF	脲醛树脂
PASF	聚芳砜	UP	不饱和聚酯
PBT	聚对苯二甲酸丁二酯	CR	氯丁橡胶
PC	聚碳酸酯	NBR	丁腈橡胶
PCTEF(F-3)	聚三氟氯乙烯	SBR	丁苯橡胶

2. 复合材料部分

B	硼纤维	FRTP	纤维增强热塑性塑料
BMC	块状模塑料	GRP	玻璃纤维增强塑料
C	碳纤维	GRPT	玻璃纤维增强热塑性塑料
C/Al	碳纤维增强铝	HM	高弹性模量
CRTP	碳纤维增强热塑性塑料	K	凯夫拉纤维
CM	复合材料	PRCM	粒子增强复合材料
FRP	纤维增强塑料	SMC	片状模塑材料

附录 D　机械工程材料实验

实验一　铁碳合金平衡组织观察

一、实验目的

(1) 观察和识别铁碳合金在平衡状态下的显微组织特征；
(2) 加深理解铁碳合金成分、组织和性能之间的变化规律；
(3) 观察铁碳合金的金相组织，应用杠杆定律分析估算碳钢中的含碳量。

二、实验概述

1. 碳钢和白口铸铁的平衡组织

合金在极缓慢冷却条件下(如退火处理)得到的组织为平衡组织,铁碳合金的平衡组织可以根据 Fe-Fe_3C 相图来分析。由状态图可知,所有碳钢和白口铸铁在室温时的组织均由铁素体相和渗碳体相组成。但由于含碳量的不同,结晶条件的差异,铁素体和渗碳体的相对数量、形态、分布和混合情况不一样,因而将形成不同特征的组织。碳钢和白口铸铁的显微组织如表 D-1 所示。

表 D-1　碳钢和白口铸铁的显微组织

铁碳合金	$w_C/(\%)$	显微组织
亚共析钢	0.02～0.77	铁素体(F)＋珠光体(P)
共析钢	0.77	珠光体(P)
过共析钢	0.77～2.11	珠光体(P)＋二次渗碳体(Fe_3C_{II})
亚共晶白口铁	2.11～4.30	珠光体(P)＋二次渗碳体(Fe_3C_{II})＋莱氏体(L'_d)
共晶白口铁	4.30	莱氏体(L'_d)
过共晶白口铁	4.30～6.69	莱氏体(L'_d)＋一次渗碳体(Fe_3C_I)

2. 各种基本组织特征

(1) 铁素体(F)　它是碳溶入 α-Fe 中的间隙固溶体,有良好的塑性,硬度低(80～100 HBS),经 4%硝酸酒精溶液腐蚀后,在显微镜下呈白色(见图 D-1)。随着钢中含碳量的增加,铁素体量减少。铁素体量较多时呈块状分布(见图 D-2 和图 D-3);当含碳量接近共析成分时,往往呈断续网状,分布在珠光体的周围(见图 D-4)。

(2) 渗碳体(Fe_3C)　它是铁与碳的化合物,其中 C 的质量分数为 6.69%,抗腐蚀能力较强。经 4%硝酸酒精溶液腐蚀后呈白亮色,由此可区别铁素体和渗碳体。渗碳体的硬度很高,达到 800 HBW 以上,脆性很大,强度和塑性很差。经过不同的热处理,渗碳体可以呈片状、粒状或断续网状。

(3) 珠光体(P)　它是铁素体和渗碳体的机械混合物,呈层片状。退火和正火得

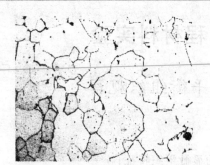

图 D-1　工业纯铁的显微组织(200×)
组织:F

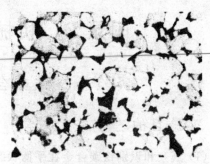

图 D-2　20 钢的显微组织(400×)
组织:F(白块)+P(黑块)

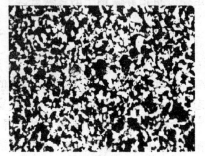

图 D-3　40 钢的显微组织(400×)
组织:F+P

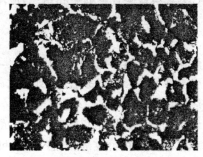

图 D-4　60 钢的显微组织(400×)
组织:P+F(白色断续网状)

到的珠光体层片疏密程度不同,后者细密一些,称为索氏体。经 4%硝酸酒精溶液腐蚀后,铁素体和渗碳体皆成白色。在不同放大倍数下观察时,珠光体组织具有不一样的特征。

在高倍(800 倍以上)显微镜下观察时,珠光体中平行相间的宽条为铁素体、突起细条为渗碳体,它们皆为白亮色,而边界为黑色阴影。在中倍(400 倍左右)显微镜下观察时,白亮色的渗碳体细条被两边黑条阴影所掩盖,而成为黑色细条(见图 D-5),这时看到的珠光体是宽白条的铁素体和细黑条的渗碳体相间的混合物。在低倍(200倍以下)显微镜下观察时,珠光体层片难以分辨,呈现出一片模糊的暗色块状组织。

图 D-5　T8 钢的显微组织(400×)
组织:P(层片状)

图 D-6　T12 钢的显微组织(400×)
组织:P(层片状)+Fe₃C_Ⅱ(白色网状)

（4）莱氏体（L_d'）　在室温时它是珠光体和渗碳体的混合物。此时渗碳体中包括共晶渗碳体和二次渗碳体两种，但它们相连在一起而分辨不开。经 3％～5％硝酸酒精溶液腐蚀后，莱氏体的组织特征是在白亮色渗碳体基体上均匀分布着许多黑色点、块或条状珠光体，呈现出豹纹特征（见图 D-7）。

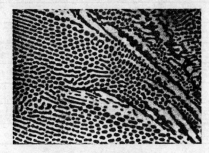 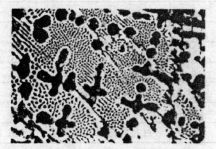

图 D-7　共晶白口铸铁显微组织（400×）　　　图 D-8　亚共晶白口铸铁显微组织（200×）
　　组织：L_d'（黑色点、块为 P+白色 Fe_3C)　　　　组织：P(黑色团状)+Fe_3C_{II}+L_d'

莱氏体硬度很高，达到 700 HBW，性脆。一般存在于 C 的质量分数大于 2.11％的白口铸铁中，在某些高碳合金钢的铸造组织中也常可见到。

亚共晶白口铸铁的组织是莱氏体、呈黑色块状或树枝状的珠光体及珠光体周围白色的二次渗碳体（见图 D-8）。

过共晶白口铁的组织是莱氏体和长白条一次渗碳体（见图 D-9）。

3. 钢的组织与含碳量计算

根据 Fe-Fe_3C 相图，利用杠杆定律可以计算各组织（或相）的相对量。

例 D-1　已知 C 的质量分数为 0.4％的碳钢，计算室温时珠光体和铁素体各占多少（计算时可忽略铁素体中的少量碳，将其看做纯铁）。

图 D-9　过共晶白口铸铁显微组织（150×）
　　组织：Fe_3C_I（长白条）+L_d'

解　　$w_P = \dfrac{0.4 - 0}{0.77 - 0} \times 100\% = 52\%$，　　$w_F = \dfrac{0.77 - 0.4}{0.77 - 0} \times 100\% = 48\%$

另外，从显微镜视场中可估测出珠光体与铁素体各占多少，然后计算钢的含碳量。

例 D-2　观察到显微组织中有 60％的面积内为珠光体，40％的面积内为铁素体，估算钢中 C 的质量分数。

解　　　　　　　　　　$w_C = 60\% \times 0.77\% = 0.46\%$

三、实验内容与要求

1. 实验内容

观察表 D-2 所列试样的金相组织，标出显微组织名称，估算组织组成物比例。

表 D-2　实验样品及组织

序号	试样材料	处理状态	显微组织及所占比例
1	工业纯铁	正火	
2	20	退火	
3	45	退火	
4	60	退火	
5	T8	退火	
6	T12	退火	
7	共晶白口铸铁	铸态	
8	亚共晶白口铸铁	铸态	
9	过共晶白口铸铁	铸态	

注　腐蚀剂为 4% 的硝酸酒精溶液。

2. 实验设备和材料

金相显微镜、表 D-2 所列金相试样、金相图谱及放大的金相图片。

3. 实验报告要求

（1）写出实验目的。

（2）完成表 D-2,选择亚共析钢、共析钢、过共析钢和亚共晶白口铸铁,分别描绘出所观察样品的显微组织示意图,并注明材料、处理状态、放大倍数,用箭头标明示意图中各组成部分。

（3）结合表 D-2 分析和比较含碳量对铁碳合金的组织和相的相对量的影响。

实验二　铁碳合金非平衡组织观察

一、实验目的

（1）观察碳钢经不同热处理后的组织,熟悉其组织形态特征;

（2）了解热处理工艺对钢组织和性能的影响;

（3）领会奥氏体等温转变曲线（C 曲线）对实际生产的意义。

二、实验概述

碳钢从奥氏体状态十分缓慢地冷却下来时,内部组织转变基本按照 $Fe\text{-}Fe_3C$ 相图进行,室温时得到的是平衡组织。但当冷却速度加快时,奥氏体在低于临界点 (A_1) 以下以较大过冷度发生转变,这时得到的组织称为非平衡组织。研究碳钢热处理后的组织时,需要参考钢的 C 曲线和连续转变曲线。C 曲线适用于等温冷却条件,它能说明一定成分的钢在不同过冷度下所得到的组织,而连续冷却转变曲线则适用于连续冷却条件。在一定的程度上用 C 曲线也能够估计连续冷却时的组织变化。

1. 共析钢等温冷却时的显微组织

共析钢过冷奥氏体在不同温度等温转变所得组织及性能如表 D-3 所示。

表 D-3　共析钢等温转变所得组织及性能

转变类型	组织名称	形成温度范围/℃	显微组织特征	硬度/HRC
珠光体型	珠光体(P)	>650	在 400～500 倍金相显微镜下可以观察到片层状组织	20～25 (180～220 HBS)
	索氏体(S)	600～650	在 800～1000 倍的显微镜下能分清片层状特征	25～35
	托氏体(T)	550～600	在光学显微镜下呈黑色团状组织,在电子显微镜(5000 倍以上)下才能看出片层状	35～40
贝氏体型	上贝氏体(B上)	350～550	在金相显微镜下呈暗灰色的羽毛状特征	40～48
	下贝氏体(B下)	230～350	在金相显微镜下呈黑色针叶状特征	48～58
马氏体型	马氏体(M)	M_s 以下	低碳马氏体呈板条状	30～50
			高碳马氏体呈竹叶状或针状,过热淬火时则呈粗大针片状	60～65

2. 共析钢连续冷却时的显微组织

由于利用连续冷转变曲线分析组织产物不太直观和方便,为简便起见,仍可沿用 C 曲线(见图 D-10)来分析。共析钢奥氏体慢冷时,如以 v_1 冷速冷却(相当于炉冷),得到 100%的珠光体;当冷却速度增大到 v_2 时(相当于空冷),得到的是较细的珠光体,即索氏体或托氏体;当冷却速度增大到 v_3 时(相当于油冷),得到的是托氏体和马氏体;当冷却速度增大至 v_5 时(相当于水冷),很大的过冷度使奥氏体骤冷到马氏体转变开始点(M_s)后,瞬时转变成马氏体,其中与 C 曲线鼻尖相切的冷却速度(v_K)称为淬火的临界冷却速度。

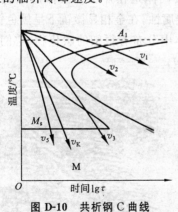

图 D-10　共析钢 C 曲线

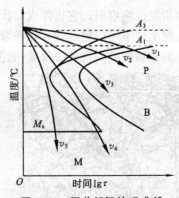

图 D-11　亚共析钢的 C 曲线

3. 亚共析钢和过共析钢连续冷却时的显微组织

亚共析钢的 C 曲线与共析钢相比,只是在其上部多了一条铁素体析出线,如图

D-11 所示。当奥氏体缓慢冷却时，v_1 相当于炉冷速度，转变产物接近平衡组织，即珠光体和铁素体。随着冷却速度的增大，奥氏体的过冷度逐渐增大，析出的铁素体越来越少，而珠光体的量逐渐增加，组织变得更细。因此，以 v_1 冷却时所得到的组织为铁素体＋珠光体；以 v_2 冷却时所得到的组织为铁素体＋索氏体；以 v_3 冷却时所得到的组织为铁素体＋托氏体。当冷却速度为 v_4 时，过冷奥氏体析出很少量的网状铁素体，接着主要转变为马氏体和托氏体（有时可见到少量贝氏体）；当冷却速度 v_5 超过临界冷却速度时，过冷奥氏体转变为马氏体组织。

过共析钢的转变与亚共析钢相似，不同之处是前者先析出的是渗碳体，而后者先析出的是铁素体。

4. 奥氏体在非缓慢连续冷却条件下转变产物的显微特征

（1）索氏体（S）　它是铁素体与渗碳体的机械混合物，其片层比珠光体细密，在高倍（800 倍以上）显微放大时才能分辨。

（2）托氏体（T）　它是铁素体与渗碳体的机械混合物，片层比索氏体还细密，在一般光学显微镜下无法分辨，只有在电子显微镜下高倍放大才能分辨其中的片层。

（3）贝氏体（B）　它是奥氏体的中温转变产物，也是铁素体与渗碳体的两相混合物，组织形态有上贝氏体和下贝氏体。

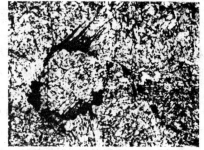

上贝氏体是由成束平行排列的条状铁素体和条间断续分布的渗碳体所组成的非层状组织。当转变量不多时，在光学显微镜下可观察到铁素体条成束状从奥氏体晶界向晶内伸展，具有羽毛状特征（见图 D-12）。在电子显微镜下，铁素体以几度到十几度的小位向差相互平行，渗碳体则沿条的长轴方向排列成行。

图 D-12　上贝氏体＋马氏体

下贝氏体是在片状铁素体内部沉淀有碳化物的两相混合物组织。它比淬火马氏体易受腐蚀，在金相显微镜下呈黑色针状（见图 D-13）。在电镜下可以见到在片状铁素体基体中分布有很细的碳化物，它们大致与铁素体片的长轴成 $55° \sim 60°$ 的角度（见图 D-14）。

图 D-13　下贝氏体（$400 \times$）

图 D-14　下贝氏体的电子显微照片（$12000 \times$）

（4）马氏体（M）　它是碳在 α-Fe 中的过饱和固溶体。马氏体的形态按含碳量主要分两种，即板条状马氏体和片状马氏体。

板条状马氏体一般为低碳钢或低碳合金钢的淬火组织。其组织形态是由尺寸大致相同的细马氏体条定向平行排列组成的马氏体束或马氏体领域。在马氏体束之间位向差较大，一个奥氏体晶粒内可形成几个不同的马氏体领域，如图 D-15 所示。板条状马氏体具有较高的硬度和韧度。

片状马氏体是含碳量较高的钢淬火后得到的组织。在光学显微镜下，它呈竹叶状或针状，针与针之间成一定的角度。最先形成的马氏体较粗大，往往横穿整个奥氏体晶粒，将奥氏体晶粒加以分割，使以后形成的马氏体的大小受到限制。因此，片状马氏体的大小不一，如图 D-16 所示。有些马氏体有一条中脊线，并在马氏体周围有残留奥氏体。片状马氏体的硬度很高而韧度较低。

5. 钢的回火组织与性能

（1）回火马氏体　它是钢淬火后低温（150～250 ℃）回火所得的组织。它保留了原马氏体的形态特征。片状马氏体回火时析出极细的碳化物，容易受到腐蚀，在显微镜下呈黑色针状。低温回火后马氏体变黑，而残余奥氏体仍呈白亮色。低温回火后可以部分消除淬火钢的内应力，增加韧度，同时仍能保持钢的高硬度。

图 D-15　板条状马氏体　　　　图 D-16　片状马氏体＋残余奥氏体

（2）回火托氏体　它是中温（350～500 ℃）回火组织。回火托氏体是铁素体与细粒状渗碳体组成的极细混合物。铁素体基本上保持了原马氏体的形态（板条状或针状），第二相的渗碳体则在其中析出，呈极细颗粒状，用光学显微镜极难分辨（见图 D-17）。经中温回火后托氏体有较高的弹性极限和一定的韧度。

（3）回火索氏体　它是高温回火（500～650 ℃）组织。回火索氏体是铁素体与较粗的粒状渗碳体所组成的机械混合物。碳钢回火索氏体中的铁素体已再结晶，呈等轴细晶粒状。经充分回火的索氏体已没有针的形态。在大于 500 倍的显微镜下，可以看到渗碳体微粒（见图 D-18）。回火索氏体具有良好的综合力学性能。

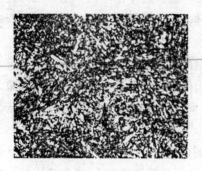

图 D-17　回火托氏体　　　　　　　　　　**图 D-18　回火索氏体**

三、实验内容与要求

1. 实验内容

观察表 D-4 所列试样的显微组织,并将组织名称填入表"显微组织"栏中。

表 D-4　实验样品及组织

序号	试样材料	热处理工艺	显微组织 (填入观察到的组织)
1	20	910 ℃水冷淬火	
2	65Mn	350 ℃等温淬火	
3	65 Mn	250 ℃等温淬火	
4	GCr15	淬火高温回火	
5	T12	780 ℃淬火	
6	45	840 ℃淬火	
7	45	1000 ℃淬火	
8	45	840 ℃淬火 200 ℃回火	
9	45	840 ℃淬火 450 ℃回火	
10	45	840 ℃淬火 650℃回火	
11	高速钢	铸态	

注　腐蚀剂为 4% 的硝酸酒精溶液。

2. 实验设备和材料

金相显微镜、经各种不同热处理的金相试样、金相图谱及放大的金相图片。

3. 实验报告要求

(1) 写出实验目的。

(2) 画出所观察样品的显微组织示意图,并注明材料、热处理工艺、放大倍数,用箭头标明示意图中所示组织。

（3）比较并讨论直接冷却得到的马氏体、托氏体、索氏体和淬火、回火得到的回火马氏体、回火托氏体、回火索氏体的组织形态和性能差异。

实验三　钢的淬火、回火试样的硬度实验

一、实验目的

（1）了解硬度测量的原理、特点和应用范围；

（2）掌握洛氏硬度计的操作方法；

（3）加深理解含碳量和热处理工艺对钢的组织和性能的影响。

二、实验概述

1. 硬度及其测量方法种类

材料抵抗其他更硬物体压入其表面的能力称为硬度。它反映了材料表面局部体积内抵抗塑性变形的能力，硬度越高，材料产生塑性变形越困难。硬度不是一个独立的物理量，它与其他强度指标（如 $R_{p0.2}$、R_m）和塑性指标（如 A、Z）之间有内在联系。硬度实验方法简单易行，又无损于零件，是检验毛坯或成品件、热处理件的重要性能指标。

布氏硬度实验是以硬质合金钢球压入被测金属表面，以压入的压痕直径衡量硬度值的大小。布氏硬度适用于硬度较低的金属，如退火或正火的钢、铸铁及非铁金属的硬度测定。布氏硬度的标示符号为 HBW。

洛氏硬度实验是以锥角为 120° 的金刚石圆锥体或直径为 1.588 mm（或 3.175 mm）的硬质合金球作为压头，以一定的压力压入材料表面，通过测量压痕深度来确定其硬度。压痕愈深，说明材料愈软，硬度值愈低；反之，说明硬度值愈高。根据所加载荷和压头的不同，洛氏硬度常用的有 HRA、HRB、HRC 三种标尺，以 HRC 应用最多，一般经淬火处理的钢或工具都用 HRC 标尺测量。洛氏硬度测量操作迅速、简便，可以直接读出硬度值，且一般不损伤工件表面，可以测量从较软到很硬的试样材料的硬度。

维氏硬度实验是以锥面夹角为 136° 的金刚石正四棱锥体做压头，得到四方锥形压痕，以压痕对角线长度来衡量硬度值的大小。维氏硬度用 HV 表示。维氏硬度测量值比布氏、洛氏硬度测量值精确，可以测量从极软到极硬的各种材料的硬度，同时所用载荷小，压痕深度浅，适用于测量薄片金属和表面硬化层。显微硬度用于测定显微组织中各种微小区域的硬度，实质就是小负荷（9.8 N）的维氏硬度试验，也用 HV 表示。

2. 洛氏硬度测量方法

洛氏硬度常用的三种标尺的试验规范参见本书第一章中的表 1-1。

洛氏硬度试验原理如图 D-19 所示,它是用金刚石压头(或硬质合金球压头),在先后施加两个载荷(预载荷和总载荷)作用下压入金属表面来进行测量的。总载荷 F 为预载荷 F_0 及主载荷 F_1 之和,即 $F = F_0 + F_1$。洛氏硬度值用施加 F 并卸载 F_1 后,F_0 继续作用下,由 F_1 所引起的残余压入深度 e 值来计算。图中 h_0 表示在预载荷 F_0 作用下,压头压入被测试件的深度,h_1 表示在已施加 F 并卸除 F_1,但仍保留 F_0 时,压头压入被测试件的深度。将深度差($e = h_1 - h_0$)代入以下硬度值计算式:

$$HR = \frac{k - (h_1 - h_0)}{c}$$

式中　k——常数,采用金刚石压头时为 0.2,采用硬质合金球压头时为 0.26;

　　　c——常数,代表指示器读数盘每一个刻度相当于压头压入被测试件的深度,其值为 0.002 mm。

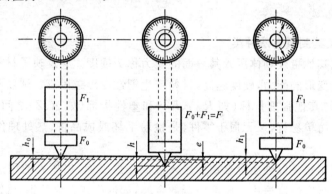

图 D-19　洛氏硬度测试原理

实际应用中,试样材料的硬度值可以从硬度计指示器上直接读取,不必再根据上述公式加以计算。

三、实验内容与要求

1. 实验内容

按表 D-5 测定各试样的洛氏硬度值,每个试样至少测三个点,取平均值,并把结果记录于表 D-5 中。

表 D-5　试样热处理工艺及硬度值

编号	材料	加热温度/℃	保温时间/min	冷却介质	回火温度/℃	保温时间/min	硬度值/HRC	平均值
1	45	840~860	15	空气				
2	45	820~840	15	盐水				
3	45	820~840	15	盐水	200	30		
4	45	820~840	15	盐水	450	30		

续表

编号	材料	加热温度 /℃	保温时间 /min	冷却介质	回火温度 /℃	保温时间 /min	硬度值 /HRC	平均值
5	45	820～840	15	盐水	650	30		
6	15	880～920	15	盐水				
7	T8	780±10	15	盐水				
8	T13	780±10	15	盐水				

2. 实验设备和材料

洛氏硬度计、表 D-5 所列硬度试样一套、砂纸等。

3. 实验报告要求

(1) 写出实验目的。

(2) 测量并完成表 D-5 中各项数据,总结钢的化学成分、冷却速度对钢性能的影响,并分析回火温度对淬火钢硬度值的影响。

(3) 绘制 45 钢回火温度与硬度之间的关系曲线并分析之。

(4) 绘制淬火钢 15、45、T8、T13 的硬度与含碳量之间的关系曲线,并予以分析。

实验四　钢的热处理及硬度实验

一、实验目的

(1) 掌握碳钢正火、淬火和回火的操作方法;

(2) 加深理解热处理工艺对钢的组织和性能的影响;

(3) 测定钢退火、正火、淬火和回火状态下的硬度。

二、实验概述

1. 钢的热处理

热处理是将钢加热到一定温度,经过一定时间的保温,然后以一定速度冷却下来的操作,通过这样的工艺过程钢的组织和性能将发生改变。

(1) 加热温度的确定　通常加热、保温的目的是为了得到成分均匀的细小的奥氏体晶粒。亚共析碳钢的完全退火、正火、淬火的加热温度范围是 Ac_3 线以上 30～50 ℃,过共析钢的球化退火及淬火加热温度是 Ac_1 以上 30～50 ℃,过共析钢的正火温度是 Ac_{cm} 线以上 30～50 ℃。加热温度过低,相变不能完全,如亚共析钢加热到 Ac_1 和 Ac_3 线之间时存在未溶的铁素体,这会影响热处理之后的组织和性能,加热温度低于 Ac_1 线则不能发生相变;加热温度过高,奥氏体晶粒粗大,冷却后的组织也粗大,韧度降低,加热温度过高还会使氧化、脱碳现象严重,造成多方面不利的影响。

合金钢的加热温度比相同含碳量的碳钢高,其原因一方面是合金元素能使 Ac_1 线上升,另一方面是合金元素扩散较慢,为了使合金元素尽可能多地溶入奥氏体中,故淬火温度比碳钢稍微提高一些。各种钢的具体淬火温度可以从有关热处理手册中查出。

(2) 保温时间的确定　保温时间根据钢种、工件尺寸大小、加热炉类型及装炉量等决定。在生产中,对于气体加热炉(电阻炉)可目测升温时间,即工件与炉膛达到同一温度(工件与炉墙达同一颜色)视为升温完毕,然后再按工件尺寸大小保温一定时间,使工件温度均匀并完成组织转变。实验时可按炉子到温后工件每毫米(直径)约 1.2~1.5 min 来计算保温时间。

(3) 冷却方式　经正常加热并用不同速度冷却后,所获得的组织不同,可以根据钢的 C 曲线粗略估计连续冷却时的组织变化。

参见图 D-11,以亚共析钢为例,将其加热到一定温度至奥氏体化,保温后缓慢冷却(通常随炉冷却,速度相当于图中的 v_1)至 500 ℃以下空冷,退火,得到接近平衡态的组织,即铁素体和珠光体。奥氏体化后在空气中以 v_2 冷却,此时为正火,得到少量先共析铁素体和索氏体;在油中以 v_4 冷却,过冷奥氏体主要转变为托氏体和马氏体(有时可见到少量铁素体和贝氏体);在水中以 v_5 冷却,此时冷却速度大于临界冷却速度,因此发生淬火,得到马氏体和少量残余奥氏体组织。

随着冷却速度的增大,珠光体型组织片层间距减小,片层间距越小,强度、硬度越高。所以,托氏体的硬度高于索氏体,索氏体的硬度高于珠光体。C 的质量分数小于 0.2%的钢淬火后得到板条状马氏体,C 的质量分数大于 1.0%的钢淬火后得到片状马氏体,C 的质量分数在 0.2%~1.0%之间的钢淬火后则得到片状和板条状混合的马氏体组织。马氏体的硬度比前述几种组织的硬度都高。

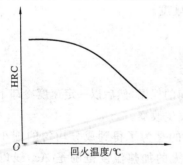

图 D-20　碳钢的硬度与回火温度的关系

(4) 回火温度对钢的性能影响　淬火钢再加热到 A_1 线温度以下某一温度时会发生回火转变,随回火温度的升高,钢的硬度会降低(见图 D-20)。通过不同温度的回火可得到不同的回火组织,具体参见实验二。

碳钢在 250 ℃以下低温回火时,淬火组织中的马氏体转变成回火马氏体。

当回火温度升高到 350~500 ℃时,淬火马氏体和残余奥氏体都分解为回火托氏体组织。回火温度进一步升高(500~650 ℃),获得回火索氏体组织。

应当指出,回火托氏体、回火索氏体是淬火马氏体回火时的产物,它们的渗碳体是颗粒状的,且均匀地分布在铁素体基体上。而直接连续冷却或等温冷却得到的普通托氏体和索氏体,其渗碳体呈细片状。因此,在相同硬度下回火托氏体、回火索氏体的塑性和韧度要优于普通托氏体和索氏体。

2. 热处理试样的硬度测量

根据实验三测量热处理试样的硬度值。

三、实验内容与要求

1. 实验内容

领取试样,依序按表 D-6 推荐的工艺进行热处理,编号并测量热处理后的硬度,把结果记录于表 D-6 中。

2. 实验设备和材料

箱式电阻炉及温度控制系统、硬度计、45 钢试样若干、淬火水槽、油槽、钳子、砂纸等。

3. 实验步骤

(1) 将试样放入已加热到温的炉内,开启炉门时应先停电。

(2) 将退火、正火、淬火试样加热至预定温度并保温 10～15 min,重新到温后开始计时,达到保温时间后,用钳子把试样从炉中取出,并迅速放入规定的冷却介质中,不断移动试样,以使其均匀冷却。注意,试样不要露出液面。待试样冷却到室温后测量硬度。测量硬度前先用粗砂纸磨去两端的氧化皮和脱碳层。

表 D-6 试样热处理工艺及硬度值

试样号	热处理工艺		硬度值/HRB(HRC)				显微组织
	淬火温度/℃	冷却方式	1	2	3	平均	
1		炉冷					
2		空冷					
3		油冷					
4		水冷					
5		水冷					
	回火温度℃	回火时间/min	回火前硬度/HRC	回火后硬度/HRC			
4							
5							

(3) 将水冷试样分别进行 200 ℃、550 ℃回火。测量回火后的硬度,测量硬度前先用粗砂纸磨去两端的氧化皮。

4. 实验报告要求

(1) 写出实验目的。

(2) 填好表 D-6 中各项数据,分析冷却速度及回火温度对钢硬度的影响。

(3) 结合实验的实际情况,讨论影响实验结果的原因。

参 考 文 献

[1] 杨道明. 金属机械性能基础知识问答[M]. 北京：机械工业出版社，1990.

[2] 单丽云，王秉芳，朱守昌. 金属材料及热处理[M]. 徐州：中国矿业大学出版社，1996.

[3] 郑明新. 工程材料[M]. 北京：清华大学出版社，1991.

[4] 史美堂. 金属材料及热处理[M]. 上海：上海科学技术出版社，1992.

[5] 俞德刚. 钢的强韧化理论与设计[M]. 上海：上海交通大学出版社，1990.

[6] 沈莲. 机械工程材料[M]. 3版. 北京：机械工业出版社，2007.

[7] 张守华，吴承建. 钢铁材料学[M]. 北京：冶金工业出版社，1992.

[8] 凯南斯·皮狄斯金. 工程材料的性能和选择[M]. 吴颖恩，童谨，谢修才，等，译. 北京：国防工业出版社，1988.

[9] 陈长江，熊承刚. 工程材料及成型工艺[M]. 北京：中国人民大学出版社，2000.

[10] 胡赓祥，钱苗根. 金属学[M]. 上海：上海科学技术出版社，1980.

[11] 曾晓雁，吴懿平. 表面工程学[M]. 北京：机械工业出版社，2001.

[12] 朱张校. 工程材料[M]. 北京：清华大学出版社，2001.

[13] 耿洪滨，吴宜勇. 新编工程材料[M]. 黑龙江：哈尔滨工业大学出版社，2000.

[14] 赵忠. 金属材料及热处理[M]. 3版. 北京：机械工业出版社，1998.

[15] 崔忠圻. 金属学与热处理[M]. 2版. 北京：机械工业出版社，2007.

[16] 林肇琦. 有色金属材料学[M]. 沈阳：东北工学院出版社，1986.

[17] 谢希文，过梅丽. 材料科学基础[M]. 北京：北京航空航天大学出版社，1999.

[18] 吴人洁. 复合材料[M]. 天津：天津大学出版社，2000.

[19] 邓海金. 重新架构一切：新材料[M]. 北京：科学出版社，金盾出版社，1998.

[20] 江东亮，闻建勋，陈国民，等. 新材料[M]. 上海：上海科学技术出版社，1994.

[21] 乔松楼，乐俊淮，苏雨生. 新材料技术——科技进步的基石[M]. 北京：中国科学技术出版社，1994.

[22] 张立德，牟季美. 纳米材料学[M]. 沈阳：辽宁科学技术出版社，1994.

[23] 梁光启. 工程非金属材料基础[M]. 北京：国防工业出版社，1985.

[24] 宋余九. 金属材料的设计、选用、预测[M]. 北京：机械工业出版社，1998.

[25] 殷景华，王雅珍，鞠刚. 功能材料概论[M]. 黑龙江：哈尔滨工业大学出版社，1999.

[26] 张启芳，韩克筠. 常用金属材料标准选编[M]. 南京：东南大学出版社，1991.

[27] 丁厚福，王立人. 工程材料[M]. 武汉：武汉理工大学出版社，2001.

[28] 钱士强. 工程材料[M]. 北京：清华大学出版社，2009.

[29] 付广艳. 工程材料[M]. 北京：中国石化出版社，2007.

[30] 刘燕萍. 工程材料[M]. 北京：国防工业出版社，2009.

[31] 高聿为. 机械工程材料教程[M]. 哈尔滨：哈尔滨工程大学出版社，2009.

[32] 黄乾尧，李汉康. 高温合金[M]. 北京：冶金工业出版社，2000.

[33] 张明轩. 复合材料工程辞典[M]. 北京：化学工业出版社，2009.

[34] 黄开金. 纳米材料制备及应用[M]. 北京：冶金工业出版社，2009.

[35] 吴继伟. 先进材料进展[M]. 杭州：浙江大学出版社，2011.